传播与国家治理研究丛书

M&C

国际大都市信息传播网络发展研究
——基于大众传播与区域互动关系视角的考察

主　编　朱春阳
副主编　曾培伦　张骏德

复旦大学出版社

主　编：朱春阳
副主编：曾培伦　张骏德

传播与国家治理系列丛书

总　序

李良荣*

新媒体正在广泛、深刻、持久、全方位地改变着世界。

新媒体凭借何等魔力能以如此广度、深度、速度改变世界？无他，新媒体对人类的本质意义在于通过技术把赋予民众的传播权利（Right）变成了传播权力（Power），真正实现了任何人在任何时间、任何地点都可以公开发布任何信息和意见。由此，公共传播由过去被极少数人所垄断的局面演绎成为全民狂欢、众声喧哗，宣示了互联网时代的来临。从而，信息流量、信息流速、信息流域、信息流向都以几何级数增大、增强，水银泻地般浸润着、冲击着、影响着政治、经济、社会、军事的方方面面。

按照马克思主义的基本观点，作为当今世界先进生产力的典型代表，异军突起的新媒体，必然引发生产力和生产关系、上层建筑和经济基础的调整。当今中国的种种变化，都是这种深层社会关系调整的表征；而且必须顺应这种关系的调整才能窥得未来的方向。

在新媒体引发当代中国的种种变化中，十分突出的一点是：新媒体为中国的各级政府塑造了全新的执政环境。

这种全新的执政环境以一句形象的话表达就是：过去政府"说一

---

* 李良荣为复旦大学特聘教授、博士生导师，传播与国家治理研究中心主任。

不二",现在大众"说三道四";过去政府"吆五喝六",现在大众"七嘴八舌"。这种改变,表明过去"一种意见""一言堂""舆论一律"的"一元化"执政格局已经不复存在,显现出政府的一元意志与社会各种群体利益的多元诉求之间的张力与冲突。如何降低摩擦、推动社会理性进步?这其中,传播的力量不容忽视。

政府必须保证政令畅通才能顺利行政,这需要传播的力量。

当今中国早已形成多元化的利益格局。针对政府政策,不同的利益群体有不同的诉求。有的诉求,过去只是私底下的"牢骚",现在已经成为公开的表达,甚至向政府叫板。这样一来,政府必须在与众多意见的博弈与协商中才能达成基本的政治共识、社会共识。这也需要传播的力量。

然而,这也是党和政府自建国以来从未遇到过的新问题、新挑战。面对这样新的执政环境,我们的党和政府提出了"国家治理体系和治理能力的现代化"这一政治改革新目标。这一"现代化"被认为是继"工业现代化、农业现代化、国防现代化、科学技术现代化"之后的"第五个现代化",对于我国未来的发展目标与路径都有着极其重要的意义。

本系列丛书就是以"推进国家治理体系和治理能力现代化"为目标,中心议题是讨论新媒体传播给国家治理带来的挑战与机遇,服务于党和政府在新的执政环境下治国理政方略的变革。

这是新的课题、新的探索。我们的书中观点难免有不成熟之处,也可能会有偏颇,但我们会继续前行。

李良荣
2014 年 10 月 26 日

目录

Contents

第一章 绪论 / 1
    一、传播与社会发展：从乡村到都市的关系变迁 / 1
    二、研究框架：媒介生态与城市传播视野下的发展考察 / 6

第二章 纽约信息传播网络发展与特征 / 13
    一、纽约基本情况概述 / 13
    二、纽约信息传播网络演变历史 / 18
    三、纽约现有信息传播网络的基本构成 / 35
    四、纽约信息传播网络运行的行政管理体制特征 / 61
    五、纽约信息传播网络运行的经济特征 / 70
    六、纽约信息传播网络运行的文化特征 / 75
    七、纽约信息传播网络的主要特征 / 79
    八、纽约信息传播网络传播效能的评价 / 82
    九、纽约信息传播网络与城市发展之间的关系特征 / 90
    十、纽约模式：值得借鉴的经验和问题 / 94

第三章 伦敦信息传播网络发展与特征 / 97
    一、伦敦基本情况概述 / 97
    二、伦敦信息传播网络的发展历史 / 103
    三、伦敦信息传播网络的现状 / 123
    四、伦敦信息传播网络的外部生态环境分析 / 143
    五、伦敦信息传播网络与城市发展关系 / 160

六、伦敦模式：值得借鉴的经验与问题 / 167

第四章　东京信息传播网络发展与特征 / 170
　　一、东京基本情况概述 / 170
　　二、东京信息传播网络的历史演变 / 174
　　三、东京现有信息传播网络的基本构成 / 182
　　四、东京信息传播网络运行的政府管理体制特征 / 221
　　五、东京信息传播网络运行的经济特征 / 228
　　六、东京信息传播网络运行的文化特征 / 233
　　七、东京信息传播网络的主要特征 / 238
　　八、东京信息传播网络传播效能的评价 / 242
　　九、东京信息传播网络与城市发展之间的关系特征 / 244
　　十、东京模式：值得借鉴的经验与问题 / 248

第五章　首尔信息传播网络发展与特征 / 252
　　一、首尔基本情况概述 / 252
　　二、首尔大众传播信息网络的历史演变 / 262
　　三、首尔信息传播网络的基本构成 / 268
　　四、首尔信息传播网络运行的政府管理体制特征 / 314
　　五、首尔信息传播网络运行的经济特征 / 330
　　六、首尔信息传播网络传播效能的评价 / 333
　　七、首尔信息传播网络与城市发展之间的关系特征 / 338
　　八、首尔模式：值得借鉴的经验与问题 / 340

第六章　上海信息传播网络发展与特征 / 344
　　一、上海基本情况概述 / 344
　　二、上海信息传播网络的历史演变 / 352
　　三、上海现有信息传播网络的基本构成 / 379

四、上海信息传播网络运行的政府管理体制特征 / 421

　五、上海信息传播网络运行的经济特征 / 426

　六、上海信息传播网络运行的文化特征 / 428

　七、上海模式：信息传播网络与城市发展之间的关系特征 / 431

　八、上海模式：信息传播网络的主要特征 / 434

　九、上海模式：信息传播网络传播效能的评价 / 439

第七章　比较与展望：国际大都市信息传播网络发展的特征与未来
　　　　趋势 / 445

　一、技术改变关系：国际大都市信息传播网络变迁的主线 / 445

　二、公平与效率：国际大都市信息传播网络的运行逻辑 / 448

　三、双赢与共生：都市与媒体的互动关系 / 455

　四、起点与终点：来自发展传播学的观照 / 460

后　记 / 464

第一章
绪 论

一、传播与社会发展：从乡村到都市的关系变迁

信息传播是人类社会借以形成的重要手段，从原始社会开始，人类社会各种关系的形成以及协调关系的各种活动，都离不开有效的信息传播[①]。伴随着人类社会的发展，信息传播从满足最初单纯的信息传递需要变得越来越专门化、复杂化。其传播形式也不再仅是人际传播或社群内小范围的组织传播，大众传播成了满足人们日益丰富的信息传播需要的最主要传播方式。事实上，早在20世纪50年代就形成了传播对发展影响的专门议题。作为大众媒介迅速扩散到欠发达国家的一个结果，理论家们开始考虑媒介能否和怎样促进文化的传播和经济的发展[②]。最终形成了一个专门的传播学分支——发展传播学。

发展传播学可以解释为："运用现代的和传统的传播技术，以促进和加强社会经济、政治和文化变革的过程。"[③]这一新的传播学研究视角一开始主要是关注不发达地区中传播与社会发展的关系。例如，美

---

① 段京肃：《社会关系的变化与信息传播权利的转移》，见《全球信息化时代的华人传播研究：力量汇聚与学术创新——2003中国传播学论坛暨CAC/CCA中华传播学术研讨会论文集》(下册)，2004年。
② 殷晓蓉：《当代美国发展传播学的一些理论动向》，载《现代传播》1999年第6期。
③ S.T. Kwame Boafo, "Utilizing Development Communication Strategies in African Societies: A Critical Perspective (Development Communication in Africa)", *Gazette*, No.35, 1985.

国社会学家丹尼尔·勒纳于1958年出版的《传统社会的消逝——中东的现代化》一书就是从中东地区的现代化出发探究大众传播对于社会发展的积极作用。他根据对六个中东国家所做的一次大规模社会调查所取得的资料来完成这一研究工作。在书中,勒纳将大众传播媒介称为社会发展过程中的"奇妙的放大器",认为它能大大加速社会发展速度,提高现代化程度①。1964年,施拉姆在《大众传播媒介与国家发展:信息对发展中国家的作用》一书中提出了大众传媒传播信息能有效促进国家发展的观点,强调信息传播对发展中国家的重要性,"有效的信息传播可以对经济社会发展做出贡献,可以加速社会变革的进程,也可以减缓变革中的困难和痛苦"②。施拉姆认为发展中国家在信息传播方面落后于发达国家,消除国际和国内信息不平等、不均衡现象,是发展中国家的一项亟待完成的重大任务。他还力求考虑发展中国家的现实情况和具体需要,注意避免简单照搬西方的现成模式。在此之后,由于忽视了传播与发展的区域性条件和意识形态的影响,发展传播学步入了低谷。虽然发展传播理论产生的最初历史语境已几经转换,全球化成为当代传播发展的新的社会环境,关于"发展"的观念也注入了新的内涵,从注重单纯的经济发展向注重"可持续发展""和谐发展"转变,但发展的主题未变,媒介在发展中的重要性地位不仅未变且有日益加强的趋势③。因此,研究信息传播尤其是大众传播对社会发展的影响仍是发展中国家关注的一个现实议题。

而在这一过程中,关于大众传播与城市发展的议题似乎被遮蔽了。当人类交往的空间突破了村庄,进入大都市,尤其是国际化的大都市,大众传播究竟如何发挥作用?我们认为,大众传播与城市的关系实际上是大众传播发展的历史起点所在。首先,大众传播的出现与发展有

---

① 王旭:《发展传播学的历程与启示》,载《兰州学刊》1999年第6期。
② 张国良:《新闻媒介与社会》,上海人民出版社2001年版,第311页。
③ 夏文蓉:《发展传播学视野中的媒介理论变迁》,载《扬州大学学报(人文社会科学版)》2007年第5期。

赖于城市化的进程。从零星分布、各居一隅到边界清晰、群聚而居,城市为大众传播提供了村落生活时期所不具有的集聚在一定区域内的人口和空间条件;与城市化相伴随的工业化推动了社会分工,使专门性、专业性的大众传播作为社会运作体系独立组成部分的地位得以确立;而城市化进程中人类社会的各项技术变革又为专门的大众传播机构开展传播活动及其内部的革新发展提供了必要的技术条件。这些都是城市出现以前所不具备的条件。并且,城市发展中对信息传播活动大规模、专门化、高效率的要求使其只能更多地诉诸大众传播。同时,大众传播也反过来推动了城市化的进程。因此,大众传播与城市化存在着不可分割的双向联系。

其次,除了对大众传播的影响,城市也改变了其他传播形态,从而形成了以大众传播为主的,与城市运作体系相适应的信息传播体系,其运作的具体形态即城市中完整的信息传播网络。城市的信息传播网络,迄今为止学界尚无明确的概念界定。"网络"一词兼具物理结构上的具象性和概念上的抽象性,本研究侧重其具象的含义,也即某种分散联结结构。信息传播,则包含人类传播活动各种纷繁复杂的形态。基于上文的分析,城市中的信息传播是以与之紧密联系的大众传播为主的。尽管学界对城市信息传播网络这一概念缺乏传播理论上的定义,仍有学者从产业角度对"信息传播产业"进行了范围界定。比如,陈力丹认为,我国目前信息传播领域包含三大相关产业:电信业、传媒业、互联网业[①]。这一分类将互联网这一第四媒介从传统的大众媒介中分裂出来,是因为互联网除网络媒体外还包含了其他信息传播子产业,其方式之新,变更之快,都与传统大众媒介有着天壤之别,并且这一曾经的新兴媒介在信息社会日渐凸显其强势与重要。而电信业则更多作为人际传播的平台构成一个独立的信息传播网络,包括了传播方式和影

---

① 陈力丹:《愿信息传播产业融合的历史迷雾早日散去》,参见傅玉辉:《大媒体产业:从媒介融合到产业融合》(序),中国广播电视出版社2008年版,第2页。

响力均快速发展的手机媒体等。但这种界定仅针对我国的信息传播领域，且分类方式较易引起概念交叉。除此之外，明安香在其著作中引用了2003年度美国国家统计局对"信息传播产业"（Information and Communication）的分类，称"一个更庞大的信息传播产业概念在世纪之交形成、出现了"①。这个分类包括传统报纸、广播、电视、电影、杂志、书籍六大媒介，20世纪90年代后加入的录音、录像、互联网，之后又将图书馆、电脑应用、数据加工等纳入其中。但这个涵盖过于广泛细致的分类法显然只适合美国这一超级媒介帝国，因此也不具有普适性。由于本研究关注的是几个不同国家国际大都市的信息传播网络，以上这两个界定都不十分适用。但这两个界定至少给予我们一定的启发——对城市信息传播网络发展的考察要从横向和纵向两个方向展开，即既要考虑到同一时间点不同地域间的差别，又要加入对影响信息传播网络概念演变的时间因素的考量。为了研究目标的集中，本研究试将城市信息传播网络定义为：在一个城市中，以报纸、广播、电视、期刊、互联网等五类大众媒体为主，包含其他非大众传播型的信息传播表现形式的媒介所共同构成的传播结构。基于发展传播的既有研究传统，本研究仍将以公认的五大类大众传播媒体的考察为主来展开相关研究。

再次，作为城市当中的独特主体，国际化大都市形成了与众不同的大众传播信息网络体系。因此，这一区域空间与大众传播的关系需要特别的关注。国际化大都市作为一个概念，最早由英格兰城市和区域规划先驱格迪斯于1915年提出。随后，英国地理学家、规划师彼得·霍尔于1966年对这一概念做了经典性解释，他认为国际化大都市是已对全世界或大多数国家发生全球性经济、政治、文化影响的国际第一流大都市②。目前国内的代表性观点认为，国际化大都市主要在现代经

---

① 明安香：《美国：超级传媒帝国》，社会科学文献出版社2005年版，第3页。
② 北京市经济与社会发展研究所课题组：《北京：建设国际化大都市的标准》，载《城市经济、区域经济》2001年第6期。

济技术高度发达和广泛联系的基础上,具有强大的经济实力,良好的服务功能,一定数量的跨国公司和金融总部,并对世界和地区经济起控制作用的城市。按其国际化程度,又可分为世界城市和国际性城市两大类。世界城市是整个世界经济的控制中心,例如,伦敦、纽约、东京是国际公认的世界城市;国际性城市是指国际化程度低于世界城市,在人、财、物、信息和整体文化等方面进行跨国交流活动不断增加,其辐射力和吸引力影响到国外的城市①。上海、首尔就属于这类国际性城市。选取这五个国际化大都市的信息传播网络作为研究对象,是因为他们的城市规模和重要地位使其信息传播网络势必比其他城市更具有代表性和分析价值。

国内一些学者针对国际化大都市信息传播网络中的某一媒体类型进行分析和比较研究。比如,《纽约市广播电台的类型化和节目构成——兼议上海广播业的发展空间》②;《都市期刊生态结构的比较研究——以纽约和上海为例》③。这两篇文章都引用了大量的实证数据,介绍了纽约及上海广播、期刊传播网络的基本结构,并分别以纽约广播、期刊业的结构为参照,为上海广播、期刊业提供借鉴。然而,这类研究多只关注一个信息传播媒介类型,故而分析结果也只局限于对信息传播网络内部的总结和借鉴,没有对信息传播网络外部影响的分析。

因此,和之前的发展传播学主要集中于非发达区域研究相比,本研究将研究重点转向都市,希望从国际大都市与信息传播网络之间的互动来进一步研究传播之于大都市发展的独特价值和特殊贡献。本研究试图以国际化大都市的信息传播网络作为研究单位,考察它与该城市、地区乃至国家发展有怎样的互动影响。高度发展的国际化大都市造就

---

① 李仲生:《北京与国际化大都市的比较分析》,参见《人口与发展2006:首都人口与发展论坛文辑》(第3辑),清华大学出版社2007年版,第238页。
② 方颂先:《纽约市广播电台的类型化和节目构成——兼议上海广播业的发展空间》,载《新闻记者》2006年第1期。
③ 殷晓蓉、方筱丽:《都市期刊生态结构的比较研究——以纽约和上海为例》,载《杭州师范学院学报(社会科学版)》2007年第2期。

了怎样的城市信息传播网络,这一信息传播网络又对国际一流大都市地位的确立有何帮助,它如何辐射到地区及国家并推动其发展。为此,本研究在发展传播学的理论框架下,采用比较分析、个案研究等定性研究方法,对各大都市信息传播网络的基本结构、运行特征进行系统的整体梳理、分析和评价,从而提炼出值得我国借鉴的经验和需要注意的教训与问题。

二、研究框架:媒介生态与城市传播视野下的发展考察

(一)本书研究思路

目前国内的大多数学者倾向于认为,国际化大都市主要是指那些国际知名度高,依靠强大的经济实力或现代化的服务功能和城市特色,成为国际间人流、物流、资金流、信息流等的聚散枢纽的城市[①]。国际化大都市与普通城市相比,不单在占地面积、人口、基础设施上具有绝对优势,同时在政治经济文化等方面拥有更大的影响力和辐射力。

与此同时,国际化大都市自身也是一个庞大的复杂系统,由本土居民和来自世界各地的移民通过工业时代的精细分工来共同构建。在这里,人与人的联结和互动成为大都市的活力源泉。与农业时代的宗族式同姓聚居相比,大都市是由一个个的"陌生人"构成的,互相之间没有地缘和亲缘的直接关联,而是由一条条关系链将千万的市民紧密地联系在一起,形成了一个相互依存、不可分割的有机体系。虽然在大都市里,邻里之间可能会出现"鸡犬之声相闻,老死不相往来"的"陌生感",但大城市的网状人际体系却可能让任意两个市民成为"熟人",就像哈佛大学心理学教授斯坦利·米尔格拉姆(Stanley Milgram)教授所创立的六度分割理论(Six Degrees of Separation)[②]所言,经过几次的人

[①] 郭建国:《中国国际化大都市研究述略》,载《中山大学研究生学刊自然科学版》1998年第19卷第2期。

[②] Duncan J. Watts, *Six Degrees: The Science of a Connected Age*, New York: W.W. Norton & Company, 2003.

际接力便可以从任意一个人抵达另一个人,这种情况在大都市中几乎每天都在发生。

不过,这种人际的传播扩散是缓慢而随机的,真正在信息和态度层面上把上千万的大都市居民联系起来进而形成一个庞大而紧密的都市社区的,是大众传媒。从开始的报纸、杂志,到后来的广播、电视,以及给整个城市带来巨大影响的互联网,都通过各自的符号体系,对这个都市的形成、发展、运行贡献着力量。大众传媒对于各类信息的高速生产和传播,为都市的居民节约了获取信息的成本,也消除了在这些巨型城市中生存所萌生的诸多不确定性,让都市居民获得了生活的安定感和归属感。这种对于信息内容的生产和传递效率,是衡量大都市信息传播网络有效性的关键指标,也是对大都市内部的物质交换与能量交换之外的信息交换效率的主要考量。

除此之外,媒体形式(media format)也扮演着重要的角色,因为每一种媒体都制造了自身的社会环境及思考空间[①]。在报纸居于都市信息传播中心的年代,读书识字的精英阶层占据信息传播网络的更高地势,由此形成的信息传播网络更接近于"金字塔形";广播电视出现之后,媒介符号的再现形式从文字变成了语音和图像,信息传播网络开始走向大众化;互联网出现之后,尤其是 Web2.0 时代之后,人们发现一种前所未有的网状结构开始重构都市内部的信息传播流程,都市信息传播网络呈现出越来越明显的"扁平化"趋势,形成了互动性和自生产能力极强的网上信息空间,极大地解放了传播权力。

詹姆斯·凯瑞在《作为文化的传播》一书中曾提到,传播(communication)一词,与共有(communion)、共享(community)等词"在古代有着同一性和共同的词根"[②]。这种修辞上的隐喻,如今却神奇地成为互联网时代大都市信息传播网络的写照:在一个共有的社区

---

① D.L. Altheide, R.P. Snow, *Media Logic*, Beverly Hills, CA: Sage, 1979.
② [美]詹姆斯·凯瑞:《作为文化的传播》,丁未译,华夏出版社 2005 年版,第 7 页。

(大都市)内,如此大规模的居民们,通过一种共有的信息网络来共享特定的信息与意义。

从这个意义上来讲,国际化大都市是一个有着成熟的内在信息传播机制的庞大社区,是一个具有"有机系统"属性的独特社区。对于这一有机体的研究需要使用和传统的发展传播学不一样的思路。基于此,我们考察了当代发展传播学研究的不同范式,并结合传播学研究的最新进展,选取了媒介生态学和城市传播学两个维度来开展我们的研究。其中,媒介生态学作为上位理论框架,规范着我们研究的基本范畴;城市传播是近年来兴起的一个研究领域,吸引了来自不同学科的学者,从不同视角考察传播与城市的关联。因此,作为下位的理论框架,城市传播将为我们提供研究国际大都市信息传播网络的具象化的指导。我们也希望通过这样的一个研究实践,丰富城市传播的知识体系。

(二) 媒介生态学:系统论观点指导下的分析

1866年,德国生物学家海克尔首次提出"生态学",认为生态学是"关于有机体与周围外部世界关系的一般学科"[①]。换言之,生态学是研究有机体及其环境之间关系的科学,所谓环境则是构成主体生存条件的各种外界物质实体或社会因素的总和[②]。而"生态"(ecology)一词的词源是希腊语的"oikos",原意是"家园"的意思。国际化大都市在生态学的视野之下,就是一个与周遭环境发生关联又自成一体的诸多子系统的集合体,一个都市人的共同"家园"。

以邵培仁为代表的中国学者在吸收了中西方生态学基本观点和研究方法的基础上,创立了异于北美媒介环境学派的中国的媒介生态学(media ecology),用生态学的观点和方法来探索和揭示人与媒介、社会、自然四者之间相互关系及其发展变化的本质与规律,是一套基于

---

① 海热提、王文兴:《生态环境评价、规划与管理》,中国环境科学出版社2004年版,第12页。
② 同上。

"系统"的思维方法。媒介生态学的核心关注点在于媒介系统与社会系统之间的相互影响和相互建构①。这与我们对国际化大都市这一内外关系极为复杂的"城市有机体"的研究取向不谋而合。

在媒介生态学中,依据研究对象同自然地理的距离,将环境分为地理环境、物理环境、社会环境、媒介环境和心理环境,组成"环境金字塔"②。课题组根据此次课题研究对象的特殊性,对此"环境金字塔"进行了修正,得出了本次研究的环境体系(见图1-1),其中包括以下四个子系统(子环境):

图1-1 本次研究的环境体系

1. 大都市外部环境

这是国际化大都市最外围的环境,包括该城市在国界内的地理位置、在世界地理中的位置,在国家中的政治、经济、文化环境以及自身所处的位置,在世界经济文化大格局下的角色安排等。

---

① 邵培仁:《媒介生态学》,中国传媒大学出版社2008年版,第4页。
② 同上书,第51页。

2. 大都市内部物理环境

这一物理环境包括地形环境、基础设施环境,还包括大都市的基本区划,以及由此衍生出的各个功能区域和微观社区等。

3. 大都市内部社会环境

如果说大都市的物理环境构成了这一城市的骨骼和肌肉,那么在大都市中生活的居民则是让都市充满活力的城市血液。人口的性别构成、民族构成、社会阶层构成,乃至在城市中的社会分工等,都构成了国际化大都市最基本的社会环境。

4. 大都市媒介信息传播系统环境

虽然实体的报社、电视台在很多时候充当了这座城市的"地标",如上海的东方明珠、北京央视的总部大楼等。但真正给这座城市充当"神经网络",成为城市居民感知外界的"皮肤"的,是遍布城市的媒介网络,包括报刊的发行网络、广播台的无线网络、电视台的闭路有线网络,以及以电信通信网络为载体的互联网络、移动互联网络等。这些媒体网络,共同构成了大都市的信息传播系统,也是城市子系统中尤为重要的一环。

本研究,希望能够基于前三个从外而内的外部环境,来研究国际化大都市信息传播网络这一子系统,是如何与这三者发生互动影响的,即:高度发展的国际化大都市造就了怎样的城市信息传播网络,这一信息传播网络又对于国际一流大都市地位的确立有何帮助,以及如何辐射到地区及国家并推动其发展。

(三) 城市传播:一个新的研究范式的尝试

关于城市传播的研究认为[①],数字化技术,尤其是互联网的兴起,塑造了全新的城市交往形态,其中最突出的是网络化、散点化和脱域

---

① 参见复旦大学信息与传播研究中心:《可沟通城市:中国城市建设与治理的创新转型》,2013年。

化。(1) 网络化:交往渠道和连接的多样,新的城市组织形态使原有纵向的层级管道式信息控制失去效应。(2) 散点化:每个局部甚至每个人都不由自主卷入交往之中并成为其中的一个节点,可以随时参与交流、发表意见,舆论热点和关注焦点瞬息万变。城市沟通由原来的放射化或星状关系,转化为去中心和再中心的波浪式涌动,其后果和效应难以预计和控制。(3) 脱域化:城市的交往与沟通已无法被圈在一个特定的地域之中,流动的空间和固定的地方空间脱离,形成新的城市二元化。城市沟通在城市之中同时也在城市之外。任何一个城市事件,都可能是全国以致全球事件,反过来也是如此。

同时,针对上海这样的城市而言,国际化大都市不仅需有雄厚经济实力和较高的社会生活水平,而且必须是有强大的连接能力,是众所公认的网络转换中心;必须是内外交互合作,关系和谐,信息畅通;必须具有自己独特的文化形象和个性,是全球网络中的标志性地标。因而,国际化大都市首先是一个可沟通城市。因此,可沟通城市建设,已经是当前我国国家建设和城市治理中的一个重大而又迫切的战略问题,是我国创新社会管理的核心命题[1]。

相关的研究认为,城市的传播品质造就了人类生活品质的重大差异,因而城市的可沟通性需要从城市如何传播与城市如何促进传播这两方面来阐释[2]。中国的城市传播主要围绕以下三方面展开:一是实体空间即城市本身作为媒介的传播;二是城市内媒介的传播;三是城市之间、城乡之间的传播[3]。孙玮教授以传播与城市的互动为基点,结合当前的全球化、新技术、城市化背景,从"关系"视角出发,分析了传播意涵的转化与拓展。从而得出结论,传播通过编织各种关系网络,建构了

---

[1] 参见复旦大学信息与传播研究中心:《可沟通城市:中国城市建设与治理的创新转型》,2013年。
[2] 陆晔:《城市传播:理论与实践意义》,见《中国传播学评论》(第五辑),复旦大学出版社2012年版。
[3] 尹帅平:《中国城市传播研究综述》,载《东南传播》2014年第2期。

连接之网、沟通之网、意义之网,呈现了人类在宇宙中的"共在"关系,成为社会的基础要素①。

　　复旦大学信息与传播研究中心提出了"可沟通城市"这一城市传播研究的核心概念。可沟通城市的建设,主要是指一个城市具备通畅、有效和动态的沟通网络、基础设施、公共政策和管理体制,从而有利于方便并推动城市市民自主参与公共生活并承担自己的角色,使城市成为一个民主开放、关系和谐、充满活力的共同体。具体而言,以"沟通"为城市治理中心,围绕三个层面展开:城市公共传播系统、城市公共事务的协商与社会参与、城市文化共享与凝聚②。孙玮教授认为,可沟通是现代城市的基本品质,"可沟通城市"涉及三个方面内容:一是信息传递的快速、高效、透明。这是民主政治的基础,也是经济发展、文化繁荣的前提条件。二是社会交流的自由、通畅。交通运输便于物品交换与人群的流动,城市规划、社区布局、公共设置要考虑促进不同人群的交往,要建设多种多样的公共平台丰富市民的公共生活,增进公共对话提升公共论辩的价值。三是文化意义的建构与分享。城市应当是一个共同体,给予我们最真切的归属感③。

　　从这一研究范式的对象来看,本研究的对象应该属于城市公共传播体系这一范围;同时,我们在考察信息传播网络与城市社会互动的时候则强调信息传播网络的开放性、公平性、辐射力、对政治经济文化的影响力等维度,综合参照上述城市传播研究的三个层面。

---

　　① 孙玮:《传播:编织关系网络——基于城市研究的视角》,载《新闻大学》2013年第3期。
　　② 参见复旦大学信息与传播研究中心:《可沟通城市:中国城市建设与治理的创新转型》,2013年。
　　③ 孙玮:《可沟通:构建现代城市社会传播网络》,载《探索与争鸣》2016年第12期。

第二章
纽约信息传播网络发展与特征

一、纽约基本情况概述

(一)纽约的发展历程

纽约市(New York City,官方名称为 The City of New York),简称纽约,是美国最大城市及第一大港。始建于1625年的纽约市位于美国东海岸,濒临大西洋,在美东北部纽约州东南角的哈德逊河口上,它地处纽约州、新泽西和康涅狄格三个州的交汇点,行政上分为布朗克斯区(The Bronx)、布鲁克林区(Brooklyn)、曼哈顿(Manhattan)、皇后区(Queens)、斯塔滕岛(Staten Island)五个区,其中曼哈顿最繁华,人口最集中。除布朗克斯外,各区均为岛屿,由跨区桥和河底隧道相连。

纽约全市总面积1 214.40平方千米。纽约也是全美人口最多的城市,2016年达到近8 537 673人,为历史新高[1]。同时,它坐落在一个拥有2 200万人口、世界上最大的都市区之一:大纽约都会区的心脏地带,是国际级的经济、金融、交通、艺术及传媒中心,更被视为都市文明的代表。此外由于联合国总部设于该市,因此被世人誉为"世界首都"。纽约市还是众多世界级博物馆、画廊和演艺比赛场地的所在地,使其成

---

[1] 维基百科: https://zh.wikipedia.org/wiki/%E7%BA%BD%E7%BA%A6#人口,最后浏览日期: 2018年9月1日。

为西半球的文化及娱乐中心之一。

纽约市也因此有着来自180多个国家的大量移民，是一个地地道道的移民城市，现在居民一半以上为外来移民。如今纽约近37%的人口出生于海外。截至2011年，十个最主要的海外出生人口来源地为：多米尼加共和国、中国、墨西哥、圭亚那、牙买加、厄瓜多尔、海地、印度、俄罗斯及特立尼达和多巴哥①。除了这些海外移民外，这个城市又是许多希望体验一个比美国其他地方更加国际化的生活方式的外地美国人的家。由于在20世纪初，纽约对外来移民来说是个崭新的天地，处处充满机会，因此纽约常被昵称为"大苹果"，便是取"好看、好吃，人人都想咬一口"之意。

由于纽约24小时运营地铁和从不间断的人群，纽约又被称为"不夜城"。而"哥谭镇（愚人村）"这个昵称则出自美国小说家华盛顿·欧文(Washington Irving)在1807年写的小说。纽约的历史较短，至今只有300多年。最早的居民点在曼哈顿岛的南端，原是印第安人的住地。1524年意大利人弗拉赞诺最早来到河口地区，1609年英国人哈得孙沿河上溯探险，该河便以他的名字命名。1626年荷兰人以价值大约60个荷兰盾（相当24美元）的小物件从印第安人手中买下曼哈顿岛辟为贸易站，称之为"新阿姆斯特丹"。1664年，英王查理二世的弟弟约克公爵占领了这块地方，改称纽约（即新约克，英国有约克郡）。1686年纽约建市。独立战争期间，纽约是乔治·华盛顿的司令部所在地和他就任美国第一任总统的地方，也是当时美国的临时首都。1825年，连接哈得孙河和五大湖区的伊利运河建成通航，以后又兴建了铁路，沟通了纽约同中西部的联系，促进了城市的大发展。到19世纪中叶，纽约逐渐成为美国最大的港口城市和集金融、贸易、旅游与文化艺术于一身

---

① Kirk Semple：*Immigration Remakes and Sustains New York*，*Report*（2013年12月18日），https://www.nytimes.com/2013/12/19/nyregion/chinese-diaspora-transforms-new-yorks-immigrant-population-report-finds.html?_r=0&hp=&adxnnl=1&adxnnlx=1387419526-Tmm/xJQcfZVfInHrSVafLg，最后浏览日期：2018年9月1日。

的国际大都会。一个多世纪以来,纽约市直接影响着全球的媒体、政治、教育、娱乐以及时尚界。纽约与英国伦敦、日本东京并称为世界三大国际都会。

(二) 纽约的政治地位

众所周知,纽约是美国的经济中心和文化首都,可是,在政治方面,纽约的影响绝不比美国首都华盛顿差。联合国总部所在地的纽约在冷战结束后的今天,作为世界政治中心所发挥的作用越来越大。

自美国建国以来,纽约就与美国的政治结下了不解之缘。在美国独立战争胜利之后,首都并不是首先设在华盛顿,而是设在纽约。1789年美国第一任总统乔治·华盛顿在纽约宣誓就任总统。直到1796年,纽约一直是美国的首都。时至今日,纽约市和纽约州对美国政治的影响仍然相当大。在美国总统选举中,候选人如果获得了纽约州和人口最多的加利福尼亚州的选举人票,当选美国总统的机会就相当大。

纽约的华尔街是美国垄断资本的心脏。美国的政党和政客采取任何行动时都要以各种方式征求一下华尔街的看法。政治是经济的集中反映,美国历届总统要是得罪了掌握经济命脉的华尔街,命运就很难说了。关键时刻,华尔街的大富豪也会从幕后走到幕前,参与美国的政治活动。洛克菲勒家族的代表人物纳尔逊·洛克菲勒不仅担任了几届纽约州的州长,而且还出任过美国副总统,代表美国的大富豪直接参与美国政府的决策。

新闻记者对政治最为敏感。在全世界各个大城市之中,外国记者最多的就是纽约。纽约市的新闻机构也多如牛毛,美联社和美国几家大电视台总部就设在纽约。在纽约的对外关系委员会等政治智囊机构也经常举行政治研讨会,提出有关美国政府政策走向的看法和建议。华盛顿的当权人物对这些智囊机构的观点颇为重视。每年在纽约举行的各类政治性会议就更不计其数了。

在纽约,政治风云变化多端,政治事件屡屡发生。20世纪60年代末,美国黑人的民权运动在纽约风起云涌。1997年伊始,纽约又传来了邮件炸弹的消息。2001年9月11日,恐怖分子攻击世界贸易中心,有近3 000人遇害。这次事件成为纽约甚至美国建国以来最大的政治暴力事件。

世界政治风云的变化使得联合国在国际事务中所发挥的作用不断增大。总部设在纽约的联合国的一举一动关系着世界各国政治的发展和人民利益,因此联合国也成了各国关注的中心。纽约的政治影响也不仅局限于美国的范围,而在世界上发挥着政治中心的地位[1]。

(三) 纽约市的独特经济地位

纽约市是全球商业和经贸的枢纽,与伦敦和东京并列为世界上三个最重要的金融中心。据2017年世界银行公布的世界城市GDP排名,2016年纽约GDP为9 006.80亿美元,位居世界第二[2]。

纽约市的经济被形容为"后工业经济"。金融业、旅游业、办公服务业等占据城市经济的重要地位。纽约市经济基础是多样化、外向型的,而且它的一些经济部门对于美国东部地区乃至全国的经济都有举足轻重的作用。纽约市的制造业位于全美国的第三位(仅次于洛杉矶的长岛和芝加哥市),拥有17万家工业企业。在城市的"无烟"工业中,旅游业是城市经济的一大支柱。法律服务业、管理咨询服务业、娱乐业、会员机构组织、教育服务业、通信业、运输业、广告业、商业、对外贸易都在城市经济中占有重要的地位。

---

[1] 刘国栋、张文华:《世界大都市 万都之都 纽约》,长春出版社1997年版,第14—16页。

[2] 东京在线:《16年全球城市GDP排行上,最有钱的依然是日本东京》(2017年3月12日),搜狐网,http://www.sohu.com/a/128691354_170779,最后浏览日期:2018年9月1日。

超过一个世纪的时间,纽约是世界上最主要的商业和金融中心。2007年美国《财富》杂志美国500强企业中有57家企业的总部设在纽约州。坐落于纽约州的这些大公司大多数把总部设在纽约市,使得她成为最大的国际金融和商业活动中心。曼哈顿岛是纽约的核心,在五个区中面积最小,仅57.91平方千米。但这个东西窄、南北长的小岛却是美国的金融中心,美国最大的500家公司中,有三分之一以上把总部设在曼哈顿。七家大银行中的六家以及各大垄断组织的总部都在这里设立中心据点。这里还集中了世界金融、证券、期货及保险等行业的精华。

位于曼哈顿岛南部的华尔街是美国财富和经济实力的象征,也是美国垄断资本的大本营和金融寡头的代名词。这条长度仅540米的狭窄街道两旁有2 900多家金融和外贸机构。著名的纽约证券交易所和美国证券交易所均设于此。华尔街对世界经济有重大影响力,常有人说:"华尔街咳嗽,全世界发烧",就是比喻华尔街对世界经济的强大影响力。2008年席卷全球的金融危机就是肇始于这条街,这场危机对世界经济的巨大摧毁力再次让人们见识了其对世界经济具有呼风唤雨的巨大影响[①]。

(四) 纽约的文化地位

纽约市不仅是美国商业和金融的中心,而且还是最大的新闻中心,无论是报纸、电台、刊物、电视台的数量和影响在美国都处于领先地位。纽约的媒体影响全国的舆论界,几乎左右全国的新闻和娱乐。纽约市长期以来都为自己是美国高雅文化和通俗文化的中心而骄傲。在音乐、舞蹈、戏剧上的最新的艺术突破往往都是纽约市领风气之先,然后才在全美各地流行开来。文化成为纽约市让人们向往与居住的最重要的原因之一。纽约市就像好莱坞被称为美国电影之都一样,被人们称为美国舞台艺术之都。从百老汇大街的第40街至第50街附近,有38

---

① 谢芳:《学者眼中的世界名城 回眸纽约》,中国城市出版社2002年版,第16页。

家剧院上演百老汇的戏剧。在格林尼治村和雀尔喜地区还有上百家"外百老汇"和"外外百老汇"剧院。纽约市拥有300—400家电影院,无数的酒吧、夜总会、迪斯科舞厅、俱乐部,它们为纽约赢得"不夜城"的称号。

林肯表演艺术中心位于纽约市的上西区,它包括三个大型表演大厅。卡内基音乐厅位于纽约市的中城,那里是世界一流的音乐家向往的艺术殿堂。纽约市主要艺术团体有:美国交响乐团、布朗克斯文响乐团、布鲁克林交响乐团、大都会交响乐团、纽约巾室内乐团、国家交响乐团、纽约交响乐团、纽约流行乐团、斯泰腾交响乐团;纽约歌剧院、布鲁克林歌剧院;纽约芭蕾舞剧团、哈莱姆芭蕾舞剧团等。纽约市有大小博物馆100多个,其中最著名的有大都会艺术博物馆和大都会艺术博物馆分馆——修道院博物馆,还有皮尔蓬特·摩根图书馆、惠特尼美国艺术博物馆、古根汉姆博物馆、布鲁克林博物馆、美国自然历史博物馆、现代艺术博物馆,等等①。

二、纽约信息传播网络演变历史

在最初的殖民地时期,纽约只是作为欧洲移民的移居地,并没有形成独立的城市概念。纽约的新居民们往往以来自旧大陆的移民身份,而不是以所谓纽约市市民自居。由于这些欧洲移民大都带有原本所在地的印记,与旧大陆也保持着千丝万缕的联系,纽约自然也摆脱不了欧洲的影响。虽然限于城市发展的规模和统治者制约的重重因素,当时纽约并没有形成系统而有效的城市信息传播网络。但在其欧洲所属国——英国发生的言论和新闻出版自由的变革深深影响着美国,并为其日后报业的出现和发展奠定了基础。

这种影响主要来自移民对英国政治思想中自由主义传统的继承。可以说早期的移民政治理念为后来殖民地的政治生活埋下了伏笔,这

---

① 谢芳:《学者眼中的世界名城　回眸纽约》,中国城市出版社2002年版,第16页。

对美国的政治进程具有重要的意义。而这样的政治生活又为美国报业的产生和发展奠定了精神上的基石①。许多美国的报业人士都继承了英国的自由主义思想。当英国在1644年发表了具有里程碑意义的《论出版自由》之后,美国的报业逐步开始在当时的几个主要城市发展起来,其中就包括纽约。而纽约的城市信息传播网络也就由报业的建立开始演进,先后经历了以下几个时期:

(一)报纸为主体的单一传播网络(1700—1920年)

1. 报纸

虽然在1652年纽约即被授予自治权,但殖民地的管理者都是由宗主国英国的统治者选派的。在当时的管理者伯内特的任期内,纽约第一份报纸,由威廉·布雷德福创办的《纽约公报》(New York Gazette)于1725年11月8日开始发行。早期殖民地时期,北美的新闻事业曾长期依附于当地的权力体系。由于享受政府补贴,这份报纸在所有问题上都是拥护政府的。

直到1733年著名的曾格案发生,纽约的报纸才开始成为传递不同政治意见的媒介。当时希望对殖民地事务享有更大控制权的阶层发现自己无法将意见传播开去,而拥有当时惟一一份报纸的布雷德是一个坚定的保皇派。于是,他们急需一份新的报纸用来作为发表和传播他们新闻和观点的工具。这份报纸就是由曾格(Zenger)于1733年11月5日创办的《纽约新闻周报》(New York Weekly)。这份报纸出版头一天便与行政当局发生冲突,随后又持续公开谴责殖民地官僚当局的无能和腐败。主编曾格因此以"煽动闹事"的罪名被捕。此时的报纸已经开始发挥政治发声筒的功能,更多的纽约公众通过报纸这一途径来了解这座城市乃至整个美国的政治动向。

这一时期北美殖民地报纸的迅猛发展,与18世纪20年代之后殖

---

① 郭亚夫、殷俊:《外国新闻传播史纲》,四川大学出版社2004年版,第130页。

民地商业的发展紧密相关。最明显的就是广告业已经非常红火。报人之所以能够有勇气与殖民地当局进行争论，很大程度上和他们的报纸拥有大量的广告来源有密切的关系。经济上的相对独立为这一时期的报纸编辑方针的独立提供了强劲的动力，这也是其能够相对自由发表政治意见的原因之一；同时，由于有越来越强的经济实力支持，报刊在质量上也出现了很大的改进。当然，促进这一时期报业发展的动力远不止这些。18世纪初，殖民地人口受教育的比例也在快速增长，而这是一个有利于报业发展的重要社会因素。随着北美报业的进一步发展，以及北美殖民地与英格兰的矛盾的不断尖锐，殖民地报业越来越开始表现出它独特的面目，它内聚的能量随着北美的独立运动显现出来[1]。

独立战争时期，纽约的报纸就曾多次扮演着政治运动舆论战场的角色。18世纪60年代，激进派宣传家萨姆·亚当斯决定利用各殖民地之间的宣传交流发动一场密集的攻势。这场攻势曾被称作是"整整20年（1763—1783年）里最为持久的通过新闻报道传播思想的运动"便是1768—1769年的"大事记"活动[2]。在亚当斯的领导下，北美各地的记者将涉及英国军队倒行逆施的丑恶行径都记载下来，发表在《纽约新闻报》(New York Journal)上。并且，他们联合其他几座城市的几家报纸形成了革命的宣传网络，使得这些信息在殖民地公众之间得到广泛传播。通过亚当斯20年努力不懈的宣传，北美独立战争的枪声终于打响。

报纸的这种政治宣传工具作用在之后的党派之争中也体现出来。1787年10月至1788年4月间，联邦党人将自己的政治观点刊登在周二刊《纽约独立新闻报》(New York Independent Journal)上，这些文章在国内的报纸上相继转载，其宣传效果十分显著[3]。纽约报纸之所以

---

[1] 郭亚夫、殷俊：《外国新闻传播史纲》，四川大学出版社2004年版，第136页。
[2] ［美］埃默里：《美国新闻史》，展江译，中国人民大学出版社2009年版，第66页。
[3] 同上。

能在全美产生社会影响是与这座城市的发展分不开的。到 1790 年,纽约已有九种报纸供给城市读者,随着该市人口在 10 年内倍增至 60 489 人,报纸的种类也有所增加。至 1807 年,已有 20 多种报纸面世,纽约成为全国的首要新闻中心①。纽约在 1810 年人口达到 96 373 人,已远远超过费城而成为美国最大的城市②。

纽约在 19 世纪最初 25 年的主要特点是发展的突飞猛进。已成为合众国最大城市的纽约市,在 1820 年普查统计中显示的人口为 123 706 人。该市常被人们称作美国的伦敦③。虽尚未准备好挑战波士顿在文化上的首要地位,但纽约确实已在文化传播领域称雄。比如在印刷品数量上已超过费城,并成为印刷及出版业中心。

当时的一个突出现象是借助图书馆社团来传播文化和信息。一些有进取心的印刷商开设了书店和阅览室,以便让老主顾查找新的版本或浏览该市的 20 多家报纸。图书馆社团逐步形成气候,1820 年,商业图书馆协会和学徒图书馆分别建立起来,向中等收入者传递书籍。这些图书馆成为这座城市中部分人群获得已有文化信息和资本的主要渠道。对于许多观察家来说,到 19 世纪 20 年代中期,纽约市已同时超过波士顿和费城而成为全国文学之都。由詹姆斯·柯克·保尔丁、华盛顿·欧文以及詹姆斯·费尼莫·库珀等作家写的书都在该市出版,并赢得大批读者,曼哈顿正成为另一些作家的文学圣地;威廉·卡伦·布赖恩特和菲茨-格林·哈勒克则干脆称纽约为"家"④。至 1830 年,随着移民的不断涌入,纽约取得了它渴望已久的文化上的卓越成就。这些为市民提供不同文献和新兴出版物的图书馆也在持续发展。在 1840—1860 年间,纽约图书馆数量显著增加,虽然大多数是私人或收

---

① 郭亚夫、殷俊:《外国新闻传播史纲》,四川大学出版社 2004 年版,第 68 页。
② 同上书,第 76 页。
③ 同上书,第 77 页。
④ 同上书,第 81 页。

费图书馆①。然而,由于阅读和获取书本的方式并不便利和普及,纽约市的图书馆仅为少部分人服务。对于大多数纽约人而言,最容易接触文化进展的方式是报纸,报纸也同时成为人们获取信息的重要渠道。在杰克逊时代,纽约市成为全国新闻活动的中心。

19世纪30年代前后,工业革命使美国的社会生产力产生了大的飞跃,商品丰富,市场扩大,导致与新闻传播事业相关联的许多社会因素都产生了一系列剧变:如大都市的形成、运输的日渐快捷、邮政通信业的发达、造纸和印刷技术的提高。再加上大量增加的移民,以及新兴的劳工阶层的需要,客观上促使以往的政论报向大众化报纸转变。廉价报纸应运而生。

廉价报纸(Penny Press),也称便士报,每份报纸售价一便士。其特点不仅在于空前的廉价,而且还因其内容、形式、发行的创新体现出不同于以往的特色。与前时期的报纸相比,它内容通俗、琐碎,多刊登暴力、犯罪、色情的社会新闻和刺激性消息,并大量刊登广告;形式上文字浅白、情节夸张,常用配以含有大字标题和图片的显著头版以招人注目。不管是售价的低廉,还是内容、形式上的一味通俗以至于低俗,无不显示出迎合受众的一种新意识。可以说,廉价报纸的目标受众第一次定位在广大的中下层群众身上。从此,开创了美国新闻业的一个新时代②。

早期的三大廉价报都诞生在纽约。1833年9月3日,世界上第一份成功的便士报《纽约太阳报》(The Sun)在纽约创刊。该报为日报,创办人是本杰明·戴(Benjamin H. Day)。这是一份四页小报,大量刊登轻松幽默的社会新闻、当地消息和色情、暴力消息;文字通俗、夸张而富戏剧性;版面上突出大字标题,强调煽情处理;发行上以街头零售为主,不再是传统的预先订阅。六个月后,该报发行量达8 000份,比当

---

① 郭亚夫、殷俊:《外国新闻传播史纲》,四川大学出版社2004年版,第93页。
② 同上书,第154页。

时最大的正统报多一倍。这很快引起广告商的注意。大量刊登的广告又为该报带来丰厚的收入,使其迅速成为美国第一家不需要政党和财团支持的独立的、赢利的私人报刊企业。

《太阳报》虽在内容、形式和发行上都有所创新,但为招揽受众,甚至不惜编造耸人听闻的假新闻。比如1835年8月25日开始连载的报道:在月球上发现了生命,其形象如怪异的人形蝙蝠。正如曾任其编辑的约翰·博加特所言:"狗咬人不是新闻,人咬狗才是新闻。"《太阳报》本着这一宗旨,致力于挖掘种种荒诞离奇的社会新闻,以引人入胜的生动笔法招徕读者,获取了巨额利润。

《太阳报》的成功引来了其他报人的竞相效仿。1835年5月6日,唐姆斯·戈登·贝内特(James G. Bennet)在纽约创办日报《纽约先驱报》(New York Herald)。该报在内容、版式、发行各方面都全面模仿《太阳报》,甚至在刊登耸人听闻的暴力与色情消息方面有过之而无不及。

1836年,贝内特对纽约妓女艾伦·朱厄特被杀一事进行了一次在当时为数不多的新闻调查和访谈,并用头版详细报道此事及各种内幕新闻,使得这条新闻在整个纽约市广泛传播,报纸发行量也因此大幅飙升。针对《纽约先驱报》在新闻报道处理方面的越来越"不择手段",1840年,纽约及远至英国的报纸发动了一场抵制《纽约先驱报》的"道德战"。所有"令人尊敬的人们"都被召唤到抵制的行列中。由此,该报发行量下降了三分之一。但到1850年,贝内特的《纽约先驱报》每天能卖出三万份。1860年其销售量为六万份,是当时美国销数最高的报纸。

除《纽约先驱报》外,随后又有霍勒斯·格里利(1811—1872年)的《纽约论坛报》(New York Tribune)及威廉·卡伦·布赖恩特的《晚邮报》接踵而至。所有这些报纸刊登形形色色具有轰动效应的新闻报道、科学小品、实用窍门及流言蜚语。与此同时,报纸也分享现代的自由思潮——布赖恩特的《晚邮报》迅速赢得全市最先进报刊的声誉。

几乎所有读者都一致公认《纽约论坛报》的格里利为当时的最佳编辑。格里利支持许多激进的事业,同时又把他的报纸办成美国最具影响力的报纸。卡尔·马克思曾为之撰写有关欧洲事件的文章。这位编辑的常用引语"去西部,年轻人",在帝国主义扩张的年代鼓舞着成千上万的人们。

亨利·J.雷蒙德(1820—1869)于 1851 年创办的《纽约时报》(New York Times),在新闻报道方面显得更为镇定自若,但却发展得极为迅速,到 1860 年,已把所有竞争对手都抛在后头。此外,在这些年里还有上百种专门化报纸发行,针对特定的族裔、宗教群体或劳工①。

廉价报纸开始的报业大众化进程,到 19 世纪末已基本完成。当时有重大影响的几份报纸——《纽约世界报》《纽约新闻报》和《纽约时报》——都是纽约报纸。

2. 期刊

美国的期刊起源于日报的发源地费城,创办者也是早期日报的发行人。早在 1741 年,安德鲁·布雷德福(Andrew Bradford)就出版了美国第一份期刊《美利坚杂志》(American Magazine),从此以后,不时有人尝试出版杂志。18 世纪后半期,杂志的涌现使得传媒的样式发生了很大变化。革命时期殖民地共有五家杂志,罗勃特·艾特肯在费城出版的《宾夕法尼亚杂志》使美国公众第一次欣赏到了汤姆·潘恩的风格;政党报纸时期涌现出了新闻杂志的先驱《农夫博物馆周刊》;比较有名的还包括《奈尔斯纪事周刊》等。这些杂志在内容上的重要特点就是可以报道当时政府的活动②。

---

① [美]兰克维奇(Lankevich, G.J.):《纽约简史》,辛亨复译,上海人民出版社 2005 年版,第 94 页。
② 郭亚夫、殷俊:《外国新闻传播史纲》,四川大学出版社 2004 年版,第 153 页。

但纽约在当时还不是北美最重要的城市,期刊并没有最先从这里发展起来。到19世纪30年代,随着纽约逐渐繁荣并成为北美的新中心城市,期刊作家和艺术家才开始被吸引到纽约。波士顿《美国月刊》的编辑纳撒尼尔·P.威利斯(1806—1867年)1831年移居纽约。他解释说,尽管波士顿有许多引人入胜之处,"但一个多少带有世界主义口味的人会非常偏爱纽约"。他随即创办《家庭期刊》,报道该市新闻。

1833年,《纽约人杂志》创刊。是美国第一家大型综合性月刊。之后几年,随着纽约期刊业的发展,杂志在纽约市民生活中的影响也日益扩大。1847年,曼哈顿已经成为50家杂志的总部所在地,其中包括《民主评论》《纽约人》和《纽约月刊》等。1850年,纽约图书出版公司创办的《哈泼斯月刊》(Harper's Monthly)开始发行,该刊连载英国狄更斯等著名作家的小说,木刻插图较多。其发行量在内战前迅速达到了创下世界纪录的20万份,超过了所有其他杂志。21世纪初,该刊被摩根财团收购,但仍为高级杂志[①]。

(二) 广播电视为主体的多元传播网络(1920—1990年)

1. 报纸期刊一统天下

无线电广播是在20世纪初匆匆问世的,此时,正是美国印刷媒介一统天下的时候。经过半个多世纪的蓬勃发展,美国的报业此时已经基本实现了大众化,很多报纸的发行量和售价都已经满足大众化传播的要求。例如,在19世纪末,通过对美西战争的渲染报道,纽约两份著名的"黄色报纸"(yellow press)[②]——《纽约新闻报》和《纽约世界报》分别突破了150万和100万的销量。

[①] [美]兰克维奇(Lankevich, G.J.):《纽约简史》,辛亨复译,上海人民出版社2005年版,第91—94页。

[②] 19世纪90年代,普利策《纽约世界报》连载的连环画《霍根小巷》中的主人公——一个身穿黄色衣服、没有牙齿、咧嘴傻笑的"黄孩子"突然风靡美国,没多久,赫斯特的《纽约新闻报》便挖走《纽约世界报》连环画的原班人马,并且在《纽约新闻报》上同样刊出了"黄孩子"的漫画。为此,两家报纸展开了持久而激烈的竞争,并在竞争中极尽低俗煽情之能事,开启了美国的"黄色新闻"时期,后来人民便将此类小报称之为"黄色报纸"。

19世纪20年代,报纸进入"小报时期"[①]。第一张出名的小报《纽约插图每日新闻》1919年诞生于纽约。不久该报改名为《纽约每日新闻》(New York Daily News)。1926年该报销量突破百万份,"二战"后该报日发行量超过240万份,创下了美国报纸日发行量之最。

与此同时,期刊业也在经历着从面向知识分子精英阶层的高级读物到面向普通民众的大众化变革。19世纪下半叶,美国期刊进入大发展阶段。持续的强制性教育大大提高了民众的文化素养,美国人的识字率达到世界最高水平,内战结束后人们生活趋于稳定,铁路的开通使人和货物的流动能力明显加强,这都为期刊的大众化发展创造了有利条件[②]。无论是专业化期刊还是大众化的综合杂志都纷纷降价,期刊数量也大幅度增加。1865年,全国期刊数量为700多种,到19世纪末发展到5 000多种,数量甚至大大超过了同期的日报。

当时美国并无有影响的全国性报纸,期刊就抓住这一机会创办了全国性的新闻杂志来填补这一空白。1923年,《时代》周刊创刊。之后,《新闻周刊》等全国性新闻期刊相继创刊。与此同时,美国几个大都市地位的确立使得都市化杂志得到发展。著名的《纽约客》就是在1925年创刊的。此时的纽约已经成为美国最大的城市,纽约市的媒体亦是印刷媒介的天下。可以说,传统印刷媒体几乎控制了当时整个城市的信息传播网络,而阅读也是一般市民最依赖的获取信息的主要渠道。人们不仅通过报纸和期刊来获得政治类的严肃新闻报道,战后人们渴望和平的氛围也使人们的注意力转移到经济、文化和生活上来。直到20世纪20年代,人们才发现信息不仅仅是从纸上"读来"的,也可以是通过广播"听来"的。

---

① 当时出现的许多报刊为约相当于普通报纸一半大小的小型报刊,美国新闻史称其为"小报时期",称当时流行的新闻手法为"小报新闻"。其特点是以暴力色情文字加大幅照片,运用耸人听闻手法,偏重消遣性。

② 辜晓进:《美国媒体传播体制》,南方报业出版社2006年版,第258页。

2. 广播兴盛

美国第一家纯商业性的广播电台,也是世界上公认的最早的商业电台是 KDKA 电台。它是由美国著名电器发明公司西屋公司(Westinghouse Inc.)创办的。该公司于 1920 年获得第一个纯商业性的标准广播执照,同年 11 月 2 日,KDKA 电台开始运营,播出了哈丁与考克斯竞选总统的结果。当时有数千人收听了这长达 18 小时的节目。但是,KDKA 电台并不是第一个定期播出新闻的电台。由底特律新闻报社创办的 WWJ-AM 广播电台自 1920 年 8 月 20 日就开始播音,并且于 8 月 31 日就播出了本市所在州密歇根州的选举结果。

事实上,早在 19 世纪末,美国就有科学家和无线电爱好者从事无线电广播实验。而汇集了众多移民,充满创造活力的纽约无疑是这些研究开展的集中地。在 1877 年,也就是贝尔发明电话的第二年,就有人尝试把音乐从纽约传送到纽约州的萨拉索塔斯普林斯。著名的发明家托马斯·爱迪生随后探测出了无线电话发送信息时远处产生的电火花。纽约的报界也对这一衍生出新媒体的新兴技术给予了高度关注。1899 年,《纽约先驱报》邀请意大利发明家马可尼用无线电技术报道美国杯帆船赛。1907 年,当马可尼终于通过电波把欧洲和美国联通起来时,《纽约时报》的大字标题这样写道:"无线电连接两个世界。马可尼跨大西洋服务以向《纽约时报》发电讯开张。"[1]此后,纽约市市民就可以通过当地的报纸及时了解大洋彼岸的信息,当然,是借助广播的相关技术。1916 年匹兹堡大学的费森顿在纽约的实验电台播出了威尔逊和休斯竞选总统时的得票数,因而被称为世界上第一次新闻广播[2]。

后来 KDKA 和 WWJ-AM 电台的成功播出,引起媒体和公众的极大兴趣,美国广播事业迅速崛起。1921 年美国全国电台数量为 30 家,收音机约五万台。第二年,这两个数字就迅速增加到 383 家和 60 万

---

[1] [美]埃默里:《美国新闻史》,展江译,中国人民大学出版社 2009 年版,第 339 页。
[2] 辜晓进:《美国传媒体制》,南方报业出版社 2006 年版,第 7 页。

台。1927年,全国已拥有733家电台和650万台收音机①。其中多家重要电台都设在纽约。比如,大西洋电话电报公司(AT&T)开办的WNBC电台;当时美国两家大型公司西屋公司和通用电气公司(GE)都在纽约开办了电台。这三家公司于1919年组建了美国无线电公司(RCA)。RCA于1926年创办了全国广播公司(NBC),它有两个广播网,红网发展成了今天的NBC,蓝网于1945年发展成美国广播公司(ABC)。外加1927年成立的哥伦比亚广播公司(CBS)。至此,美国三大广播公司——NBC、ABC、CBS——全部成立并播出。

在纽约广播发展的初期,纽约的报纸与之是互相合作的关系。除了热衷报道有关广播的消息,很多报纸还为电台提供新闻节目源,而同时电台也为报纸的发行做宣传。但当经济不景气时,当地的报纸和广播为了争夺有限的广告资源就形成了对立。为了封锁和控制电台的新闻源,纽约的几家通讯社曾应报社的要求,停止向电台提供新闻。到1934年,报社和电台达成妥协,通讯社才逐步恢复向电台供稿。此后虽然报纸与广播的竞争从未间断过,但广播的崛起已是不可阻挡了②。

20世纪三四十年代,广播迎来了它的"黄金时代"。当时的广播电台基本上都是综合性电台,即节目包括娱乐节目、肥皂剧、保险系列剧、新闻及体育报道各方面内容。其中,广播电台在新闻方面发挥的作用尤其突出,并在播出形式上不断突破。罗斯福总统28篇著名的"炉边谈话"就是通过广播播出的。现场报道也使广播的优势得到极大的发挥。一个传播媒介的产生和发展都是与受众对信息的需求息息相关的,而媒介的特点也往往决定了它能够为受众提供怎样的信息。广播突破了报纸无声的形式,通过其实时性超越了空间地域的限制。NBC和CBS就针对远程现场新闻报道这一节目形式展开了激烈的竞争。随着广播网的海外延伸,到1938年"慕尼黑危机"期间,纽约听众已经

---

① 张昆:《简明世界新闻通史》,武汉大学出版社1994年版,第178页。
② 辜晓进:《美国传媒体制》,南方报业出版社2006年版,第9页。

能够听到来自欧洲14个城市的实况广播。整个20天的危机期间,哥伦比亚广播公司广播了471次,播音48个小时;全国广播公司广播了443次,播音59个小时①。正是因为广播电台生动而又快捷的报道,使得这一新媒体很快成为大众的宠儿。许多纽约家庭都拥有了收音机,从收音机中听新闻成为纽约市民除报纸外最重要的获取信息的渠道。并且对于一些影响超越本市的国内外重大事件的报道,广播因其同步性而成为首选。

3. 电视崛起

就在广播渐入佳境之时,电视的诞生也在酝酿之中。20世纪20年代中期,德国科学家尼普科夫设计出了最初的机械电视,引起各国科学家的兴趣,他们纷纷投入力量对这种电视机技术加以改进和完善。一贯注重科研开发的几家纽约的大公司也第一时间介入了这场技术革新的竞赛,其中包括GE、AT&T和RAC在内。1928年,GE在其纽约的实验电视台W2XAD播出了世界上第一部电视剧《王后的信使》。到1929年,美国已建立了15个实验电视台。1930年,全国广播公司开始了电视的实验播出。

但机械电视的不稳定性能成为电视媒介发展的瓶颈。直到20世纪30年代第一代具有稳定性的较为成熟的电子电视机诞生,才又为电视媒介的发展带来了勃勃生机。1938年,这种电视机已经开始在商店销售,屏幕尺寸从三英寸到12英寸不等,价格在125美元到600美元之间。全国有了十几家电视机制造商。

技术突破之后,新闻媒体界迅速运用这项新技术开展其新闻活动。1937年,一个移动摄制组上了纽约街头,它的首次现场直播是在1938年对纽约发生的一场火灾的报道。1939年4月30日,主题为"明天的世界"的纽约世界博览会开幕。RCA的NBC所属的实验电台在博览会上以每帧441行扫描线的规格首次电视播映了总统富兰克林·罗斯

---

① 辜晓进:《美国传媒体制》,南方报业出版社2006年版,第10页。

福(Franklin Roosevelt)在开幕式上的致辞,轰动整个社会。从此,美国历届总统选举活动都离不开电视。罗斯福也成为第一个出现在电视屏幕上的美国总统。这一年通常被称为"电视元年"。

1941年7月1日起,经联邦通讯委员会批准的18家电视台投入商业运营,其中包括位于纽约的NBC的WNB台和CBS的WCBW台。珍珠港事件爆发后,WCBW台因对这一事件进行了九个小时的实况报道,从而名声大噪①。7月1日当天,NBC在纽约的电视台播出了有史以来第一个电视广告。这是一个布洛伐时钟广告,时钟图像在屏幕上停留了整整一分钟。为此,布洛伐付了四美元广告费。到年底,全美有32家商业电视台获得执照,独立营业。

正当电视业似乎就要起飞的时候,美国卷入了第二次世界大战,电视的发展被迫中断②。"二战"中,美国国内原有的18家商业电视台只剩六家还在坚持播放节目,播放时间也大为减少。到"二战"结束时,美国的电视机数量不到一万台,比参战前不增反减。

"二战"后,美国的电视工业迅速恢复生机,到1948年电视台已增加到48家。1950年哥伦比亚公司开发出当时国内质量最好的彩色电视机。由此,彩色电视进入快速发展时期。电视在创办之初大量地借鉴了广播的节目形式,广播中的传统节目如肥皂剧、情景喜剧被移植到电视上,电视又利用图像的优势使节目青出于蓝而胜于蓝。随着电视网的扩大和电视的普及,广播网的重要性大为削弱,受众的兴趣日益转向电视,广告和流行节目也迅速弃广播而选择电视。1953—1962年,美国电视业呈现出史无前例的发展势头。统计数字表明,1952年,美国有108家电视台,家庭电视机的普及率为34%。10年以后,美国电视台增加到541家,家庭电视机普及率上升到90%③。此时,纽约已是众多具有全国影响力的电视台的所在地。全美三大广播公司("CBS"

---

① 辜晓进:《美国传媒体制》,南方报业出版社2006年版,第11页。
② 张允若:《外国新闻事业史纲》,四川人民出版社2006年版,第215页。
③ 同上书,第214页。

"ABC"和"NBC")的电视台每天以纽约为中心向全国发送新闻。而纽约市民对电视新闻的依赖度也大大提高,尤其是当突发和重大事件发生后。比如,1963年当人们得知肯尼迪总统被暗杀的消息时,纽约市的电视观众从30%猛增到70%,在举行葬礼全国默哀的几分钟内高达93%[1]。

进入20世纪60年代后,无线电技术与空间技术相结合而产生的通信卫星,提高了电视信号的传输质量,使电视广播冲破了单纯依靠微波中继传递的局限,电视信号通过太空传遍了地球的每一个角落。1975年12月,美国无线电公司发射了"通信卫星一号",至此,纽约的电视传播网络也基本成型。除了有全国性的三大商业电视网,纽约当地有四家中级的商业电视台:五号台、九号台、11号台以及普及知识、不播广告的13号台。纽约人打开电视机随时都可以收到以上各台不需付费的英文节目,或在其余频道上收看到各少数民族语言的节目。如对以上电视台节目不感兴趣的话,每月只要付10—50美元就可收看"家庭影院"、体育运动专线、歌舞表演专线甚至专供成人观看的暴力和色情专线。可谓行行伍伍,应有尽有[2]。

4. 广播、报刊的调整

面对电视的后来居上,纽约的印刷媒体和广播媒体也在不断地自我调整。

报纸则在很早之前,就经历了大面积的重组和兼并。纽约市在1890年有15家普遍发行的英文日报,八家是晨报,七家是晚报,它们代表12家业主;到1932年剩下三家晨报、四家晚报和两家小报,为七家业主所有[3]。这是纽约报业集团化发展的结果。1887年,普利策收购了纽约《世界报》和《世界晚报》,成立普利策印刷集团(Pulitzer

---

[1] [美]埃默里:《美国新闻史》,展江译,中国人民大学出版社2009年版,第206页。
[2] 莫利人:《纽约华语电视台的过往和未来》,见《国际话语体系中的海外华文媒体——第六届世界华文传媒论坛论文集》,香港中国新闻出版社2011年版,第182页。
[3] [美]埃默里:《美国新闻史》,展江译,中国人民大学出版社2009年版,第364页。

Publishing);赫斯特于1900年前分别在纽约、芝加哥等大都市收购或创办若干报纸,组建赫斯特集团(The Hearst Corporation);奥赫于1896年收购《纽约时报》后成立纽约时报集团。有许多理由导致了报纸数量下降以及所有权越来越集中。比如,发行量和广告收入方面的竞争所形成的压力;产品的同质化使报纸丧失了对读者的吸引力;战时通货膨胀和商业大萧条的影响等。

然而,由于在战争报道中的出色表现,加之战后和平的氛围和经济复苏,战后几年纽约各大日报盛极一时。纽约的九大日报夸耀其每日总发行量达到600万份出头,几乎是1987年四大日报总发行量的两倍。在周日,可供读者选择的六份报纸一天能卖出1 010万份,其中包括470万份的《纽约每日新闻》,该报在1947年创下了有史以来的最高发行量纪录,其晨报日销量达240万份。

赫斯特的《美国人新闻报》(Journal American)周日版的销量接近130万份,平日每晚销售70万份左右;他的《镜报》更加畅销,周日版的销量达220万份,平时的晨报版略高于100万份;《时报》的周日版在前一年就突破了100万份大关,平日晨报版销量约为54.50万份。《先驱论坛报》的周日版销量为68万份,平日晨报版为32万份。另有30万人购买《午报》的周日版①。可以说,这一时期纽约报界达到了空前的繁荣。

"二战"后,随着广电媒体等新媒体形式的出现,为了应对更激烈的竞争,期刊呈现出多样化和专业化的趋势,综合性的杂志开始走下坡路。1948年,以适应纽约电视观众兴趣的著名周刊《电视指南》诞生。该期刊迅速发展为全国性的期刊,并与1974年超过创办于1922年的《读者文摘》(Reader's Digest)登上发行量冠军宝座。自20世纪80年代以来,《电视指南》长期以每期1 500万份左右的发行量保持全国第一,并曾经两次突破1 800万份大关,直到1996年才退

---

① [美]埃默里:《美国新闻史》,展江译,中国人民大学出版社2009年版,第447页。

居第三①。

20世纪70年代,广播在经历了电视20年的冲击之后,不断调整自己,重新定位,将综合服务转向专业化服务,向特定听众提供专门形式的音乐和新闻②。

(三) 跨媒体、跨行业的信息传播网络整合(1990年至今)

1. 广电媒体大融合

这一时期,纽约的信息传播网络已经经历过一轮洗牌和重组,传播的媒介形态也基本成形。《1996年联邦电信法》的颁布进一步放宽了对媒体的管制,促进了传媒产业融合的进一步升级。它首先放宽了对广播电台、电视台所有制的限制;其次,打破了媒介种类的限制和隔绝,允许电话公司参与有线电视市场的节目竞争,促进电话行业与有线电视业之间的相互渗透和合作。

1996年后,典型的跨行业、跨媒介兼并重组案有:大西洋电报电话公司(AT&T)于1999年年中以466亿美元购买美国第二大有线电视公司——电信公司(TCI);2000年1月10日,时代华纳与美国在线(AOL)以互换股票的方式实现了合并,其交易价值达到了1830亿美元,创下了全球迄今并购案之最。

受《1996年联邦电信法》的鼓舞,从1996年开始,兼并风潮便席卷了整个广播电视业。该产业进入了一个前所未有的超级集团和以数十亿美元计的兼并交易的年代。1996年,美国广播电视业兼并交易顿达253.60亿美元,其中广播业交易额148.70亿元、电视交易额104.90亿元。而1995年,整个产业交易只有83.20亿美元。1997年,兼并交易繁忙程度前所未有,广播业的主要市场80%都已被大公司兼并。当代美国的媒介集团都是集广播电视业等多种产业于一

---

① 辜晓进:《美国传媒体制》,南方报业出版社2006年版,第261页。
② 张允若:《外国新闻事业史纲》,四川人民出版社2006年版,第203—204页。

身的巨型集团①。

2. 互联网时代

就在广电业等传统媒体产业忙着兼并重组时,互联网这一新兴的信息传播媒介赶在新世纪到来前加入了媒体大军。这个完全颠覆已有传播形态的新媒介无疑是 20 世纪最重要的发明之一,它对一个城市信息传播网络改造的影响可以用翻天覆地来形容。对于一般的纽约市民来说,不同媒体间发生的整合兼并不是他们所关心的,真正和他们日常生活息息相关的是媒介究竟能为他们提供怎样的服务。互联网的问世标志着一个新的传播时代的到来。

1969 年,Internet 问世。它源于美国的阿帕网(ARPANET),最初的网络只有四台主机,30 年后已发展成为拥有 300 万台主机,包含来自 130 多个国家的 1.50 万个子网的庞大无比的信息网络——Internet。

从 1969 年到 1993 年,Internet 主要用于科学研究、学术交流和新闻传播。1993 年,美国总统克林顿上台以后,启动了建设美国信息高速公路项目,即"国家信息基础设施"(National Information Infrastructure)。从此,网络便发生了根本性的变化,网络化浪潮遍及美国每个角落。截至 2013 年,美国互联网用户数量为 2.80 亿、手机用户 3.35 亿、移动互联网用户 3.05 亿②。许多人从小接触电子媒体,人们称这些在电脑、电视伴随下长大的一代为"屏幕一代"(screenagers)。美国人主要通过互联网来收发电子邮件、检索资料、查阅新闻等。

互联网与报纸、期刊、电视、电台等传统新闻媒体的结合十分紧密,特别是在新闻的供给方面,传统媒体一直扮演着主力供应商的角色。近年来美国各报都在积极探索转型的有效路径,努力生产能满足数字时代受众需求的内容产品,并将这些内容推向几乎所有的数

---

① 张允若:《外国新闻事业史纲》,四川人民出版社 2006 年版,第 182—183 页。
② 孙晓:《中美日韩互联网与通信产业国际竞争力比较研究》,吉林大学博士学位论文,2015 年,第 128 页。

字平台,使得报业公司生产的内容得以抵达更广泛的受众群体,远远超过纸质媒体的读者量①。期刊也从 1997 年起就纷纷开办自己的网站,那些计算机类期刊更是一马当先。期刊网站总体来说是最好看、最精彩的媒体网站。至于网上电台、电视台提供的音频和视频信息,也早已普及到千家万户。互联网作为一种全新的媒体形式,与传统媒体既有竞争更有融合,且事实正在证明融合是传统媒体的更好出路②。

21 世纪初,《纽约时报》等报纸相继推出数字化报纸,使世界各地订户可以和纽约的读者同时阅读到完全版的《纽约时报》。不过,发展至今报纸网站已不局限于提供报纸上的内容,而是延伸出很多新的服务领域,如读者可以从《纽约时报》的网站上随时检索到世界 1 500 个城市的天气预报。之后电视和期刊都相继上网,人们通过互联网就可以获得超过以往任何时候的海量信息,并且同时囊括各种媒体类型。更让纽约市民感受深刻的是互联网缩小了世界,从而缩短了信息传播的距离。

三、纽约现有信息传播网络的基本构成

自 19 世纪 50 年代成为全国最大的都市以来,纽约市不断发展,它已不仅是美国商业和金融的中心,而且还是世界商贸中心。许多人称纽约为"万都之都""世界的中心",这足以说明纽约城市地位的重要。为了适应其国际大都市的地位和信息传播需要,纽约的信息传播网络也从单一类型、数量较少发展到今日的多媒介、多数量、多交融的状态,纽约已不折不扣地成为美国乃至世界最大的新闻中心。纽约设有很多地区性、全国性乃至世界性的媒体机构,不论是报纸、电台、刊物、电视台的数量还是影响力在美国都处于领先地位。

---

① 辜晓进:《美国报业转型的五大发展趋势》,载《全球传媒学刊》2016 年第 3 期。
② 辜晓进:《美国传媒体制》,南方报业出版社 2006 年版,第 285 页。

(一) 报纸

从美国新闻发展的历史来看,报纸无疑是美国最有影响力的媒介形态。美国幅员广阔,各地都有具有区域影响力的报纸,报业可谓各自为营,而纽约无疑是最大的报业市场。根据全美报纸网络(Newspaper National Network,下称 NNN)网上统计数据显示,2008 年纽约在日报阅读覆盖率、星期日报阅读覆盖率、报纸读者收入和受教育指标上均位列首位,仅超过 18 岁读者人群这一重要指标,纽约市场(15 794 807 人)就高出第二位曾是报刊发源地的费城(5 965 568 人)近三倍[①]。

各州各城也都有有着优良历史传统的知名大报,而仅纽约市就占了全美三家全国性日报的两家。纽约目前有五家日报,它们是《纽约时报》(New York Times)、《纽约每日新闻》(New York Daily News)、《纽约邮报》(New York Post)、《华尔街日报》(Wall Street Journal)、《纽约日报》(Newsday)。其中,《纽约邮报》是美国创办历史最悠久的报纸,创办于 1801 年;《华尔街日报》是美国最畅销的报纸,创办于 1882 年;《纽约时报》是英国乃至世界最有影响的报纸,创办于 1851 年。在全美前 10 名读者数报纸排行上,纽约报纸就占了一半(见表 2-1)。

表 2-1　2007 美国报纸读者数 TOP 10[②]

Newspaper	Daily Readership	Sunday Readership
USA Today	4 953 800	N/A
Wall Street Journal	4 399 100	N/A
New York Daily News	2 535 400	2 733 800
New York Times	4 473 300	5 911 700
New York Post	1 948 600	1 262 900
Newsday	1 364 500	1 363 700

---

① 数据来源:全美报纸网络官网,http://www.nnnlp.com/。
② 2007 Scarborough Release 1 Combined Study Weighted by: Population.

续表

Newspaper	Daily Readership	Sunday Readership
Newark Star Ledger	986 900	1 457 900
Los Angeles Times	2 171 000	3 295 300
Orange County Register	760 900	1 001 300
Chicago Tribune	1 573 200	2 618 900

除了这些具有全国影响力的大报外,纽约市还有69份社区报刊、15份商业报刊、69份外文报刊。另外,除了这五份设立在本埠的日报外,在纽约几乎能买到全世界所有重要的报纸。在纽约,世界上一些重要的报纸当天就能看到。

在美国,一个城市很难养活得了两家报纸。在美国1 500多个大小城市中,只有132个城市有两种或两种以上的主流报纸,"一城一报"的格局在许多中小城市已经保持了近100年。这是因为虽然每座城市的广告费都根据经济发展情况而有所增减,但总量是相对稳定的,而广告费是报纸生存的基础,多家报纸共存必然会对固定的广告份额进行分流。纽约是全美国唯一有三四家日报同时存在的城市,这充分反映出纽约市的经济实力和它所占据的新闻中心的地位。

1. 报纸覆盖方式

由于纽约的城市流动性的特点,在纽约除了个别大公司之外一般不订阅报纸,报纸只在报摊上零售,而且外埠报纸运到纽约一般都会提价。比如,《华盛顿邮报》在华盛顿的零售价为25美分,到纽约就要卖到75美分。如果要订阅外埠报纸,再加上人力,报价就相当可观,尤其是美国报纸的星期天版都很厚,基本上都在100页以上,有的甚至达300页。以《巴尔的摩太阳报》为例,它的星期天版有100多页,当地售价1.50美元,在纽约报摊零售3美元,送到家里4.50美元,尽管它离纽约没有多远。

星期天清晨,在纽约的报刊零售所,人们能买到当天美国各地的报纸,这些报纸有的是在纽约代印的,有的是从很远的地方运过来的。报纸的内容包罗万象,纽约所有报纸的星期天版都附加下周电视节目的小册子、纽约市当天和今后两三周之内上映的影片介绍、百老汇戏剧及林肯中心和大都会博物馆的节目预告。

专门的报刊零售所只是报纸销售的一种渠道,更常见的销售方式是遍及城市各个角落的书报摊。那里有琳琅满目的报纸杂志,人们能够在上班的路上随便买上一份报纸边走边看,这充分适应了纽约人都市生活的快节奏。许多报纸的自动售报机则是纽约的另一道风景线,只要投进一个硬币,就能方便地自助取报。在纽约的一些闹市地段,往往能看到一排不同报纸的、五颜六色的铁皮售报机,透过机器窗口就能看到这份报纸今天醒目的头版头条。除此之外,纽约的一些报纸还走进超市卖场,让人们在等待付账的时候能够看一看,也就有可能顺便一并结账买回去了。

2. 报纸分类概况

综合发行范围、题材类型等分类标准,纽约的报纸大致可分为以下四种类型。

(1) 全国性日报

美国真正意义上的全国性报纸并不多,名副其实的仅有《今日美国》(USA Today)、《华尔街日报》和《纽约时报》,其中后两者就位于纽约。这类报纸在全国范围内发行且影响范围较广,发行量较大,其新闻覆盖范围及主要读者兴趣是国内和国际新闻,并不局限于某个城市。

(2) 大都市日报和地方性日报

大都市日报主要有《纽约每日新闻》《纽约邮报》《纽约日报》三家。这类报纸以纽约本地新闻为主,国际、国内新闻也占有一定分量,报纸的发行范围除了本市还延伸到近郊。因此,这些报纸大都设有几个地方版,以满足郊县读者的信息需求。

(3) 社区报

除了全国性日报和大都市日报外,一般纽约读者还会经常阅读"家乡日报"(Hometown Daily),即地方性日报。这些报纸主要分布在纽约的郊县或五个行政区内,针对美国人普遍关注身边人和事的特点,主要报道更小范围的本地新闻。位于斯塔藤岛区的《斯塔藤岛前进报》(Staten Island Advance)就是一家拥有100多年历史的大型社区报纸,其发行范围局限于纽约五大行政区中的斯塔藤岛区。

另外,还有注重对本地社区事务提供详尽报道的社区周报。有的社区周报还会对社区成员的日常社会交往做家庭式的随意报道,使得社区周报在当地居民中有很强的亲和力。有人把这类周报的成功称为"电话簿新闻",因为有些周报在报道中强调罗列被访者的姓名、地址、电话等①。其中,《人物每周世界》(People's Weekly World)是全美发行量最大的付费社区周报,发行量超过六万份。

在美国,地方性日报和社区周报统属社区报范畴。根据2000年的数据,美国全国约1 500个城镇,全国性报纸20多种,大都市日报约814种,其他的以社区报为主②。社区报以周报居多,估计不低于2 000种。一般来说,社区报在社区内发行量位居第一,比当地大都市日报发行量大,但在整个城市中,还是大都市日报的发行量大。以纽约为例,《纽约时报》是纽约市最大的主流日报,但在纽约的斯塔藤岛辖区,社区报《斯塔藤岛前进报》的发行量最大,《纽约时报》在这个区排第二位。

(4) 种族报纸

这类报纸主要服务于特定种族,又可分为英语和外语两大类。目前美国共有种族日报23份,类型和数量如下③。

- 中文报:7
- 拉丁文报:4

---

① 明安香:《美国:超级传媒帝国》,社会科学文献出版社2004年版,第44页。
② 袁友兴:《从社区报看中国报业发展方向》,载《南方传媒研究》2009年1月20日。
③ 数据来源:《美国独立报业协会 Independent Press Association-New York》,http://www.indypressny.org/,最后浏览日期:2018年4月1日。

- 波兰文报：3
- 韩文报：3
- 黑人报：2
- 希腊语报：2
- 俄罗斯文报：1
- 意大利文报：1
- 印度语报：2

英语类种族报纸服务于讲英语的少数民族社区，有黑人报纸和犹太人报纸。其中，著名的黑人报纸《挑战日报》(New York Daily Challenge)是全国三大黑人日报之一。另外，为犹太人办的报纸较为著名的有《纽约犹太人邮报》(Jewish Post of New York)、《犹太周报》(Jewish Week)、《今日卡巴拉》(Kabbalah Today)和《向前》(Forward)。

外语类种族报纸专为移民和侨居于纽约的外国族裔读者服务，如在全国中文报之中发行量最大的著名华文报纸《世界日报》(World Journal)。除中文报纸外，还有多个语种的报纸，例如：希腊文的《希腊新闻》(Greek News)、印度语的《印度新闻时报》(News India Times)、全国历史最悠久的西班牙文报《El Diario La Prensa》等。

(5) 其他

除了以上四类外，纽约还有宗教类报纸，如《纽约基督教报》(Catholic New York)；商业类报纸，如《科恩纽约商业》(Crain's New York Business)、《纽约房地产报》(New York Real Estate Journal)；大学报纸，如哥伦比亚大学主办的《哥伦比亚每日观察者》(Columbia Daily Spectator)、纽约大学主办的《华盛顿广场新闻》(Washington Square News)；政治类报纸，如《领袖者》(Chief Leader)、《市政厅》(City Hall)；同性恋报纸，如《同性恋都市新闻》(Gay City News)；等等。此外，还有两份具有影响的免费地铁报 amNewYork 和 Hoy and Metro。

3. 主要报纸

(1)《纽约时报》

《纽约时报》是纽约的第一大报,也是全美国和世界上几家最有影响的报纸之一,2016年周一至周五平均发行量为571 500份,周日平均发行量为1 087 500份①。《纽约时报》有消息总汇之称,打开《纽约时报》,前一天午夜之前世界上所发生的重要事件、美国国内的重大事态发展和纽约本埠的各方面情况都会有所反映。

《纽约时报》的评论版经常刊登美国政界、学术界重要人物的文章,许多文章有相当的深度和广度,影响非常大。《纽约时报》的书刊评论在美国各大报中首屈一指,美国作家的作品如果能够得到《纽约时报》书刊评论的青睐,其地位就会迅速提高。

《纽约时报》在美国各中产阶级大报纸中的地位是无可争议的,从1918到1996年,《纽约时报》共获得73次普利策新闻奖,超过美国任何一家报纸;在1996年《纽约时报》就获得三个普利策奖,可见这家报纸实力非凡②。

表2-2 纽约时报2012—2016年营业状况(单位:亿美元)③

	2012年	2013年	2014年	2015年	2016年
总营业收入	15.95	15.77	15.89	15.79	15.55
净利润	1.36	0.65	0.32	0.63	0.24
净利润率	8.53%	4.11%	2.01%	3.99%	1.54%

从总营收规模来看,如表2-2所示,2012—2016年《纽约时报》的总营收趋于稳定,基本维持在15亿美元,波动不大。但是,和高峰时期

---

① United States Securities and Exchange Commission: The New York Times Company 2016 Annual Report (2017-02-22).
② 刘国栋:《世界大都市 万都之都纽约》,长春出版社1997年版,第19—25页。
③ 禹建强、马思源:《从利润权重解析报业上市公司盈利模式的转变——以浙报传媒、博瑞传播、华闻传媒、纽约时报(2012—2016年)为例》,载《国际新闻界》2018年第5期。

的 2006 年(32.70 亿美元)相比,总营收减少 50% 以上,虽然营业收入基本持平,利润却严重缩水,从 1.36 亿美元降至 0.24 亿美元,反映出美国报业发展的困境。财报显示,这是受公司战略计划和人员成本增加的影响①。

《纽约时报》在 2016 年继续增加对数字化产品的投入:一方面用于研发数字化新产品(如 VR)及投资其数字化公司;另一方面用于提高数字化人才的数量和薪资②。目前,《纽约时报》在深化报业数字化转型上继续勇立潮头,并把重点放在视频、VR 纪录片等前沿产品的开发上,还在"新闻服务"领域加大投入。《纽约时报》年度财务报表显示,其数字订户在 2016 年增加超过 50 万,同比增长 47%,截至 2017 年 6 月,这个数字突破了 220 万③。

(2)《斯塔藤岛前进报》

《斯塔藤岛前进报》创刊于 1886 年,是纽约市斯塔藤岛区的地方报纸,也是纽约最具代表性的社区报之一,隶属于美国著名报团——纽豪斯的前进出版集团,在人口为 50 万的斯塔藤岛区占据绝对统治地位,90% 左右的家庭拥有该报④,是大多数本地居民必读的一份报纸。截至 2005 年 3 月,该报月平均发行量为 71 000 份,星期天发行量为 90 000 份。它的版面元素古朴不失活泼,稳重不失新颖,图文并茂,错落有致,形成强大的视觉冲击力⑤,每份售价 0.50 美元。

这家报纸设有一名发行部经理,下设两名地区经理、两名零售经理和两名主管。地区经理各管八名社区经理,确保所管辖区全部报款的

---

① 禹建强、马思源:《从利润权重解析报业上市公司盈利模式的转变——以浙报传媒、博瑞传播、华闻传媒、纽约时报(2012—2016 年)为例》,载《国际新闻界》2018 年第 5 期。
② 同上。
③ 崔保国、杭敏:《中国传媒产业发展报告》,社会科学文献出版社 2018 年版,第 340 页。
④ 袁友兴:《从社区报看中国报业发展方向》(2009 年 1 月 20 日),南方网,http://media.nfdaily.cn/cmyj/05/a/content/2009-01/20/content_4856233_2.htm,最后浏览日期:2018 年 9 月 1 日。
⑤ 杨天瑜:《服务当头细节做桨——斯塔藤岛前进报运营解读》,载《新闻爱好者》2007 年第 6 期。

回笼,跟踪处理各类投诉。社区经理负责有关社区发行量的增长,回收所有报款,通过对投递员(该报共有1 150名投递员,均非该报职工)的管理,负责所有住户的投递工作。零售经理各管两名零售账目经理,在其协助下负责与所有分销商合作,确保报纸及时、足数送达各个报纸零售点,并及时回收所有报款。两名主管中,一名为发行业务主管,指导三名员工处理所有账单并负责向外地邮寄报纸(该报大约有500个外地订户,需要通过邮局寄报),一名客户服务主管,下设17名业务代表,负责电话征订和受理客户投诉。另外,发行经理还管一支拥有20辆卡车的运输队,每天负责将报纸输送到分销商和较为集中的投递点[①]。

(3)《纽约日报》

《纽约日报》是长岛出版的供纽约市东部郊区拿骚和沙福克两县居民阅读的小型晚报,创刊于1940年,是一份严肃的小报。在目前纽约五大日报中,《纽约日报》和《纽约时报》接近,均为严肃类报纸。

《纽约日报》每日出版30—50页,周日多达二三百页,总部设在长岛,在纽约设有办事处,现在有长岛版(Long Island Edition)和纽约版(New York Edition)两个版本。为了节省开支,纽约版曾经停刊。发行量中,长岛版占有很大比重,其发行对象多为长岛当地住户,90%以上是每日逐户投递。为了适应郊区居民的口味,和纽约版相比长岛版报纸风格更加严肃。纽约版的主要受众是都市人群,发行主要靠在报摊上销售,每份售价1.55美元。为了吸引购买,从头版的内容到图片的选择和处理,纽约版均与长岛版不同,纽约版更加注重视觉冲击[②]。

(二) 期刊

期刊是现代文化的一个重要组成部分,也是特别能够与都市要素相融合的大众传播媒介。这里的"都市要素"包括地理位置、人口构成、

---

① 辜晓进:《美国传媒体制》,南方报业出版社2006年版,第186页。
② 黄发玉:《纽约文化探微》,中央编译出版社2003年版,第86—88页。

经济发展、教育水平、文化氛围和新兴思潮等①。因此,对于纽约这样的国际化大都市,一直有着"一本期刊,一张名片"的比喻。期刊对于一座城市而言不仅有其信息传播的实用意义,又具有代表城市文化和精神的象征意义。

美国是世界期刊大国,其期刊业的历史虽没有报纸久远,但也走过了200多年的历史。根据美国期刊协会最新发布的《2015年期刊媒介事实与数据》研究报告,期刊仍然是美国最受读者信任的、充满活力的、有重大影响的媒介,仍处于上升通道②。

美国期刊的发展受到各种因素的影响,其中相当多因素是与"都市要素"相结合的,诸如城市的发展与转型、现代交通、邮政业务、其他媒介的冲击、读者对专业信息的需求等。在这一过程中,纽约的城市优势给予了期刊孕育和发展特别有利的环境,其期刊业的地位和辐射力为世界瞩目。

在众多关于美国的形容中有一种说法——"期刊造就美国"(Magazine-Made America)。形形色色的期刊,尤其是那些著名期刊,是纽约品牌标志不可忽略的一部分:世界上没有一个城市像纽约那样集聚着如此之多的顶级大刊;期刊产业造就了独特的纽约期刊文化,又由此向世界各地扩散美国的经营模式和价值观③。在《创造历史的期刊》(Magazines That Make History: Their Origins, Development, and Influence)一书中,作者列举和分析了西方国家最成功的八大期刊,其中就有五家是美国的期刊,而除《国家地理》以华盛顿为大本营之外,《时代》《生活》《读者文摘》和《人物》的总部均设于纽约。

---

① 殷晓蓉、方筱丽:《都市期刊生态结构的比较研究——以纽约和上海为例》,载《杭州师范学院学报(社会科学版)》2007年第2期。
② 吴锋、田田:《坚守与拓新美国期刊业最新变革与发展趋向——基于"期刊媒介360"方案的解读与评析》,载《出版发行研究》2015年第10期。
③ 殷晓蓉、方筱丽:《都市期刊生态结构的比较研究——以纽约和上海为例》,载《杭州师范学院学报(社会科学版)》2007年第2期。

1. 期刊覆盖方式

在纽约,杂志主要依靠订阅,因而订阅用户可以享受到很大的订阅优惠。例如,定价近三美分的杂志订两年就降到一点几美分,订三年就会降至不到一美分。

和报纸相似,在纽约的报刊发行所,期刊的数量和种类也相当可观。从美国各个思想库和大学出版的社会科学和自然科学刊物,到有关文化、音乐、艺术、时装甚至裸体杂志,应有尽有。这也体现出了美国期刊分众化、专业化的特点。但是,在纽约期刊零售最主要的渠道并不是报刊亭,而是超市卖场、书店、药店和其他渠道。在纽约,期刊往往被超市卖场当作最夺人眼球的商品放在醒目位置,一个货架上堆满了各色封面五彩缤纷的期刊,这既达到了吸引消费者的目的,对期刊本身来说也不失为一种最好的宣传手段。无怪乎每年美国杂志出版者协会都要进行最佳封面的评选,因为吸引人的精彩封面总是能打赢零售大战的第一步。

纽约是美国最大的出版中心,超过350家消费性杂志的总部设在纽约,包括《时代》周刊(Times)、《新闻周刊》(Newsweek)、《财富》(Fortune)、《福布斯》(Forbes)和《商业周刊》(Business Weekly)。

2. 期刊分类概况

纽约大刊各有自己瞄准的对象,内容层次区分甚为细密,从而满足各种读者的各种需求。根据期刊的读者市场和内容,以及数据库《ULRIC'S期刊指南》对每一主题的界定和分类,可将这些纽约大刊归纳为10大类:综合类、商业经济、科技与交通通信、女性、男性、青少年、家政、时尚健美文化生活、体育游戏旅游、文艺和政治观察。

这10类大刊,主要是指以纽约地区为重要发展基地、出版公司总部或发行总部的大刊,它们的归属在相当程度上已在全球化浪潮影响下超出了城市、地区甚至国界而具有了更加普遍的意义。[①]

[①] 殷晓蓉、方筱丽:《都市期刊生态结构的比较研究——以纽约和上海为例》,载《杭州师范学院学报(社会科学版)》2007年第2期。

3. 主要期刊

(1)《时代》周刊

提到美国的期刊,就不能不提到《时代》周刊。它那标志性的红色字体封面,让人们一看就能想到美国。可以说,《时代》周刊是美国影响最大的新闻周刊,有世界"史库"之称。正如前文提到的,1923年3月它就已经创刊,拥有悠久的历史。《时代》周刊的刊名最初为《事实》,后改用现名,目前由时代华纳公司在纽约出版。

该刊的宗旨是要使"忙人"能够充分了解世界大事。并辟有多种栏目,如经济、教育、法律、批评、体育、宗教、医药、艺术、人物、书评和读者来信等。刊物大量使用图片和图表,是美国第一份用叙述体报道时事,打破报纸、广播对新闻垄断的大众性期刊,其编排风格广为国内外新闻杂志所效仿。读者主要是中产阶级和知识阶层。该刊拥有一批精明能干的撰稿人记者,还有一支庞大的研究人员队伍,覆盖面遍布全世界。

《时代》周刊内容广泛,对国际问题发表主张和对国际重大事件进行跟踪报道。《时代》周刊不仅在美国颇有影响力,也是世界知名的品牌。它在全球拥有广泛的读者,《时代》有美国国内版、国际版,以及欧洲、亚洲和拉丁美洲版,各版内容基本相同,占据着巨大的国际市场,成为宣传美国价值体系和生活方式的最好载体。

在媒体融合方面,《时代》也走在诸多期刊前头。它是最早全文上网的杂志之一,从其网站上可以浏览自1994年以来各期的所有内容。美国在线和时代华纳合并后,时代杂志集团利用美国在线庞大的顾客数据库和对互联网营销的专业经验,已经为《时代》周刊增加了50万的订户。而《时代》周刊网站更吸引人的还是其特色栏目,如该网站曾经举办过"20世纪最具影响人物"的评选,引起了读者的广泛兴趣。除了网络的互动,《时代》和美国有线电视网CNN的合作也非常成功。CNN推出了和《时代》周刊共同策划制作的电视节目。多媒体的互动在《时代》周刊得到了很好的体现。

《时代》每年推出的《时代词汇》,在某种意义上已成为美国语言变迁的记录。语言学的专家们甚至指出:"要学好美语,读《时代》杂志乃是一条捷径。"其杂志之影响可见一斑。

《时代》周刊在互联网转型的过程中采取了一系列举措,与不同形式的媒体合作,以增强传播力。具体包括:(1)与同属时代华纳的CNN共同策划新闻节目;(2)与华纳兄弟影业联合;(3)2016年宣布与沉浸式视频直播平台NxetVR合作;(4)通过《时代》网站提供24小时内的快速新闻报道①。

(2)《读者文摘》

《读者文摘》(Reader's Digest),1922年创刊于美国纽约州查巴克镇,在全球多个国家和地区都有发行,现为月刊。这是一本能引起大众广泛兴趣的内容丰富的家庭杂志。它所涉及的故事文章涵盖了健康、生态、政府、国际事务、体育、旅游、科学、商业、教育以及幽默笑话等多个领域。《读者文摘》是一份衣服口袋大小的月刊,它的成功部分源自萧条——当时,很多家庭没有能力订阅几份不同用途的杂志,就只好订阅这份多用途合一的杂志;部分源于它的提炼其他出版物的精华的做法。

《读者文摘》曾一度成为全球发行量最大的杂志,这一成功主要依靠直销这一发行方式。读者文摘出版集团当时策划杂志销售方案的负责人认为,《读者文摘》杂志是以普通大众为读者对象的,价格较低,因而宜采用直销邮购的方式。为了扩大杂志的影响力,杂志编辑了一份客户名录,内容包括客户姓名、地址、人口数及杂志购买小史等。这一名录为《读者文摘》杂志采用邮寄方式发行奠定了基础。后来这一名录发展成为该公司的客户数据库,由电子计算机统一控制,包含上亿个家庭的信息②。

---

① 徐妙、郭全中:《国外期刊互联网转型的现状与策略分析》,载《出版发行研究》2016年第9期。

② 胡敏:《〈读者文摘〉与〈读者〉发行模式比较》,载《文史博览》2007年第6期。

然而,《读者文摘》在 21 世纪伊始却逐渐地陷入了困境。从 2001 年开始,《读者文摘》的发行量呈现出持续下降的态势。在信息高速更迭的今日,美国的不少刊物敏锐地捕捉到了新一代美国人阅读心理变化的潮流,在内容上不断创新,以期保持刊物的长盛不衰。相比之下,《读者文摘》老生常谈式的冒险故事和有关自我提升的文章再也无法引起杂志急需的年轻读者群的阅读兴趣。该刊陈旧的运行机制和对发行收入的过度倚重也是原因之一。

在新媒体迭代迅速、传统媒体濒于死亡边缘的社会环境下,知名老刊《读者文摘》于 2009 年和 2013 年两度申请破产保护,纸本杂志销量已经大为下降。《读者文摘》裁撤冗余纸质版编辑部,把重心转移到网站,以把信息传播到全球读者市场。具体采取两方面措施:一方面缩减同质化栏目部,进一步细分网络子栏目;另一方面建立社区化用户互动平台与多国网络平台,以吸引新一代的年轻读者[①]。

(3)《纽约客》(The New Yorker)

《纽约客》于 1925 年创刊,原为周刊,后改为每年 42 期周刊加五个双周刊,现由康得纳斯出版公司出版。作为一本综合文艺类刊物,其内容涉及政治观察、人物介绍、社会动态、电影、音乐戏剧、书评、小说、幽默散文、艺术、诗歌等方面。它是荣获美国国家期刊奖奖项最多的期刊,共获得 34 个奖项,强调精品意识,注重刊物质量,编辑方针严肃认真。

正如其名,《纽约客》是一本地道的面向纽约的期刊,它将纽约市作为杂志的中心,使得这个城市的网络,这个城市对戏剧、电影、博物馆的宠爱都成为一种具有吸引人的商品。《纽约客》已经发展成为纽约社会的一个必要组成部分。想进入大都会社交圈子,你就必须读一读《纽约客》。《纽约客》中的故事和评论为人们的聊天设定纲要,《纽约客》写什么,人们谈论什么。由于电影和戏剧是城市文化的重要部分,《纽约客》

---

① 徐妙、郭全中:《国外期刊互联网转型的现状与策略分析》,载《出版发行研究》2016 年第 9 期。

使之成为杂志的重要部分。《纽约客》的艺术评论很出名,名声从纽约传播到美国其他城市。为《纽约客》写电影评论的作家本人就是名人。

《纽约客》不是完全的新闻杂志,然而它对美国和国际政治、社会重大事件的深度报道是其特色之一。杂志保持多年的栏目"城中话题"(The Talk of the Town)专门发表描绘纽约日常生活事件的短文章,文笔简练幽默。每期杂志都会点缀有《纽约客》独特风格的单格漫画,让人忍俊不禁。尽管《纽约客》不少的内容是关于纽约当地文化生活的评论和报道,但由于其高质量的写作队伍和严谨的编辑作风,《纽约客》在纽约以外也拥有众多的读者。

《纽约客》杂志于2011年进驻iPad,是主流新闻杂志中最早进入这一领域的杂志,2012年4月针对年轻时尚人群为苹果用户研发了瘦版界面。2012年《纽约客》加大了网站的开发,在政治、新闻和文化领域扩充内容。2012年7月,《纽约客》发布了幽默频道,美国颇有名气的政治喜剧家Borowitz也将他的博客进驻《纽约客》的网站。2013年《纽约客》的经济频道上线,4月科技频道上线[1]。

(三)电台

历史上,广播的出现极大地影响了美国的政治、经济和人们的日常生活,曾经创造出不少传媒发展的佳话。近年来,在"9·11"事件和2003年美加地区大规模停电等突发事件中,美国的电台广播更发挥了独特的信息传播效能。在电视、互联网等新媒体兴起后,广播电台并没有像某些人预测的那样消亡,而是保持着稳定的发展。相较于受到网络发展冲击较为强烈的报业,美国的广播业发展不仅受到的波及较少,同时得益于播客技术的发展,反而稳步前进。2016年,美国广播业不但稳定地保持着2015年庞大的在线听众群体,同时较上一年度还实现了小幅增长:爱迪生研究的数据显示,12岁以上的美国人在过去一个

---

[1] 张超:《数字时代美国主流新闻杂志的现状、发展与启示》,载《编辑之友》2013年第11期。

月听在线广播的比例再次持续增长,从 2015 年的 53% 上升到 2016 年的 57%;截至 2016 年 1 月,37% 的美国成人手机用户在车里听过在线广播,较 2015 年增长两个百分点①;2015 年全年,广播业的广告收入较 2014 年上涨四个百分点,其中仅插播广告出现了下降,而数字广告和广播广告分别有了 5% 和 11% 的提高,但是这两项收入仅占到广播业总收入的 18%,相较上一年度稳定态势明显②。2017 年,12 岁以上的美国人中,有 61% 的人在一个月内听过网络广播,而超过一半的人(53%)在一周内收听过网络广播③。

对传媒界来说,纽约被称为"世界广播之都",这不仅因为在纽约诞生了世界上最早的一批广播电台,还因为到目前为止,纽约市在全世界的所有城市之中,拥有着最多的电台和最大的广播市场。纽约有拥有全美最多公共广播电台听众的公共广播电台 WNYC,在 1997 年之前这座电台由纽约市所拥有。

纽约市的广播电台,从隶属关系上基本可分为:

(1)广播电视网的附属台。例如,美国广播公司的 WABC 电台,哥伦比亚广播公司的 WCBS 电台等。

(2)专业广播网的连锁台。

(3)独立的商业台。

(4)民族文化台。例如,西班牙语、韩语、中文电台。

(5)宗教台。

(6)大学和社区台。例如,哥伦比亚大学的 WKCR 电台,纽约大学的 WNYU 电台等。

1. 电台覆盖方式

按《纽约广播电台指南》网页上的统计:目前纽约市的中波电台约

---

① 张珊、李继东:《移动化、社交化:2016 年美国传媒发展报告》,参见胡正荣、李继东:《全球传媒发展报告(2016—2017)》,社会科学文献出版社 2017 年版,第 47 页。
② 同上书,第 48 页。
③ 钟新、王岚岚:《2017 年国外广播动向与趋势》,载《中国广播》2018 年第 2 期。

28座,调频电台约43座。如果你用收音机在纽约实地收听,会发现频段上挤满了电台。纽约的中波电台收听质量非常好,几乎没有干扰和杂音。调频电台则几乎全部是立体声,音质非常好。

在纽约市28座中波电台中,发射功率在50千瓦的大功率电台有九个,占中波电台总数的32%,10~50千瓦的中功率电台六个,占总数的22%,10千瓦以下的小功率电台13个,占总数的46%(见表2-3)。

表2-3 纽约市中波电台发射功率设置①

功 率	数 量	占 比
大功率电台50千瓦以上	9	32%
中功率电台10—50千瓦	6	22%
小功率电台10千瓦以下	13	46%

在纽约市的43座调频电台中,发射功率在10千瓦的大调频电台有三个,占调频电台总数的7%,1—10千瓦的中调频电台26个,占总数的60%,1千瓦以下的小调频电台有14个,占总数的33%(见表2-4)。

表2-4 纽约市调频电台发射功率设置②

功 率	数 量	占 比
大功率电台10千瓦以上	3	7%
中功率电台1—10千瓦	26	60%
小功率电台1千瓦以下	14	33%

从纽约市广播电台的功率设置上看,大功率的中波电台数量较多,保证了中波电台的传播效果,而调频电台则是中功率的较多,能较有效地覆盖城市。

---

① 方颂先:《纽约市广播电台的类型化和节目构成——兼议上海广播业的发展空间》,载《新闻记者》2006年第1期。
② 同上。

2. 电台分类概况

在美国广播界,电台的分工和定位走的是一条"类型化"的道路,即所谓的"RADIO FORMAT"。电台类型粗分可以有:新闻台(News)、谈话台(Talk)、体育台(Sports)、音乐台(Music)、民族台(Ethnic)等几个大类,大类还可以细分。例如:新闻台可细分为全新闻台(All News)、新闻谈话台(News/Talk)等;数量最多的音乐台可细分为乡村音乐(Country)、舞曲(Dance)、现代流行(Contemporary Hit Radio CHR)、现代成人(Adult Contemporary AC)、现代摇滚(Modern Rock)、经典摇滚(Classic Rock)、老歌(Oldies)、轻柔爵士(Smooth Jazz)、美国音乐(Americana)、西班牙音乐(Hispanic)、世界音乐(World Music)等。纽约市广播电台类型大致如下:

表 2-5 纽约市广播电台类型化情况统计①

纽约市中波电台 28 座			纽约市调频电台 43 座		
新闻/谈话台	11 座	占 39%	新闻/谈话台	2 座	占 4.50%
音乐台	4 座	占 14%	音乐台	28 座	占 65%
民族/外语台	8 座	占 29%	大学/音乐台	11 座	占 26%
宗教台	5 座	占 18%	宗教台	2 座	占 4.50%

据美国权威收听率调查机构 Arbitron Ratings 2005 年 8 月的收听率调查,在全纽约电台中,收听率排前 10 位的电台中,新闻台有两个,音乐台有八个。

纽约的电台类型化的设置上主要有以下特点。

首先,中波波段中新闻、谈话类电台多,调频波段中音乐类节目多。这是因为调频波段的播出音质好于中波波段。

---

① 方颂先:《纽约市广播电台的类型化和节目构成——兼议上海广播业的发展空间》,载《新闻记者》2006 年第 1 期。

其次，由于纽约是一个国际移民城市，外语台数量较多。除了有许多西班牙语电台外，还有汉语、韩语、俄语等外语电台。在汉语电台中，不仅有普通话台，还有一个全天播音的粤语台，但功率较小。

再次，调频波段中有不少由大学主办的功率较小的电台。

此外，还一个突出的特点是纽约广播电台连锁化的趋势严重。美国媒体一直是在兼并集中和反垄断的螺旋圈里发展的。在纽约，原来的三大广播公司仍然拥有着纽约功率最大的电台，而新兴的广播巨头美国清晰频道（Clear Channel Communications）在纽约拥有五个调频电台，隶属于维亚康姆的无限广播公司（Infinity Broadcasting Corp）则拥有一个中波和五个调频电台。

3. 主要电台

(1) 1010WINS 全新闻台

1010WINS 隶属于无限广播公司，是一个大功率中波台（50千瓦）。1010WINS 首创滚轮式全新闻广播的格式（ALLNEWS ALLTIME），以每20分钟为单元，全天24小时滚轮式播出。1010WINS 被称为"全美最大的新闻台"，也是全美广告收入最高，广告利润率最高的新闻台。记者的现场报道是 1010WINS 的亮点，每当纽约发生重大事件，总会有该台的记者及时在现场发回报道。平时，如早晚交通高峰期间，该台的记者也实时在各个主要路口、隧道口进行直播。

(2) WABC

同样是50千瓦大功率的中波台 WABC 隶属于美国广播公司（ABC），创立于1922年，是纽约资格最老的电台，如今是纽约最好的新闻谈话类型的电台。节目以新闻时事话题为主，该台每周五的上午10—11点，由纽约市长接听热线电话，回答市民的问题，可以说是纽约的"市长热线"节目。另外，该台还拥有许多著名的谈话节目主持人，他们全天播出广受听众欢迎的谈话节目。2003年，WABC 电台曾获得全美新闻谈话类电台大奖。

(3) 公共广播网(National Public Radio NPR)

NPR 实际上是由全美 700 多家非营利的公共广播电台组成的。由于 NPR 不播出商业广告,也不去追逐商业利益,所以 NPR 的节目在众多的商业广播中显得独树一帜。NPR 主要播出新闻、谈话、社交和古典音乐类的节目,内容严肃健康。与大多数美国电台不注重国际新闻相反,NPR 有相当客观和全面的国际新闻报道,在"9·11"以后,特别受到了知识分子阶层的欢迎。

近年来,NPR 一直致力于数字化转型,不断进行新闻编辑部改革,打造广播与数字化平台一体化运营、多平台发布的生产流程。设置数字化新闻主编职位,并组建数字化内容团队,并且在媒体数据资源的挖掘和数据新闻的开发上处于发展前沿[1]。

(4) WQXR

纽约唯一的全天播出古典音乐节目的电台是 WQXR96.3,功率 6 000 瓦,收听音质很好。该电台隶属于《纽约时报》,在早、中、晚,该台会简短播出《纽约时报》当天的新闻。WQXR 只播古典音乐,并且大多数情况下只挑选播出交响乐或协奏曲中旋律特别优美的某一乐章,配以很专业的解说,很少播出完整的作品,这无疑是符合现代人的生活节奏的。该电台的网页上刊登每天详细的节目表,包括播出的乐曲曲名、作曲家名、演奏乐团、唱片编号、唱片购买方法等信息。WQXR 的收听率较高,在 2005 年 8 月的收听率调查中列全纽约第 15 位[2]。

(四) 电视台

纽约市是美国三个主要的传统广播电视网(ABC、CBS 和 NBC)的总部所在地。它们都拥有地方广播电台并对其拥有经营权。此外,还有管理委员会教育站 WNYE,以及有两个拉美裔语言频道。

---

[1] 宋青:《广播媒体的数据化发展趋势——以美国公共广播电台为例》,载《传媒评论》2016 年第 7 期。

[2] 方颂先:《纽约市广播电台的类型化和节目构成——兼议上海广播业的发展空间》,载《新闻记者》2006 年第 1 期。

纽约也是美国几个大的有线电视频道的总部,包括 MTV 公司、福克斯新闻台、HBO 家庭影院和喜剧中心。这里有热播的电视剧《欲望城市》和《黑道家族》的制作基地 Silvercup 工作室;有 MTV 能够俯瞰时代广场的生产和传送节目的舞台;有 NBC 的工作室录制《周六夜现场》《NBC 晚间新闻》《今日秀》等节目的洛克菲勒中心。

1. 电视台覆盖方式

美国广播电视的开办主体多元,技术手段多样,管理对象复杂。按照开办主体的不同,纽约广播电视分为商业台、公共台和政府台三类;按照传输覆盖手段的不同,纽约市广播电视主要分为无线、有线、卫星三类,美国对广播电视实行分类管理。美国广播电视传输覆盖系统包括无线发射系统、有线电视系统、直播卫星系统、多信道多点分布服务系统、家庭卫星天线系统以及数字电视系统等。

2. 电视台分类概况

在纽约,各报的电视节目单上有名的电视台就超过 50 个。纽约的电视台分为三类。一类是公共电视台,不收费,以新闻为主,也掺杂一些社会问题讨论及一般性的文艺节目。另一类是有线电视,在纽约的公寓房建成之后,各电视公司就与房产主商量好,把有线电视插头安装在每个住户家中,随时可以调看,按照时间的长短收费。有线电视节目内容丰富,体育、文艺、电影、音乐应有尽有。不过,有些重要的体育比赛节目要向电视台提前预订。

美国日后又出现了卫星电视热。加入卫星电视网的住户花 500 多美元买一个接收器便可接收近 200 个台的电视节目。这种电视网收费较多,但能同时看多个电台的节目。

纽约的主要电视台有:

(1) WCBS-Channel 2 (CBS O&O)

(2) 0WNBC-Channel 4 (NBC O&O)

(3) WNYW-Channel 5 (Fox O&O)

(4) WABC-Channel 7 (ABC O&O)

(5) 0WWOR-TV-Channel 9 (MyNetworkTV O&O, Secaucus)

(6) WPIX-Channel 11 (The CW)

(7) WNET-Channel 13 (PBS member station, Newark)

(8) WLIW-Channel 21 (PBS member station, Garden City-Long Island)

(9) WNYE-Channel 25 (NYCTV)

(10) WPXN-TV-Channel 31 (ION Television O&O)

(11) WXTV-Channel 41 (Univision)

(12) WNJU-Channel 47 (Telemundo O&O, Linden, New Jersey)

(13) WLNY-Channel 55 (Tv 10/55)

(14) WFUT-Channel 68 (Telefutura O&O, Newark)

3. 主要电视台

(1) WNET

WNET是纽约最大的公共电视台,是一个首要的国家公共电视节目网。美国最古老的公共接入频道是纽约曼哈顿的邻里网络。它以本地节目而闻名,内容从爵士乐到讨论劳工问题,以及外国语言节目和宗教节目。在纽约,包括布鲁克林有线接入电视,共有八个其他公共频道。有线运营商在纽约获准进入PEG有线电视频道供市民观看,来帮助实现教育和政府规划。

(2) NYCTV

纽约市设有一个公共广播服务NYCTV,曾制作出一些荣获艾美奖的电视秀。该台其他受欢迎的节目还包括音乐演出,以及报道纽约市主要的与音乐有关的活动。

(3) 大学电视

纽约市立大学的有线电视频道CUNY TV提供电视教学课程,如心理学、物理、地理、历史,以及各种各样的文化节目。同时,纽约大学还拥有其大学频道 NYUTV。

(4) NY1

纽约另一个值得注意的频道是 NY1。它是时代华纳有线公司的第一个地方新闻频道。该台对市政厅和纽约州政治的报道受到政治人士的密切关注。

此外,全国五大音像制品公司中有三个的总部也在纽约。不仅如此,纽约还是北美第二大影视产品制作中心。它有 145 个制作间和舞台、74 万平方英尺的拍摄场地、一流的城市拍摄场景,还有 390 多家影视制作配套服务企业(包括实验、音响、设备租赁等),这些为影视节目和舞台节目的制作提供了得天独厚的条件。

(五)新媒体

纽约不仅是美国的传统媒体文化中心,而且是以数字技术、网络技术为核心的现代媒体文化中心。1997 年以来,包括媒体工业在内的纽约高新技术企业得到了迅速的发展,高新技术企业劳动者增长比其他任何一个部门都快。

纽约新兴媒体之所以得到迅猛发展,一方面是因为纽约传统媒体的基础条件较好,两种媒体互相促进。在传统媒体方面,纽约已经成为高素质人才和高质量产品的国际中心;而在数字媒体方面,纽约有较强的基础设施和技术条件,其数字媒体集中度很高。另一方面也在于市政府有把纽约建成新技术与新媒体中心的决策和决心[①]。

1. 新媒体类型和覆盖方式

互联网已经永久性地改变了新闻业界的景观。作为一种全新的媒体形式,它与传统媒体既有竞争更有融合,且事实正在证明融合是传统媒体的更好出路。因此,纽约涌现了大批内容上网的传统媒体。2015年美国前 50 名报纸中,33 家报纸的访客数量呈现增长势头(其中 23

---

① 黄发玉:《纽约文化探微》,中央编译出版社 2003 年版,第 86—88 页。

家大幅增长),25家的平均访问时间也在增长(其中17家大幅增长)。据著名咨询网站iBiz公布的数据,《纽约时报》《华盛顿邮报》《华尔街日报》《今日美国》《洛杉矶时报》五大报纸的网站跻身于美国最受欢迎的15个新闻网站排行榜,与谷歌、雅虎的新闻网站同列。五大报纸的月独立访客数量分别为7 000万、4 700万、4 000万、3 400万、3 250万,都大大超过了过期巅峰时期的纸媒读者人数。2016年《纽约时报》数字订阅用户增加50万,比上年同期增加47%;《华尔街日报》数字订阅用户增加15万,比上年同期增加23%。纽约时报公司、华盛顿邮报公司,逐步转变为数字导向的互联网机构。

然而,网络上更多的却是非媒体的网站,这类网站类型难以计数,为网民提供你能想象得到的所有信息服务。新的新媒体动向是,一些网络媒体也在利用新一代的媒体提高其覆盖率或接入率。

除了互联网这一主要新媒体形式,还有许多的新媒体服务涌现,体现在媒体呈现方式的革新上。例如,随着多媒体技术的逐步成熟,被称为IPOD的多媒体接收器正在成为年轻一代的新宠,它能接受文字、声音、视频信息,还能直接连接互联网。而且在收看电视时由机器自动识别并屏蔽广告的TIVO技术已经为一部分年轻人所接受。一旦这种技术逐步推广开来,美国传统电视业将面临毁灭性打击。

面对这些冲击,美国电视业发现自己"打"不过互联网,立即主动地联合它、融入它。CNN就主动联合IPOD技术巧妙地将新技术为己所用。如今,在美国通过IPOD可以随时随地收看CNN新闻,新技术成为CNN发展的新机遇。面对TIVO技术的冲击,美国媒体也正在研究嵌入式广告等新的招数[①]。

随着社交媒体不断深度嵌入受众的日常生活,在美国以Facebook、Twitter、Instagram为首的社交媒体集团纷纷崛起。其中,这类社交媒体巨头更多地拥抱年轻受众市场,据皮尤中心2018年调查数据显示,美

---

① 赵文荟:《美国传媒业的启示》,载《新闻战线》2007年第3期。

国 18~24 岁的年轻人中,约有 78% 使用 Snapchat,71% 使用 Instagram,94% 使用 Facebook[1]。其中 Facebook 作为社交媒体中的佼佼者,其影响力非常可观。截至 2018 年 7 月,在专业第三方调研平台 Statista 公布的全球最受欢迎社交网络榜中,Facebook、YouTube 和 WhatsApp 分别以 21.96 亿、19 亿和 15 亿的月活跃用户数夺得榜单的前三名[2]。

在这场受众与注意力的争夺中,纽约这座城市却略显暗淡。因为在众多知名的社交媒体中,以 Facebook、Youtube 为首的巨头纷纷将总部设在加利福尼亚洲,而纽约却主要只收获 Instagram 一家巨头的青睐。但与此同时,纽约却见证了传统媒体至新媒体的一系列转型。例如,纽约三大强势新媒体 Quartz、Gawker、BuzzFeed 便极力践行了从生产内容到满足需求,从做新闻到做服务,从记者到"产品经理"的理念[3]。以一系列融媒体报道打赢转型之战的《纽约时报》,截至 2017 年已拥有高达 1 000 万的官网日均 PV 浏览量以及多达 1 000 万的 Facebook 粉丝,超过 2 000 万的 Twitter 粉丝,其实现的扁平化报道、传播模式为传统媒体转型积累了宝贵经验[4]。

2. 主要网站

(1) MSNBC.com

1996 年 7 月,微软与 NBC 合资建立了 MSNBC 公司。美国国家广播公司和微软合作得非常成功,它们共同打造了这个巨无霸型的新闻网站。一方面,微软提供强大的技术支持,如帮助国家广播公司王牌

---

[1] 199IT 中文互联网数据资讯中心:《Pew:2018 年美国社交媒体使用趋势》(2018 年 3 月 4 日),http://www.199it.com/archives/695881.html,最后浏览日期:2019 年 4 月 13 日。

[2] 出海运营:《调研:最受欢迎的海外社交媒体是什么?社媒营销需要注意哪些新趋势?》(2018 年 9 月 4 日),https://www.cifnews.com/article/37618,最后浏览日期:2019 年 4 月 13 日。

[3] 全媒派:《纽约三大新兴媒体:我们将新闻视作服务》(2014 年 9 月 26 日),https://mp.weixin.qq.com/s/KTe8oQiZrBuqkq-2lzp3kw,最后浏览日期:2019 年 4 月 13 日。

[4] 徐畅:《打造多平台媒体矩阵——纽约时报的融媒体转型之路》(2017 年 12 月 7 日),https://mp.weixin.qq.com/s/HQQkX8rWW78BFAt2dknF6A,最后浏览日期:2019 年 4 月 13 日。

电视节目《日界线》《今日秀》和《晚间新闻》的视频解决了大量网络堵塞,使它们赢得了品牌效应。另一方面,国家广播公司的独家报道和优秀人员为新闻网站的内容提供了质量上的保证。此外,MSNBC 公司还和《新闻周刊》《华盛顿邮报》《华尔街日报》、财经资讯电视台和国家广播公司体育频道媒体合作加强网站的实力和质量。新闻网站成为多家媒体新闻成功整合的典型代表。MSNBC 网站还制定了许多新闻网站规则,这些已经成为同行业的标准。其四个成功之处是:页面的设计风格;原创新闻的个案分析;个性化服务;多媒体特色[1]。

根据尼尔森在线的统计,MSNBC.com 曾连续六个月击败 CNN.com 和雅虎新闻,当选美国"头号时事和全球新闻网站"。

(2) WSJ.com《华尔街日报》网站。

《华尔街日报》电子互动版于 1993 年正式启动。1996 年推出第一个栏目"金融与投资",接着创建了"网络听闻"频道,这标志着其第二代网络版的诞生。随后开始涵盖《华尔街日报》纸媒的所有版面——美国、欧洲和亚洲的全部内容,以及道琼斯通讯社实时新闻的大量内容。其全球 1 600 多名采编人员每天提供 1 000 多篇稿件支持着《华尔街日报》网络版(WSJ.com),使其在内容的深度和广度上远远超出竞争对手。除此之外,该网站还提供数千家公司的深层次背景介绍以及大量特写,每天 24 小时更新。从 1996 年 8 月起,《华尔街日报》网络版的订户每年需交纳 49 美元的订阅费。

报社的传统媒体和网络媒体一直都密切合作。网络编辑每天都和传统媒体的编辑有联系,两个团队一起合作报道新闻。传统媒体的记者经常使用网站查找可以深入挖掘的新闻线索。

2008 年默多克曾计划免费开放网站,但因伤害道琼斯整体利益而遭到反对,这一计划最终流产。

---

[1] 曾静:《世界第一新闻网站 MSNBC 研究》(2003 年 11 月 11 日),东方网,http://news.eastday.com/epublish/gb/paper139/102/class013900019/hwz1041564.htm,最后浏览日期:2018 年 9 月 1 日。

四、纽约信息传播网络运行的行政管理体制特征

纽约市信息传播网络的运行受到地方州政府和联邦政府的双重管制。对于美国这样一个联邦制的国家来说,州政府具有很高的独立性,各州有权利制定属于自己的法律,但其信息传播网络中媒体的运行大体上还是首先遵循国家制定的管理制度。纽约是美国的传媒中心,其信息传播网络不仅仅针对本地,还有辐射全国的影响力,落户于纽约的众多传媒不单单是地方媒体,更是美国全国性媒体。它们的运行在政府管理体制特征上集中体现了美国传媒管理体制的特质。

(一) 管理理念流变——自由与控制的博弈

1. 自由开放：立国精神的渊源和商业化的要求

美国的传播政策建立在两大原则基础之上：除了国家安全和个人隐私的限制外,信息自由交流、传媒机构自由公平竞争[①]。这种观念符合美国的立国精神,有着深刻的历史渊源。1791 年美国国会通过联邦宪法修正案,明确规定公民拥有言论出版自由,并强调国会不得制定剥夺公民言论出版自由的法律。总统杰弗逊发表了世界新闻史上著名的言论:"如果要我来决定我们是要一个没有报纸的政府,还是要一个没有政府的报纸,我会毫不迟疑地立即回答：我宁愿要后者。"[②]这正是美国政府尽量保证新闻自由的重要基础。

在美国出版报刊不需经官方注册登记,但广播电视业却必须获得联邦通讯委员会(FCC)的批准。媒介机构独立于政治和政府机构之外,国家不予直接控制,也不需管理媒介机构的活动。

媒体只对法律负责,而美国法律界对新闻自由的支持和保护赋予媒介一定的特许权。当然,其支持与保护也有一定的前提和底线,正如美国联邦最高法院强调的,"言论自由权利的运用以不致妨碍其他宪法

[①] 陈龙：《中外传媒制度比较》,载《采写编》2007 年第 5 期。
[②] 同上。

条文之规定者为限;任何出版物的权利,亦不得恶意诽谤政府或企图颠覆现有政府存在为限"。在美国,高达90%的新闻纠纷案例都是以保护新闻界权益的条件结案的[①]。

另外,美国的传媒高度商业化,政府对媒介产业政策打开闸门。在纽约,无论报刊还是广播电视台,商业的或少数非商业的,都要作为企业到经济管理部门进行登记,承诺遵守税务和工商管理方面的规定。因此,媒介机构是一种能够获取利润的产业,完全可以采取商业化的运作。这也就决定了政治力量无须也无法过多地对媒介产业这一商业化领域进行干涉。

2. 有限控制:政府利用的工具和维护公共利益

如果根据自由平等的理念和商业化的背景就认为美国有充分的信息流通自由,那也只不过是虚幻的"美式神话"的一部分而已。任何一种新闻自由都不是绝对的,在美国也仍然能看到弥漫在空气中的新闻调控。只是鉴于其国家政体性质,即使其主张管制也只是有限控制。

在中国是"党管媒体",在美国却是各方政治力量"巧袖善舞"利用媒体。政府和政党通过媒体引导舆论影响民意,达到自己的政治目的。美国的历届政府都会运用多种手段和技巧左右媒介的报道方向。美国总统可以通过午餐会、联系会的方式与媒介高层达成一致,从而把政府的导向与意图渗透进去,而媒介则借机扩大自身在政府政策、规定方面的影响力。

当然,美国政府主要还是通过法律力量对媒体加以规制,但除了法制手段,政府控制媒体的其他手段则备受诟病。例如:控制信息源主导媒体的报道;运用权力对媒体施加压力和影响;制作、编造各种假消息以误导大众。在当代大众传媒中,信息成为资源而非指令,传播内容由严格意义上的新闻变成了信息,只要有人买即是信息,只要卖得出即

---

① 陈龙:《中外传媒制度比较》,载《采写编》2007年第5期。

是信息,于是大众传媒为传播而传播,其主要功能由采集信息变为传播信息①。由此,着力于控制消息的生产和输出让美国政府能够游刃有余地操控这一信息传播系统。

尽管存在着控制,但政府施加有限控制的主要目的还是要兼顾到社会公共利益。首先是对媒体所有权的管制,这也是主张管制的意见的集中点,一方面,防止同类媒体中所有权的过于集中,防止同一市场中不同媒介交叉所有权的过于集中;另一方面,防止同一所有者拥有和控制产业链全过程。这样做的目的是防止媒体市场因为被垄断而只能提供单一的声音,导致用户获得信息的不全面。其次,对于内容的管制主要是限制诽谤、色情和暴力,维持公平、言行得体等,以减少对社会产生的不良影响。

3. 放松管制:《1996年联邦电信法》促进竞争

20世纪50年代无线电视开始发展,20世纪70年代有线电视开始发展,20世纪80年代卫星电视开始发展,技术进步对传媒发展的影响越来越大,传媒呈现出融合发展的趋势。20世纪80年代以来,政府主张放松管制。政府对传媒管理体制在这种放松管制的背景下,减少了政府对传媒业的控制和管理,将传媒直接放由市场调节,这一政策深深影响了20世纪80年代以来的美国传媒业特别是广播电视业。

20世纪90年代出台的《1996年联邦电信法》是美国有关电信、广播电视、有线电视等产业的法案。这一法案完全取消了广播电台业所有权的数量限制,在全国市场、地方市场以及跨媒体市场层面的限制政策都大大放宽(见表2-6)。这一法案已经成为指导美国广播电视以及电子信息产业跨世纪发展的基本法律规范。

---

① 李丹:《变形虫——异化的美国传媒》,载《新闻战线》2007年第1期。

表 2-6　1996 年电信法前后的所有权规则比较①

过去的规则	新规则
全国电视市场	
单一公司可以全国范围内拥有 12 家电视台，在全国电视市场份额不能超过 25%	对单一公司拥有的电视台没有数量限制，一家公司所能达到的全国电视家庭(TVHH)数量不能超过 35%（2003 年，这一限制扩大到 45%）
地方电视市场	
单一公司在一个地方市场上只能拥有一家电视台	1996 电信法呼吁对地方市场所有权重新调整 1999 年，FCC 宣布在一定条件下，一家公司在地方市场上可以拥有多家电视台
全国广播电台市场	
单一公司可以拥有 20 家 AM 和 20 家 FM 电台	没有任何数量限制
地方广播电台市场	
单一公司不能在一个地方市场同时拥有两家 AM 和两家 FM 电台，拥有市场份额不能超过 25%	超过 45 家电台的市场，一家公司拥有电台数量不能超过八家(其中最多五家 AM 或 FM) 33~44 家电台的市场，一家公司拥有电台数量不超过七家(其中最多五家 AM 或 FM) 15~29 家电台，一家公司拥有电台数量不超过六家(其中最多三家 AM 或 FM) 少于 14 家电台的市场，一家公司拥有电台数量不超过五家(其中最多三家 AM 或 FM) 如果 FCC 裁定某一市场的电台数据增加，以上的数量限制可以免除

在《1996 年联邦电信法》颁布后，美国的广播电视出现了前所未有的兼并、集中、整合的现象，2000 年 1 月 10 日，世界最大的因特网服务商 AOL 以 1 640 亿美元的天价并购了已连续七年在全球电视业坐头把交椅的时代华纳公司。美国在线由此进入传统媒体市场，时代华纳也开始打造网络生存空间。尽管合并后并没有达到预期的效果，但传媒渠道的打通为将来的垄断化发展提供了基础。与此同时，1996 年美

---

① 数据来源：FCC 官方网站，http://www.fcc.gov/ownership/，最后浏览日期：2019 年 5 月 18 日。

国广电业兼并交易额达到了253.60亿元,有线电视兼并交易额达到230亿美元,而且广播业主要市场的80%都被大公司兼并。广播电视业自由化、集中化的发展带来了巨大的规模效益,使传媒产业迅速发展成为美国各产业中增长率排名第二的新兴产业。美国的传媒业之间以及传媒业对其他相关产业间的大量兼并与集中产生了前所未有的巨型传媒集团,实力强大的传媒集团逐渐掌控了最重要的传媒资源,并形成新的竞争性垄断。在经济全球化的背景下,这种竞争性垄断从国内发展到全球,又逐步在全球范围内形成新的竞争性垄断。

如今,在世界上称霸的传媒公司几乎都是美国的。这些庞大的传媒集团不仅构成了美国经济生活中的支柱产业之一——传媒产业,而且也正在支配着全球的信息传播系统[1]。进入21世纪,放松管制的呼声日渐高涨,2003年6月,FCC(Federal Commniation Commission 通信委员会)对1996年电信法案作了公布之后对传媒所有权法规做了最深入的一次重新审议,对地方电视市场的跨媒体所有权、地方电台市场等条款作了进一步修订,其中将单一公司可达到的全国电视家庭(TVHH)限制提高到45%[2],修订后的一些条款进一步放宽了所有权的限制。

(二)管理机构权力制衡

美国实行三权分立,国会享有立法权,政府享有行政权,法院享有司法权。国会主要通过立法授权、人员任免等方式对信息传播网络进行间接管理。美国通讯法授权成立FCC,作为独立的联邦行政机构对商业广播电视、电信进行管理。由此形成了一个国会、政府、法院互动,联邦通信委员会主管的管理机构格局。相比我国当前现有的分行业、分系统、分级别、分地域对传媒组织主体的管理体制更加清晰有效。

---

[1] 吴俐萍、李昕:《西方传媒管理体制变迁及对我国的启示——以欧洲模式与美国模式为例》,载《武汉科技学院学报》2005年第9期。

[2] 数据来源:FCC官方网站,http://www.fcc.gov/ownership/,最后浏览日期:2019年5月18日。

FCC负责监管跨州的和国际的电台、电视台、有线传播电缆和通信卫星。它在美国50个州和首都华盛顿特区设有办公室。FCC的五个委员由美国总统任命,经参议院认定,任期最多可达五届。委员会主席由总统指定。考虑到通信传媒产业的政治和意识形态特征,委员会中同一政党的成员不得超过三人。FCC下属七个局,10个办公室。主管局分别负责审批营业执照,接受投诉,从事有关调查、设计和实施有关法规,参与听证。

虽然美国经济体制属于典型的自由市场经济,但相对于其他产业,政府对广播电视产业干预甚多。这种干预背后的依据有两个:其一,广播电视服务于"公众利益";其二,广播电视所使用的频率是国家稀有资源①。

FCC管理有线电视时要与州和地方政府协调,并且它在各州设有名称不同的州委员会,纽约就有"公共管制委员会"(Public Regulation Commission)。美国对通信产业并不是实行从联邦到州垂直管理的体制,而是强调各州的独立性。"除了保障美国公民的合法权利或避免对州际商业造成重大的成本负担,联邦管制不应该凌驾于州法律或管制之上。"②因此,当发生利益冲突时,须先遵照纽约公共管制委员会的相关规定。

另外,当事人对制定的政策法令和进行的行政许可、处罚决定等可以提起诉讼,法院有权管辖,进行司法审查,并做出判决。如是终审判决,不管是否有利,都要执行③。总之,在管理从属依据上,遵循联邦通讯委员会的基本规定,在细节上由纽约公共管制委员会做出符合纽约地方状况的具体规定;在管理部门上,不同管理机构各司其职。这充分体现了纽约市政府对信息传播网络管理机构权力制衡的特点。

---

① 王国平:《广播电视业美国的运作模式研究》,载《求索》2004年第8期。
② 王俊豪:《美国联邦通信委员会及其运行机制》,经济管理出版社2003年版,第104—105页。
③ 梁平:《中美广播电视宏观管理体制比较研究》,载《有线电视技术》2003年第21期。

(三) 多重管理手法并用

1. 法律手段

作为美国这样高度法制化国家的代表,纽约政府对信息传播网络进行的管理主要依靠法律手段:一是通过国会立法对传媒行业进行规制;二是通过法院判例法在具体案件发生后对传媒行业进行规制。纽约的法律主要包含在美国司法体系内,有关新闻媒体的主要法律有:被新闻界奉为圣经的宪法《第一修正案》、保障新闻采集权的《信息自由法》、公开会议内容的《阳光法案》(纽约电视第 13 频道整天都在播送各种会议的全程实况,政府会议的对外开放就缘于这条开明的法律)、反诽谤法、隐私权法等。另外,针对不同的媒体类型尤其是广电媒体,还有不同年份颁布的名目繁多的法律条款。纽约市还通过州自治的相关法律对信息传播网络进行管理,以保护城市的重大利益,比如纽约公共服务委员会(New York Public Service Commission)就曾于 1977 年颁布节能规定,禁止纽约市媒体刊登不利于节能的产品或服务广告。

2. 行政手段

纽约市的信息传播网络还受到以联邦通信委员会为代表的非法律部门的行政管理。在纽约举办电台和电视台,都要经过 FCC 审批领取执照。执照每五年要重新检验一次,政府可以利用受众的反映或对其播放效果进行测评研讨的方式,影响和限制它的活动,甚至拒绝为其登记注册。所有波长和频率也要经过联邦和纽约政府所设部门协调分配。FCC 还下设一个建议委员会,对影像节目内容进行监督。没有设计和装置遮蔽分级节目的电视信号接收装置,不得在各州间运输。

3. 经济手段

纽约的信息传播网络是高度商业化的运行模式,因而政府在管理中也经常采用经济手段。从宏观政策上讲,纽约地方政府通过设立相关经济政策对纽约的大财团及其下属的媒体产生影响,比如通过增加或削减财政拨款影响当地的公共广播电视。在微观运行上,FCC 则通过对执照申请人的经济能力规定最低标准来管理商业广播电视的准入问题。

4. 行业自律

此外,纽约的社会中介组织很发达,遍布各种大大小小的全国和地方媒体行业协会,它们是行业利益的代表,不仅向国会、政府游说,还向会员单位提供管理信息、研究报告、从业指导等,其制定的多种行业的行业自律准则是纽约媒体从业人员自我约束的行为规范。

(四)管理新趋势:重视对新媒体管制

1997 年 3 月 27 日,FCC 公布了《网络与电讯传播政策》报告,其中对网络与传统媒体比较评估后,主张传统媒体管理规范不完全适用于网络管理,政府政策应避免对互联网内容的不必要管制。美国因此对在互联网上传输的内容实行了和广播电视节目不同的管制标准。

美国对广播电视节目的内容一直有着严格的管理,而对互联网上的内容则主要通过技术手段实行分级制。除了禁止向未成年人提供不良内容外,一般不直接干涉网上传播的内容,倡导其依靠行业自律。对互联网内容的管理控制主要有以下四个方面。

第一,制止淫秽色情内容。美国会于 1996 年 2 月通过了《传播庄重法》(Communication Dececy Act),禁止网络上出现儿童色情、淫秽、猥亵和下流材料及任何"公然冒犯"的内容,甚至禁止讨论堕胎问题。该法案实施后,引起网络用户的普遍反对,一些组织向法院提起诉讼,一直上诉到最高法院,质疑其与宪法《第一修正案》冲突,致使该法案被废除。但是,其中涉及保护儿童的部分却得到高院的认可。

第二,加强对未成年人的保护。国会于 1998 年通过了《儿童在线保护法》,强调网上淫秽内容对未成年人的伤害,并将惩罚重点集中在出于商业目的的淫秽内容传播上。同年,国会还通过了《儿童网络隐私保护法》,禁止 13 岁以下儿童未经家长同意就开设信箱,要求任何向儿童收集数据的调查公司必须先征得家长同意。2000 年,国会颁布了《儿童互联网保护法》，要求学校、图书馆等青少年公共教育场所的互联网要使用信息过滤系统或软件，防止儿童接触网上有害内容。尽管仍然有人反对，但最高法院于2003年裁定该规定并未违反宪法《第一修正案》。

第三，保护版权。1998年10月28日，时任美国总统的克林顿签署批准了《数码版权千禧法案》（Digital Millennium Copyright Act）。这一法案顺应数字环境的拓展，改变了网络总是提供"免费午餐"的局面，对版权的拥有者和网络服务商给予力所能及的保护。该法案对网上音乐产品使用影响最大。2000年，美国最大的网络音乐提供商Napster遭到唱片业的围攻，陷入一系列的法律诉讼，最终宣告破产。从2002年起，网上影像产业也受到冲击，包括好莱坞影视在内的娱乐业纷纷拿起法律武器对付网络竞争者，印刷媒体也不甘落后，其中，花花公子公司就在多起针对网络BBS的诉讼中获胜。

第四，商务管理。互联网的最大影响莫过于商务模式的转变。电子商务的发展带来进步的同时也引发一系列安全问题。为此，美国政府陆续制定了一套具有领先和示范作用的法律法规，以此规范网上商务行为。例如，针对网上愈演愈烈的域名抢注，出台了《反域名抢注消费者保护法》：规定任何企业、个人或组织，不得以从他人商标蕴含的商誉中牟利为目的，注册、交易或使用与他人商标相同、相似的域名；此类恶意抢注行为一旦确认属实，法院可通过相关规定进行处罚。

但是，对于当下如火如荼的融合性业务内容的监管则相对复杂，主要原因是对如何定义IPTV等融合性业务还存在争议。其焦点主要在于如何定义IPTV的业务性质是属于广播电视业务还是属于信息服务，如果被定义为后者，将适用对互联网内容的管制规则；如被视为前者，就会受到较严格的内容管制[①]。

[①] 周小普、王丽雅、王冲：《英美数字媒体内容规制初探》，载《国际新闻界》2007年第11期。

五、纽约信息传播网络运行的经济特征

纽约信息传播网络的主体是大众传媒。大众传媒输出承载着信息的媒介产品,作为一种信息产业,其本身就是国民经济中不可或缺的组成部分,为本国创造大量利税,提供大批的就业机会。在美国,大众传媒在国民经济中位列第十大产业。这个产业的运行体现出以下三方面显著的经济特征。

1. 经济体制决定了纽约信息传播网络的运作方式

尽管对于一个城市的信息传播网络来说,大众传媒提供的媒介产品以公共服务属性为主,但从另一个角度来看,美国媒介产品的根本属性还是其商品属性。在纽约,作为市场经济体制的典型代表行业之一,纽约大众传媒业完全按照市场化规则运作。为了争取受众以及由此决定的广告收入,以往以传者为中心的状况发生了向以受者为中心的转变。传播两极的调整导致了传授地位的变化,满足受众的需求成为媒体提供信息产品时考虑的重点。

2. 纽约的信息传播业有着强大的经济实力

具有数量多、规模大、高产出三大特点。

(1) 数量多

数量多指的是纽约的信息传播业拥有难以计数的经济实体,包括各国、各地、各个媒介类型的不同媒体。纽约有超过全国7%的家庭数,受众数决定了市场数量的大小,因此纽约是全国最大的媒体市场,有着最多的媒体。其仅位于时代广场北部的第50街区就了包含了6.30亿平方英尺的出版产业区,同时容纳25 000名出版业人才[1]。

一般来说,城市越大(人口、经济总量大等)将容纳更多媒体的并存

---

[1] 数据来源:纽约市经济发展中心官方网站,http://www.nycedc.com/Web/NYCBusinessClimate/IndustryOverviews/MediaEntertainment/MediaEntertainment.htm,最后浏览日期:2019年5月18日。

竞争。一个地方的媒体进驻数、进驻资本、节目投资都应权衡该地人口等基本因素,投入不应因竞争而盲目过度。纽约市虽然是全球媒体中心,拥有数量众多的媒体和相关从业人员,但它的媒体数量仍在可容纳范围内,整体上能够协调运行。

(2) 规模大

规模大指的是纽约信息传播业中的单个经济实体大多规模较大。在政府放松管制和美国媒体间频繁到令人目眩的改组兼并下,世纪之交美国形成了一些空前规模的跨媒介、跨行业、跨国界的超级传媒集团。而这些全球最大的媒体巨鳄总部就坐落于纽约,美国排名前十的娱乐集团中就有五家位于纽约(见表2-7)。一些全球知名的大媒体集团也纷纷落户纽约,包括索尼(Sony)、贝塔斯曼(Bertelsmann)、霍尔茨布林克(Holtzbrinck)、桦榭·菲力柏契(Hachette Filipacchi)等。这些集团的经营范围几乎横跨传媒业各个主要领域,并且在每个领域都有数量众多的媒体"军团"。以排名第一的时代华纳集团为例,其下属广电媒体就有:华纳兄弟娱乐公司、华纳兄弟电视公司、华纳家庭录像公司、新线电影公司、华纳兄弟电视网、时代华纳有线电视公司、特纳广播系统、特纳经典电影;在印刷出版方面,其出版的杂志就有130余种。就规模来说,这样的媒介集团就像一艘传媒业的超级航母。

表2-7 美国十大娱乐传媒集团及总部所在地[①]

排名	集　　团	总　部　所　在　地
1	时代华纳(Time Warner)	纽约(New York, NY)
2	新闻集团(News Corp.)	纽约(New York, NY)
3	哥伦比亚广播公司(CBS)	纽约(New York, NY)
4	迪士尼(Walt Disney)	加州,伯班克(Burbank, CA)

---

① 数据来源:Time Warner heads new ranking of the world's top media owners,实力传播集团官网,http://www.zenithoptimedia.com,最后浏览日期:2019年5月18日。

续表

排名	集团	总部所在地
5	迪莱克卫星电视集团(The DirecTV Group)	加州,埃尔塞贡多(El Segundo, CA)
6	考克斯(Cox Enterprises)	乔治亚州,桑迪斯普林斯(Sandy Springs, Georgia)
7	先进出版公司(Advance Publications)	纽约(New York, NY)
8	甘奈特集团(Gannett)	弗吉尼亚州,麦克莱恩(McLean, Virginia)
9	克利尔频道(Clear Channel Communications)	得克萨斯州,圣安东尼奥(San Antonio, TX)
10	芝加哥论坛公司(Tribune Company)	芝加哥,马萨诸塞州,伊利诺伊和牛顿(Chicago, Illinois and Newton, Massachusetts)

(3) 高产出

在美国人看来"新闻是个大生意",纽约媒体的获利能力同其经营规模一样十分惊人。以时代华纳为例,它旗下的130种期刊的营业收入达到45.14亿美元,其中,《时代》周刊的年收入就达9.21亿美元,《人物周刊》的年收入达7亿美元,《华尔街日报》每年的赢利高达数亿美元,而NBC、ABC不仅营业收入高,赢利能力也很强。例如,NBC电视网下属有230家电视台和29家自营电视台,年营业收入也近70亿美元,他们身后还有通用电气和迪斯尼这样实力强大的财团支持。美国新闻集团更是在美国、英国、澳大利亚等国拥有数百家有巨大影响力的报纸、电视台和互联网业务①。这些媒体能够为纽约市带来巨大利税收入,是其经济结构中不可忽视的重要赢利产业。

3. 纽约的信息传播网络竞争激烈

在追逐市场最大化和利润最大化的过程中,美国的传媒之间存在着激烈的竞争,这种竞争在世纪之交的传播技术革命和政府放松管制

---

① 赵文荟:《美国传媒业的启示》,载《新闻战线》2007年第3期。

的潮流中愈演愈烈,主要表现在网络内部同类媒体之间、网络内部不同媒体之间、网络内部媒体和外来媒体之间。

纽约信息传播网络内部同类媒体间的竞争突出表现在报业与电视领域。在纽约的报纸市场,虽然参与直接竞争的日报数量有限,但大城市中心外日报数量的增长和周刊的出现,却导致了被詹姆斯·罗斯(James Rosse)称为"伞形竞争"(Umbrella Competiton)的现象[①]。尤其是在大城市报纸市场,人们承认存在不同的竞争层面(layers of competition),并且它们之间的竞争压力不同。按照罗斯的分类,报纸存在四个竞争层面,每个竞争层面充当覆盖下一竞争层面城市的一种庇护(见图2-1)。第一个竞争层面由大规模的大城市日报组成,它们覆盖整个地区或州。第二个竞争层面由位于大城市中心周围的卫星城市日报所组成,但卫星城市日报的新闻报道通常关注地方新闻,而不是大

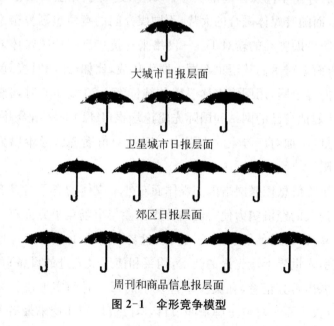

图 2-1 伞形竞争模型

---

① James N. Rosse, "Economic Limits of Press Responsibility", *Palo Alto: Stanford University Studies in Industry Economics*, No.56, 1975.

城市新闻。第三个竞争层面是由关注新闻报道范围非常窄的郊区日报所组成,在第三个竞争层面之下,周刊和商品信息报的竞争构成了第四个竞争层面①。

在伞形竞争下,纽约市的报纸在其层面内部和层面之间竞争发行量、广告以及内容。不仅两家全国性日报《纽约时报》和《华尔街日报》在商务旅行者、工商报道和全国性广告上着力厮杀,纽约地方的报纸也与全国性大报存在竞争。在电视媒体方面,无线电视网之间的竞争主要表现为三大电视网的"收视率大战",而伴随有线电视和卫星电视的相继出现,各种电视台的订户之争、覆盖率之争已达到了锱铢必较的程度。

而伴随着不同媒体形态的相继出现和发展,纽约信息传播网络内部也展开了不同媒体间的竞争。如今,这场争夺主要集中在广告份额上,而随着媒体融合的大势,不同媒介间的竞争愈渐复杂。报纸媒体纷纷借助曾经的新对手——网络来对抗自己在传统媒体领域的老对手,而老对手们甚至也在网上联手作战,比如《纽约时报》就率先将报纸内容上网,用网络媒体吸引传统读者。2008年6月,《纽约时报》又计划把自己的网站和国际先驱论坛报(IHT)的网站合并,以扩大访问量,增加对广告主的吸引力。曾经的角逐者已经难以分清彼此的界限。

当纽约信息传播网络内部媒体面对外来媒体的竞争时具有很大优势。强大的经济实力使得纽约传媒在参与市场竞争方面有了雄厚的物质基础,帮助他们成为美国乃至世界传媒业的领导者。他们可以快速引入世界上最先进的技术,购买和使用最先进的设备;可以向全世界派出常驻记者,在突发事件发生的第一时间实地进行采访报道;可以投入重金打造王牌新闻节目,斥巨资培养和挖来最有人气的

---

① [美]皮卡德、布罗迪:《美国报纸产业》,周黎明译;中国人民大学出版社2004年版,第48页。

王牌主持人。

六、纽约信息传播网络运行的文化特征

按照社会学的观点,在社会系统中,文化系统有着不可替代的功能。如果将社会系统具象到城市层面,则该城市的信息传播网络就是其文化系统的一部分。一方面,作为信息传播网络主要构成部分的大众传媒能够自己生产文化产品,这类文化产品主要是有形可见的媒介产品,即"博物馆"文化观所认为的"人造物"①。另一方面,信息传播网络在运行的同时也体现出某些文化特征,相对于前一种文化观,这种文化特征是流动的、无形的。并且,它依托于城市的文化系统,与该城市的文化特征有着紧密联系。因此,纽约信息传播网络运行的文化特征很大程度上反映了纽约市的文化特质。

对于纽约城市文化,一是经济中心,一是移民中心,正是这两个最重要的方面赋予了它最基本的底色。在此基础上,纽约文化与政治、经济、地理各方面的因素交互影响,形成了具有多个特质、多种内涵、多个层面的城市文化系统。

一个城市的文化及其特征与这个城市的形成有着十分密切的关系,而城市的形成则有着多种因素。美国学者罗兹·墨菲认为:"世界上大都市的兴起,主要依靠两种因素:一个大帝国或政治单位,将其行政机构集中在一个杰出的中心地点(罗马、伦敦、北京);一个高度整体化和专业化的经济体制,将其建立在拥有成本低、容量大的运载工具基础上的贸易和工业制造,集中在一个显著的都市化的地点(纽约、鹿特丹、大阪)。"②纽约城市的起源和纽约市民的来源在很大程度上决定了纽约文化的基本特征,折射到纽约的信息传播网络运行中,主要表现出以下文化特征。

---

① 关于博物馆文化观的相关阐释参见[美]查尔斯·埃德温·贝克:《媒体、市场与民主》,冯建三译,陈卫星校,上海世纪出版集团2008年版,第316页。
② 杨东平:《城市季风》,东方出版社1994年版,第41页。

1. 主流价值观的体现

人们称纽约为"民族大熔炉",因为作为一座移民城市,它聚合了世界各地在此生活的不同种族和背景的人。不同背景的人们体现出多元的价值观和文化主张,纽约以其海纳百川的城市精神将这些多元主义的表达一并吸收,从而融汇出了一种以多元主义为代表的主流价值观。这种多元文化主义在纽约的媒体中表现得尤为明显。

首先,从主流媒体传播内容来看,纽约的大众传媒对各种社会阶层,尤其"弱势群体"及其所代表的文化给予了应有的关注和呈现。历史上看,纽约媒体就曾对弱势群体争取正当权益的斗争给予如实报道。早在1920年,美国宪法第19条修正案的通过使得妇女获得某种政治参与权,就影响到了纽约一些杂志的编辑内容。譬如,《读者文摘》就刊登了一些有关成功妇女的描写[1]。另外,纽约有许多知名的妇女类杂志,它们纷纷为职业女性开辟专栏,而不再仅仅将妇女形象局限在家庭妇女的刻板印象上。

其次,代表弱势群体观点的媒体占据一定数量。以纽约报业为例,单日报就有少数民族报纸23种,其中很多黑人报纸和西班牙语报纸在全国都有相当的影响力。这些媒体对于少数族裔扩大文化影响,增进相互间的交流很有裨益。纽约还有专门的同性恋报纸,作为传播这一社会弱势群体的亚文化的载体,也同时维护其应有的利益。这些媒体的数量和多样化保证了一些社会非主流声音不会被销蚀或掩盖。

另外,纽约多样化的人口背景也决定了媒体从业人员中必定包含各种人群。少数族裔和妇女在纽约媒介机构中发挥着相当重要的作用。这并非为了维护声音多元表达而刻意为之,而是纽约的人口结构决定的,只是纽约的包容性决定了少数族裔不会被拒绝在主流媒体之外。在纽约,这种符合其城市多元化特征的主流价值观在大众媒体中得到了充分的体现。

---

[1] [美]迈克尔·帕伦蒂:《美国的新闻自由》,河南出版社1992年版,第19页。

2. 精英文化与大众文化并存

如前所述,大众媒介自身就在生产一种大众文化,这种文化被很多文化批评家认为是肤浅、缺乏内涵的快餐式文化,因而也被精英文化的拥趸对立为平民文化。为了适应城市信息传播的需要,纽约的信息传播网络主要是以面向大众的媒介形态为主,大众媒介的发展促成了大众文化的繁荣。回顾历史,纽约的印刷媒介就是伴随着大众化发展起来的,诸如通俗小报就是在拥有了大量平民读者的基础上才流行起来。大众的信息需求(名人消息、肥皂剧、流行音乐等)推动着大众媒介发展,催生了大众文化。而大众媒介又是大众文化发展的助推器,纽约媒体不间断地批量生产着符合人们胃口的通俗文化产品,使得人们越来越习惯于大众文化的轰炸。这也成了批判者的担忧,媒介是否还能发挥文化传承的作用。

事实上,纽约的精英文化并没有因为大众媒介传播的大众文化而削弱,或者说,两者至少是并存的。纽约拥有相当数量的图书馆和世界上最多的博物馆,戏剧圣地的百老汇也依旧繁荣。纽约的媒体在维持精英文化的地位上功不可没,比如纽约的大报几乎都会在周末版提供演出、展览的资讯,给了市民一个很好的接触精英文化的信息平台。另外,诸如《纽约时报》本身就以精英报纸自居,其社论往往代表了美国精英群体的主流意见,而其书评栏目则引领着美国图书业流行的风向标;《纽约客》杂志也提供各种文艺评论和文章;纽约的一些公共电视台也转播很多有教益的知识性栏目。

3. 消费主义盛行

后工业化社会的一个重要特征就是浮现的消费主义文化。消费主义文化基于符号的创造,商品符号系统所体现的消费主义文化控制了人们消费的"需求"与欲望,控制了人们的价值选择和以此为前提的制度的生产与再生产。商品符号象征意义的建立在很大程度上依靠媒体,人们不再通过口耳相传的方式获取信息,而是坐在家里让电视把社会生活的画面直接送到眼前,消费社会同时也变成了一个媒体社会。传媒成为"欲望号街车",从事欲望的制造、欲望的复制、欲望的批发、欲望的消费①。

纽约是全球的经济中心,也是著名的时尚之都。这座城市无时无刻不在制造新的物质欲望,人们通过媒体了解世界尖端产品的最新资讯,消费现代社会的一切新兴产品。纽约媒体传播的很多信息大都是为了满足人们这部分的需求。以纽约的期刊为例,广告内容曾一度超过杂志编辑内容,至今这一比例在消费类杂志中仍居高不下。电视中也是铺天盖地的商业广告,以至于现代电视技术发展出了能够专门过滤广告的系统。纽约媒体的广告投放量在全美地区市场中也高居榜首。

与此同时,大众媒体也在建构一个想象中的消费社会,比如以纽约布鲁克林区为拍摄背景的两部流行美剧《欲望都市》和《绯闻女孩》就营造了一个充斥着名牌和奢侈品的纽约中层生活图景。然而,不少纽约人普遍反映剧中描绘的生活与现实不符。而这些美剧在对外输出的过程中已经将这种消费文化一并输出,这种市场、政治、文化三位一体的扩张趋势必将导致消费文化的全球泛滥②。

4. 美国化、本土化与全球化

作为美国最大的文化中心,纽约的文化精神最集中、最典型地体现了美国文化,但是这种体现是以纽约特有的方式出现的。与此同时,纽约还有美国其他地方不具有的或体现不出的文化内涵。"美国文化在纽约特有的表现方式"和"纽约特有的文化内涵"这两者就构成了纽约特有的文化精神。纽约的信息传播网络也体现了美国化和本土化兼具的特点。

---

① 罗雯:《消费主义时代中国传媒的文化表现》,载《学术论坛》2007年第1期。
② 胡正荣:《媒介管理研究——广播电视管理创新体系》,北京广播学院出版社2000年版,第281页。

美国化体现在以下三方面：作为美国的媒体中心，纽约的媒体无论从数量还是影响力上，都反映了美国媒体的整体现状；纽约拥有众多著名的美国主流媒体，它们在美国甚至世界上都具有权威性，在塑造美国社会主流价值观和舆论上发挥着重要作用；纽约的媒体在历史上也参与了美国独立等历史进程，追求自由、民主、平等、开拓创新、崇尚实用性等美国精神本身就体现在这些媒体身上，而这些美国精神也渗透进了纽约信息传播网络建立的过程中，使得这些媒体至今仍是美国精神的集中体现。

而本土化则要表现在纽约带有一定的自我中心和区域中心意识。比如纽约人并不是非常关心纽约以外的新闻。纽约的几份地区报如《斯塔藤前进报》《布鲁克林报》发展得很好，虽然它们仅仅服务一个纽约内的区域。纽约的地区电视台也能够为市民提供足够的本地信息。纽约人也有一定的先天优越感，在最近的一项评选中，纽约被评为美国人最喜欢的城市，但纽约人却不是。值得赞扬的是，纽约的信息传播网络并没有因此呈现封闭性的狭隘的本地化。相反，纽约信息传播网络具有高度全球化的特征。如几家全球传媒巨头设在这里，这些传媒巨鳄制造出的新的产品输出到全球各个角落。

七、纽约信息传播网络的主要特征

对一个城市信息传播网络的描述和概括，首先不能跳过的，是对其发展程度的评价，尽管严格来说，发展程度如何并不能算作特征。但是，当这个"好"达到某种程度时，"好"也已成为特征了，则另当别论。纽约的信息传播网络就是如此，发达无疑是它最大的特征。

回顾纽约信息传播网络的演变历史，就如同在翻看一本西方资本主义的媒体发展史。从城市背景下孕育出的大众化报纸到日益分众化的杂志期刊，从维持传统传播方式仍不可或缺的广播到种类五花八门、竞争几近饱和的电视，最后是当今乃至将来似乎已经没有所谓地域归属的网络媒体,纽约的信息传播网络伴随着大众传媒业的发展而逐渐延伸自己的触角、扩大网络传播的覆盖范围。横向来看,放眼当今世界的诸多国际化大都市,纽约信息传播网络的总体发展程度应该是其他城市难以匹敌的。纵向来看,纽约的信息传播网络建设也一直处于大众传媒业发展的前沿,推动着行业革新,网络中的众多媒体均充当着行业领跑者的角色。总的来说,纽约的信息传播网络不失为国际化大都市信息传播网络的一个范本。

众多的媒体数量和丰富的媒体类型从量上保证了这一网络的规模,精细的产业内部分工和自成一格的政治经济制度规约从运行机制上保证了这一网络的成熟度。打一个简单的比方,可以把纽约的信息传播网络具象成其城市下水道网络,管道越粗,铺设得越多越密,则传送的水就越多,单位时间流通的量也越大。同时,在追求扩大网络运载量以外,还要保证管道铺设的合理,管理开关闸等相关制度之间的协调,不然会因为管理的不当而造成堵塞,或者是地方间供水不协调。从这两方面来考察,没有那么多媒体,纽约人也许就无法便捷地获取海量的资讯;没有丰富的媒体类型,纽约的少数族群也许就听不到自己关心的新闻;没有精细的分工,纽约的媒体产业链也许就会脱节。所以纽约的信息传播网络是一个发展得十分发达的网络,值得其他城市作为一个参考标准。

如果仅凭以上的比喻难以深入细致地了解"发达"这一特征的内涵,那回顾上文对纽约信息传播网络运行的政治、经济、文化特征的分析,似乎更能理解"发达"这一特征总括的来源和几个立足点。上文在对其信息传播网络的政治、经济、文化特征进行分析时,将其完全置身于纽约的政治、经济、文化环境中予以考察,因而得出的也是与外部环境互动影响下产生的网络自身的特点。它不是浑然天成地具有这些特征的独立网络,收起这张网铺撒到哪个城市都可以如此运转,它是由纽约这座城市自己编织出来的网络,只伴随着纽约的脉搏而运转。它在政治上相对自由,较少受到制度的规约,但又时刻关注政治,体现了美式政治的特点。严肃大报和电视新闻时刻关注着最滚烫的时事新闻,政府、立法机构、管理机构、新闻媒介,诸种力量在新闻专业主义之名下进行着博弈。这种动态博弈似乎总能达到一种自然的均衡状态,放松管制也好,收紧治理也罢,纽约的媒介机构总是具有一种自由的禀赋,诚如美利坚立国之本。纽约人每天消费着大量的政治信息,有全球热点,也有美式政治讽刺和娱乐化的解读。间或也会有媒体与政府斗争的"神话"或被政府利用的丑闻浮出水面,但这也仅是新闻之一种。政治力量在纽约的信息传播网络中扮演着一种重要的力量,却也不是那么重要。这恰恰是一座城市政治民主的体现,也因此赋予了城市信息传播网络政治文明的发达特征。

纽约的媒体高度商业化,是纽约最具竞争力的产业之一。作为世界媒体之都,纽约现在有 30 万人从事于媒体行业,约占纽约私人行业雇佣人数的 10%,每年创造的收入有 300 亿美元。此行业一半的公司是雇员少于 500 人的中小型媒体公司。现在纽约的媒体公司占据全美杂志、书籍、广播电视一半的市场份额,占据全美四分之一报纸和有线电视的收入[1]。这种高度商业化造成的繁荣带来了网络运作的高效,不断的竞争促使纽约的媒体总是走在时代的最尖端,纽约人消费全球最新的信息,享受一个具有活力的信息传播网络提供的无所不及、与国际大都市生活相匹配的国际最先进的信息服务。信息网络自身作为一个有着巨大产出的产业的同时也推动着其他城市产业的发展,这种发展就是以丰富、自由流通的资讯作为保障的。

如果说政治、经济因素都是网络发达的硬性指标,那文化因素则是软性的,就相当于一个城市乃至一国的文化软实力。但就本书,则更倾向于将纽约信息传播网络的文化特征置于三者之首。一来是构成信息传播网络的主体——大众媒介本来就属于文化产业,二来是文化特征与一座城市的气质息息相关,纽约信息传播网络的文化特征相比前两

---

[1] 郭敏:《媒体新观察:纽约媒体振兴方案》(2009 年 7 月 17 日),经济观察网,http://www.eeo.com.cn/2009/0717/144201.shtml,最后浏览日期:2018 年 9 月 1 日。

者更具有纽约的烙印。这一网络的开放多元、包容万象、充满活力都集中体现了纽约的城市精神。虽说纽约城历史不久,是凭借经济而非文化立城的,但其信息传播网络的文化特征却帮助纽约形成了强势的都市文化影响力。

然而,时至今日,纽约发达的信息传播网络也面临着新的挑战。纽约素有"媒体娱乐之都"之称,它不仅是传统媒体中心,也是以数字技术和网络技术为核心的新媒体中心。但是,无论是传统媒体还是新媒体,纽约的媒体产业发展都面临诸多问题。尽管纽约的传统媒体在全美占据很大市场份额,但传统媒体产业在纽约媒体产业中创造的市场份额还不到20%,80%以上的市场份额被数字与其他新媒体产业所拥有。何况,目前传统媒体的发展速度放缓了。而尽管新媒体业务收入,包括无线娱乐、网上游戏、社交网站和用户创建内容类业务在近期会飞速增长,但目前纽约在新媒体产业方面的研究和发展已不再领先。为应对这些挑战,保住纽约市作为"全球媒体之都"的地位,"纽约媒体2020"计划(Media NYC 2020)于2009年2月出炉,7月,纽约市政府又公布了刺激媒体产业振兴的八大策略,使得这一计划更具操作性。具体可分为三大目标:(1)通过各种媒体渠道来增加媒体产业界与纽约市大学的互动,培育创业创新;(2)吸引顶级人才,培训升级本地的媒体从业人员,维持纽约市在全球市场中的竞争力;(3)吸引外国媒体公司来纽约,帮助纽约市媒体公司海外扩张[①]。概括起来,纽约市正致力于使自己的信息传播网络更具有创新性、竞争性、开放性,根本的面向是新媒体产业,提高新媒体在网络中的比重,加大对新媒体的投入力度。

八、纽约信息传播网络传播效能的评价

如果回归传播学最基本的理论源头——传播现象或者过程本身,

---

① 祝碧衡:《打造纽约经济多元化 媒体与技术产业位列其中》(2009年9月7日),http://www.istis.sh.cn/list/list.aspx?id=5385,最后浏览日期:2018年9月1日。

我们在对一个城市信息传播网络的传播有效性进行评价时可以从三个角度切入,即传者、受者、传播内容。按照基本的传播学理论,这三个部分大致可以构成一个完整的传播过程。因而传播有效性与这三部分都密不可分。当然,这只是在一个微观的传播过程中进行分析,若将其扩展到城市整个信息传播网络,则由这三个部分构成的传播过程的传播有效性无疑具有更宏观的指向。传者可以理解为信息传播系统中包含的媒体,或者整个信息传播产业;受者就是城中市民,一般的信息接收和消费者;这个系统中流动的信息既包含满足受众需求的日常信息,也包括突发性事件信息。传播有效性这一概念对于这三部分都是适用的:构成信息传播网络的媒体或产业的运作是否具有效率,进而言之其内部资源配置、运行模式是否合理,其产业结构是否协调高效,其对外传播的辐射能力是否足以保证信息流通和扩散的要求。受者的信息获得权是否能够得到保障,这一权利是否建立在自由公平的基础上,受众不断更新的特殊需求能否获得满足。信息本身是否带有偏见,信息是否符合维护和促进社会公共利益的标准。然而,由于传播是一个完整的过程,信息传播网络也是一个完整的系统,将这三部分割裂开来分析评价其传播有效性是不合宜的。我们对这三部分各自传播有效性标准的归纳可以提炼出三个主要标准,即效率、公平和影响力。其中,效率与公平是一对联系的概念,其协调程度影响对有效性的判断。当然,在对这三个统一的评价标准进行考察时,传者、受者、传播内容仍是重要的分析对象。

对城市信息传播网络传播效率与公平之间关系影响的因素主要包括传播体制、城市区域文化与地理特点、人口特点、城市经济地位等。

该网络所依托的传播体制是一切分析的起点。体制是根本的组织制度,是特定社会制度下社会组织对资源进行配置管理的制度安排和结构方式[①]。受美国社会制度的影响,纽约市的信息传播网络采用的是高度商业化的传播体制。网络内部并没有一个垂直的新闻传播管理

---

① 辜晓进:《美国传媒体制》,南方报业出版社2006年版,第4页。

体系,整个网络的运行遵循的主要是商业准则。在商业化思维下,网络内的每一个单位都是一个经济实体,追逐利润最大化是他们的根本目标,也是推动他们不断竞争的原动力。

竞争使得信息提供者以用户的需求为中心,从用户的角度考虑其对信息的需求而不是从自己的角度居高临下地发布信息。在现代信息社会中,人们每天打交道最多的不是衣食住行的物质产品而是信息,生活在纽约这样国际大都市的人对信息有着更大的需求。早先在纽约信息传播网络形成过程中,大众传媒以传递新闻信息为己任,但随着城市化加快,人们的信息需求越来越多方位、实用化。纽约的大众传媒在媒介多种功能的开发上大动脑筋,使报纸由"新闻纸"向"实用纸"转化;使广播电视在播送新闻、提供娱乐的同时更多、更全面地为人们日常生活中的各种需求服务,体现出人本化的特点。纽约的许多电视节目时间表是严格按照纽约人的作息表来安排的。对纽约市进行过访问的学者这样描述其"作息表"式的节目单:

> 以 ABC 为例,清晨 7:00 至 8:30 人们上班前,是杂志型节目《早安,美国》,该板块要闻突出,形式轻松活泼;傍晚 6:30,是晚间新闻节目,由美国当今电视节目主持人"三巨头"之一的彼得·詹宁斯主持,其《今晚世界新闻》和《ABC 晚间新闻》是该电视网收视率最高的节目;此后至晚上 10:00,穿插安排了三个各具特色的栏目:调查性报道节目《20/20》,直播类新闻节目《黄金时间现场直播》和政论性节目《夜线》。其他类型的节目,如家庭主妇爱看的轻松的"脱口秀"节目一般安排在上午做午饭前,儿童节目一般安排在下午放学后,影视、娱乐节目一般安排在晚间新闻类节目之后,等等。……有人用一句形象的话来概括美国媒介的这种服务意识和人本化趋势:"当你打瞌睡时,立刻会有人递上一个枕头。"①

---

① 涂光晋:《世纪之交的美国新闻业——美国主要媒体现状考察分析》,载《国际新闻界》1998 年第 5 期。

在媒介经济学的视角下,这种信息传播网络内部的竞争导致了市场结构的变化。传媒组织遵循一般企业的发展规律,在自由竞争的市场环境中经过优胜劣汰,逐渐走向集中和垄断①。美国传媒业的集中化造就了寡头垄断的传媒市场,纽约的几个超级传媒集团如时代华纳集团、维亚康姆、新闻集团就是这些寡头的代表。这些寡头追求的是市场效率,更多的资源和市场空间,随着这些集团的不断扩张和兼并,也为置身这个信息传播网络中的受众带来了使用效率。集团化使得媒介生产的门槛提高,生产标准也水涨船高。资源的合理配置使得人们能够获得更优质的媒介产品、更合理的产品组合。简单地说,生活在纽约的人能读到世界上最强大的采编团队生产的报纸、看到制作最精美的节目、使用最高速的宽带网络进行沟通。此外,集团化的规模效应使得生产成本降低,也决定了人们能够以相比原来更低廉的价格从这些寡头手中获得服务,前提是整个市场的竞争机制还足够强大。在纽约电视市场,无线电视网络基本被三大电视网控制,依靠他们所属的传媒集团,他们能够凭借出售节目与同时拥有广告和用户付费两种收益模式的有线电视竞争,保证在免费服务的条件下仍能生存。而有线电视网络尽管收取每月 10 美元以上的收视费,但网络之间存有竞争,更何况面对以免费安装为诱饵的卫星电视的威胁,使得纽约市民能够以不付费或较低费用收看电视节目。

但是,由于传媒集团本着经济效率优先的原则,也导致了公平原则的部分损害。传媒所有权的集中很可能导致传媒业不能服务于社会公众,而是服务于特定的利益集团,成为捍卫其利益的吹鼓手,从而牺牲社会整体的福利②。纽约的一些媒体为了吸引受众以提高广告收益,开设出一些格调不高甚至对社会有负面影响的节目。比如,在纽约就有电台每到深夜专门讲色情故事;电视节目方面,有的脱口秀节目讨论

---

① 王海:《美国传媒集中化的市场机制》,载《广东外语外贸大学学报》2007 年第 3 期。
② 朱春阳:《现代传媒集团成长理论与策略》,上海人民出版社 2008 年版,第 21 页。

一些家长里短,有些类似在我国被广电局叫停的"心灵花园"类节目。

在商业利益的刺激下,近年来纽约媒体中出现了大行其道的"娱讯"(infortainment,即 information 与 entainment 的混合)现象。其意图是"表现新闻如同轻度娱乐,以追求轰动效应"①,具体到新闻实践,就是将新闻尽可能故事化、戏剧化。比如,纽约的三大电视网都出现了真假结合的破案节目。电视文摘新闻节目《今夜美国》则照搬全国性报纸《今日美国》的框架,用大约 30 个短小的新闻/娱乐镜头来播送当日新闻②。评论人士认为,小报新闻(Tabloid news)、脱口秀以及其他形式的"娱讯"现象是以牺牲信息传播为代价来提供娱乐的,最终伤害了公众利益,从而对民主化进程造成了消极影响。

竞争导致的另一个结果是媒介形式的大融合,这也是技术发展的大势所趋。西北大学的李奇·戈登(Rich Gordon)将媒介融合(convergence)分为六大领域,而目前其最鲜明的外在形象是发生在两种以上媒体之间的融合。对报业公司来说,是报纸业务与网络业务的融合,而一些报纸网站也包含音频和视频内容。对广播公司来说,是广播、电视、网络三者业务的融合③。喻国明教授也指出,在数字化时代,就传媒对于社会施加影响的作用方式而言,一贯以来的由单一媒体所实施的"全传播"的服务模式正在逐渐走向衰弱。一个传播目标的实现过程将分别由不同的媒介接续完成,而参与其中的任何一个媒介仅仅在其最为擅长的功能点上扮演和履行着自己独特的、难以取代的角色④。纽约的传媒在这场媒介形态变革中发挥着领导和推动者的作用,《纽约时报》率先将报纸内容免费上网,甚至让自己的报纸网站联合报界对手的网站。2007 年,纽约 16 家地方报纸加盟雅虎联盟,成为雅

---

① 萧俊明:《新葛兰西派的理论贡献:接合理论》,载《国外社会科学》2003 年第 2 期。
② [美]道格拉斯·凯尔纳、[美]斯蒂文·贝斯特:《后现代理论——批判性的质疑》,张志斌译,中央编译出版社 1999 年版,第 155 页。
③ 辜晓进:《媒介融合:做比说更重要》,载《中国记者》2009 年第 2 期。
④ 喻国明:《"U 化战略":纸媒生存的大趋势》,载《传媒》2006 年第 12 期。

虎新闻网站的内容提供商,之前纽约的《纽约每日新闻》也是该联盟中的成员。这种融合的好处是使纽约市民能够从网上更方便地获取本地新闻。而纽约不同媒体间的联手合作也使得传播过程的完成更协调。当纽约市发生突发事件时,融合的媒介将分别扮演不同的传播角色,帮助信息传播过程顺利完成。

以上讨论的是高度商业化传播体制下传媒业追求经济效率给传播有效性带来的影响。但正是在这种看似自由的商业化环境中,对公平的要求其实也一直被包括在其传播体制中。西方规制理论认为,当市场机制本身无法自觉实现效率和公平的均衡时,就需要行政机制。政府通过法律、政策等规制手段来保证媒体维护社会福利和传播公平。因此,标榜新闻自由的美国传媒业其实也一直渗透着政治力量。纽约拥有影响世界舆论的众多大媒体,因此也成为政府规制的焦点。尽管有诸如《信息自由法》《第一修正案》这样的法律保证新闻自由,但是很多纽约媒体还是受到政府的干涉。其中突出的是有着光荣"揭丑"传统的《纽约时报》,该报历史上发生过多次被政府通过法律制约的例子。有趣的是,很多纽约媒体恰恰认为监督政府是在维护民主,正体现出了有益于社会的正外部性。

(一) 地域文化和地理特点

纽约的城市精神中有着一种容纳精神,不论何种肤色、何等观念形态,都能在这里共存。因此,尽管作为一个全球娱乐之都和时尚之都,面临大众文化和消费文化的大举入侵,纽约精英文化和传统文化并没有受到很大侵蚀。纽约的信息传播网络在保护传统文化和维护精英文化地位上功不可没,纽约的周末日报刊登大量文艺演出和展览信息,各种文化期刊的社论和书评等都让人们能够接触到精英文化。

但同时纽约地域文化中也有一种内向型的特点。如果说与美国人的自我中心主义、美国的世界中心主义相应的话,就是城市中心主义。这也许与纽约人的以纽约为中心看待世界有关。不少纽约人普遍存在纽约即美国,美国即世界的观念,因此纽约人对外界的信息关注度并不高。受到受众信息需求的影响,纽约很多媒体具有很强的本地化特征,对国际新闻关注度不够。这一现象到"9·11"事件之后有了转向。"9·11"事件使新生代美国人从崇尚技术转为关心政治。人们上网和阅读的习惯发生了变化,对有关阿富汗、伊拉克的信息非常关注。

然而,纽约的内向型对媒体发展也有利有弊。正是在这样的土壤下,纽约的地方媒体发展得很好,对于传播当地的信息发挥了很大的作用。比如纸质媒体方面就有知名的《斯塔藤前进报》,纽约的五个行政区都有属于自己区域的报纸,为纽约人提供他们身边的新闻。广播电视媒体方面,纽约也拥有数量众多的地方电视台和广播台。

纽约的城市中心主义还表现在尽管能够容纳少数族裔,但少数族裔在纽约始终较易受到歧视。这与美国的殖民历史有关,但大众媒体也难卸其责,大众媒体早期对黑人和妇女形象的偏见性的刻板呈现,使得纽约人始终将少数族裔置于主流社会的边缘地位。"9·11"事件之后,这一表现更加明显,纽约媒体对恐怖袭击者阿拉伯族裔的身份大肆渲染,对少数族裔带来了不利影响。

纽约有"民族大熔炉"之称,作为一个移民城市,其人口特点是多民族混居,纽约的文化具有移民文化最基本、最丰富的特质。这种特质最主要的表现是文化的多元性。这就决定了纽约的信息传播网络具有多元化的特点。多个不同族群要求能在这一网络内拥有自由和充分的传播权。从传统印刷媒体到新兴媒体,纽约都有针对专门少数族群的媒体组织,并且提供专门的媒介产品。其比例与居住期间的少数族裔的数量比例基本符合。在一个多元化的市场中,人们可以听到不同的声音,每个族群的利益能够得到合理表达,这样的信息传播网络才能真正有效地维护传播公平,做到为所有人服务。

另外,从纽约的经济地位来看,为了适应其城市的经济发展要求,符合其经济中心的功能,纽约媒体提供的信息做到了快速、丰富和易获得。在这个信息网络中,每天难以计数的资讯川流不息,而且为了满足城市快节奏的生活,信息的覆盖与传送总是从最方便受众获得的角度出发。遍布街头的售报摊和自动售报机,交叉覆盖的无线、有线、卫星电视网,无数高速的网络接口,都为人们降低了获取信息的成本,使纽约人能够快捷高效地获得和使用信息。

同时,为了刺激和满足经济发展的需要,纽约也在时刻孕育着领先世界的技术。纽约是各项创新技术的发源地,其中也包括和信息传播业相关的技术,对于改进传播方式以提供更好的传播载体和平台都有巨大影响。

(二) 影响力

纽约的信息传播网络具有强大的影响力。在市场经济的环境下,纽约的信息传播业具有高度竞争性。这种竞争不仅表现在媒体运作领域,也表现在资本运作领域。对纽约的传媒市场进行分析,可以发现其进入门槛较低,对印刷媒体基本不存在开办审核。虽然美国法律关于广播电视媒体有所有权的限制:广播、电视不得为任何外国公司所拥有。但是,外国资本仍可以部分介入。我们熟知的索尼(Sony)、贝塔斯曼(Bertelsmann)、霍尔茨布林克(Holtzbrinck)、桦榭·菲力柏契(Hachette Filipacchi)、默多克传媒集团等都在纽约设立总部。这就保证了在纽约可以获得更多的信息选择机会,这有助于纽约信息中心地位的确立。

另外,纽约拥有众多在全球有影响力的媒体,这些媒体为世界人民设置议程,影响全球舆论。我们日常读到的很多国际新闻都转载自纽约的知名媒体就是一个重要例证,人们已经习惯于引用诸如《纽约时报》《华尔街日报》《时代周刊》、三大电视网等的观点。以我国的"藏独"事件为例,之所以我国舆论对纽约部分媒体如NBC的不实报道反应巨大,一方面体现了其媒体海外影响力,让大洋彼岸的中国人能够在第一时间获取信息;另一方面,也体现了对世界舆论的影响巨大。正是担心其报道会误导其他世界人民,错误地引导不利于中国的舆论,才会有上至外交部，下至普通海外留学生的强烈反对呼声。这从侧面反映了纽约一些媒体操纵舆论的影响力之大，有时甚至能够颠倒黑白（比如帮助美国政府策动对伊战争）。

纽约生产的一些媒介产品在世界输出美国的价值观、宣传纽约城市形象上都有其巨大影响力。纽约批量生产的电视节目和肥皂剧在全世界范围内俘获观众，在某些缺乏网络版权立法的国家，人们可以通过网络下载到最新的美剧，这些剧中描绘的纽约图景也成为人们心目中的理想。《时代》周刊的封面往往是人们讨论的焦点。纽约的消费类期刊在国外发行多个不同版本，使纽约的影响力遍及全球。

因为纽约在政治经济文化上的核心地位，很多新闻事件就在纽约发生，记者可以第一时间赶到现场进行采访，这种得天独厚的优势，使得纽约媒体总能最及时、最全面地对新闻事件进行报道，从而也让纽约媒体传播的信息更具有权威性。

最后，纽约信息传播网本身就是全球关注的风向标。纽约媒体产业发生的每一个变动都可能是引起传媒业连锁调整效应的源头。技术变革、人员变动、市场结构调整、资金流向、最新节目都是人们关注的重点。

九、纽约信息传播网络与城市发展之间的关系特征

一座城市的信息传播网络可谓是城市的神经系统，城市的运转离不开其神经系统。不断增长的需求推动传播系统逐渐发展壮大，最终形成了一个无形的城市信息传播网络。因此，城市信息传播网络和城市发展之间的关系是双向的、紧密的、具有互动性的。一座富有生机活力的城市发展，需要有强大的传播网络力量来推波助澜。国际大都市更是信息化之都，信息传播网络的建设对其发展和自身地位的确立都至关重要。纽约是全球少数几个国际化大都市之一，其信息传播网络与它的发展之间体现出如下特征：

(一) 殖民地中心为媒体的诞生提供了土壤

自 1664 年纽约成为英国的殖民地以来,一个多世纪内它都是作为重要的英属地发展着。纽约最早的一批移民基本都是从欧洲迁移过去的,他们带去了英国政治思想中自由主义的传统。这些政治理念为后来殖民地的政治生活埋下了伏笔,而这样的政治生活又为纽约报业的产生和发展奠定了精神上的基石。之后,伴随着纽约的政治运动,纽约报业经历了争取殖民地独立、党派报之争等时期,较为宽松的政治环境和言论自由的保障为报业的发展提供了良性的土壤。随后,纽约在殖民地中的发展逐渐超过了传统的文化名称费城和波士顿,成为北美新中心,纽约的媒体也更加壮大。

(二) 大众媒体成为社会运动的重要发源地

纽约的大众传媒密切关注社会动向,积极参与和推动社会变革。纽约媒体在不同时期都曾成为过重要的社会运动发源地。除了报纸,纽约的期刊也有这一优良传统。20 世纪初,在揭露以纽约为代表的城市贪污、腐化、犯罪及操纵市场等方面,揭露性期刊甚至走在了报纸的前面,如《麦克卢尔》《星期六晚邮报》《人人杂志》等。此后,又有《花花公子》之于 50 年代的性革命,《纽约客》之于 60 年代以书籍和期刊为主要阵地的"新新闻主义",《女士》之于 70 年代的女权主义运动等①。历史上,纽约的广播电视都曾有过帮助政府策动战争或反战运动的经历。媒体成为社会各方力量争夺的舆论战场。在新时代,纽约的网络媒体又成为新的公共空间,为发动社会运动提供了最理想的平台,发挥着巨大的瞬时凝聚力量。

(三) 经济因素是制约网络形成的因素

纽约信息传播网络的每一次扩大都受到经济因素的影响,在很多

---

① 殷晓蓉、方筱丽:《都市期刊生态结构的比较研究——以纽约和上海为例》,载《杭州师范大学学报(社会科学版)》2007 年第 2 期。

时候,经济不仅是原动力还是决定性因素。比如在载体形式方面,报纸经历大众化的第一步就是降低报纸价格,于是纽约诞生了全美国最早的三份"便士报"。广播和电视在崛起初期,都受到其机器价格高居不下的制约,当厂商能够大批量生产便宜的播送载体时,广播和电视才相继迅速地发展起来,信息传播网络才成为真正服务大众的网络。

(四) 政治经济文化与网络互动

纽约在地理、金融和商业等大背景方面占有优势,又充分融合了社会、人口、经济、教育及文化潮流等"城市要素",这就为其城市信息传播网络不断发展、扩大覆盖范围提供了条件。同时,信息传播网络对纽约的政治、经济、文化发展都有推动作用。

对城市政治文明的推动作用体现为:一是纽约高效的媒体沟通传受双方,使相关的政府和公共事务信息能够及时传达到社会公众;二是纽约有众多以监督政府为己任的知名媒体,其中不乏《纽约时报》这样习惯质疑政府的媒体,它们对政府进行监督,维护市民的知情权。

对城市经济发展的促进作用体现在:一是纽约的传媒产业本身就是一个大产业,每年为纽约市贡献巨大的税收,它的发展可以带动纽约经济增长和发展;二是在资讯即是财富的信息化时代,纽约媒体保证提供及时、丰富的资讯,满足纽约快节奏运作的需要。

对城市文化发展的推进作用表现在:一是通过知识积累和文化遗产继承,发挥教育与社会化功能,着力于大众文化和精英文化的均衡发展;二是纽约的一些世界知名媒体通过新闻报道和栏目内容的价值导向设置议题,形成良好的舆论氛围;三是开展文化交流和文化专栏、专版,提升纽约人的文化品位和水准,如《纽约时报》的书评栏目和《纽约客》杂志;四是通过现代传媒所承载的流行音乐、电影、电视剧、网络游戏等,让市民感受时尚和流行文化魅力。同时,大众传媒的发展对其他文化产业发展也有积极的推动作用,纽约的电影制造业和音像业也在世界处于领先地位,辐射全球。

总之,纽约的信息传播网络是其城市发展软实力的保证,其传播系统的有效性充分符合其国际大都市运作的要求。尤其是在信息时代,纽约的信息化与传媒活动的相互影响,凸显了通信网络与媒体融合、积聚与延伸的趋势和作用。

(五) 城市变迁影响信息传播网络结构

同其他美国城市一样,纽约也是通过走城市化道路由小到大不断发展到如今这样的规模的。其变迁过程中的特点之一就是先实行城市化,再由城市化向城郊化过渡。纽约城市化进程引起不少弊端迫使纽约市不得不调整城市发展战略,从城市化向城郊化方面转移。20世纪50年代,越来越多的纽约人从市中心搬至郊区,他们更关注自己生活的社区的事物,由此带来地域性很强的社区报纸的兴起和地方广播电视新闻的走红。在纽约,几乎随处可见售价极其低廉甚至是免费赠阅的社区小报,这些小报印刷精美,以当地新闻为主,广告占据了绝大多数版面,拥有相当数量的社区读者。城郊化为纽约的地方媒体提供了生存空间和发展路径,使得纽约形成了不同层级媒体共同服务的信息传播网络。

(六) 信息传播网络对外宣传城市形象

大众传媒对一座城市有着"城市名片"的作用,其本身不仅可以代表这座城市的精神,也可以通过自己的网络触角对外宣传城市的形象。正因为纽约有着众多全球知名的媒体,具有辐射世界的影响力,其信息传播系统可以借助自己的力量对外宣传和推广纽约的城市形象。比如著名的"I Love NY"口号就是通过媒体传遍全球,作为美国精神象征的自由女神像也和这座城市紧紧地联系起来,而人们的印象往往来自电视媒体的图像。如今,纽约的电视媒体正通过流行美剧对外输出理想化的纽约生活图景。大众传媒的对外传播可以更好地展示一个城市丰富的内涵和宽广的外延。大众传媒可以将一个城市塑造成令人神往的旅游度假目的地,从而推动当地旅游业发展。

(七)信息传播网络对突发灾难的协调功效

"9·11"事件发生后,纽约媒体分别扮演不同的传播角色,使得信息及时传播,也使整个事件原貌得以全方位呈现。传播过程顺利完成后,媒体还起到了引导舆论,抚慰民众情绪的作用。时任纽约市长的朱利安尼在灾难发生后第八天通过媒体发表的公开信,呼吁人们回到正常的生活中,并表示"通过一天又一天、一月又一月的努力,纽约人将更加团结,更加自信,坚信我们的城市将更加强大"。纽约媒体在帮助城市从创伤恢复,功不可没。

十、纽约模式:值得借鉴的经验和问题

上海要想跻身国际中心城市的行列首先必须成为信息化先进城市。而信息化的国际大都市至少应该具备以下特征:第一,它的城市运营速度应该远远超出其他城市。信息化首先解决的是速度问题,包括城市管理、城市运营和城市反应,在一座信息化大都市里生活和办事应该是快捷和便当的。第二,信息传播和辐射能力。在这里不仅可以获得来自世界各地的信息,同时还可以获得其他地方不能获得的信息,因为信息化大都市本身是一台信息发动机。第三,商贸交易的速度和能力。商业活动是吸引外来人士的重要因素,快捷和便利的商务交易能力是信息化大都市的经济基础。第四,信息化大都市应该具有较高的信息产品的生产能力和信息技术的原创能力。媒体大王和巨头网站是必不可少的要素。第五,信息化大都市也是信息知识的生产基地,只有源源不断的信息化知识创新才会有信息化的可持续性发展。

为了实现上述目标,我国的像上海这样的大城市可以从以下方面借鉴纽约的成功经验。

(一)提高开放度,打造知名媒体

纽约的信息传播网络具有高度的开放性。

一方面,其传媒行业有着高度流动性,为了追求经济效率,媒体大规模地并购与扩张。网络内部不同媒体、同类媒体间竞争激烈,在经济动力的推动下媒体能够激发更大的活力。但由于我国媒体的双重属性,市场开放度与美国显然不能相提并论,媒体整体运行在经济效率方面仍比较低下。如何在市场经济和事业管理双重体制下寻求经济的存量增长是中国传媒业需要思考的。

另一方面,纽约的信息传播网络有很好的接纳与兼容性,许多著名的国际集团参与了当代纽约传媒生态的构成与发展。改革开放以后,上海的一个重要定位是体现国际大都市水平,适应21世纪经济全球化和全球信息化发展的趋势。在诸如对境外媒体的接纳程度、政策的灵活性、人口素质及良好的投资氛围等方面,上海已体现出作为国际大都市应有的兼容性。上海近年来已经对媒体敞开了胸怀,一些很具实力的媒体纷纷进驻,如Channel〔V〕、星空、凤凰、华娱等,但以国际化大都市的要求来比,上海传媒市场的开放度还有较大的提升空间。

(二) 充分发挥信息传播网络在促进公共决策方面的建设性作用

尽管纽约的信息传播网络是高度商业性的传播体制,但在经济力量之外,政府规制也在发挥着重要的作用。政府规制不仅有助于传媒业运行中效率与公平的协调发展,也能使政府利用传媒对城市进行管理。现在美国从联邦政府到各州政府都乐于与传媒进行有效合作,注意通过传媒来促进公共政策甚至法律制度的制订和落实。

相比之下,我国的媒体特别是一些市场类媒体,往往过于重视眼前的市场份额而显得目光短浅,有时甚至不惜牺牲媒体本该坚持的客观、真实、公正的立场,刻意迎合少数受众的需求,甚至干扰地方政府的工作。虽然暂时赢得了眼球,却伤害了媒体的公信力和权威性[①]。

(三) 重视网络内的媒体创新发展

随着互联网的崛起,国际大都市信息传播网络的构成已发生深刻

---

① 赵文荟:《美国传媒业的启示》,载《新闻战线》2007年第3期。

变化。如何利用新媒体,同时继续发挥传统媒体的作用是大都市管理者当前要考虑的。纽约不仅新媒体发展速度迅猛,出现了众多媒体融合的大趋势;而且传统媒体在应对新媒体的挑战时也自有调整的对策。纽约在政府管理中特别突出了对新媒体的管理,这有利于新媒体的长远发展。

第三章
伦敦信息传播网络发展与特征

一、伦敦基本情况概述

(一) 伦敦概况

在很多人眼中,伦敦就是英国的代名词。这座城市坐落于英格兰东南部平原之上,泰晤士河穿城而过,距离泰晤士河入海口不足 100 千米。早在 3 000 多年前,伦敦地区就是当时英格兰人居住的地方,当时伦敦被称为"伦底纽姆"。公元前 54 年,罗马帝国入侵大不列颠岛,伦敦地区成为罗马人的重要军事据点。在这里,罗马人修建了第一座横跨泰晤士河的木桥。公元 7 世纪罗马帝国灭亡后,伦敦作为军事据点遭到废弃,直到公元 9—10 世纪伦敦老城才逐渐恢复生机。

16 世纪后,随着英国资本主义的兴起,各种工业、手工业的急速发展,伦敦的人口开始聚集,城市规模也迅速扩大。1500 年,伦敦的人口不过五万,1600 年则增至 20 万,但 1665 年伦敦大瘟疫和 1666 年伦敦大火这两次灾难让伦敦几乎成为废墟。经历了漫长的城市重建和新居民的陆续迁入,18 世纪初伦敦人口达到 49 万,成为欧洲最大的城市,也是当时世界上最大的金融和贸易中心。1885 年,伦敦成为世界上最大的城市,它的总人口数大于巴黎,是纽约人口的三倍。20 世纪 60 年代伦敦人口曾达到 800 多万。据 2001 年人口普查,伦敦市区及其自治市拥有 717.20 万人。其中,大约 71%为白人,10%是印度、孟加拉国或巴基斯坦后裔,5%为非洲黑人后裔,大约1%为华人;58.20%的人口信奉基督教,15.80%的人口无宗教信仰;大约有21.80%的伦敦居民出生在欧盟以外地区①。虽然,伦敦的人口不及莫斯科与巴黎,但要是把生活在伦敦都会区(6 267平方英里)内的人口也算进去,就超越了巴黎,成了欧洲最大的城市,其人口之多已超越苏格兰、威尔士和北爱尔兰的人口总和,占全英国人口的八分之一。据2016年人口普查,整个大伦敦地区总人口数量增加至8 787 892人②。英国这样一个人口小国中的伦敦成为欧洲乃至世界上的大规模城市,足可见其作为政治经济中心的资源集聚作用。

如果按照行政的划分,伦敦可分为伦敦城(City of London)和32个区(Borough)。它的核心为伦敦城,其外围的12个区,称内伦敦(Inner London),内伦敦以外的20个区,称外伦敦(Outer London)。伦敦城加上内外伦敦,则合称大伦敦(Great London),总面积1 580平方千米。大伦敦市又可按照其历史变迁及城区功能作用分为伦敦城、西伦敦、东伦敦、南区和港口区。伦敦城是伦敦最早的核心区域,主要聚集着金融和贸易机构;西伦敦更具政治色彩,它是英国王宫、首相官邸、议会和政府各部所在地,是政治的中心区;东伦敦是工业区和工人住宅区;南区是工商业和住宅混合区;港口区指伦敦塔桥至泰晤士河河口之间的地区,目前是欧洲最大的都市发展区,由于租金较便宜,很多原来在东伦敦和南区的大公司和大企业纷纷迁移至此,在地理和功能上都类似上海的浦东新区,发展潜力巨大。

由于靠近海洋,伦敦受北大西洋暖流和西风影响,属温带海洋性气候,四季温差小,夏季凉爽,冬季温暖,空气湿润。20世纪中叶,由于工

---

① 李廉水、Roger R. Stough等:《都市圈发展——理论演化、国际经验、中国特色》,科学出版社2006年版,第164页。

② 数据来源:Estimates of The Population for The UK, England and Wales, Scotland and Northern Ireland, https://www.ons.gov.uk/peoplepopulationandcommunity/populationandmigration/populationestimates/datasets/populationestimatesforukenglandandwalesscotlandandnorthernireland, 2018年6月28日,最后浏览日期:2018年9月1日。

业生产和居民家庭大量使用煤炭发电和取暖,伦敦煤烟排放量的增加让伦敦开始弥漫着老舍先生所形容的"乌黑的、浑黄的、绛紫的,以致辛辣的、呛人的伦敦雾"。从 1956 年开始,随着《空气清净法案》的实施,城市开始减少居民取暖煤炭的使用,将火电厂和重工业设施迁到伦敦以外。1975 年,伦敦的雾日由每年几十天减少到了 15 天;1980 年降到五天,伦敦逐渐甩掉"雾都"的帽子。如今,伦敦已经成为一座"绿色的城市",其三分之一的面积都被公园、花园、公共绿地和森林覆盖。

1. 政治概况

自从 1688 年的光荣革命以降,英国确立了君主立宪政体,随后于 18 世纪后半叶至 19 世纪初期率先完成了工业革命,使得政治稳定、经济勃发的英国在 19 世纪达到全盛。1914 年,英国占有的殖民地比本土要大 111 倍,是第一殖民大国,自称"日不落帝国"。其岛内领土经过一系列的变动,最终在 1923 年确定为英格兰、苏格兰、威尔士、北爱尔兰四个部分,英国的全称是大不列颠及北爱尔兰联合王国,缩写为 UK,大不列颠是一个岛屿,是由英格兰,苏格兰和威尔士共同组成。

作为英国的首都,这里是英国王室、政府、议会以及各政党总部的所在地,同时也是各种国际组织的聚集地,这让伦敦无疑成为全国的政治中心。威斯敏斯特宫是英国议会上、下两院的活动场所,故又称为议会大厅。议会广场南边的威斯敏斯特大教堂,1065 年建成后一直是英国国王或女王加冕及王室成员举行婚礼的地方,成为这个君主立宪制国家象征皇室权威的符号。

2. 经济概况

自工业革命以来,英国一直以工业闻名,伦敦也是一座名副其实的工业城,在机械制造、汽车、化工等领域都有很高的国际声誉。但是,随着经济进一步的发展,第三产业的比重逐渐超越的第一产业和第二产业,成为伦敦经济的支柱,早在 2007 年,伦敦第三产业增加值就占到了 85% 以上①。

在第三产业当中,占用重要地位的是金融和商业服务业。18 世纪 80 年代到 1914 年,伦敦已经是当时世界上最重要的金融中心,但之后,它的地位被纽约取而代之。在 21 世纪之后,伦敦又开始焕发昔日光彩,2007 年位于美国的全球第二大信用卡公司万事达卡公布了"全球商业中心"排行榜,英国伦敦击败美国纽约,成为世界最重要的商业中心②。2004 年,伦敦地区总产值为 3 650 亿美元,占英国国民生产总值的 17%,经济地位举足轻重,产值与俄罗斯全国的国内生产总值相差无几。

伦敦城是大伦敦市 33 个行政区中最小的一个,面积只有 1.60 平方千米,但就是这么个弹丸之地,却掌握着英国金融和商业的命脉。伦敦的特别之处在于其超过四成的 GDP 和三成以上的就业机会是以商业和金融服务业为依托的。这两个行业在伦敦的发达程度超过在英国其他任何一个地方。至 1998 年,伦敦城共有 434 家银行,几乎是"一战"时期的 14 倍。伦敦城是世界最大的国际外汇市场,每天的外汇交易额达到 6 000 多亿美元,是美国华尔街的两倍③。伦敦城还是世界上最大的欧洲美元市场,石油输出国的石油收入成交额有时一天可达 500 多亿美元,占全世界欧洲美元成交额的三分之一以上。英国中央银行——英格兰银行以及 13 家清算银行和 60 多家商业银行也均设在这里。

伦敦城也是世界上最大的国际保险中心,共有保险公司 800 多家,其中 170 多家是外国保险公司的分支机构。伦敦城中的伦敦股票交易所为世界四大股票交易所之一。此外,伦敦城还有众多的商品交易所从事黄金、白银、有色金属、羊毛、橡胶、咖啡、可可、棉花、油料、木材、食

---

① 刘志峰:《城市对话:国际性大都市建设与住房探究》,企业管理出版社 2007 年版,第 160 页。
② 《全球商业中心排名公布 伦敦第一香港第五》(2007 年 6 月 13 日),载《法制晚报》网,http://news.sohu.com/20070613/n250548899.shtml,最后浏览日期:2018 年 9 月 1 日。
③ 刘志峰:《城市对话:国际性大都市建设与住房探究》,企业管理出版社 2007 年版,第 172 页。

糖、茶叶和古玩等贵重或大宗的世界性商品买卖。

3. 文化概况

谈起伦敦人,马上映入脑海的是那个矮矮胖胖,说着标准英式英语,西装革履,戴着一顶毛呢圆帽的"约翰牛"先生。即便是作为发达资本主义国家,英国的王室文化、贵族文化的烙印依然深刻,这种烙印在首都伦敦更加明显可见。在中世纪,在英国社会中的主导阶级是贵族,因而贵族精神也是社会上的主流价值取向,这种价值取向受官方的确认,也为英国社会大众所接纳。与欧洲其他社会不同的是,英国的贵族阶级是"开放式"的,即社会中任何阶层的人都有权利通过自己的努力,用政治或经济上的成功来跻身贵族阶级,成为"新贵族"。这种开放方式打开了英国普通民众走向社会上层的通道,也在很大程度上消解了底层人民对于上层社会的抵制和不满情绪,因为每个人都有可能进入上层社会成为"社会精英"。也缘于此,"贵族精神"在英国,尤其是伦敦,向来都是人们心生向往的东西。这种向往通过历史和文化的传承得以扩散,最终形成了英国人独特的民族精神。这种民族精神外化成平日的社会文化,就是推崇"绅士淑女之风",举止庄重严肃、矜持礼貌,个性也较为保守,甚至有人称英国人是世界上最不爱交际的人。

在这样的文化氛围之下,伦敦这座城市到处都充满着严肃和正统的味道,这也不难理解为何全世界最大的公营广播电视机构 BBC 和《泰晤士报》这样"开先河"意义的严肃大报均来自伦敦这样一座城市了。

正如之前所提到的,伦敦是一个多民族共存的城市,白人数量占七成左右,其余的由黑种人和黄种人等构成,来自世界各国的移民让伦敦变成一座多元文化的国际化大都市,城中居民使用的语言超过300种。但是,伦敦人特有的保守和"贵族情结"以及曾经在世界上独霸的历史优越感还是让他们对于外来人口存在排斥情绪,尤其是年龄较大的老伦敦人。他们甚至认为如今伦敦社会和经济发展中的一些阴暗面都是"外国人带来的",甚至出现了一些极端主义的政客,鼓吹将移民遣出英国①。但是,对于年轻一代的伦敦人来说,这种观念已经不那么浓重了。

伦敦城拥有为数众多的名胜古迹,全城有多达150多处的古建筑与历史花园,有三个世界级文化遗产保护地点,见证着伦敦的悠远历史。同时,值得一提的是,伦敦拥有240多座博物馆,是巴黎或纽约博物馆数量的两倍,其中大英博物馆建于18世纪,是世界上最大的博物馆。

另外,伦敦还是现代文化产业的聚集地,它拥有上千家画廊,400多个大小剧院、音乐厅及现场音乐表演场地,5 000多间酒吧,每天举办的艺术活动多达200多项。全世界每年有一亿多人赴伦敦参观各类博物馆和古迹,伦敦艺术品拍卖销售额仅次于纽约,位于世界第二。全英1 600多个表演艺术公司中超过三分之一的公司位于伦敦,伦敦还拥有全国录音室总数的70%、音乐商业活动的90%、全国电影和电视广播产业收入总额的75%,以及全国近50%的广告从业人员、全国85%的时装设计师等。伦敦还是英国报业的集中地,也是全球重要的传媒中心,著名的舰队街是很多大牌报社的聚集地,在伦敦的码头区后来也有大批报纸企业涌入,伦敦城内还散落着近2 000家出版企业和7 000多个学术杂志社②。

古老的文明在现代化的英国以"创意产业"的名号重新开花结果,让英国在经济上收益颇丰,同时也让本土文化更加强盛,正如我国在发展文化产业时经常提到的"文化搭台,经济唱戏",英伦的本土文化披上了"产业"的外衣,在不断充实和丰富本土文化的同时,也向其他国家传播文化,向整个世界输出自身文化的影响力。

---

① 梁凤鸣:《一本正经英国人》,时事出版社1997年版,第237页。
② 诸大建、易华:《面向都市经济增长的创意产业发展——以纽约伦敦为例》,载《同济大学学报(社会科学版)》2007年第2期。

(二) 伦敦城市地位

经历了两次世界大战的洗礼和第二、第三次工业化浪潮的席卷,英国逐渐走下了世界霸主的神坛,告别了自以为豪的殖民地时代,开始走向没落。同样为岛国,日本抓住了新科技革命和"二战"后和平大势的机遇,从战后废墟中重建,现在成为仅次于美国的第二发达国家,而英国的发展脚步却走得异常"优雅",没有显现出一个传统强国所应有的魄力和风范,以至于在国际社会中日益失势。近些年来,英国在经济上屡有失足,与欧元区渐行渐远;在政治上地位也有所下降,在世人眼中更多的是以美国的"盟友"姿态出现。2016年6月24日,英国举行了脱离欧盟的公投,脱欧派以微弱的优势获胜,英国正式"脱欧"。这一在外界看来十分"草率"的举动,必将给英国以及整个欧洲带来非常重大的政治经济影响。

作为英国的政治经济文化中心,伦敦从古至今一直扮演着重要的角色,相对于其他辖属地区,伦敦在岛国中的地位是无可匹敌的。因为国土面积的限制,优势资源会向一个中心城市最大限度地集中,这样有利于资源的整合和中心区位优势的利用,再加上伦敦作为岛国中心的历史惯性,使得伦敦在英国国力减弱的大势之下仍然葆有世界性大城市的风范。

换句话说,英国世界影响力的削弱并不阻碍伦敦依旧站在世界性大城市的行列之中。相反,恰恰是英国整体国力一定程度上的失势,使国内的经济文化资源更加向伦敦市集聚,以此加强国家发展的合力,于是,伦敦这样一个英伦第一城市和其他城市之间的差距也愈发明显。如此对比,也难怪不少游历英伦的人发出了"小英国、大伦敦"的感慨。

二、伦敦信息传播网络的发展历史

(一) 印刷术的发明和传入:纸质媒介网络发展的基石

英国作为雄霸一时的老牌资本主义国家,它由弱至强,又盛极而衰的整个历史时期正是大众媒体逐渐发展确立其地位的时期,也是一个信息传播网络在英伦大地上逐渐铺开,让更多人享用信息的过程。

中世纪的黑暗笼罩着欧洲,言论自由受到钳制,这不仅仅是由于统治阶级的铁腕,也因为传播方式的落后。长久以来,文字只能通过手抄的方式在羊皮卷上传递,文盲是欧陆居民中的多数。因为,他们在很大程度上只能通过口头方式来传递信息,所以文字载体的缺乏以及文字传抄的龟速使文化思想的传播一度十分缓慢。后来,一个失败的德国生意人约翰内斯·古登堡改变了这一切。他在德国美因茨借债兴建的一家印刷厂中改进了油墨、印刷机和活字材料,将其早先在斯特拉斯堡发明的活字铅印术推向实用阶段,并行印了《拉丁文文法》和《圣经》等书籍。这个德国人自己也没想到他的这个发明会给整个世界带来如此翻天覆地的变革,他发明印刷术的年月正值欧洲文艺复兴前期,由于社会经济、科学文教及基督教的发展,对读物的需求量逐渐增加。1456年,他生意上的失败让印刷厂倒闭,却无意间让熟练的印刷工人各处谋生、重新建厂,而活字印刷术也从美因茨扩散到了德国的其他城市,然后走向整个欧洲乃至世界。对知识传播的渴求促进了印刷术的传播,印刷术成为主要的宗教和文化传播手段,推动着社会文明向前发展。

继瑞士、意大利、法国、荷兰、西班牙之后,活字印刷术于 1476 年传入英国[①]。这要归功于一个叫作威廉·卡克斯顿的纺织品商人,卡克斯顿约于 1422 年出生在肯特郡维尔德的林区,家庭拥有很多地产,因此他接受了很好的教育。18 岁那年,卡克斯顿前往伦敦,在著名的布商、后来的伦敦市长勒泽手下当学徒。在勒泽 1441 年去世以后,卡克斯顿开始独自创业,专门经营英国与佛兰芒地区间的纺织品贸易,生意十分成功,也为他赢得了金钱和地位。卡克斯顿不但是个成功的"商人",而且是一个"文人",他通晓英、法、德、拉丁文等多种文字,在经商

---

① 姜德锋:《纸媒体的世纪主题——公元 1500 年以来世界报业史的规律及启示》,载《北京印刷学院学报》2007 年第 5 期。

之余喜欢翻译和研读文学经典著作。1469年,卡克斯顿开始翻译《特洛伊史回顾》等书。他的翻译受到了朋友们的喜爱,纷纷前来索要译本。这样,卡克斯顿除了找抄写员之外,还亲自笔录了一些译作给朋友,但他很快就感到自己的人工力量无法再抄下去了。而此时,古登堡的活字印刷术已从美因茨沿莱茵河顺流而下传到科隆。卡克斯顿得知这一消息后,于1471年前往科隆。在科隆,卡克斯顿交了昂贵的学费,刻苦学习印刷术,最后终于成为英国出版第一人。而此时的卡克斯顿,已经是年过半百之人了。约在1474年,卡克斯顿带着一套铅字活版印刷的行头返回布鲁日,在那里创建了一个印刷所。1475年,他在布鲁日印刷出世界上第一本英文出版物《特洛伊史回顾》。1476年年底,卡克斯顿应英格兰国王爱德华四世之诏,返回英伦,在伦敦西敏寺附近建立了英国第一个印刷厂,开始大规模出版书籍。由此,英国的出版事业在伦敦西敏寺正式揭开了序幕,而卡克斯顿无疑是伟大的揭幕者。在15年的伦敦出版生涯中,他出版的书籍几乎无所不包,其中有宗教经籍、神学著作、历史、哲学、百科全书、骑士传奇、诗歌及伦理学著作等。这些书籍极大地开阔了人们的眼界,促进了英国新文化的发展,他对英国文艺复兴新文化和新文学的贡献都是不可磨灭的。1999年元旦,英国广播公司举行的"BBC听众评选千年英国名人"活动揭晓,莎士比亚以微弱优势超过丘吉尔荣获桂冠,而卡克斯顿则击败达尔文、牛顿、克伦威尔等一众名人,荣膺探花之殊荣[①]。这也代表了英国大众对于这样一个英国媒体时代的开创者由衷的敬意。

正如麦克卢汉说的那样,媒介是人体的延伸。印刷术的出现让纸质媒体开始逐渐脱离个人所能触及的范围,大规模、快速的信息传播活动在伦敦城逐渐开始。但是,信息传播网络的形成所带来的直接结果就是知识的普及,这又是中世纪的英国封建统治所不允许的。所以,在

---

① 唐宇明:《BBC评选"千年人物"——丘吉尔牛顿纷纷败北,莎翁"最有名"》,载《环球时报》1999年1月15日。

信息传播网络发展的初期,就伴随着政治势力无时无刻的压制和迫害。

(二) 都铎王朝的印刷管制:初期信息传播网络发展的"暗战"

早在 1483 年,即在英国引进活字印刷术后不久,英王查理三世曾颁布过鼓励印制及进口图书的法令,其中毫无禁止翻印的意思。可见当时还没有产生保护翻印权的实际需要。50 年之后,情况发生了巨大变化。1534 年取消了图书进口的自由。1538 年正式建立皇家特许制度,规定所有出版物均须经过枢密院特许,否则禁止出版。1557 年玛丽女王下令成立皇家特许出版公司,规定只有经过女王特许的印刷商才能成为公司的会员,只有公司会员和其他特许者才能从事印刷出版。1570 年,伊丽莎白一世将枢密院的司法委员会改组为直属女王的皇家出版法庭,即"星法院",以加强封建统治,组成人员包括枢密院人员和大法官三人。星法院颁布特别法令,也就是著名的"星法院法令",严厉管制出版活动,如一切印刷品均须送皇家出版公司登记,皇家特许出版公司有搜查、扣押、没收非法出版物及逮捕犯罪嫌疑人的权力等。1586 年,星法院的一纸法令将全英的印刷社的数目限制在了 22 家,其中包括女王御用的印刷商和牛津剑桥两所大学的出版社①,同时还对单一书籍的复制数量做了严格的限制。然而,庆幸的是,都铎王朝对出版物控制的主导思想并未对英国出版业的发展造成致命的损伤。在 16 世纪,由于正值宗教改革运动,都铎王朝的审查制度主要是针对"危及国家的宗教挑战",于是在宗教类书籍上面严加控制,但对于真正意义上的"信息传播类"出版物则表现出漠不关心,这也给了这些出版物生存的空间②。于是,关于"奇迹、奇观、奇事的新闻"的出版物受到了广泛的欢迎,而与如今媒体所充斥的低俗内容一样,关于性和暴力的出版物也在普通民众中有很大的市场。有相当大部分的印刷商将真实事件、

---

① [英]威廉姆斯:《一天给我一桩谋杀案:英国大众传播史》,刘琛译,上海人民出版社 2008 年版,第 28 页。
② 同上。

小道消息、谣言以及海外的事件描述等汇集出版,使得"星法院"时期的信息传播避开了"宗教"和"政治",注重于信息的传递而不是观点的劝服,这是英国这个时代信息传播的一个重要特点。

(三)混乱的内战时期:纸质信息传播网络大发展

然而内战的爆发让这个看似平静的英国出版业进入了一个混乱的时期,也正是拜这种混乱所赐,故步自封的出版业在内战的政治斗争中获得了发展,这种发展也成为伦敦乃至英国新闻媒体发展的最初养分,正如内战时期著名编辑威克海姆·斯蒂德所说的那样:"规范的英国新闻业始于内战和导致它产生的政治斗争。"在17世纪以前,纵然汇集各类或真或假消息的出版物已经在履行信息传播媒介的职责,但是它却无法将其自身与其他类出版物区别开来,或者说,这些出版物的作者是以"作家"的身份来进行信息传播活动的。1621年,伦敦的两位印刷商尼古拉斯·伯尼和纳撒尼尔·巴特共同出版了第一本以"新闻"命名的刊物《新闻周报》,当时是采取的"新闻书"的形式。由于政策限制,该刊物所刊登的都是外国的消息。随着1640年革命的爆发,国王与议会之间的斗争愈演愈烈,在扑朔变化的情势下,人们更需要出版物来履行"守望"的职责,于是在1640—1649年这段时间里伦敦的报刊出现了短暂的繁荣期。在1644年,伦敦城已经出现了10余种每周出版的新闻书[①],而且在当时混乱的局面下,新闻审查制度也渐渐失效,所以有大量的关于时政的国内报道涌现出来,具有现代报纸特征的广告、评论、插图也都出现在这个时期的新闻书上。为了保证盈利,这些新闻书和小册子基本都是面对伦敦市民的,因为只有伦敦读者的密集度可以养活这些媒体。

媒介的首要功能就是传播新近发生的事实,信息传播网络的最根本职责就是让受众需要知道的信息在这个网络中得到充分流动,以消

---

① [英]威廉姆斯:《一天给我一桩谋杀案:英国大众传播史》,刘琛译,上海人民出版社2008年版,第31页。

除人们不确定性的东西。在混乱的内战时期,外部世界在不断地发生变化,人们需要通过媒介来了解到底发生了什么,以便指导自己的认识和实践,因此才会有了伦敦报刊的短暂繁荣。可以说,伦敦信息传播网络的发展和壮大,和外部环境以及受众的需求是息息相关的。

(四)革命与复辟时期:伦敦报刊传播网络发展的起起伏伏

短暂的繁荣时期因为独裁者克伦威尔的上台而告一段落,伦敦的报业也重新进入严厉的管制时期。1649年克伦威尔颁布规定,除特许者外,一律不准出版印刷品。他还恢复皇家出版公司,让该公司独占出版业并查处一切非法出版活动,政府还派专人监督指挥。这样,革命初期一度兴盛的定期报刊纷纷消失,最后只剩下效忠于克伦威尔的两份官报《政治信使》和《公众情报员》①。官报取代了民间自发创办的报纸,成为信息传播的主要渠道。

查理二世1660年复辟,封建王朝的死灰复燃代替了克伦威尔军事管制,但政权的更迭并没有改变伦敦报刊的命运,新闻管制依旧严厉,官报仍然垄断信息渠道。支持克伦威尔的报刊遭到查封,保皇派的两份周刊被指定为官方刊物,一份是《国会情报员》,一份是《大众信使》。1660年6月复辟派国会颁布决议,规定未经许可不准刊登国会消息,1662年又制定《印刷管理法》全面恢复以往星法院的一系列规定。1663年,查理二世任命了皇室新闻检查官严厉管制印刷出版业。

在这两个时期的黑暗之中,民间报刊悉数扑地,但值得纪念的是报纸的形式在《伦敦公报》上获得了突破,也因此永载史册。在查理二世复辟期间,有一份名为《牛津公报》的政府官报于1665年11月发刊。因为这一年伦敦在遭受瘟疫的侵袭,宫廷迁至牛津,该报便创办于此,出至第24期才迁回伦敦出版,改名为《伦敦公报》(London Gazette)。这份报纸每周两期,内容都是一些官方消息,并无特异之处,但是它一改以往的新闻书模样,首次采用单页两面印刷,每面分为两栏,从而开

---

① 程曼丽:《外国新闻传播史导论》,复旦大学出版社2007年版,第13页。

创了近代报纸版面形式的先河。这份公报一直出版至今,是世界现存历史最久的报纸[①]。

1688年,光荣革命让资产阶级正式执掌政权,封建主义的新闻管制也随之灰飞烟灭,皇家特许出版公司和《印刷管理法》均被废除,资产阶级报业开始在政府的支持下迎来报业发展的春天:1702年英国第一个日报《每日新闻》诞生;1706年世界上第一份以"晚报"命名《晚邮报》以周三刊的形式开始发售[②];还有一大批受人欢迎的期刊,如《评论》《闲谈者》《旁观者》等。

在这一时期,我们依然看到的是政治势力对信息传播网络的干预,使得不同派别的报刊、民间报刊在不同政权之下得到了截然不同的结果。这种反反复复的过程,无疑是对信息传播网络的极大损害,一方面造成了极其惨重的不必要损耗,另一方面也造成对信息传播网络真正使用的大众的损害。

(五) 知识税兴废两重天:伦敦信息传播网络进入"便士"时代

伦敦报业春天虽然已经无可阻挡地来临,但新闻管制的阴影仍然无处不在,保守党执政之后,运用手中的权力在各个方面想方设法地对新闻自由进行遏制。在当权阶级眼中,新闻自由仍然只是富人的专利,报刊的覆盖也理应只限于富裕阶层。于是,在政府的主导下,形成了"诽谤罪、津贴制、知识税"三位一体的管理方式,构成报业发展的新桎梏。诽谤罪用来压制不利于政府的言论,津贴制用来收买报刊为政府歌功颂德,而知识税则是从报刊的"生命线"下手,用经济手段来控制报纸发展。

1712年,国会在保守党的操纵下通过了印花税法案,对所有报刊统一征收印花税,对报刊使用的纸张征收纸张税,对刊登广告征收广告税,三者合称为"知识税"。法案推出的效果立竿见影,在半年之内伦敦

---

① 陈力丹:《世界新闻传播史》,上海交通大学出版社2007年版,第27页。
② Harold Herd: *The March of Journalism*, George Allen & Unwin Ltd, 1952.

12家报刊就停了七家,可见知识税对报刊业发展的沉重打击。

然而,政府的控制挡不住时代的潮流,也挡不住报业发展的大趋势。18世纪后期,英国先于其他国家开始了工业革命。工业革命使阶级关系发生了变化,工业资产阶级和工业无产阶级的队伍同时在壮大。工商业进一步繁荣,广告日益增多,这些都给报业发展提供了新的条件和活力,在一定程度上延缓了知识税的沉重负担。同时,在英国新闻史上涂下更为浓重一笔的激进报刊也开始呼风唤雨,激进报刊都拥有自己的独立发行系统,而且与工人运动和宪章运动相结合,为广大工人阶级说话,因此深受欢迎。在1815—1855年间,激进报纸在全国发行量排行上一直遥遥领先,《两便士废物》《每周警察公报》《雷纳德新闻报》《罗埃德周报》都曾经位列全国报刊发行量的前两名①。而且,最关键的是,绝大多数的激进报刊都采取了避过知识税的方法发行,政府屡禁不止,无可奈何只能眼睁睁看着激进报刊以低价进入广大低收入阶级。至1836年,逃税报刊的发行量已经超过了纳税报刊的发行量,事情已经到了不可收拾的地步,政府必须寻求改变。

从现实的角度去看,英国政府妄图控制报刊在富人阶层的手段并没有实现,反而让激进报刊找到自己生存的领地,与按时缴纳知识税的保守报刊区分开来,形成了两张阶级性质截然不同的信息传播网络,可谓"无心插柳柳成荫"。在经济结构上,两个信息传播网络各自有各自的运行基础,激进报刊大多靠发行来达到收支平衡,不屈从于广告商,甚至以刊登商业广告为耻,这是由其反对资本家的劳工立场所决定,也因此更受工人读者欢迎,让其也更坚定地走以发行量为生的路子。而缴纳知识税的报刊,大多是以广告为营收重点,目标锁定富裕阶层。

于是,面对这样的情况,英国的中产阶级发动了一场以"废除知识税"为目标的运动,新崛起的中产阶级广泛对抗地主利益和贵族统治,

---

① [英]詹姆斯·卡瑞、珍·辛顿:《英国新闻史(第六版)》,栾轶玫译,清华大学出版社2005年版,第9页。

他们致力于推动与其联系密切的地方商业报纸的发展,来削弱保守报纸的统治地位,也为了向激进报纸的读者群渗透。他们以建立稳定而安全的社会秩序为口号,将自己视为"启蒙者"。取消知识税可以让报纸回归廉价,让报纸走向商业,进而可以引导底层阶级,以期建立稳定的社会秩序。在知识税征收的那些年月里,激进报刊通过躲避的方式来达到廉价,进而独自享用底层阶级这一读者群,而且它具有的政治性也对读者进行了极大的煽动和引导,这都不是统治阶级设立知识税的初衷。于是,统治阶级干脆取消知识税所设置的资金障碍,让报纸变便宜,这样商业报纸也可以走向廉价,和激进报纸争夺读者,进而削弱激进报纸的影响力。这种用"鹬蚌相争"而非"镇压"的方式来对待煽动工农阶级的激进势力,也是符合政府利益的,正如议员李顿爵士1832年所提出的:"印刷者和出版物能够比监狱看守和刽子手更好地为一个自由国家的和平和荣誉服务,廉价的知识与经费巨大的惩罚制度相比是更好的政治工具。"[1]从历史的结果来看,似乎顺应了废除知识税的倡导者们的预期:议会在1853年决定取消广告税,1855年取消了印花税,1861年又取消了纸张税,但激进报刊却在之后的半个世纪内逐渐式微。

虽然激进报刊在取消知识税之后走向了衰落,但是商业报纸却渐显繁荣。1855年内就有多家周报改为日报,并有17家省报创刊。全国报刊数量迅速上升,1836年为221家;1851年563家;1862年报纸1 165家,杂志213家;1880年报纸1 986家,杂志1 097家;1900年报纸2 234家,杂志1 778家。其中,发展最快的是摆脱了知识税经济负担的廉价报,在取消印花税当年,伦敦就诞生了便士报《伦敦晚邮报》,至1857年,全英已经拥有廉价报108种,其中伦敦拥有20种,地方拥有88种[2]。

---

[1] 张允若:《外国新闻事业史教程》,高等教育出版社2003年版,第36页。
[2] 程曼丽:《外国新闻传播史导论》,复旦大学出版社2007年版,第45页。

在取消印花税的斗争中,一方面是政治力量意图借助经济的压力来控制信息传播网络;另一方面是商业力量对扩大商业信息传播的需求、受众对更加廉价的信息传播网络接入方式的渴望。最后,是社会发展需求的胜利和民众对信息的渴望的胜利。从此以后,伦敦的信息传播网络正式进入了"便士时代",这个时代的主力军当然是以"便士报"为代表的商业报刊。便士报让伦敦居民接触这个信息传播网络的成本大大降低,也使信息传播网络的影响力扩大。

(六) 蜕变与整合:《每日邮报》与现代报团

《每日邮报》(Daily Mail)的出现,让北岩爵士在伦敦大众传播史上留下了自己的名字,他和这份报纸开创了一个崭新的时代,伦敦的现代报业由此发端。这个城市的信息传播网络也随着北岩爵士引领的报业革命日益跟上这个急遽变化的时代的步伐。同时,自由经济的底色也让伦敦的报业传播网络以效率为先导,自发性地进行整合,于是才有了垄断性报团的出现。这样的结果,是让信息传播网络中流淌的信息更加强大,但却日渐单一。

1.《每日邮报》引领伦敦现代报业

进入 20 世纪,在便士报的基础上,《每日邮报》开始引领着英国报业向现代报纸的方向发展,其创办人是北岩爵士——艾尔弗雷德·哈姆斯沃思(1865—1922)。他出生于一个律师家庭,17 岁起在一些杂志社当编辑,曾先后创办和主持《回答》周刊和《新闻晚报》,在报界摸爬滚打十余载,积累了丰富的办报经验。1896 年,哈姆斯沃思创办《每日邮报》。该报正式发刊前,哈姆斯沃思用了三个月时间出版试刊,每天一张,还在各报连续刊登广告,全力宣传"这是忙人的报纸,穷人的报纸","只卖半便士的便士报"。创刊号上又向读者说明:这份报纸文字简明,只要花半便士就可读到所有的新闻。《每日邮报》在创办时这种周密的准备和大量的宣传,为其积累了相当的人气,为创刊之后顺利打开销路打下了坚实的基础。

在廉价报纸的基础之上,《每日邮报》进行了大量的探索:首先,在内容上,它根据社会的需要尽量扩大报道范围。除了国内外一般新闻外,它还有股票行情、法庭消息、体育新闻、政治漫谈、世界舆论摘要、社交新闻、妇女园地、小说连载、趣事杂谈以及其他种种特稿。比起上层报纸,它有更多的社会新闻;比起一般廉价报纸来,它又有更多的重大新闻报道。其次,在业务上它提倡精编易读,文字简短,标题鲜明,要求做到"解释、简洁、清晰",以适应"忙人""穷人"的需要,其中有生活节奏很快的企业界人士,也有文化不高的劳苦大众。再次,它改善经营管理,广泛招揽广告,经济上主要依靠广告支持,还同铁路公司签约,以专用火车运报,有力地打开了外地的销路[①]。从以上描述中我们可以看到,《每日邮报》在内容上力求全面、在文风上讲究平易近人、在发行上追求速率,这些特质都与现代报业的观点不谋而合。所以说,正是《每日邮报》这样的探索,为现代报业的发展开了一个好头,它的一些理念让身处新千年的报业也依然受益。

由于《每日邮报》的这些做法充分适应社会的发展,其发行量不断上升,创刊号为 39 万份,1900 年前后达到 100 万份。该报在 1900 年买下《每周快讯》,改为自己的星期日版;同年增出北部版;1904 年出海外版;1905 年出欧洲版。其报业版图不断扩展,让人看到了勃勃的生机。在其成功之后,《每日快报》(Daily Express)、《每日镜报》(Daily Mirror)、《每日先驱报》、《每日写真报》等效仿者纷纷登场,他们之间的竞争推动了伦敦乃至英国全国报业的蓬勃发展,也使《每日邮报》躬身实践的现代报纸理念逐渐成为主流。他们的产生和发展也使得传统的日报如《泰晤士报》《每日电讯报》《每日新闻》《西敏斯特公报》《每日纪事报》《晨邮报》《旗帜报》等潜移默化地受到影响,也迈出了改革的步子。

2. 现代报团的市场垄断

20 世纪伦敦报业还有一个重要的现象便是报团的兴起,这是资本

---

① 毕佳、龙志超:《英国文化产业》,外语教学与研究出版社 2007 年版,第 19 页。

主义进入垄断时期后在大众媒介方面产生的回应。自 1921—1937 年，全国性晨报总销量增加了三倍，可是种数却减少了四分之一。当时著名的报团有"北岩报团""比维布鲁克报团""罗瑟米尔报团""肯姆斯莱报团"等。其中，"北岩报团"拥有《每日邮报》《每日镜报》《观察家报》《泰晤士报》等著名全国性报纸，其拥有者哈姆斯沃思被称为"舰队街的拿破仑"，其实力可见一斑。

报团的不断兼并和收购，让伦敦报业在 20 世纪经历了翻天覆地的变化，八家位于伦敦的日报在兼并收购中数量折半，《每日记录报》《威斯敏斯特公报》《晨邮报》《旗帜报》这四家日报在激烈的竞争中销声匿迹；而伦敦于 19 世纪末拥有的九家晚报至 1928 年时已经只剩三家，报业的垄断程度令人咋舌。虽然，这样的信息传播网络有了更好地实现规模经济的机会，但这样无疑会伤害网络中信息的多样化，受众在得到更有效、质量更高的信息的同时，也不得不以失去更多的选择机会为代价。

（七）音画时代开幕：从电影、广播到电视

伦敦城在 20 世纪开始了向现代化国际大都市的发展，而身居其中的伦敦人也开始了丰富多彩的媒体感官体验。信息传播网络经历了长时期的纸质媒体时代之后，终于有了更加生动的表达方式。电影、广播、电视等一个个新媒体涌现出来，全新的电子媒体网络与纸质媒体网络相叠加，最终形成了如今纷繁复杂的城市信息传播网络格局。

1. 电影

电影工业如今已经是伦敦乃至英国的重要产业之一，也是英国所身体力行的创意产业中的主要部分。至 1998 年，英国电影及相关产业就达到了 36 亿英镑的规模[①]。但第一批电影的先驱者只是将其视为

[①]《2001 英国创意产业发展报告》(DCMS Annual Report 2001)，英国文化媒体体育部官方网站，https://www.gov.uk/government/organisations/department-for-culture-media-sport，最后浏览日期：2019 年 5 月 18 日。

是保存资料的纪实设备,并没有预见其走向大众成为信息传播渠道的前景。在保守的英国,电影这样的新生媒体被视为市井平民的消费品,而拥有高雅生活的贵族更愿意去读书读报①。所以,最初的移动影画在各种场合尝试着去展示,如茶餐厅、音乐厅、露天市场等,最终发展成为争夺观众的巡回放映剧场。据记载,1907年当人们流行观看电影的时候,尼斯集市上有六家巡回放映剧场在相互竞争②。

自1908年,固定的电影剧场开始大量涌现,至1914年已有约4 000所电影厅散布于英伦三岛,而大伦敦地区则有超过600所,虽然绝对数量不少,但在全国所占的比重却仅有15%,这与伦敦在报纸发行上所占有的强势地位还有很大差距,可见新出现的电影作为一种媒体,它传递的视觉影像因其通俗性而更易于人们接受和普及,对知识教育的要求则不是很高。在"一战"前夕,在英国人口仅有4 000万的情况下创造了每年3.64亿人次的电影院接待数,这是一个多么庞大的数字,而且这一数字到了20世纪30年代末就突破了10亿大关③,而拥有了各种新兴媒体之后,1997年的英国影院上座人数也只不过1.39亿人次④,对比之下可见当初电影的流行程度。然而,这个以高雅和严肃著称的国家却没有给电影的发展提供很好的土壤,反而是带有一点敌意和蔑视,英国的中产阶级视电影为垃圾。这样的偏见使得美国好莱坞电影乘虚而入,成为英国电影市场上的霸主,而英国自产电影则蒙上了严肃和矫情的黑布被英国大众视而不见。喜欢看电影的大多是英国城市的工人阶级,他们是为了放松和娱乐来看电影的,不需要中产阶级那套说教,因而好莱坞电影大受欢迎。1914年美国影片已经占据了英国市场份额的60%,而1918年这一数字已经攀升到了80%。到了90年

---

① 谷时宇:《英国电影巡礼》,载《世界知识》1984年第19期。
② [英]威廉姆斯:《一天给我一桩谋杀案:英国大众传播史》,刘琮译,上海人民出版社2008年版,第98页。
③ 同上书,第115页。
④ [英]吉莉安·道尔:《理解传媒经济学》,李颖译,清华大学出版社2004年版,第73页。

代,好莱坞影片已经给英国本土电影留下了不到一成的市场空间①,1994年英国本土电影仅获得了国内票房的13%②,电影产业的萎靡程度令人唏嘘。虽然,在20世纪30年代英国政府曾经推出了刺激本国电影工业的政策,也曾使英国电影工业呈现出繁荣的景象,但随着泡沫的破裂,英国电影又陷入了新的低谷。而且,即便在短暂的繁荣时期,英国电影也从未摆脱过好莱坞的阴影。从另一个层面上看,尽管英国本土的电影产业没有得到健康的发展,但可喜的是遍布各地的电影院已经显示出了这一新媒体的力量,伦敦作为首都和英国的时尚中心,也自然是充满热情地张开双臂,迎接这一新的媒体网络在伦敦的土地上遍地开花,为人们提供更多的休闲和娱乐。

2. 广播

电影的出现给了伦敦人休闲娱乐的另一个选择,但是英国的高雅绅士们却无法容忍这种"世风日下",他们认为民众应该接受严肃的、高尚的媒介产品,以提高英国大众的智慧和修养,于是广播这一新媒体成为他们"挽救社会价值观"的救命草。

广播的出现源于1896年马可尼在英国的成功实验,次年他就在伦敦成立了"马可尼无线电报公司"。广播的初始发展阶段赶上了第一次世界大战,战争中宣传的需要拉动了广播的发展,也让这一新兴媒体背负上"国家资源"的沉甸名声。这样的名声也导致了战后英国以军事安全的名义对广播采取了垄断和压制的政策。然而,英国民众特别是无线电爱好者对于新媒体的热衷最终迫使英国邮政部于1922年撤销了对无线电传送的禁令。此后,英国政府开始给一些规模比较大的无线电制造商发放许可证,无线电发送实验也广泛地开展开来。电波的稀缺性让这种广泛的无线电实验逐渐走向了混乱,于是六大无线电制造

---

① 唐榕:《电影产业国际竞争力:国内现状·国际比较·提升策略》,载《当代电影》2006年第6期。
② 石同云:《好莱坞阴影笼罩下的英国电影》,载《北京电影学院学报》2002年第2期。

商齐聚伦敦开始商讨用统一的形式来发送广播,这就促使了英国广播公司的成立(BBC)。BBC依靠着邮政部给予的垄断性牌照和收音机厂商的销售利润分成获得了政治上的许可和经济上的优势,但同时也受到了政府和厂商的双面压制。

1922年BBC初始创办之际,听众人口不足14.90万,而且主要集中在大伦敦地区。这是由新媒体对于经济发展程度的高要求所决定的,伦敦经济发达,对这一新生事物的接收程度也比较高。同样的道理,这一媒介网络在社会阶层之间的扩散也呈现一种从高到低的状态,由于最开始收音机价格昂贵,只有贵族等上层人士才买得起,逐渐扩散到中间阶层,但仍不见工人阶级的踪影,直到1944年经济型收音机问世,这种新媒体才真正走向普罗大众,收听广播成为普遍的家庭活动。

在广播内容上,BBC在瑞斯的统领下坚持用一种以伦敦为中心的"国家社群"理念来编排节目,力图用大一统的中产阶级品位来取代整个国家的多样性,BBC不遗余力地将伦敦这样的大城市和中产阶级的国民观和文化观加之于整个英国社会,其所持有的政治正当性和价值优越性让BBC的节目一直是板着面孔来教育大众,而不是取悦大众。正如瑞斯所言:"我们试图给公众的是我们认为他们所需要的,但并不是他们确实想要的。"可见,BBC的广播内容是以中产阶级价值观为准绳的,但它忽视了广播的最大数量的受众——以工人阶级为代表的低收入阶层真正的媒介需求。这也为后来BBC节目编排价值取向的偏移和竞争对手伦敦广播公司的成立埋下了伏笔。

3. 电视

英国电视时代的序幕其实在1936年就已经拉开,当时在伦敦亚历山大宫附近的2.30万居民收看了最初的电视节目。但是,BBC的掌控者瑞斯为代表的高管都认为电视只是广播的一种"附带说明",只是广播的一种延伸,因而在当时广播为王的时代里电视这个新生儿受到了极大的忽视。仅仅三年之后的第二次世界大战又让电视销声匿迹,广播成为"二战"期间的主宰媒体,BBC 也是靠着广播才在大战期间赢得了极高的声誉。这一时期的电视就像是 BBC 的一个附属品一样可有可无,技术上的不完善、资金上的缺乏,再加上领导层的无视,让这一在战后无限风光的媒体在蹒跚学步的前几年里走得异常艰难。

(八)"二战"后的商业主宰时期:信息传播网络的大变革

1. 电视超越广播成为第一媒体

战后的英国一片凋敝,在提倡节俭的大环境下,电视由于每小时播出成本比最贵的广播节目还要高 12 倍而步履维艰,BBC 在电视方面的开支也是极其谨慎。对待电视,BBC 不愿花这么高的价格,民众亦然(1948 年的一台电视机价格约为 50 英镑,是普通工人七至八周的薪水总和[1]。)这导致电视机在英国的普及率并不高,当时全国也只有不过五万人拥有电视机。电视台从伦敦的亚历山大宫发射信号,起初只能覆盖伦敦城方圆 40 千米范围,可以视作是仅为伦敦市服务的。可见,在资金、技术等制约之下,在当时的媒介老大哥——广播的压制之下,电视业发展缓慢。

直到 1953 年英国女王伊丽莎白二世加冕,电视才真正打了一场漂亮的翻身仗:据统计,当时有大约 2 000 万人在电视机前观看了加冕礼,这一数字远远超过了通过广播收听报道的人数。随后,伴随着英国经济的复苏,民众的荷包也逐渐膨胀,再加上分期付款方式的流行,电视机开始走向千家万户,从 1950—1960 年短短的 10 年时间,英国成年人拥有电视机的比重从 4% 暴增至 80%,相应的是电视节目也从 1954 年的每天六小时增加到 1963 年的每天 16 个小时[2],供求两端的强势发展让整个电视业显现出了蓬勃的生机。

随着工商业的复苏和发展,商业广告成为经济生活中不可或缺的

---

[1] [英]威廉姆斯:《一天给我一桩谋杀案:英国大众传播史》,刘琛译,上海人民出版社 2008 年版,第 212 页。
[2] 同上书,第 217 页。

一部分，民众的消费热潮让商家更加重视广告的作用。同为大众媒介，报刊和广播作为展示广告的发布平台，其直观性比电视要小很多，所以电视成为工商业者的宠儿。BBC公营的身份决定了其对广告始终是心存抵制的，这就迫使工商业者寻求另外的宣传途径，无疑另外开办一个商业性电视台是一个极佳的选择。通过广泛的游说活动和有力的政治运作，《1954年英国电视法案》终于出炉，它引入独立电视（ITV）的同时，也让英国广播业走进了"双头垄断时代"。在这个时代里，商业性的私营广播公司和私营电视公司与公营的BBC一起为英国民众提供媒介内容，并分别从广告收入和收视费两种截然不同的渠道中获得利润。

至20世纪80年代，商业化的浪潮更加汹涌地袭来，英国政府不得不适时而动，推出了《1990年广播法》，将全国性商业电视（第三频道、第四频道）均改为独立经营的公司，同时开办第五频道和商业电台以及地方商业电台。商业台均采用招标的方式选择经营者，具有一定时间的任期，期满之后重新竞标。于是，英国成熟的公私并行的广电格局正式形成，共分为三个系统：BBC、管辖商业电视的独立电视委员会、管辖商业电台的无线广播局[1]。

2. 报刊在广电竞争压力之下的结构调整

两次世界大战间的英国报刊几经波折，终于在1945年迎来了和平与发展的大时代，但是这样的时代却没有给报纸留下太多的机会重温唯我独尊的美梦，因为这时候报刊已经有了电影、广播、电视等竞争对手，这些技术变革的产物带着新的媒介体验、乘着商业化的东风，走向了千家万户。"二战"之后经过了几年的调整期，英国的经济也开始走向复兴，民众在经历了大战的痛苦之后终于可以过上舒适自由的安静生活，渐渐富裕的他们开始在媒介中享受生活，享受和平时代给他们带来的物质和精神上的双重满足。在消费热潮的引领下，媒介产业进行

---

[1] 张允若：《外国新闻事业史》，武汉大学出版社2000年版，第318页。

了一场商业化的洗礼,报刊行业在这一过程中受到了强烈的冲击,也发生了巨大的变化。

首当其冲的就是报刊的经营受到了电视的严重冲击。同为广告的载体,广告主显然更加青睐电视所带来的直观化刺激,这让报刊行业损失惨重。1956年,报刊占据媒介广告投入90%的份额,但在20世纪60年代中期,在广告总体投入翻了三倍的情况下,报刊所占份额已经下滑至65%,电视则激升至32%;而且值得注意的是,报刊所占的这65%中,有相当一大部分是由地方性报刊贡献的,而全国性报刊所占的广告比重则少得可怜。据统计,在20世纪80年代,全国性报刊的广告收入仅仅在16%左右徘徊,可见其处境之艰难。与广告收入相对应的是新闻纸价格的不断走高(新闻纸的价格从1955—1977年就增长了五倍左右)以及新闻采编费用的提升,这更使报刊行业雪上加霜,到1974年,只有三份日报和三份全国性报纸能盈利[①]。

第二个变化是大众报刊在这一时期走向了"小报"时代,《太阳报》无疑是始作俑者。1969年鲁伯特·默多克入主《太阳报》,他重新聘请编辑,开始了《太阳报》的小报化改造运动。大字标题、大图片、大栏目等,一切让阅读变得"欢快和活泼"的措施纷纷登场,但最引人注目的还是其刊登在第三版上的裸体女郎,它在成为人们谈论的焦点的同时,也逐渐成为《太阳报》的标志。这样的小报策略无疑起到了立竿见影的效果,1973年《太阳报》的销量已经突破了300万份。后继如《星期日体育报》和《每日星报》等将伦敦舰队街上的高雅气息顿时消散了许多,取而代之的是非政治化和世俗化。但应该承认的是,伦敦报刊中高雅报刊还是占据着很重要的地位,小报风潮的掀起给严肃高级报纸带来了观念上的冲击,让高级报纸慢慢接受这种市场风气的改变。从本质上来说,小报化对高级报纸的冲击没有我们想象中那么大,但是,小报

---

① [英]威廉姆斯:《一天给我一桩谋杀案:英国大众传播史》,刘琛译,上海人民出版社2008年版,第296页。

化对于那些"中间路线"报纸来说却不是一个好消息。

正如上文所述,与《太阳报》等小报的蓬勃发展相对应的,却是"不雅不俗"的中间路线的全国性报纸的逐渐衰落。如《星期日画报》《帝国新闻》《星期日电讯》《每日画报》等,都在1960年之后的10年内在舰队街销声匿迹了。据西蒙·杰肯斯的研究,1948年走"中间路线"报纸的发行量占舰队街的60%,至1965年下滑至47%,然后到20世纪70年代末就只剩下可怜的15%[①]。这样的结果虽然令人扼腕,但是从市场的角度去分析的,也是不无道理的。高雅报纸掌控的是富裕阶层,他们的消费者剩余较高,会乐于接受较高的报刊定价,而且由于其很高的消费潜力,他们也是广告商所追逐的对象,高雅报刊在发行收入和广告收入两个方面都没有太大的压力。相反,大众报刊走低俗路线,用小报风格来吸引数量众多的低收入阶层,以低售价和丰富的娱乐信息拉拢受众,它们的收入构成中发行收入占的比例要明显比高雅报刊比例大,这就使得它们可以抗拒广播电视对广告业务的侵蚀所带来的负面影响。从"阳春白雪"到"下里巴人",高雅报刊和通俗报刊都找到了栖身之所,这就将走"中间路线"的报刊推向了极其尴尬的境地,定位左右摇摆,而两端的"一雅一俗"又逐渐向中间蚕食,中间路线报刊的衰落也自然在情理之中了。

如果说中间路线报刊的衰落是受累于其左右为难的内容定位和价格定位,那么免费报纸的后来居上、跑马圈地则是得益于其放弃发行收入的魄力和对读者心理的准确洞察。其实,在20世纪60年代就出现了以广告内容为主的免费报纸,在其逐渐发展的过程中,被慢慢裹上了浓厚的地方和区域色彩,而且纯粹的新闻报道在免费报纸上逐渐式微。1984年《每日新闻》作为大城市伯明翰的免费报纸,拥有40名新闻记者,而1987年《柴郡与区域标准》创刊时则没有设置一名专职记者,该

---

① [英]西蒙·詹金斯:《英国报业大亨内幕》,文贞译,新华出版社1982年版,第22页。

报也因此成了英国报刊史上的一个里程碑。从历史统计来看,免费报刊所直接冲击的是收费的区域性和地方性报刊,1989年的调查显示免费报刊的阅读率要远高于收费的地方性报刊,前者是77%,而地方性早报和晚报的数字仅仅有可怜的13%和29.50%①。尽管在免费报纸上的地方色彩浓重,但是真正做得风生水起的却是身在大城市伦敦的《地铁报》。1999年,联合报业集团为了抵制来自瑞典的地铁国际集团的跨国扩张计划,匆忙之中推出了《地铁报》,率先抢占了市场。初刊10万份,之后一路扩印,至2004年已达89.50万份②,而且值得注意的是《地铁报》采用了我们所熟识的"连锁经营"的模式,向各个地方城市授予经营权,这就可以将地方性的报纸扩张至全国性的联合报纸,城际之间既可以共享其广告资源、报纸声誉,还能在财政上在一定程度上做到相互支援,可谓一举多得。

从以上两个方面可以看出,"二战"以来的和平发展环境给商业的发展提供了极大的信心和动力,商业力量继而也带给了以私营为主的伦敦大众媒体显著的变化。纵然表象有千般面目,但内核是不变的商业力量,而且这种商业力量也将继续在新的千年给伦敦的媒体网络带来令人期待的变革。

3. 总结

从以上伦敦大众传媒网络的发展历史可以看出,作为一个资本主义强国的首都、一个曾经的西方文化的中心城市,伦敦的信息传播网络的发展历史是多么的坎坷和曲折。从最初的垄断于高层社会阶级的报业网络初期,到工人激进报刊反抗知识税的"地下活动",再到中产阶级将商业大众报刊塑为现代报刊的努力;从英国电影被好莱坞反客为主,到BBC广播成为英国的主流声音,再到"二战"之后商业所捧起来的电

---

① [英]威廉姆斯:《一天给我一桩谋杀案:英国大众传播史》,刘琛译,上海人民出版社2008年版,第299页。

② 唐亚明:《走进英国大报》,南方日报出版社2004年版,第298页。

视和小报；等等。虽今日回首觉其演化之必然，但我们仍可以感受到在不断的变革之中伦敦人所经历的迷惑和兴奋。伦敦的信息传播网络终得以以现今的面貌示人，归功于技术的更替，归功于政策的调整，归功于商业化的发展，同样也归功于平凡的伦敦人对信息不倦的追求，因为他们才是这个信息传播网络的最终受益者，他们所贡献出的对信息传播网络的任何反馈都是这个网络向前发展的动力。

三、伦敦信息传播网络的现状

在回顾了伦敦整个信息传播网络从无到有，不断进化，不断完善的过程之后，在这一部分中我们将对伦敦城现有的传播网络进行细致的梳理和描述。如果说在历史的演进中，伦敦的媒体网络沿革和整个英国的媒体网络发展让人难以区分的话，在现状描述这个部分我们仍将真切地感受到"小英国、大伦敦"给大都市的概念界限提出的挑战，因为英国的国家媒体（national media）占据着绝对的优势。但庆幸的是，诸如区域类报刊（regional newspaper）、地方型报刊（local newspaper），以及各种广播电台的存在给了我们一个明亮的灯塔，让我们不会在对伦敦城市信息传播网络的理解上迷失。

（一）报纸

在伦敦人的记忆当中，伦敦的报纸多在舰队街上聚集，舰队街也就成了英国报业的代名词，与旧上海的"望平街"有同等的地位。1986年，伦敦报业在默多克的引领下爆发了"沃坪革命"，让英国的报业在技术革新的同时，走出了舰队街狭小的街区，向城市的其他区域扩散。于是，英国报业伴随着地域的扩展进入了新一轮的大繁荣阶段。

据专门收集英国媒介产业数据的互联网网站 Mediauk.com 统计，坐落在伦敦的报纸媒体达 100 家。而与此相比，英国其他大城市则少得可怜（见图3-1）。

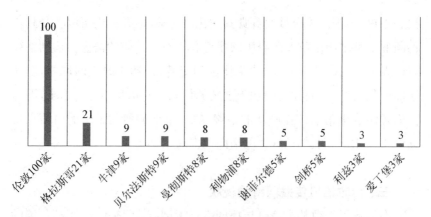

图 3-1　英国十大城市报纸拥有量比较①

发生这样巨大的反差,并不是说几个城市经济发展差距有如此之大,而是因为英国这样国土面积不大的岛国各个城市之间距离都不远,在地理上没有制约之后,全国的各种优势资源都会向一个中心城市聚集。所以,我们看到绝大部分的全国性报纸都在政治、经济、文化条件都比较优越的首都伦敦驻扎,而这样的集中也不会给报纸向其他城市的发行带来障碍。在聚集了大量的全国性报纸的同时,伦敦作为一个城市,也必然有自己的城市报纸,可以称之为区域报纸。而且,在行政上大伦敦划分为伦敦城和 32 个区,这些小城区有拥有各自独立的社区报纸。三类报纸纷纷在伦敦扎根,我们当然可以想到这张报纸网络是多么得密集。

正如上所说,伦敦有三类报纸,全国的、城市的、地方的。由于其覆盖的阶层和对象不一样,所以在整个报纸网络中各自所扮演的角色是不同的。

1. 全国报纸

以伦敦为基地的全国性报业主要由 10 家日报和九家周日报控制,

---

① 数据来源:世界媒体信息数据库,https://media.info/,最后浏览日期:2019 年 5 月 18 日。

它们抢夺三个层次的读者市场：高端、中端、低端①。高层次报纸如《泰晤士报》瞄准的是高端读者，以大幅版面发行，提供高质量的、及时、丰富的新闻信息，多为硬新闻，提倡严肃和高雅。大众化报纸则以布满图片和煽情文字的内容来吸引低端受众，花边新闻和小道消息是这些报纸的拿手好戏，全英发行量最大日报的便是默多克手下的著名小报《太阳报》，其广为人知的"三版女郎"成为通俗小报的标志。在高端报纸和低端报纸之间的是中间层次（mid-market）的报纸，有《每日邮报》和《每日快报》等，它们对高端和低端这两个取向做了一些折中，试图吸引中间层次的读者，事实证明这种策略是奏效的：在2011年世界报业与新闻工作者协会所公布的"2011年世界日报发行量前100名排行榜"中，英国有七份日报入选（见表3-1），其中排名第92的《每日快报》和第16的《每日邮报》就是两份走中间路线的报纸，虽然在发行上赶不过大众类报纸，但比高层次报纸相比仍具有优势，高层次报纸中代表性的《泰晤士报》甚至都没有进入榜单。

表3-1 入围2011年世界日报发行量百强的英国报纸②

报纸名称	性　　质	发行量（万份）	发行量世界排行
太阳报	全国性/大众化报纸	292.90	8
每日邮报	全国性/中间层次报纸	211.70	16
都市报	全国性/大众化报纸	133.50	40
每日镜报	全国性/大众化报纸	120.20	46
每日星报	全国性/大众化报纸	80.90	67
每日电讯报	全国性/高层次报纸	65.80	89
每日快报	全国性/中间层次报纸	65.00	92

---

① ［美］爱伦·B.艾尔巴兰等：《全球传媒经济》，王越译，中国传媒大学出版社2007年版，第79页。

② 陈中原：《2011年世界日报发行量前100名排行榜》，载《新闻记者》2012年第10期。

(1) 高层次报纸之《泰晤士报》

从对伦敦的文化梳理中,我们可以看出,严肃和正统是伦敦人的重要特征。在这样的氛围和传统中,涌现出了一些在全国乃至世界上都享有盛誉的高层次"大报"(broadsheet),其中最负盛名的就是1785年创办的《泰晤士报》。

约翰·沃尔特作为《泰晤士报》的创办者,一直坚持"一份新闻纸,应该是时代的记录和对各种信息的忠实记录者"的办报理念,将"真实性"作为最为重要的价值,他声称"该报在政治上不属于任何党派",并因此多次得罪高官权贵,甚至被捕入狱。创办者的坚守给《泰晤士报》带来的是百年不变的报格报品,居功至伟。在其继任者——沃尔特第二、沃尔特第三的经营下,《泰晤士报》逐渐发展成为具有世界影响的严肃大报,甚至得到了美国总统林肯的褒奖:"伦敦《泰晤士报》是世界上最强大的力量之一。"在1908年,《泰晤士报》脱离了沃尔特家族的怀抱之后,进入了一段动荡的年月。虽然也拥有北岩爵士时期的辉煌,但后来几经转手,甚至遭遇停刊,直到1981年被传媒大亨默多克成功收购,《泰晤士报》才重新回归正轨。

根据世界报业与新闻工作者协会公布的《世界日报发行量前100名排行榜》,《泰晤士报》2009年位列第98位,与2007年的第91位、2006年的第89位、2004的第91位相一致,一直徘徊在榜单的末尾,2008年和2010年之后则跌出了前100。在发行量,也在一个水平上徘徊:2004年的63.50万份、2006年的68.50万份、2007年的65.40万份、2009年的62.20万份[①]。

《泰晤士报》每日40版左右,刊有国内外新闻、评论、文化、艺术、书评以及商业、娱乐、体育内容。其中,周一、周二、周四、周五还有额外的主题特刊:周一为运动特刊,周二为公共事务特刊,周四为招聘特刊,而周

---

① 陈中原:《2004—2011年世界日报发行量前100名排行榜》,载《新闻记者》2004—2012年第7—10期。

五则为房地产特刊。其主要阅读者为政界、商界、学界人士,受众教育程度较高、消费水平也较高,充分反映了《泰晤士报》全国性严肃大报的地位。

随着新媒体对于报业的冲击,以及受众媒介消费习惯的改变,《泰晤士报》也在发生着变革。《泰晤士报》虽然依旧以严肃大报为定位,但在报业环境日益恶化之时,也开始追寻受众更高的消费认同甚至去挖掘更多的受众。于是,在 2003 年 11 月 26 日,《泰晤士报》在伦敦地区推行了四开小报样式(tabloid)的版本,由此掀开了"大报小报化"的序幕。需要说明的是,"小报"在伦敦人的语气中仍然不那么褒义,甚至有点轻蔑的意味,但是这种成见却不能改变小报在伦敦更受欢迎的现实:以"刮歪风"著名的《太阳报》一家的发行量都要超过这些严肃大报发行量的总和。因此,《泰晤士报》此举,也是为了向受众的消费习惯做出反应,毕竟现在高节奏的都市生活让越来越多的人需要更为方便地查看自己所需要的信息,一叠可以在走路或公共交通工具上随意翻阅的小报,似乎比只有在较大空间中才适合查阅的大报更加能体现对受众生活现实的尊重。在出版"小报版"之后的第一个月,《泰晤士报》就收获了 2.29% 的发行增长率,这在报业规模日渐缩小的时代背景下尤为难能可贵。

在移动阅读逐渐成为风潮后,《泰晤士报》也进行了阅读介质的改革尝试。2010 年 5 月,《泰晤士报》发布 iPad 版;6 月,《泰晤士报》推出付费墙;7 月开始对数字内容进行收费。而且在内容上,也增加了体育、娱乐等休闲新闻到比重,但总体的高端读者定位并未改变。

总体而言,虽然从传播的数量角度,《泰晤士报》的销量远远比不上通俗小报《太阳报》,在相同档次的严肃大报中也敌不过《每日电讯报》,但是其拥有的独特历史遗产却能够让《泰晤士报》可以在伦敦甚至英国以外的地方获得相当高的认同。在一定程度上,《泰晤士报》已经成为英国报业乃至英国的象征。这与它坚持"时代的记录者"的理念息息相关,也因此成为世界新闻界的典范。

(2) 大众化报纸之《太阳报》

在以"正统严肃""绅士风度"为文化特征的伦敦,越高尚的报纸就越受欢迎吗?答案似乎没有那么简单。让我们先来看一看在伦敦饱受批评和争议的小报《太阳报》、最受欢迎的严肃大报《每日电讯报》,以及历史悠久享有国际声誉的严肃报纸《泰晤士报》这几年的发行量对照(见表3-2):

表3-2 《太阳报》《每日电讯报》《泰晤士报》发行量对比①

年份	《太阳报》	《每日电讯报》	《泰晤士报》
2006	326.30	90.70	68.50
2007	307.30	90.10	65.40
2008	298.60	87.40	未进前100
2009	304.60	83.50	62.20
2010	286.30	70.30	未进前100
2011	292.90	65.80	未进前100

从以上数据我们可以看出,面对《每日电讯报》和《泰晤士报》,《太阳报》这样一个"低俗小报"竟一直保持着销量上的遥遥领先。而且,随着近几年报业经营形势的日益惨淡,在《每日电讯报》和《泰晤士报》发行量逐年下滑之时,《太阳报》竟然在2009年打了个翻身仗,实现了发行量的上升,这不得不让人感慨:这个以"三版女郎"闻名的小报,居然越来越受欢迎了。

1969年,默多克从国际出版公司手中以60万英镑的价格购下了这张当时已经资不抵债的报纸。从那时开始,默多克按照个人的办报思想对《太阳报》进行改造,大量刊登关于性和丑闻等刺激性内容。在创刊号上,《太阳报》声称要办一份"新鲜的、生动的、积极的、给普通人看而不是给政治家或舰队街专家看的报纸"。果然,这样的定位一下子

---

① 陈中原:《2006—2009年世界日报发行量前100名排行榜》,载《新闻记者》2006—2009年第6—10期。

就赢获了伦敦的市井阶层,第一期报纸的销量就超过了100万份,一年后达到200万份,四年后达到300万份,并一直维持这样的水准直至今日。

虽然和其他报纸一样,《太阳报》也从事着信息传递的工作,但是它却针对部分市民"窥私"的品好,挖掘并没有多少实际价值的娱乐八卦,企图给人以震撼或博人一笑。这样的小报特色让《太阳报》赢得了市场,给伦敦市民带来了"生活的火花",但从另一个意义上讲,它并没有为伦敦信息传播网络的信息质量贡献多少力量,过多的八卦信息其实减少了市民接触真正新闻的机会和时间。

(3) 专业性报纸之《金融时报》

提到财经类报纸,永远无法回避的一个名字就是《金融时报》(FT)。这家创办于1884年的财经报纸从属于皮尔森集团,凭借着其权威的政经新闻以及独到的深刻分析评论,在全球范围内建立了杰出的声誉。目前,在全球23个地方建立的分印点,2009年最新的日发行量统计为41.30万份,其纸质版和电子版的阅读者达到了130万[①]。为人所熟知的"No FT, No Comment"(没有FT,就没有发言权)这句宣传口号,无疑体现了这家报纸追求卓越的理念和对财经信息权威性的看重。

《金融时报》的辉煌岁月是在"二战"以后,随着英国经济的逐渐复苏,《金融时报》在经济信息旺盛的需求中得以蓬勃发展,尤其是20世纪80年代以后,《金融时报》令人艳羡的经济效益为它赢得了"印钞机"的美誉。同时,《金融时报》也开始迈向海外:1979年出版面向欧洲和北美的海外版、1986年增加了纽约印刷点、1997年推出美国版、1998年海外发行量首次超过国内发行量,等等。一个国际性的传媒巨舰逐渐形成,伦敦城内的这张经济信息传播之网也向全世界的各个角落撒去。

---

① 《金融时报》官方网站,http://www.ft.com/,最后浏览日期:2019年5月18日。

但是好景不长,2001年网络泡沫破裂之后,《金融时报》开始走下坡路。就像传媒经济学原理揭示的那样,媒介经济会放大实体经济的波动。伴随着英国乃至英国经济走向低迷,《金融时报》这样一个财经报纸比其他类型的报刊更加受到牵连,其广告收入、发行量都大幅跳水,让报纸老板不得不精打细算甚至开始裁员。

反过来讲,经济效益降低的事实和纸质媒体的逐渐弱势也给了《金融时报》另寻出路的机遇。首先,《金融时报》于2003年4月进行全面改版,用更加平民化、更加时尚的方式意图争取普通读者,尤其是年轻的读者。这次改版中增添了体育和艺术的版块,并加强了文章的可读性。这样从"精英"到"亲民"的路径转换在起初阶段似乎还有点作用,发行量曾经一度有不错的表现,但随后又恢复到以前的水平,这说明在争取到新读者的同时,《金融时报》可能也流失了自己原有的读者。其次,《金融时报》的同名网站FT.com也成为其扩展影响力的一个重要渠道。这家创办于1999年的网站借助了当时网络风靡的东风,获得母报十分可观的资金投入,并借此快速发展。更为难能可贵的是,在高举免费大旗的互联网中,FT.com的收费策略收效甚丰,更成为其扩展国际影响力的便捷方式。2012年,《金融时报》电子版的订户超过了纸媒订户。截至2015年,该报的发行量为72万份,包括报纸和电子版,其中七成的读者通过互联网生成[1]。

2015年7月,英国培生集团(Pearson)宣布,该集团旗下的英国《金融时报》以8.44亿英镑的价格,被日本媒体公司日经新闻(Nikkei)收购,宣告培生集团对《金融时报》58年的所有权结束。这笔交易的内容包括《金融时报》报纸业务、网络业务和数家关联刊物[2]。《金融时

---

[1] 《日经新闻以8.44亿英镑收购英国〈金融时报〉》(2015年7月24日),中国新闻网,www.china news.com/gj/2015/07-24/7424319.shtml,最后浏览日期:2019年1月19日。

[2] 周兆军:《英国金融时报8.44亿英镑易主日本日经新闻》(2015年7月24日),新浪新闻,http://news.sina.com.cn/m/pm/2015-07-24/doc-ifxfhxmr6347995.shtml,最后浏览日期:2018年9月15日。

报》在这笔跨国收购案中,迈出了从伦敦走向世界的一步,至于这样的产权更迭对其编辑业务有何影响,还有待于进一步观察。

2. 区域性报纸

区域性报纸在这里是指只面向整个伦敦地区发行的报纸,其实就是抛开伦敦作为全国首都的地位,抛开其还可以细分的33个小城区,仅仅将大伦敦城看作一个单独的、完整的城市实体,并从这个立场出发进行报纸内容的选择和发行网络的确定。这一类报纸主要关注伦敦城市的发展变化,营造一种城市的氛围,增强伦敦人的归属感和城市认同感。这类报纸按照盈利的模式分为两类,一类是只依靠广告收入的免费报纸,一类是既有广告收入又不放弃发行收入的收费报纸。下表就是伦敦的主要区域性报纸(见表3-3)。

表3-3 大伦敦城的区域性报纸

盈利模式	报 纸 名 称	发 行 公 司
收费	《伦敦标准晚报》(The Evening Standard)	英国每日邮报集团(Daily Mail and General Trust)
免费	《伦敦金融城早报》(City AM)	伦敦金融城早报有限公司(City A.M. Ltd)
免费	《地铁报》(Metro)	英国每日邮报集团(Daily Mail and General Trust)
免费	《伦敦之光》(London Lite)	联合报业(Associated Newspapers)
免费	《伦敦报》(The London Paper)	新闻国际公司(News International)
免费	《体育报》(Sport)	
免费	《短报》(Shortlist)	

但是,正如我们所经常提到的,传媒经济对于实体经济的依附性在于其对广告收入的依赖,这对于免费报纸来说尤为如此。而这样的特性在放入如今报纸被新媒体挤压生存空间、金融危机波及全球的现实中,就导致了伦敦的区域性报纸发生了巨大的变迁。其中,《伦敦标准晚报》(The Evening Standard)这家已经有近200年历史的

著名晚报,开始了免费的时代,并因此将发行量扩大了一倍,达到了60万份[①];《伦敦报》(The London Paper)和《城市之光》(London Lite)两家曾经叱咤伦敦城的免费报纸,终于忍受不了广告的急速下滑,关门大吉。

而与此形成对比的是,另外两份免费区域报 Metro(《地铁报》)和 City AM(《伦敦金融城早报》)的发展势头却比较好。Metro 是以早上要挤公交、挤地铁的上班族为目标受众的,现在已经由伦敦扩展到英伦三岛 16 个城市,拥有 130 万读者,这个数量排在英国免费报纸的第一位和所有报纸的第四位[②]。而 City AM 则是走的另一条路线,这是一份免费的财经报纸,主要在中心城区和金丝雀码头这样的金融事业聚集区发放,其由 ABC 认证的销售数字从 2017 年 1 月 30 日到 2017 年 2 月 26 日是 90 743 份。其读者都是专业人士,全职工作,平均年薪超过 87 000 英镑,远远超过全国平均水平的三倍。这样的定位无疑给依靠广告而生存的 City AM 提供了吸引广告商的最有力砝码[③]。

3. 地方性报纸

地方性报纸是与区域性报纸和全国性报纸相互补充的报纸类型,这一报纸类型是建立在"社区"的基础之上的,目标群体就是单纯的某一个地方的居民,往往是一个面积较小的村镇等。伦敦的地方性报纸种类繁多,主要是因为大伦敦共有 33 个细分的区,每个区都存在着各自的报纸,有免费的也有付费的,从维基百科伦敦地方性报纸名录上看,共有 20 份收费报纸和 34 份免费报纸(见表 3-4)。

---

① 《卫报》官方网站新闻频道传媒栏目,http://www.guardian.co.uk/media/2009/nov/17/london-evening-standard-distribution-costs,最后浏览日期:2019 年 5 月 18 日。

② 《Metro》官方网站,http://www.metro.co.uk/about,最后浏览日期:2019 年 5 月 18 日。

③ 《City AM》官方网站,http://www.cityam.com/about-city-am,最后浏览日期:2019 年 5 月 18 日。

第三章 伦敦信息传播网络发展与特征

表 3-4 伦敦本地报纸(付费类与免费类)[①]

报纸名称(付费)	出版商	报纸名称(免费)	出版商
Barnet & Potters Bar Times	Newsquest	Barking & Dagenham Yellow Advertiser	Tindle Newspapers
Croydon Advertiser	Northcliffe Media	Bexley Mercury	Street Runners Ltd
Docklands and East London Advertiser	Archant	Bexley News Shopper	Newsquest
Ealing Gazette	Trinity Mirror Southern	Brent & Wembley Leader	Trinity Mirror Southern
Enfield Gazette	Tindle Newspapers	Bromley News Shopper	Newsquest
Fulham & Hammersmith Chronicle	Trinity Mirror Southern	Camden Gazette	Archant
Harrow & Wembley Observer	Trinity Mirror Southern	Camden New Journal	New Journal Enterprises
Hounslow Borough Chronicle	Trinity Mirror Southern	Coombe Monthly [covers Borough of Kingston]	Independent
Islington Gazette	Archant	Croydon Guardian	Newsquest
Newham Recorder	Archant	Croydon Post	Northcliffe Media
Richmond and Twickenham Times	Newsquest	Ealing Leader	Trinity Mirror Southern
Roar News	King's College London	Ealing Informer	Trinity Mirror Southern
Romford Recorder	Archant	East London Advertiser	Archant
South London Press	Street Runners	Enfield Advertiser	Tindle Newspapers
Southwark News	Southwark Newspaper Ltd	Enfield Independent	Newsquest

---

① 伦敦本地报纸(付费类与免费类),维基百科,https://en.wikipedia.org/wiki/List_of_newspapers_in_London,最后浏览日期:2018年9月15日。(备注:伦敦本地报纸因为数繁多,报纸名称也多与当地社区历史和地域特色有关,国内尚无公开译名,因此为避免错译,本书仍沿用英文原名。)

133

续表

报纸名称(付费)	出版商	报纸名称(免费)	出版商
Surrey Comet	Newsquest	Fitzrovia News	Fitzrovia Community Newspaper Group
The Art Newspaper	Umberto Allemandi	The Founder	The Founder Publications
The Beaver	London School of Economics	Haringey Advertiser	Trinity Mirror Southern
Uxbridge Gazette	Trinity Mirror Southern	Harrow Leader	Trinity Mirror Southern
Waltham Forest Guardian	Newsquest	Harrow Informer	Trinity Mirror Southern
		Havering Yellow Advertiser	Trinity Mirror Southern
		Hounslow, Chiswick & Whitton Informer	Trinity Mirror Southern
		Ilford & Redbridge Yellow Advertiser	Trinity Mirror Southern
		Islington Tribune	New Journal Enterprises
		Kingston Guardian	Newsquest
		Lewisham News Shopper	Newsquest
		London Informer	Trinity Mirror Southern
		London Turkish Gazette	Iliffe Print Cambridge
		Mitcham, Morden & Wimbledon Post	Tindle Newspapers
		Streatham, Clapham & West Norwood Post	Tindle Newspapers
		Sutton Guardian	Newsquest
		Sutton & Epsom Post	Trinity Mirror Southern

续表

报纸名称(付费)	出版商	报纸名称(免费)	出版商
		Uxbridge & Hillingdon Leader	Trinity Mirror Southern
		The Wharf	Trinity Mirror Southern

这些报纸关注自身区域内的新闻事件,并为当地居民的生活提供服务,内容以当地新闻为主,多服务性信息。通过以上的对比,我们发现维基百科所列出的各种报纸之和与世界媒体信息数据库 media.info 所列举的100家有所出入。鉴于全国性报纸以及区域性报纸较高的知名度,维基百科所没有列出的剩余报纸更可能是那些不为人所熟知的地方性报纸,由此推断更能看出伦敦地方性报纸的根深叶茂,像一张密不透风的报纸网络相互交织将伦敦城整个包围了起来。

(二)广播

伦敦的广播台可以分为BBC广播电台和独立广播电台,包含了84个广播频道。这84个频道中,绝大多数为地区广播(local broadcast),数量如此庞大的地区广播和上一部分中介绍的多如牛毛的地方性报纸一样,为伦敦市民提供了更加贴近和分众化的信息。在全国性频道(national broadcast)方面,BBC有一到五频道和BBC World Service,其中BBC World Service面向全球广播,为扩展BBC的影响力做出了贡献,而独立广播电台比较出名的则有Classic FM、VIRGIN、Altlantic、Talk Sport等。

伦敦作为首都,其本身具有的资源聚集性和向全国的发散能力使得众多的广播电台落户伦敦,正如图3-3所示,相比其他城市,伦敦在广播频道拥有量上有绝对的优势。

而随着互联网的发展,广播电台在新媒体冲击下逐渐被边缘化的同时,也获得了额外的发展机遇。伦敦的全国性广播电台,大部分都可以通过互联网在全球范围内收听,像BBC(英国广播公司)这样的官方

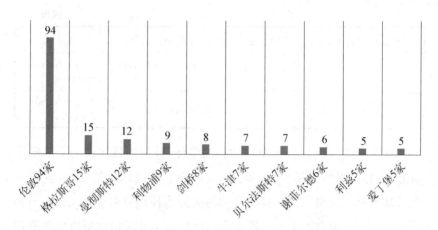

图 3-3　英国十大城市广播频道拥有量比较[①]

知名电台,以及 Classic FM(古典音乐电台)这样具有特色的广播电台,都获得了全球听众的认可,这无疑也是对伦敦广播信息网络影响力的扩展。

(三) 电视

伦敦覆盖着三种平台的电视网络:无线电视、有线电视、卫星电视。这三种电视网络同时都是全国性覆盖的,其中无线电视有 BBC、ITV(独立电视台)、Channel 4(英国第四台)、Channel 5(英国第五台)四家电视公司,其各自又拥有子频道;有线电视的主要运营商为 NTL 和 Telewest,他们同时还经营互联网宽带服务;卫星电视则是 BSkyB(天空卫视)一家独大,通过天线和机顶盒传输加密的电视节目。

从受众的覆盖和盈利方式上来看,各个电视台各有差异。

1. BBC

BBC 作为全球范围内公营电视的鼻祖和标杆,由于其收入绝大部分来自收视费,不播放广告,据其 2008—2009 年度报告透露,在收视费

[①] 数据来源:世界媒体信息数据库,https://media.info/,最后浏览日期:2019 年 5 月 18 日。

收入上，BBC获得了34.94亿英镑，另外还有商业服务的收入7.76亿英镑、政府的拨款2.95亿英镑，以及多种经营的收入0.41亿[①]。

有了这样稳定的高额收入，BBC在内容上就不必考虑吸引受众来迎合广告商，而是更强调公众利益，覆盖范围更加广泛，尤其对儿童等特殊人群有特殊的关照，不为经济利益而忽视和伤害某种观众。

另外，在扩展国际市场、扩散影响力方面，自1991年10月，BBC开始以"BBC World Service Television"的名称向亚洲及中东播出电视节目。1992年12月，这个频道的覆盖范围扩展到了非洲。1995年1月，BBC World Service Television进行重组，并进一步覆盖了欧洲地区。2001年，BBC World完成全球覆盖。

在新媒体开始崛起并逐渐蚕食传统媒体份额之后，BBC也开始了变革的步伐。2009年，由BBC、独立电视台、第四频道和星空媒体共同开发的免费数字卫星电视平台Freesat开始播放高清节目，还同四家报纸和一些网站成立了新闻视频共享项目；2010年，Freeview推出了高清节目；2011年，融六家公司于一身的"画布"项目开通[②]。借此，BBC努力地将逐渐走入没落的电视平台，向以新媒体为主的融合性平台转换。

2. ITV

由于BBC的垄断地位，电视节目的总体质量在一定程度上停滞不前，为了解决这个问题，1954年英国《电视法案》出台后就产生了商业电视台ITV，该电视台受辖于独立电视委员会，被授予商业化经营的同时也被赋予一定的公众责任。ITV目标受众与BBC相同，但由于盈利方式不一样，其主要依靠广告，所以ITV在内容制作上做得更为活泼和出色，赢得了受众的欢迎。在ITV加入竞争之后，在相当一段时期与BBC形成"双头垄断"，为受众提供更为多样化的节目，也无形中

[①] BBC年度报告：《BBC Annual Report and Accounts 2008—2009》，https://www.bbc.co.uk/bbctrust/our_work/strategy/annualreport/2008_09.html，最后浏览日期：2018年9月15日。

[②] 唐莘：《BBC的新媒体战略》，载《视听界》2011年第2期。

推动了竞争对手 BBC 的革新和发展。

在《1990 年广播法案》颁布之后，ITV 被改名为第三频道。并且，更为影响深远的是，这一法案对跨媒体所有权、公益节目的份额规定、单个公司对特许经营执照的占有数量等方面都进行了重新规定。虽然初衷是为了放松管制，促进独立电视事业的发展，但是这样过多地引入市场力量，最终导致的结果却是市场的垄断以及公益节目在独立电视台中的边缘化。

从商业的角度上说，1990 年后的 ITV 获得了更大的空间，但是从一个城市重要的电视信息网络这一本位来说，ITV 为公益所做的事越来越少，已经逐渐有愧于其"人民的电视台"的褒奖了。

3. Channel 4

1982 年，又一家商业电视 Channel 4 诞生了，目的是为了打破 BBC 和 ITV 的双头垄断。它的受众与前两者有很大的不同，针对的是"年轻人或中上游购买力市场、挑剔的收视者和最早尝试新科技和服务的人群"[①]，所以其提供了很多大胆出位、别出心裁的节目，令人耳目一新。Channel 4 采取委托制作的方法与 300 多位独立制作人合作来保持节目的创意和新颖，它的准则就是"多元、创新、挑战传统"，所以说 Channel 4 的出现对伦敦大众之外的小众市场来说是一个很好的补缺。

4. Channel 5

相比 Channel 4 的成功，1997 年以同样理由诞生的 Channel 5 却面临着严峻得多的市场挑战，Channel 5 目前来说仍没有获得其期望中的成功，但是它剑走偏锋地在夜间推出软情色节目还是给其带来了一定的收视率和影响力。

5. BSkyB

传媒大亨默多克凭借小报《太阳报》在英伦三岛上出尽风头，他的

[①] 唐亚明、王凌洁：《英国传媒体制》，南方日报出版社 2007 年版，第 212 页。

办报理念在获得市场认同的同时也广为专业人士所诟病。默多克在早年就曾经尝试进入英国电视行业,但是却受到了监管机构的阻止,不得不空手而归,英国的地面电视对于默多克来说依旧是可望而不可得。

但是,默多克却利用其精明的政治手腕,在与英国政府打好关系的同时,他利用新技术,企图绕开了地面电视的监管机构。这样的结果就是 1990 年成立的 BSkyB。BSkyB 播放的渠道和以上几个以无线为主的电视台不同,它运用 PAL(Phase Alteration Line,帕尔制)传输模式通过 Astra(阿斯特拉)卫星转播,绕开了英国政府的管制,这样它就不受英国对电视台的公益要求,也不必遵守欧盟的电视配额政策,更获得了新闻上十分宽松的政策。

近二三十年来,BSkyB 依靠好莱坞电影、高质量体育赛事、高清频道以及 MTV(Music Television,全球音乐电视台)等音乐娱乐频道为其收费策略保驾护航,利用杰出的定位策略吸引各种特质的收视人群,在创造巨大利润的同时,也将自身塑造成为全球付费电视成功运营的典范。BSkyB 的成功无疑也成为默多克建立全球传媒帝国过程中极其漂亮的一场胜仗。

总的来说,伦敦的每个电视台都可以看作一个播放平台,这个平台上聚集着各式各样的电视频道,为需求不同的人群提供异质的服务,从政治精英到市井平民,从老弱妇孺到时尚青年,都可以在电视传播网络中找到自己感兴趣的地方。据 media.info 的统计,坐落在伦敦的电视频道有 140 个,其丰富程度可见一斑。

(四)期刊

如果说将全英国的出版行业看作一个整体的话,报纸业的产值占 45%,图书只占 20%,期刊则占 35% 左右[①],而且随着时代的发展,报纸业逐渐显现出颓势,而期刊则越来越受到人们的喜爱。伦敦作为英

---

① [英]保罗·理查森:《英国出版业》,袁方译,世界图书出版公司 2006 年版,第 4 页。

国的传媒中心、人口聚集中心和经济中心,细小的定位所带来的经济受益也足以让一本杂志存活,而且杂志比较高的售价、向全国乃至全球扩张的潜能也决定了伦敦城必定是一个聚集着各式各样杂志期刊的宝地。据 media.info 的名录统计,在伦敦出版的杂志期刊数量达到了惊人的 526 种。

英国期刊根据不同的终端阅读群体、经营模式、发行渠道和品牌延伸程度等可以分为消费者期刊和 B2B 期刊两大类别,另外还有新兴起的客户期刊。其中,全国范围内消费者期刊 3 324 种,每年出版约 13.10 亿册;B2B 期刊 5 200 种,每年出版约 4.30 亿册;而客户期刊只有 850 种,但发行量达到 9.40 亿册①。

英国人对阅读杂志的兴趣是期刊业兴盛的基础,根据全英读者调查的统计,消费者期刊的阅读率达到成年人阅读率的 77.40%,其中成年男性 71.30%,比阅读全国性报纸还要高出 36%,成年女性更是达到了 82.30%;B2B 期刊在企业管理人员中的阅读率更是达到了惊人的 99%②。

从市场格局来看,英国三大发行公司——"前线""市场力量""联合杂志"占据了全国 85% 的市场份额,而三大报刊总经销集团——WH 史密斯新闻发行公司、曼齐斯发行公司和道森斯新闻发行公司则垄断了英国期刊批发市场 87% 的份额③,其中道森斯新闻发行公司在伦敦所处的英格兰东南部和西南地区处于垄断地位。

英国杂志不但在发行上存在着垄断,而且在内容制上也拥有一批掌握了巨大内容资源的出版者,其中值得一提的是 BBC 所属的一系列杂志(见表 3-7),BBC 利用其电视台和广播电台的内容优势和受众优势,向杂志期刊界扩展,推出了针对不同年龄段受众的各式主题的 BBC 杂志。

---

① [英]保罗·理查森:《英国出版业》,袁方译,世界图书出版公司 2006 年版,第 15 页。
② 徐春莲、何海林:《英国期刊产业前沿报告》,南方日报出版社 2007 年版,第 8 页。
③ 同上书,第 26 页。

表 3-7 BBC 杂志群

针对的年龄段	BBC 下属的杂志名称
成年人 Adult	BBC Countryfile、BBC History Magazine、BBC Music Magazine、Focus、Easy Cook、BBC Wildlife Magazine、Gardeners' World、Gardens Illustrated、Good Food、olive、Lonely Planet Magazine、Homes & Antiques、Top Gear、Sky at Night Magazine、Radio Times、Who Do You Think You Are?
青年人群 Teen	Top Of The Pops
儿童人群 Pre-teen	All About Animals、Girl Talk、Doctor Who Adventures、Match of the Day magazine、Girl Talk Extra
婴幼人群 Pre-school	Bob the Builder、CBeebies Animals、CBeebies Art、CBeebies Weekly Magazine、Charlie and Lola、In the Night Garden、Waybuloo、Toybox、Teletubbies

杂志与报纸、广播电视等大众传媒相比，最重要的一个区别就是国际化的潜力。首先，杂志不用过多的背负政治或文化的责任，它更多的是一种"圈子文化"，是一种专业化的存在；其次，杂志较长的周期和简单的纸质载体让跨国发行极易施行；再次，杂志通常要比报纸更注重图片的使用，精美的图片既能吸引受众，又克服了文化差异的影响，免去了跨国发行的文字翻译问题，更容易受到世界范围内读者的接受。据统计，现在有7%英国版的消费者期刊和12%英国版的B2B期刊销往海外。著名的《经济学家》在全世界197个国家发行，销量100多万份；《汽车》拥有17个国际版本；未来出版集团在全球33个国家取得了159张出版许可证，并通过与Sony的合作提高了国际上的影响力；英国杂志出版社EMAP所拥有的《男人帮》（FHM）已经在20多个国家出版，当然还有大名鼎鼎的Vogue,Cosmopolitan,The Economist等[①]。英国杂志所拥有的国际影响力，甚至要超过报业和广播电视业。

（五）互联网等新媒体

想要将互联网站收集全几乎是不可能完成的任务，这个在虚拟空

[①] 徐春莲、何海林：《英国期刊产业前沿报告》，南方日报出版社2007年版，第7—9页。

间里的"媒介组织"是无国界、无地域的,世界上每个角落的人都可以通过一台电脑和一根网线与世界互联。但是,网站作为现代大众媒介的一种存在也会遵循商业性媒体的内在规定性,比如受众定位。如果按照受众地域定位的线索去挖掘,我们仍然可以看到很多可以算作伦敦人日常信息传播网络的网站。著者将其分为四类:第一类是门户网站,类似于中国的新浪、搜狐、网易,在英国的著名门户网站有Yahoo!英国、AOL英国、MSN英国、Virgin等,这几大网站都是美国著名网站的英国版;第二类是平面媒体或广电媒体的官方网站,这些网站以提供新闻为主;第三类是各式各样的垂直网站,提供各种特殊服务的ICP(网络内容供应商)和ISP(网络服务供应商);第四类则是近10年兴起的全球性社交媒体,如Facebook、Twitter、Instagram等。

从以上划分我们可以看到传统媒体在网络时代所发生的变革,不再固守城池,而是发挥自身的内容优势和品牌效应,自觉地向新媒体方面延伸,在这个方面,《泰晤士报》《金融时报》和BBC给其他媒体树立了优秀的榜样。

作为英国的知名大报,已经拥有200多年历史的《泰晤士报》正在面临危机,"小报化"显示了它对现代生活节奏的力不从心和妥协,1993年开始的价格战在战胜竞争对手的同时也深深伤害了自己,于是,《泰晤士报》不得不困则思变,向新媒体方向伸出了触角,即时推出了网络版报纸。现如今,每个月已有1 000万人阅读网络版的《泰晤士报》和《星期天泰晤士报》,其中45%是国外的用户[①],这为《泰晤士报》挽回逐渐损失的客户的同时,也无意中在互联网这个全球化媒体中扩展了国际影响力。

相比之下,《金融时报》则更为新媒体时代的到来而喝彩。这家全球最著名的财经报纸,也在经受着发行量下滑的痛苦,近年来《金融时

---

① 蔡雯、李亚丽:《传统媒体如何决胜数字时代?——对英国三家著名媒体的调查与思考》,载《国际新闻界》2007年第9期。

报》在网络方面投下巨资,通过 FT.com 为全球客户提供网络咨询服务,并与 2002 年 5 月正式收费,令人惊喜的是在第四季度就实现了盈利[1]。与此同时,FT.com 还开发了手机新闻等其他新媒体服务[2]。

BBC 在这个方面行动得更早,在 1991 年,当很多人还不知道什么是因特网的时候,BBC 的工作人员就注册了域名 www.bbc.co.uk,并于 1994 年建立了多媒体中心正式"触网"。2003 年,BBC 已经建立起了非商业性网上服务平台 BBCi 和合资商业网站 beeb.com[3]。发展到如今,BBC 依靠其对新媒体灵敏的嗅觉,利用其无比丰富的节目资源在网络上赢得了一席之地。

四、伦敦信息传播网络的外部生态环境分析

媒介组织作为社会机体的一部分,在独自运转的同时也参与着社会整体的发展和运动,早在赖利夫妇于 1959 年提出的"工作模式"[4]中,他们把传播系统置于社会系统的框架之下,认为大众传播是各种社会系统之一,传播系统的传播活动与过程既受其内部机制制约,也受其外部环境影响。于是,就出现了一种"媒介生态学"的名词,这一学术领域最重要的研究领域就是研究社会信息传播网络同媒介环境之间的关系。

"媒介生态学"从自然科学的生态学中吸取灵感来解释媒介在社会中所处的地位,同时这一理论也是建立在系统论的大前提之上,认为媒介作为一个社会的子系统,将与其厕身其中的更大的系统进行能量、物质和信息的交换,这个更大的系统将给媒介系统带来一定的影响、制约及动力。崔保国教授在解释媒介生态学的文章中指出:"媒介生态系统

---

[1] 唐亚明:《走进英国大报》,南方日报出版社 2004 年版,第 146 页。
[2] 蔡雯、李亚丽:《传统媒体如何决胜数字时代?——对英国三家著名媒体的调查与思考》,载《国际新闻界》2007 年第 9 期。
[3] 张海鹰:《英国广播公司的网络及商业运作》,载《新闻大学》2003 年秋季版第 77 期。
[4] [英]麦奎尔、温德尔:《大众传播模式论》,祝建华、武伟译,上海译文出版社 1987 年版,第 49 页。

的基本构成要素是媒介系统、社会系统和人群,以及这三者之间的相互关系和相互作用。媒介与个人之间的互动构成了受众生态环境;媒介系统与社会系统之间的互动关系构成了媒介制度与政策环境;媒介与媒介之间的相互竞争构成了媒介的行业生态环境;媒介与经济界之间的互动关系则构成了媒介的广告资源环境。"[1]从上述对媒介生态较为细致的解剖中我们可以看到,其实就是媒介与受众、政府、同行、经济力量这四个已属老生常谈的关系而已。但是,我们不能忘记这个论述的大前提——系统。正是这样一个前提,使得我们在观察这四种力量对信息传播网络的作用时更加宏观和动态。

在理解政治、经济、文化社会、受众等媒介的外部环境的时候,我们不单单要去观察他们几者分别与媒介信息网络发生什么作用,更要观察这几种力量间的互相博弈和斗争,以及在这种博弈和斗争影响下媒介信息网络呈现出一个怎样的状况。也就是说,要用宏观的和动态的视角来审视各方力量对媒介信息网络的综合力量,这样才能更加全面地反映出信息传播网络如今的状况。

按崔保国教授的观点,媒介生态系统的基本单位一般以城市或区域来划分[2]。在本研究当中的伦敦的信息传播网络自然就是一个独立却开放的媒介生态系统,它的四周包围着各种与其相互作用的子系统,这些子系统的集合也就是伦敦信息传播网络的外部环境,这一环境与信息传播网络本身又一起构成了一个更大的系统。

在这一部分中,我们将结合相关的案例,展示伦敦的信息传播网络的外部生态环境,并试图讲解这一环境对信息传播网络的影响以及信息传播网络对环境的反作用力。限于篇幅关系,我们选取媒介生态环

---

[1] 崔保国:《媒介是条鱼——理解媒介生态学》(2005年6月1日),人民网,http://media.people.com.cn/GB/22100/48805/48806/3433631.html,最后浏览日期:2018年9月15日。

[2] 崔保国:《媒介是条鱼——理解媒介生态学》(2005年6月1日),人民网,http://media.people.com.cn/GB/22100/48805/48806/3433631.html,最后浏览日期:2018年9月15日。

境中比较重要的三类子系统展开论述,它们是:政治力量:包括政府的规章制度、行政力量等;经济力量:包括作为媒介所有者的经济力量和作为广告商的经济力量,以及消费者的经济力量;社会文化力量:包括公众利益及其反馈、伦敦的文化传统、外来文化势力等。

(一) 伦敦信息传播网络的外部政治力量——时隐时现的"手"

如果说信息传播网络是条鱼,那么外部的政治力量就是规定其可有游多远的玻璃鱼缸。伦敦作为首都,作为英国的政治中心,它的信息传播网络的运行没有"天高皇帝远"的潇洒,而是处处"掣肘"。

这股外部政治力量以政府为代表,在赋予信息传播网络合法性和行动空间的同时,也在无时无刻地与信息传播网络发生着微妙的互动。前者是我们可以看到的有形的规章制度和管理机构,而后者则是隐藏在信息传播网络形态背后的政治力量。有形的架构再加上隐形的暗涌,构成了伦敦信息传播网络外部一个举足轻重的子系统,它像是一个时隐时现的幽灵,游荡在台前幕后,用看得见的左手和看不见的右手,调控着信息传播网络的发展走势。

1. 看得见的"手":自律的报业和他律的广电

伦敦信息传播网络由各种各样的媒体网络交织而成,其中较为重要的是报纸、期刊、广播、电视,以及互联网为代表的新媒体网络。由于伦敦的期刊网络以及新媒体网络都笼罩在消费文化和娱乐色彩的氛围之下,对政治的敏感程度不高,所受的政策管制主要集中在色情、虚假等不良信息内容的传播等方面,这种管制对于产业结构并没有直接作用力,使得我们难以观察政治给媒介网络带来的解构和建构力量。所以,我们将篇幅集中在报纸、广播、电视等媒体网络之上。

(1) 监管机构

伦敦报业传承着弥尔顿的"言论自由"衣钵,不愿意接收任何来自政府的管制和压迫,而政府也担心武断的管制出台会伤害到媒体的情绪进而在大选的时候不会给予舆论帮助。在这样的情况下,由于报纸网络的不断发展壮大,在客观上的确需要一个第三方的机构来进行适量监管才能保证整个信息传播网络的公平和有效,让媒体真正践行"社会责任论",于是在1991年,报刊投诉委员会(PPC)在报刊行业的发起下正式成立。作为行业自律机构,PPC专门负责受理公众对报纸及其杂志报道内容的投诉,以其成立之初拟定的《业务准则》为依据,协调和解决报刊与其消费者之间的争端,在保护新闻自由的前提下,规范行业行为、树立行业道德、维护公共利益。

可以说,伦敦信息传播网络中的报纸网络是在"自律"的体制之下运行的,这种政治力量是不从属于政府的第三方力量,其价值基点是行业的健康和公众的利益,而政府则没有直接插手。从这点我们可以看到英国政府对报纸行业的管制是小心谨慎的,不敢轻易触动"言论自由"这一精神底线,于是放任其自由竞争、自由发展,伦敦报业也适时祭出"自律"的武器,让"他律"更没有现身的理由。同时,这种"自律"也是建立在受众对于报界的监督之上,通过PPC对侵犯公众利益的报纸进行投诉,并有机会得到报纸的公开致歉。据悉,PPC每年要处理的读者投诉数量在3 000个左右[1],有效地纠正了报业侵害隐私等不恰当行为。

伦敦报业另外一个第三方监管机构是发行稽查局(ABC),它的职能是以独立的身份、统一的标准,对报刊发行量、网站访问量、商业展览的人流量等进行稽查审计,提供证明并向业界公开。如果说PPC是对传播内容的监管的话,ABC就是对报业的传播效益进行公证和稽查。通过对报纸传播网络中各个媒体所覆盖的人数等内容的稽查,来为其实现经济目标提供公正的证明,这种第三方的公证对于报纸之间的公允、良性的竞争是非常重要的。

反观广播电视业,情况则大相径庭,由于广电业刚刚问世之时仍存在"频谱稀缺"的问题,所以这一行业就一直被政府牢牢地控制,频谱的

---

[1] 唐亚明、王凌洁:《英国传媒体制》,南方日报出版社2007年版,第59页。

分配成为政府做决策的事情。随着卫星电视、数字电视等技术的出现,"频谱稀缺"已经成为往事,但政府对广电业却不肯一下子放手,于是出现了经济力量和政治力量的博弈,在这种博弈之中,政治力量逐渐给广电业松绑,但步履却是缓慢的。

BBC 是"频谱稀缺"时代最大的获益者,女王的《王家宪章》给予了 BBC 一个塑造辉煌的垄断时期,也给了 BBC 一个独立的监管体系。《王家宪章》规定 BBC 的权力和责任,包括理事会组成、财务来源、成立宗旨等内容。BBC 的管理机构是一个由 12 名执政官组成的理事会,他们代表了公众来管理 BBC。理事会成员由政府提名,女王亲自任命。理事会是 BBC 最高权力机构,对外全权负责,对内聘任总经理和职业经理人,同时肩负经营治理和监督管理的职能。公共服务性是 BBC 最大的特点,创始人瑞斯的"广播电视的监护人角色"理念给了 BBC 公共服务性最初的定义,其初衷是为了防止"美国式的混乱情况"①。

这一公共服务性是公认的英国广播电视的共性,不仅是 BBC,后来出现的 ITV、Channel 4、Channel 5 也都是在这一共性的统领之下。1973 年的《独立电视委员会法案》也相应地强调了商业电视台在公共服务方面应尽的义务,防止其商业特点而偏离这一价值基础。

商业广播电视的监管系统由 ITC 和 BSC 两者组成,前者依据《1990 年广播法案》和《1996 年广播法案》来履行职责,而后者则主要负责因电视台和电台的不公正行为引起的申诉案件,角色类似于报业管理中的 PPC。

2003 年的《通信法案》在上议院获得通过之后,一个跨平台的超级监管机构 Ofcom 横空出世,取代了 BSC、ITC、RA 等在内的五个部门,成为最孤傲的电信管理机关。值得注意的是,Ofcom 既非政府组成部分,也非民间组织,它直接对议会的专门委员会负责,在政治上保持了

---

① 唐亚明、王凌洁:《英国传媒体制》,南方日报出版社 2007 年版,第 147 页。

一定的中立。这个部门的出现是适应现在跨平台的广电发展趋势,旨在促使英伦三岛通信业的竞争和投资的增加,增强其活力。可以看出,管制上已经开始逐渐放松,让经济力量更多地参与到广播电视行业当中。

(2) 规章制度

在英国报纸行业之上并没有一个成文的章程和法规①。在英国,由于媒体不具有特殊的法律地位,所以英国报业甚至整个传媒都遵循普通法的管制。与媒体相关的法律有《诽谤法》《藐视法庭法》《信息自由法》,以及管制淫秽出版物和保护信息来源的相关法律。

在普通法之外,报纸行业主要靠自律来进行管理,如上文所提到的《业务准则》就是 PPC 运作所依据的规章制度。

英国广播电视产业的迅速发展很大程度上应归功于其管理制度的与时俱进,1954 年《电视法案》为广播电视引入商业竞争者独立电视台以来,1981 年、1984 年、1990 年和 1996 年,英国先后四次修订管理商业广播电视机构的《广播法》。修法的总体效果是放宽了媒体所有权的限制,引进了市场竞争机制。

《1990 年广播法案》将全国性商业电视(第三频道、第四频道)均改为独立经营的公司,同时开办第五频道和商业电台,以及地方商业电台。商业台均采用招标的方式选择经营者,具有一定时间的任期,期满之后重新竞标②。还有跨媒体所有权政策的松动,宗教、艺术、儿童节目份额取消,单个公司持有两个以上特许经营执照成为可能等③。这一切都是为商业开道,不仅使单个媒体更具有商业特征,更为商业兼并和媒介的集团化扫清了障碍。

随着数字化革命在全球的席卷,媒介融合成为热门的话题,广播电

---

① [美] 爱伦·B.艾尔巴兰等:《全球传媒经济》,王越译,中国传媒大学出版社 2007 年版,第 83 页。
② 张允若:《外国新闻事业史》,武汉大学出版社 2000 年版,第 318 页。
③ 唐亚明、王凌洁:《英国传媒体制》,南方日报出版社 2007 年版,第 208 页。

视商业化和放松规制成为全球普遍的趋势,来自北美的强大媒体集团向英国发起了冲击,而英国却由于法规的限制而无法组成可以与其抗衡的大媒体集团。于是,《1996年广播法案》应运而生。这部法案取消了很多产权方面的限制,诸如"禁止单一企业拥有由15个地区电视许可构成的独立电视公司""禁止同时拥有电视台和电台""禁止拥有两个以上的全国网络的商业电台""禁止大报业集团拥有第五频道电视台或电台""禁止非欧洲国家拥有电视台和电台"等条目被取消[①]。产权政策的放宽意味着市场准入条件的放松,广播电视企业的行为将更接近市场的准则。此法案一出,商业广播电视在英国便快速发展起来,市场份额逐渐上升。在这种政策精神的鼓舞之下,企业兼并迅速升温,广播公司由16家合并为两家[②]。

2003年的《通信法案》出炉之后,新的管理机构Ofcom成为最高的综合监管广播电视以及通信业的机构,它的出现是适应现在跨平台的广电发展趋势,旨在促使英伦三岛通信业的竞争和投资的增加,增强其活力,使新的产业突破指日可待。

2.看不见的"手":与经济和公益的博弈

如果说从以上有形的规章制度中我们看到了伦敦媒介网络在政治监管上独立的一面,"自律"排斥"他律"的一面,那么在实际的运作过程中,我们看到的却是政治无形的力量与经济理论和公众利益之间的太极推手。

报纸行业在这个方面表现得尤为突出,因为报纸与擅长娱乐信息的广播电视以及期刊不同,报纸本身长于深度解读的特性决定了其在意见表达、舆论引导、议程设置方面有着得天独厚的优势,这种优势也成为政府眼中非常美味的一块肥肉。报纸和政府之间是一种既对立又

---

① 毕佳、龙志超:《英国文化产业》,外语教学与研究出版社2007年版,第132页。
② 唐亚明、王凌洁:《英国传媒体制》,南方日报出版社2007年版,第164页。

合作的关系,报纸一方面要持惯有的质疑姿态来面对政府[1],另一方面又在政策支持和消息来源上有求于政府;反观政府一方,对媒体这个举足轻重的"大嘴巴"也是又恨又爱,恨的是每每爆出政府丑闻之类的消息与政府唱对台戏,爱的是在突发事件发生的时候媒体在安抚大众、引导舆论方面对政府十分有用,所以二者就形成了一种表面对立实则暧昧的关系。

英国的报业有着"没有指导政策"的传统,所以在大多数西方国家都有为了报业的多元化而对弱势媒体采取补贴政策的大环境下,英国的报业却对此敬而远之。1977年,第三届皇家报业委员会的报告中提出:"我们强烈反对任何一种通过公共基金持续地提供补贴,而使整个报业或报业中的任何一个部门,对政府产生依赖的计划和方案。我们也坚持反对任何一个政府部门,能够有权对报纸进行分类管理,以货币支持某些报纸而不支持其他。"[2]

然而,在实际当中,各个报纸都有着众所周知的政治立场,虽然其本身并不从属于哪一个党派。在伦敦的大型日报当中,《卫报》和《每日镜报》属于中偏左的立场,《独立报》则是游移在左派与自由主义之间,《泰晤士报》属于中偏右的立场,而《每日电讯报》《每日邮报》《太阳报》则是坚定的右派[3]。这种政治立场一方面与其拥有者的立场有关,但更与报纸自身的经济利益有关(更有可能的是,拥有者的政治立场也是以经济利益为导向的)。例如,1997年大选的时候,之前在保守党庇护之下购得《泰晤士报》和《星期天泰晤士报》的传媒大鳄默多克,临阵倒戈支持工党,而随着布莱尔的顺利上任,默多克旗下的报纸也获得了新的政治庇护。一切正如《每日镜报》的尼克·法拉加尔说的那般直白:"如果我们不支持工党,那在商业上就等于自杀。"

---

[1] 唐亚明、王凌洁:《英国传媒体制》,南方日报出版社2007年版,第41页。
[2] 同上。
[3] 同上书,第100页。

当大众传媒为了经济上的利益而与政治势力眉来眼去的时候,也就是政治的力量正在给传媒本身造成影响的时候,媒体的言论、主张、报道等一切原本应该以为公众服务的工作变成了为政治谄媚的工具。为了获得政治庇护下的经济利益损害着公益,这就是传媒网络在无形的政治之手掌控下的真实面目。

(二) 伦敦信息传播网络的外部经济力量特征

1. 强势资本让媒介产权日益集中

进入20世纪的90年代,英国的信息传播网络在更加密集、更加延展的同时,其背后的掌控力量也越来越集中在少数资本家手中,英国媒体的集中化、联合化,以及所有权国际化的特点日益明显。在报纸网络方面,新闻国际集团、每日邮报集团和通用托拉斯集团、镜报集团、联合新闻与媒体集团、电讯报集团,以及卫报集团,全国有98%的报纸都归属于这些集团名下。可以说,如果这几个集团在某一天同时宣布停刊,那么伦敦乃至英国的整个报纸网络将全部瘫痪,所以这几个集团中的任何一个都对英国整个报纸行业来说举足轻重。在垄断加剧的同时,是准入壁垒的提高,在全国性的日报当中,历史超过50年的报纸数量就超过了五成,而在过去50年内,只有四份新创办的日报存活下来,难怪学者会发出感慨"作为报业发源地的英国,已经不再是创刊者的乐园,而成为资本操控者的舞台"[①]。

同样的情况来自广播电视业,BBC之外的独立电视网络也日益聚集在少数人手上,卡尔顿通信集团、格兰纳达公司、联合新闻与媒体集团等几家公司已经占据了独立电视广告税收的近三分之二,更别说默多克的BSkyB在卫星电视方面的绝对垄断地位了。

垄断地位的确立带来的不仅仅是经济上的规模效应,更因为信息传播网络本身所具有的影响受众的功能而成为垄断者获取政治影响力

---

① 毕佳、龙志超:《英国文化产业》,外语教学与研究出版社2007年版,第42页。

的筹码。仍然以默多克为例,这位精明的澳大利亚人在对英国与阿根廷的马岛战争的报道上刻意地支持执政的铁娘子撒切尔夫人,并与抨击撒切尔夫人的 BBC 进行激烈的论战,这一切都被撒切尔夫人记在了心头,她给默多克的《太阳报》的一封信里有这么一句话:"你对一个任职 11 年半的首相来讲是极大的鼓舞。"于是在后来,默多克兼并《泰晤士报》和《星期天泰晤士报》的时候,几乎没有受到垄断和兼并委员会的审查,这不能不说是撒切尔夫人在这一问题上投桃报李,给默多克亮了绿灯。同样道理,在 20 世纪 90 年代,布莱尔为了不破坏新工党和右派报业巨头们的"友好关系",在报业改革上的态度也越来越暧昧。就这样,政治势力与经济力量所掌控的话语力量牵手,让信息传播网络的产业结构向着资本家们所期望的方向前进,而非出自公众利益的需要。

2. 烧钱运动:新媒体平台,资本说了算

除了如上所述的垄断经济力量与政府共同决定了信息传播网络的产权结构,在没有政府参与的直接商业竞争对话中,也是强力的资本决定着最终的结构。默多克的 BSkyB 就是依靠着新闻集团这样一个树大根深的大钱柜,才挺过了新媒体网络铺设的烧钱阶段,在英国抢占先机的。

1986 年,当默多克在英国独立广播的商业卫星频道经营权的竞标遭遇失败的时候,他就试图用别的渠道来插足这一新的传播平台。1989 年 2 月他在卢森堡注册了专门面向英国的卫视频道天空卫星频道 SKY,通过 Astra 通信卫星在欧洲正式开播,绕开了英国的政策管制,直接将信号洒向英伦三岛。在铺设网络之初,由于机顶盒销售缓慢,默多克几乎每周都要损失 200 万英镑,相当于新闻集团全球的运转费用。然而,财大气粗的默多克当然不会为这些损失而有丝毫动摇,终于,他等到了英国国内的竞争对手 BSB 支撑不住的时刻,烧钱运动取得胜利,默多克的 BSkyB 也获得了垄断性的平台掌控权,抢滩登陆之后，默多克就可以坐拥这一平台给他带来的滚滚收益了，在2003年BSkyB就给澳大利亚人带来了40亿英镑的收入[①]。在盈利的同时，BSkyB还凭借其率先推广普及的机顶盒的平台获得了垄断的利益，当BBC发现数字广播电视的好处时，也不得不低下头来跟BSkyB进行协商，将自己的节目搭乘BSkyB的平台传输给观众。

3. **全球化的经济力量：地方化成为无人怜爱的"野孩子"**

资本力量可以让信息传播网络的产权结构发生变化，可以随意地铺设和接管信息传播网络中新的媒体平台，而且在这个资本势力逐渐全球化的今天，经济力量还能左右信息传播网络在国家中的覆盖范围。

1997年开播的第五频道被独立广播管理局视为广播电视地方化的希望，这一当时的英国电视管理机构表示看好五频道"独特的非都市化的身份"，且鼓励其"提供来自地方的节目"。然而后来的投标中，竞标者却对这一定位没多大兴趣，最终流标。在再次投标中，第五频道还是屈从于全球化的媒体公司，当地和地区指向的媒体策略还是输给了全球化时代的经济力量。

4. **广告商的经济力量：衣食父母，举足轻重**

现代化信息传播网络的运行是建立在商业机制的基础之上的，伦敦的信息传播网络中除了BBC是依靠视听费维持运转、BSkyB收取加密频道收视费外，其他媒体几乎都是依靠广告来运转的。伦敦作为一个国际化大都市，繁荣的经济必然带来广告信息的大量传递，这种传递无疑正是在信息传播网络之中进行的，广告找到网络中恰当的媒体，来传递信息、传递价值。广告的繁荣也就拉动了媒体的繁荣，媒体获得收入便可以扩版，来登更多的广告，然后再扩版，直至达到一种广告发布量和媒体盈利的平衡。这是伦敦出现这么多报纸杂志的原因之一，也是ITV、Channel 4、Channel 5出现的原因之一。又由于媒体之间的竞

[①] 毕佳、龙志超：《英国文化产业》，外语教学与研究出版社2007年版，第122页。

争关系,对于金钱来源的广告主,各个媒体都尽其所能地拉拢和保留,在这种经济关系之中,广告商的力量就逐渐显露,并对媒体产生一定的影响力。

在英国,如《泰晤士报》和《卫报》等立场比较强硬又以客观公正理念的大报在与广告商力量的斡旋当中是处于上风的,因为如果两者之间发生矛盾,报纸在损失广告商的同时将会得到全社会的认同和鼓励,这种声誉上的收获将给他们带来更多的利益。但是,那些地方小报就不会这么幸运了,伦敦遍布的区域性报纸和地方性报纸,尤其是以免费形式发放的只依靠广告来盈利的报纸,它们的一言一行都要看着广告商的眼色形式,特别是批评报道的时候,它们不得不小心翼翼。

5. 政府公关:经济的羊皮,政治的狼

商家为了向受众推销商品,在信息传播网络中传播产品广告,意图影响消费者的态度引导消费行为,而英国政府在 20 世纪 90 年代却也扮演了一个"商家"的角色,它面对着本该为其服务的民众,发布广告,推销"观点",意图让民众顺从地接受,在这一时期,政府的公共宣传费用大幅增加,平均每年达到了 9 800 万英镑,成为英国最大的广告商,超越了联合利华和宝洁①。虽然,政府也可以算作一个独立的机构,有权发布广告,但这种强势的公关行为无疑是在用纳税人的钱来说服纳税人为政府服务。

6. 受众力量:注意力经济和影响力经济带来了什么?

如果说前五者都是真枪实弹的经济实力的展现,那么受众的经济力量则要放在一个更加宏观的产业层面去审视。

信息传播网络和受众之间构成了一个传媒经济利益的共生结构,受众在其中扮演了两种角色,一个是作为视听消费者,一个是作为广告消费者,前者和媒体之间的互动是注意力的聚合过程,后者在影响之下

---

① [英]威廉姆斯:《一天给我一桩谋杀案:英国大众传播史》,刘琛译,上海人民出版社 2008 年版,第 346 页。

采取购买行动,这便是影响力的构建过程,两个过程相互衔接,才使这个共生结构具有稳定性①。由此我们看到了受众的力量对于信息传播网络意味着什么,虽然受众提供的直接经济支持占少数(发行收入和视费收入仍不足以支撑起整个信息传播网络的运转,其主要还是靠广告),但是受众本身所提供的注意力和影响力却是媒体打开广告商保险箱的一把金钥匙,所以媒体出于逐利的取向,会尽力讨好受众,让受众慷慨地将注意力和影响力贡献出来。报纸期刊为了增加销量、广播电视为了提高收听收视率、网站为了提高点击率,信息传播网络中的各种媒体都冲着注意力经济的标杆而去,并期望随后引起影响力的建构。于是,各种媒体都在经历着类似的浪潮——低俗化。

这一表现在报纸行业的直接体现是 2003 年开始的"大报小报化"风潮。据世界报业营销协会(INMA)的统计,2003 年开始的两年内,全球范围内就有多达 60 家的大报扭身一变成为小报,而始作俑者正是伦敦的《独立报》,在其改版的第一个月,伦敦地区的发行量就狂增了50%,随后不到两个月,一向以庄重严肃著称的古老大报《泰晤士报》也宣布在伦敦地区推出四开小报式的版本,结果立即引起发行量的上升。

其实,不仅仅是一个版式会给受众带来多大的便利,而是在版式发生变革的同时,也是将报纸的"形象"作了修正:"大报"主要面对上游市场,内容较为严肃严谨,权威性高,娱乐成分少;而"小报"则是面向中下游的市场,内容活泼,具有煽动性,猎奇、猎艳内容较多,在正统的英国人眼中是不上台面的。在改版之后,几家原本的大报都增强了体育、娱乐、社会新闻等软的内容,版面编排和图片利用上也多借鉴了小报的技巧。这一切是为了什么?从全国性日报的发行量上我们可以看出端倪:排名全国发行量前几名的全是小报,《太阳报》一家的发行量就超过了所有五家全国性大报的发行量总和!②

---

① 朱春阳:《传媒营销管理》,南方日报出版社 2004 年版,第 20 页。
② 唐亚明、王凌洁:《英国传媒体制》,南方日报出版社 2007 年版,第 24 页。

可见，对于受众的追逐是小报化的目的，而对受众聚集所带来的商业价值则是小报化的终极目标。

同样的情况也出现在了广播电视行业中：新闻时事节目充斥着体育、八卦，到处是暴力、煽情，真正的严肃新闻明显下降，独立电视台在1990—1995年间，国际新闻的分量从43%降至15%，而娱乐体育新闻则从8.50%升至17%；各种稀奇古怪的真人秀节目层出不穷，《谁想成为百万富翁》《残酷假期》等成为收视冠军，多以刺激、金钱、丑陋为噱头，走极端路线哗众取宠；等等。

受众本是信息传播网络的受益者，而信息传播网络也理应在一个恰当的品位之上运作，给广大社会成员提供其生活工作所必需的信息。但是，在市场经济的大环境下，庞大的信息传播网络的运营需要经济的支撑，于是就找到了广告商来与受众一同分担网络运行的成本，就渐渐形成了如上文所说的共生利益圈。在这样一个利益圈中，三方各取所需，表面上是实现了经济力量的均衡和经济的有效性，但实际上却对经济之外的一些原则产生了负面影响。因为，作为信息产品消费者的受众往往是买不太"好"的节目，而不是买那些对他们有长远好处的有教育和培训作用的节目，在自由市场条件下，本质上"好"的媒介产品将会供应不足①。这也是大报小报化和广播电视节目趋于低俗的最终解释：是受众的经济力量使然，尽管这种力量需要一个共生的利益圈来实现。

（三）伦敦信息传播网络的外部文化力量：公益和冲突

1. 受众需求的悖论：挣扎生存的公益诉求

受众作为信息的接收者，除了如上所说的在传媒利益共生圈中贡献经济上的拉动力之外，还具有社会公益性的需要。在公共领域里面，受众是以公民的身份参与其中的，有着对社会文明进步和发展的需求。

---

① ［英］吉莉安·道尔：《理解传媒经济学》，李颖译，清华大学出版社2004年版，第46页。

但是,正如道尔在上文中所言:"在自由市场条件下,本质上好的媒介产品将会供应不足。"受众整体上对有利于公益的媒介产品的需求总是一点点地被作为单个人的受众那种有悖公益的需求蚕食,当每个人都出于人类动物性的本质被追求感官刺激的媒介产品夺取眼球的时候,整个受众群体对于公益的需求则会被抛之脑后。所以,在这种悖论之下必须有一种第三方的传统力量来"帮助"受众全体实现其公益需求。这种第三方力量,有政府,有中立机构,也有英国的文化传统。

在广播电视产业中,英国"公共服务"的传统仍然处处可见,在英国广播电视逐渐向商业化靠拢的今天,这一传统也明显到足以将英国和全面商业化运作的美国广播电视业区分开来。在这一传统的统领下,英国的广电行业内达到了较为均衡的状态,BBC1 台趋于综合和平衡、BBC2 台和 Channel 4 注重小众化,以社会责任和多元化为节目编排的准绳、第三频道更迎合大众的口味、Channel 5 则是拥有电影和体育的爱好人群,等等[1]。英国电视相比美国来说少了些煽情,少了些暴力,少了些广告,多了些对小众人群的关怀,并且依然热衷于纪录片和社会题材的电视剧,这一切在这个商业横行的时代都可以说是宝贵的,瑞斯爵士所提出的广播电视"监护人"角色一定程度上在商业时代经受住了考验。

反观报纸期刊行业,却完全是另一番景象。自始至终的私营商业化运转让报纸期刊网络中更多的是金钱的味道而不是公益的气息,在法律上没有特殊地位的报纸期刊以及新闻记者编辑们,与普通的机构和普通的公民一样,并没有背负额外的维护公共利益责任。在大报时代,报纸由于其高雅和严肃的气质及严谨客观的作风给了英国公众信任的理由,大报也因此获得了在英国舆论界翻手为云覆手为雨的资本。但是,随着经济的进一步发展,低层阶级在经济上崛起之后向中产过渡,这一阶级不变的品位以及日益浮躁的社会气氛让原本趾高气扬的

---

[1] 唐亚明、王凌洁:《英国传媒体制》,南方日报出版社 2007 年版,第 138 页。

大报为了追逐受众而开始向小报靠拢，2003年开始的小报化风潮就说明了这一趋势。随之改变的，或可以说是堕落的，是报纸的权威和职业操守。2004年的一项调查现实，只有不到五分之一的人相信报纸，而对素有"公益传统"的广播电视则是信任有加[①]。在英国一些调查机构评出的最不受信任的三种职业中，政客、二手车经销商、记者名列前三[②]，不得不让人唏嘘感慨，以"社会守望者"角色出现的记者竟落得如此名声，这一现象的确发人深思。

2. 英国媒介产品的美国化和英国期刊的全球化

上面我们讨论了伦敦信息传播网络的公益化传统在这个商业时代是怎样延续的，而这一部分我们将把信息传播网络中的媒介产品放在全球化的背景之下来考量英国本土文化与全球化力量（尤其是美国化）之间的交锋。

（1）电视领域

英国电视业一直以来保持着高雅的姿态，以其电视中少有外来内容而骄傲，大不列颠王国的历史优越感是这种文化认同的来源之一。英国传统文化中的贵族性让英国人始终保持着追求宁静、理智而自我克制的品性[③]。但是，全球化的步伐是如此之快，当英国人还来不及反应，大批热闹的、速食性的美国电视节目已经涌进了英国的电视频道。从20世纪50年代开始的《基戴尔医生》(Dr. Kildare)《枪声硝烟》(Gunsmoke)，到80年代的《达拉斯》(Dallas)，再到风靡了十余载的《罗斯安家庭生活》(Roseanne)《老友记》(Friends)和《欢乐一家亲》(Frasier)。英国电视行业以受众喜爱为托词，放松了自制节目的努力，这其实仅仅与商业有关。美国的大众娱乐节目既能博得更好的收视率，又能节省大量的成本：BBC播出美国进口节目的成本是每小时

[①] 唐亚明、王凌洁：《英国传媒体制》，南方日报出版社2007年版，第117页。
[②] 毕佳、龙志超：《英国文化产业》，外语教学与研究出版社2007年版，第44页。
[③] 吴新颖、龙献忠：《英国传统文化对现代化进程的影响》，载《江淮论坛》2004年第5期。

3.80万英镑,而自制节目进行播放的成本则高达每小时48.10万英镑①。便宜且高收视率的美国二手节目和新技术不断涌现造成的频谱过剩成了完美的一对。英国电视产业自身生产能力的不足也让其本土文化优越感无从施展,最后不得不臣服于商业的考虑。

节目的输入带来的是文化价值观的输入,这一点是世所公认的。美国的消费文化和享乐意识渗透在充满娱乐和刺激的电视节目当中,这与英国传统的绅士作风是格格不入的,这种输入引起了文化界的反感,却受到了英国民众的欢迎。在这种欢迎背后,我们可以清晰地看到美国文化对英国传统文化的有力冲击。

(2) 杂志领域

与报纸和广播电视业不同的是,英国的期刊主动向世界迈开了脚步,这可以看作是对美国媒介产品在英国泛滥的回应。

英国杂志出版业的平均营业利润比报业要大得多,这也给了它足够的实力实行走出去战略。一系列的研究给了我们杂志更有利于走国际化道路的理由:肩负的文化和政治责任比报纸、广播电视少;小众化指向在全球范围内更有市场;杂志的跨国传输没有技术限制和时间障碍;图片多与文字少成为现代杂志的特点,抹掉了语言不通造成的障碍,等等②。

于是,我们看到了英国诸多名牌杂志潇洒地走出了国门,畅销全球。现在有7%英国版的消费者期刊和12%英国版的B2B期刊销往海外。著名的《经济学家》在全世界197个国家发行,销量100多万份;《汽车》拥有17个国际版本;未来出版集团在全球33个国家取得了159张出版许可证,并通过与Sony的合作提高了在国际上的影响力;

---

① [英]威廉姆斯:《一天给我一桩谋杀案:英国大众传播史》,刘琛译,上海人民出版社2008年版,第330页。

② [英]吉莉安·道尔:《理解传媒经济学》,李颖译,清华大学出版社2004年版,第98页。

当然还有大名鼎鼎的 FHM,Vogue,Cosmopolitan 等①。

五、伦敦信息传播网络与城市发展关系

(一)伦敦信息传播网络的总体特征归纳及评价

在上一部分,著者将伦敦信息传播网络置于媒介生态学的视野当中,详细审视了该信息传播网络作为一个子系统其所置身的政治、经济、社会文化环境,并通过相关的案例展示了伦敦信息传播网络是怎样与环境发生相互影响的。在下面这一部分里著者将基于之前的分析,概括出信息传播网络这个子系统在政治经济文化大环境的作用之下其自身所呈现出来的状态,并进一步给予公平、效率、影响力等方面的评价。这种自身状态特征的归纳和评价虽更注重信息传播网络的本体,但仍然是与上一部分中对其环境的分析密不可分的。

1. 伦敦信息传播网络的总体特征归纳

(1) 特征一:格调包容性

从伦敦信息传播网络的组成中我们可以清晰地看出这样的特点:公营的 BBC 与为数众多的商业电视各行其道,严肃大报和低俗小报相得益彰。《泰晤士报》和 BBC 每天正襟危坐地为广大市民讲述世界上发生的大事,《太阳报》却每天为市民送上捕风捉影的八卦,以及"宽衣解带博君笑"的三版女郎。这种差异的存在体现了这座城市的包容性,任何东西的存在都是值得尊重的。你可以用一些价值观来约束它,但没有权力去阻碍它的发展。

的确,对于传统绅士气质、贵族心态如此明显的伦敦人,你却永远无法用一种特性来概括他们所拥有的这些媒体。无论是保证公众基本利益、维护主流文化价值观的阳春白雪类媒体,还是追求受众深层次需求、塑造大众文化的下里巴人类媒体,都在这个城市拥有它们的一席之

---

① 徐春莲、何海林:《英国期刊产业前沿报告》,南方日报出版社 2007 年版,第 7—9 页。

地。这种格调的包容性远非"细分"二字可以解释,它体现了伦敦人对传统的尊重、对公众利益的尊重,以及对受众个人需求的尊重。

(2) 特征二:资源密集性

伦敦城1.60平方千米、内伦敦303平方千米、大伦敦1580平方千米,即便将伦敦的区域算到最大,和中国上海市的6341平方千米相比仍然是相形见绌。然而,这么小的一块地域却拥有一张密不透风的信息传播网络:122家报纸、551种期刊、84个广播频道、138个电视频道,还有数不清的互联网站,等等。如此多的媒介资源都集中在一个面积有限的城市之中,可以想象伦敦市民每天都经历着怎样的信息洪流。

这样密集的信息传播网络一方面要拜伦敦城市地位所赐,一个国家的政治中心、经济中心、文化产业中心,再加上在全世界的影响力,伦敦城无疑是信息最为灵通,也最为人所关注的城市之一。信息的流动正如热量的扩散,从信息多的地方流向信息匮乏的地方,这使得伦敦城成为众多媒介扎根的理想处所。

从另一方面,伦敦发达的经济为这么多商业媒体的存活提供了肥沃的土壤。伦敦65 138欧元的人均GDP傲视欧洲,城市中数量众多的"有钱、有闲、有文化"一族为媒体的蓬勃发展奠定了基础。有了受众鼓囊囊的腰包作保障,也难怪众多媒体挤破头也要在伦敦打拼一番。

还有一个不可忽视的地方,就是伦敦市对于创意产业的支持。根据伦敦市政府对于创意产业的细分,绝大多数的创意产业都与信息传播网络发生着关系。无论是广告、电影录像,还是音乐、出版和广播电视,都可以视作信息传播网络中不可或缺的一部分,它们有的是为信息传播网络提供可以传递的内容,有些直接就构成了信息传播网络的本身。对于这些产业的扶持,可以吸引更多的投资商,也吸引更多的人才来到伦敦,这为整个伦敦形成一个强大的产业集群奠定了基础。

(3) 特征三:辐射广泛性

英国作为一座国际化大都市,不单单自身拥有丰富的受众资源,更因为其行政中心的地位,让很多全国性媒体都选择伦敦作为基地,并向全国乃至英国以外传播,这在我们之前对伦敦市与英国其他几座大城市的比较中已经得到了答案。这些电视台、广播电台、全国性日报以及期刊以伦敦为基地,面向全国受众传播信息,这就形成了以伦敦为中心、向全国辐射的网状结构。

当然,辐射的广泛性不单单包括以首都为基础面向全国的覆盖,也包括以伦敦城区为基点,向伦敦更低一级的区域渗透。从我们之前对伦敦信息传播网络的详尽介绍中可以得知,数十家的地区广播和近百家的区域报纸及地方性报纸为哪怕是伦敦最偏远小区里的受众都奉上了最贴近的媒介内容。当然,这种向城市内部的深度渗透和辐射也是建立在伦敦极高的经济实力基础上的,让这座城市足可以消化这么密集的信息传播网络。

2. 对伦敦信息传播网络的总体评价

公平和效率是衡量一个信息传播网络是否优越的标杆之一,公平性所包含的评价指标有:信息传播网络中信息传递的自由程度、媒介产业的多元化程度、信息传播网络中媒体退出和准入机制的松散程度、对传统文化的保护等;而效率则恰恰相反,它是以媒介经济的角度来衡量信息传播网络在经济运行当中的经济有效性,常常涵盖以下概念:媒介产业规模效应、竞争与垄断、受众需求等。公平和效率可以说是信息传播网络的两个极点,完全的公平会丧失效率,只追求效率又会忽视公平,所以只能在效率和公平之间寻觅一个较为合适的平衡点,让经济上的效率足以推动信息传播网络持续发展,又保障公平最大程度上的实现。从伦敦的情况来看,这一特点尤其明显。无论是报刊行业还是广播电视行业,都在为寻找效率和公平的平衡点而煞费苦心。

影响力是衡量信息传播网络的另一个尺度,在本书中,这个尺度被解读为以信息传播网络为载体的信息以及其携带的价值和文化向外扩张所获得的力量。具体来说包括文化及价值观向其他城市的扩散、国家文化及价值观的输出、城市信息传播网络获得的声誉等。

（1）评价指标之"公平"

总体来说，伦敦信息传播网络一直具有鲜明的"公益"特征，无论是报刊业展开自律的PCC，还是广播电视业以"公众利益监护人"角色存在的BBC，以及不断演变的称呼各异的商业电视监管机构，从中我们都可以清晰地看到信息传播网络运行的价值基点，这一基点在这个商业气息如此浓重的时代里格外值得尊敬的。公众利益的价值取向遏制了政治上的监管势力，使来自政府或第三方的监管也纳入这一价值取向的轨道之中。

报刊媒体自始至终就以私营面貌出现，在法律上没有特殊地位的报纸期刊以及新闻记者编辑们，与普通的机构和普通的公民一样，并没有背负额外的维护公共利益责任。但是，他们并未因此而完全像商业机构一样只顾经营生意而对公共利益不管不问，报刊自身"社会公器"的特性限制了报刊拥有者们这样自私的想法，而伦敦历史上政党报刊和激进报刊的传统也让商业化并非最初就深入骨髓，反而是更倾向于获得对社会和政治的影响力。如今，报业展开自律的《业务准则》更成为伦敦报业以"自律"换"自由"的追求公平与自由的努力。

但是，近些年来，市场经济的冲击却让一贯注重"公平""公益"的伦敦媒介产业乃至整个信息传播网络都发生了畸变：公益的传统受到挑战，BBC的收视费合理性受到质疑，公共服务节目步履维艰；政治势力受到经济力量的挟持而在政策方面向经济力量倾斜，默多克用政客的手段不断实现着自己的垄断梦想；传统文化和地方性文化被全球化经济力量的迷雾所掩盖，呈现出的是美国化的快餐文化和大众文化；等等。这种势头让人开始担心伦敦信息传播网络在全球化经济时代的未来，它是否还能坚守其"公私并举"双轨运行的信息传播网络架构，是否还能坚持与美国传媒业不同的本质。

具体到各种传媒，报业和广电业所遇到的境况又有不同之处。

首先，在信息传播网络当中，报纸行业遇到的商业冲击要更加强烈和明显一些。报纸行业日益控制在少数报团甚至少数人手中，经济力量集中之外还有话语权的集中，这种集中让报刊的老板们有了和政客讨价还价的筹码，这都是有碍于社会公平的。2011年7月，默多克所创办的"周日版《太阳报》"——《世界新闻报》因为"窃听丑闻"而被关闭，这一丑闻也让对英国报业形成垄断之态的新闻集团陷入千夫所指的境地。如此对公众隐私的肆意妄为，正是建立在垄断之上的傲慢姿态所致。

其次，反观广播电视行业，它其实在效率和公平的平衡方面要比报刊业表现的优秀得多。这首先要感谢瑞斯爵士给BBC留下的宝贵精神遗产，也受惠于频谱稀缺时代BBC所拥有的垄断地位，正是在那个时代BBC所树立起来的良好形象才使"公共电视"的理念在如此商业化的今天还被频频提及。BBC通过收视费的特权使自己隔绝在商业化之外，同时用一套成熟的管理体系保证其运转的公正性和公益性，这是BBC有资格与商业电视台华山论剑的关键筹码。虽然，BBC如今在收视费问题上受到了一些挑战，商业电视也日益挣脱"公益节目配额"的束缚，BBC甚至也开始引进"英国好声音"（The Voice）这样的大众娱乐节目，但就全球范围内的横向对比来说，伦敦广播电视产业的经济效率、多元化、社会公益性等方面还是可以打一个很高的分数。

可以说，伦敦的信息传播网络拥有一个美好的、理想化的过去，公众服务的特性曾经让英伦绅士鄙夷地俯视商业化的到来。但现在，它却无疑正在经历着重大的考验。我们不能分辨现在伦敦的信息传播网络是更偏向公众服务还是更偏向商业化，因为二者的博弈一直在进行当中。

（2）评价指标之"效率"

小小的伦敦地界拥挤着上如此密集的各色媒体，它们的生存和发展本身就是一种效率之争。从《每日邮报》到"北岩报团"，从《太阳报》到"沃坪革命"，我们看到的是报刊发行量的逐渐增大，看到的是报刊价格的不断降低，看到的是报刊产业的蓬勃发展，看到的是报业竞争的日益惨烈，这一切都意味着效率的不断提升。受众在竞争中获得了更优质、更廉价的服务,广告商获得了更多更好的接触消费者的渠道,媒体在竞争中不断进步、不断创新。无论是消费者还是媒体,无论是政府还是貌似没太大关联的其他产业,都受到了媒介产业效率提高带来的经济恩惠。

报业的垄断势力仍然若隐若现,但没有一种势力可以强大到控制市场的程度,寡头式垄断既保持了竞争的激烈性,也没有断绝细分市场小媒体的活路。无论是《泰晤士报》和《每日电讯报》间的价格战,还是默多克旗下的 The London Paper 在伦敦城的溃败绝迹,都彰显了效率之争的存在。广电业中原本已经老态尽显的 BBC 也在商业电视台一个一个地建立之后开始迈出革新的步伐,商业电视台之间的竞争和对自身定位的寻找让整个广电产业充满了活力,再加上来自澳大利亚人默多克的 BSkyB 的"鲶鱼效应",整个广电产业的效率获得了大大的提升。

(3) 评价指标之"影响力"

如果说公平和效率偏向于对经济和社会文化二者的衡量的话,影响力则是评价这一传播网络以城市为基点的辐射能力和影响范围,而且影响力本身也是一种经济和文化力量的综合存在。伦敦拥有英语语言上的文化优势,同时也是传统资本主义的中心,再加上重新崛起之后在金融业和创意产业上获得的成功,可以说完全具有影响世界的能力和资本。

我们可以看到伦敦信息传播网络中走出去的案例:英国期刊在世界范围内受到了认可;BBC 扮演着"国家电视台"的角色向世界输出信息和观点;《天线宝宝》《小猪佩奇》等英国动画片席卷全球;等等。但是,全球化也在给英国施加着巨大的影响:美国电视节目在跟伦敦的电视产业竞争中处于上风;好莱坞电影占据着英国 80.80% 的票房收入[1];《金融时报》被日本经济新闻社所收购;互联网的力量更是肆无忌惮地向英国渗透;等等。从以上对比中我们可以清楚地看到,这种"影响力"身上的经济气味已经日益浓烈,不论是电视娱乐节目还是好莱坞

---

[1] [英]吉莉安·道尔:《理解传媒经济学》,李颖译,清华大学出版社 2004 年版,第 79 页。

大片,无论是金融圣经 FT 或是充满图片的国际期刊,凡"影响力"所在,大都是商业化的存在。

所以,伦敦信息传播网络对外影响力的强或弱,其实要观照其在商业化道路上走得远或近。正因如此,我们在对比英国和美国两者信息传播网络的"影响力"时,就不能回避美国在媒介商业化上做得更好的事实。

(二) 伦敦信息传播网络与城市发展的关系特征

信息传播网络是城市的组成部分。正如城市中的交通网络让城市中的物质可以自由运输,城市中的电线、电缆可以让能量往来穿梭,信息传播网络虽然难于直观地见其全貌,但居住在城市中的每一个人都能真切感受到信息的传递。信息与物质、能量构成了人类生存环境的三大基本因素[①],可以说,正是交通网络、能源网络和信息传播网络这三大网络的铺设,才有了城市的发展和进步。如果没有这三大网络,生活在城市中的我们就寸步难行,生活也难以为继,最后将是城市以及人类的灭亡,留下的可能也只有那些会光合作用的植物罢了。

伦敦从最开始的"伦底纽姆"时代,到后来遭到弃城沦为废墟,再到资本主义兴起时的重新崛起,经济无疑是推动其崛起并发展成为英国最大城市的决定力量。从 1500—1700 年短短 200 年间,伦敦人口就从不足五万激增至 70 万,即便放在当下的中国也算得上是一个中型城市。18—19 世纪,伦敦已成为世界上最大的金融和贸易中心。1900 年,伦敦的人口增加到 200 万。20 世纪 60 年代伦敦人口曾达到 800 多万。人口增长的背后,是伦敦城市的不断外扩,是城市各项设施的不断完善,这其中自然也包括交通网络、能源网络和信息传播网络。资本主义的影响是深远的,商品的买卖需要信息的传递,这是信息传播网络发展的经济拉动力,同时资本主义民主政治的发展也让观点的传播成为政治的强大武器,这又使掌握国家权力的精英们有了发展传媒的理由,早在 1644 年,伦敦城就已经出现了 10 余种每周出版的新闻书。随

---

① 张国良:《传播学原理》,复旦大学出版社 1995 年版,第 85 页。

后经过一系列的革命和复辟，1688年光荣革命给伦敦城带来了资本主义的春天，城市摆脱了封建主义的束缚之后进入了快速发展轨道，信息传播网络也随之蓬勃发展起来。

进入了新千年之后，全球化的力量无处不在，伦敦作为国际化大都市，它的国际地位给信息传播网络带来了国际化的特点，无论是媒介产权所有者还是媒介产品的特性，都突破了英国本地的局限，让人无法分辨到底是哪国的媒体，也无法分辨是哪国的节目。同时，媒体的不断发展也在不断扩展着伦敦城的触角，《金融时报》和世界金融中心的称号相映生辉，创意产业总体的繁荣给伦敦城经济发展助力的同时也为这座古老城市增添了几分现代魅力。

"互相促进"这四个字可能最能概括伦敦城市发展和信息传播网络发展之间的互动过程，而且更可能的是，越来越多的人无法分辨清楚城市发展和信息传播网络发展二者的界限到底在哪里。交通网络、能量传输网络、信息传播网络三位一体构成了城市发展的筋脉，在物质、能量、信息的川流不息当中，在三种网络不断延伸扩展的时候，城市的发展更多的成为一种水到渠成的结果。而且我们更加坚信，在步入这个"信息时代"之后，信息传播网络将以"智慧城市"的血管，为伦敦的城市发展贡献更多。

六、伦敦模式：值得借鉴的经验与问题

其一，伦敦信息传播网络中最独特的特点就是"公私并举"，实行商业传媒和公共服务传媒并存的传媒制度。对于英国公共传媒体制的产生，有其西方言论出版自由理念的传统使然，也因其特殊的政府和商业制约而产生[①]。英国当时对广播电视采取垄断的依据是"频谱稀缺"，而且瑞斯爵士又是一个坚定的公共利益守卫者，于是在这种情况之下打造了BBC这么一个公共广播的旗舰。

---

① 吴信训、郑从金：《从英国公共广播看公共传媒体制形成与发展的要因》，载《国际新闻界》2007年第6期。

反观我国,由于各种原因所导致的如今传媒体制的僵化已经成为越来越多人诟病的问题,国内曾经有学者提出,要将中国的媒体分为三类:第一类是政治性媒体,如党报、党刊、综合电视频道等,扮演党的耳目喉舌的作用,政治性为第一特性,完全摆脱商业化;第二类是政企合一型的,如都市报、晚报、财经频道等,事业性质企业管理,要建立专门的委员会来监督管理;第三类是完全企业化的,如电影频道、电视剧频道、娱乐频道等,完全按照商业模式运行①。这样分为三类的提法其实与英国的"公私并举"的制度是一脉相承的,都是为了达到公众服务和商业服务二者的平衡点,需要在"公私"之间加上一类"政企合一"的媒体。

其二,另外一个不可回避的值得中国城市学习的就是英国的创意产业。虽然说这个由英国首先提出的概念涵盖十分广泛,但是仔细审视其所包含的具体内容之后我们便可以清楚地发现,绝大多数的创意产业都与信息传播网络发生着关系。无论是广告、电影录像,还是音乐、出版和广播电视,都可以视作信息传播网络中不可或缺的一部分,它们有的是为信息传播网络提供可以传递的内容,有些直接就构成了信息传播网络的本身。所以,英国政府1997年提出的创意产业的概念,其实包含着信息传播网络所牵扯到的方方面面。因此,英国在创意产业上做出的表率可以作为中国的借鉴,不管是对中国的创意产业,还是仅仅对中国城市的信息传播网络。

英国提出创意产业的背景是工业和制造业的萎缩,国内就业问题的严峻,以及总体经济状况的不景气。在实施了创意产业计划之后,英国的经济就呈现出了一个崭新的势头:1997年以来创意产业达到了9%的年增长率,大大超过了传统工业2.80%的增长率,其产值成为仅次于金融业的英国第二大产业,就业人口方面成为排名第一的产业,占所有就业人口的4.30%②。从以上情况来看,中国借鉴英国创意产业

---

① 李良荣、张大伟:《新闻改革与深化新闻改革——李良荣教授访谈录》,载《甘肃社会科学》2007年第1期。
② 张文洁:《英国创意产业的发展及启示》,载《云南社会科学》2005年第2期。

的做法是有优势的：首先，中国拥有悠久而丰富的历史文化传统，媒体及其他相关产业的硬件基础也在当初"四级办台、四级办报"的制度下打下了坚实的基础；其次，中国人才储备量大，各种民间艺人、艺术工作室都可以作为中国创意产业的孵化的源头，而日前劳动密集型的企业也因中国劳动力价格上涨而纷纷撤离中国，所以中国在产业升级转型的过程中，文化创意产业无疑是一条不错的道路；再次，中国日益发达的经济可以给创意产业提供坚实的经济基础，英国政府就以奖励投资、成立风险基金、提供贷款及区域财务论坛等方式作为对文化创意产业的财务支持[①]，保证了创意产业走向良性发展轨道。

其三，当然伦敦信息传播网络并不是尽善尽美，它本身发生的一些问题也值得我们警惕，其中最为明显的一个教训就是信息传播网络中媒介产品的美国化。这一方面由于美国节目受益于英语这一国际语言，另一方面美国的节目制作资源、人才、技术等都是国际顶尖，再加上美国的节目多在本土就收回了成本，便可以在全球范围内廉价的销售[②]，这也难怪英国的媒体老板们对其几乎没有任何的抵抗力。

媒介产品的美国化带来的是消费主义和通俗文化的泛滥，以及背后深藏的美国文化的传播，这对伦敦乃至整个英国都产生了强烈的冲击。反观中国，虽然没有英语的语言上的便利，但是随着中国英语教育的不断深入和沿海城市英语水平的提高，尤其是青少年对英语的熟悉，美国的媒介产品越来越容易向中国城市渗透。现如今，互联网上泛滥的美剧和好莱坞大片都让中国的青少年趋之若鹜，这种现象与英国电视电影业上的美国化风潮又是何其相似，中国的媒介产品制作过程已经开始染上了美国化气息，这对于现如今提倡"文化自信"和"文化走出去"的中国来说是值得警惕的。

---

① 代杨、刘锦宏：《文化创意产业推动英国转型》，载《经济导刊》2007 年第 11 期。
② ［英］吉莉安·道尔：《理解传媒经济学》，李颖译，清华大学出版社 2004 年版，第 65 页。

第四章

东京信息传播网络发展与特征

一、东京基本情况概述[①]

东京是日本的首都,全称东京都。东京是日本的政治、经济、文化中心,亦是日本海陆空交通的枢纽,更是世界著名的现代化国际都市和旅游城市之一。2016年,世界银行发布的全球各大城市GDP排行榜中,日本东京以9 472.70亿美元排名第一,力压排名第二的纽约(9 006.80亿美元),是排名第七的中国上海(4 066.30亿美元)的两倍多[②]。

作为日本首都的东京不仅是中央行政要地,在经济方面亦是日本最大的工业城市,全国主要的公司都聚集于此。相应地,东京又是日本的商业、金融中心,资本在50亿日元以上的公司90%集中在东京,全国各大银行总行或主要分行都设在东京,东京在千代区和中央区分别设有闻名于世的日本银行和活跃于世界股票市场的东京股票交易所。

另外,东京也是日本的教育和文化中心。目前,东京拥有190多所大学,著名的东京大学、早稻田大学、庆应大学、立教大学、明治大学、一

---

① 本部分相关资料参自:东京城市官方网站,http://www.metro.tokyo.jp/,最后浏览日期:2019年3月14日以及维基百科等在线公开资料。
② 东京在线:《16年全球城市GDP排行上,最有钱的依然是日本东京》(2017年3月12日),搜狐网,http://www.sohu.com/a/128691354_170779,最后浏览日期:2018年9月1日。

桥大学、法政大学等日本最高学府都位于东京。

东京最早是一个荒凉的渔村,名称叫千代田。1192 年,日本封建主江户在这里建筑城堡,并且以他的名字命名。1603 年,德川家康在武士混战中获胜,下令在江户设立幕府,成为当时的全国政治中心。1868 年明治维新,德川幕府被推翻,在这一年,明治天皇从京都迁到江户,改称东京,1869 年定为首都。到了 20 世纪 80 年代,由于国际经济活动的增加以及信息社会的出现,东京在经济发展上迈上了一个新台阶,并且还有很多引人自豪的魅力,如最尖端的技术、信息、文化和时装以及高度的公共安全,成为亚洲乃至全球标志性的国际大都市之一。但是,这些快速的发展导致了一系列的城市问题,如环境水平下降、交通拥挤和救灾物资准备不足。1986 年以后,土地和股票价格开始呈螺旋式上升,这就是众所周知的"泡沫经济"现象。日本在泡沫经济下得到了巨大的发展,但是随着 20 世纪 90 年代初"泡沫"的破裂,长期的经济萎靡造成税收衰减,导致了都政府的财政危机。步入 21 世纪,东京进入一个历史转折点。通过落实多方面的开拓政策,东京正在努力战胜自身所面临的危机,力争把自己建设成理想的具有国际吸引力的大都市。

从地理上看,东京位于日本本州岛关东平原南端,东南濒临东京湾,通连太平洋,大致位于日本列岛中心。东部以江户川为界与千叶县连接,西部以山地为界与山梨县连接,南部以多摩川为界与神奈川县连接,北部与埼玉县连接。东京圈由东京和三个邻县埼玉、神奈川、千叶组成。首都圈由东京都和周围的七个县埼玉、神奈川、千叶、群马、栃木、茨城、山梨组成。东京都是都行政机构,它由更小的行政单位组成,包括区和市町村,"中心"区域被分成 23 个区,西部的多摩地域由 26 个市、三个町(cho)、一个村(son)组成。23 个特别区和多摩地域形成了一个狭长的地带,东西宽 90 千米,南北长 25 千米。在太平洋上的伊豆诸岛和小笠原诸岛,尽管地理上与东京都分离,也属于东京都行政区划的一部分,两个岛上有两个町和七个村。2017 年,东京都区部人口数达946万,首都圈的人口数则达3 700万,是全球规模最大的都会区。商业办公设施在这23个区内相当集中。东京这部分地区拥有充实的交通网络,使得这个地区的交通和购物相当便利。但是,也存在着一些必须加以说明的课题:随着办公和其他商业设施的增加,导致该地区作为居住地的基本功能在减退。逐渐减少的水区和绿化带致使舒适的生活空间逐渐消失。由于该地区木质房屋非常集中,地震灾害在该地区备受关注。可以看到,在城市发展过程中,都市基础性设施的建设没有跟上时代的步伐,如23个区周边地带的道路。

东京长期被认为是世界上人口密度最高的城市之一。根据2015年的人口普查,最中心的"东京都区部"的人口约为906万人,人口密度每平方千米高达14 543人①。东京圈的1都3县居住人口占日本总人口28.4%②。与日本全国人口相对应,东京人口的民族构成较为单纯,除极少数的阿伊努族人外,99%以上为大和族人。因而,单一的民族也呈现出今日相对统一的文化观和价值观。

东京有许多名胜古迹和著名国际活动场所。市中心的丸之内是东京银行最集中的地方;游乐町的剧场和游乐场所最多;银座的商业因世界百货总汇而闻名,这三个地区是繁华东京的缩影。还有新宿、涉谷、池袋等,都是繁华的商业区。东京市内有100多个博物馆,电影院和剧场也不少。

说到东京,不能不提的还有其复杂且充实的交通网络,尤其体现在轨道交通方面:"新干线"日本铁道(JR)电车系统在整个东京都范围内连通各区县,还有JR以外的九家私营铁路公司运营的多条电车路线;开创无人驾驶电车的"新都市交通"和三条单轨铁路线反映出东京在该领域的领先地位;由"东京下铁线"和"都营线"两大部分组成东京市内地铁,更使这座繁华城市的地下交错连横。除了以高运载量和高速率

---

① 张惠强:《东京和首尔人口调控管理经验借鉴》,载《宏观经济管理》2018年第8期。
② 何东:《日本东京超大城市人口治理经验探讨》,载《中国行政管理》2018年第10期。

闻名于世的电车和地铁系统,东京市内的巴士亦路线众多而复杂,大多以铁路车站或重要地点为端点站或主要换乘站,主要街道上也经常可见巴士站牌,都心部的市区巴士以"都营路线"为主,兼有里程较长路线与短程接驳路线(如涩谷站—六本木新城),以及几条观光巴士路线(如东京、银座—台场)。

由上述如此充实便利的交通系统,我们不难想象作为首都的东京还有一个"中心"可言,即日本的信息传播中心。先看报业,五大全国性报纸《朝日新闻》《读卖新闻》《每日新闻》《日本经济新闻》《产经新闻》均将各自的总部设于东京,除了东京本地报纸外,日本其他城市的许多地方报亦纷纷在东京设立分局;再看广播电视业,不仅作为公共广播电视的日本广播协会(NHK)位于东京,以五大广播电视网为代表的商业广播电视网也以位于东京的电视台作为各自网络的核心,称"东京核心台";出版业上更为极端的数据再次反映出东京这个城市在信息传播、大众传播方面,无疑是全国不可取代的"一极"。根据日本"2009年出版社名录"发布的数据,日本2008年有出版社3 979家,大部分出版社集中在东京,占出版社总数的77%,有3 057家。其余的出版社分布在大阪、名古屋和其他中等城市[①]。其实,此"一极化"的趋势也和日本的人口分布特点相吻合,东京首都圈集中了日本全国25.70%的人口,这意味着日本四人之中就有一人居住在首都圈。

应该说,随着信息传播方式日趋便捷化,受众越来越需要得到高质量的信息,作为全国首都的东京在提供附加价值高的信息方面是其他城市无法相比的,这也是包括报纸、出版和广播电视在内的大众传播企业纷纷把总部设在东京的重要原因之一。随着信息传播技术的发展,这种信息生产上的东京一极化格局将会越来越显著。

其实从现实来看,近几十年来,日本无论在政治、经济领域还是在

[①] 《日本出版业与传媒业》(2016年4月28日),中国图书对外推广网,http://www.chinabookinternational.org/2016/0428/119089.shtml,最后浏览日期:2018年9月1日。

文化领域方面都呈现出中央集权化的发展趋势,集政治、经济及文化功能于一体的东京已经成为日本全国名副其实的信息发源地、信息传播网络的枢纽及大众传媒流通体系的中心。

综上所述,东京的城市特征可概括为:地理空间相对狭小,但在地区行政划分上包含中心区及周边县,因而在整个东京都地区形成中心向外辐射的地理、交通及人口特征;经济、商业高度发达,市民收入水平在全球领先;城市人口密度极高且人口民族成分单一,因而文化价值观高度统一,与其他国家化城市相比,对外来或异质文化有一定的排斥性;在日本国内处于各重要领域绝对的中心地位,对全国在政治、经济、文化上突显领导性质的中央性。

二、东京信息传播网络的历史演变[①]

(一) 近代东京报纸的起源:从"大报""小报"到"中报"

与欧美等国家相同,近代日本的大众传播起源于报纸的产生。尽管日本报纸发行的历史最早可追溯到19世纪中期的翻印报纸和随后几份由驻日英美人士创办的外文报纸,但最早具有近代报纸特征的日刊报纸出现在明治时期的19世纪70年代,横滨是最早创刊的城市。

在东京,最早创刊的日刊报纸是1872年创刊的《东京日日新闻》(《每日新闻》的前身)和《邮便报知新闻》。这类报纸的特征以政治评论为中心,采用汉语文体,被称为"大报",由于其以硬派新闻为主并采取较为晦涩难懂的汉语文体,使得大报的读者限定在富商和豪农等文化和受教育程度较高的旧士族阶层之间。事实上,系列报纸的产生,也得益于明治新政府在确立中央集权制后对报纸的发行给以援助,并积极从事报纸的普。因此,这些大报随后纷纷明确了各自的政治主张,成

---

① 本部分史料来源多参考自:[日]山本文雄:《日本大众传媒史》,诸葛蔚东译,广西师范大学出版社2007年版,第15—302页;龙一春:《日本传媒体制创新》,南方日报出版社2006年版,第3—6页。

为政党机关报,其中《东京日日新闻》成为政府系列的帝政党的机关报纸。与大报形成对比的是不久后诞生的小报,所谓"小报"就如同字面那样,其特征是版面小,不登社论、评论,文章用的多是民众的语言,汉字注假名,是以报道社会娱乐活动为中心的大众报纸。最早的小报是1873年创刊于东京的《东京假名标记新闻》和《四十八字新闻》,但这两份报纸生命短暂,不久便消失,真正具有代表性的小报是1874年创刊的《读卖新闻》,该报以平易近人的大众新闻风格在报业界独树一帜,创刊半年就取代诸份大报成为当时东京发行份数最高的报纸。1875年,东京又相继出现了《平假名插图新闻》(后改为《东京平假名插图新闻》《东京插图新闻》)和《假名读新闻》(后改为Kanayomi)等受到对政治毫无兴趣的知识分子、文学爱好者和妇人阶层的欢迎的小报。可见,报纸这一大众传播形态在东京从精英(政客)流向大众的过程仅仅一两年内就完成了。更为重要的是,慢慢演变为政党机关报的大报在1877—1887年10年间便经历了由兴盛到衰亡的过程,少数未停刊的大报也脱离了政党的属性,对于政党的解散或衰落,以当时日本自由民权运动为背景的民主主义舆论是这其中的关键因素。一直受政党影响较小的小报则随着大报的式微,取而代之成为当时东京乃至全国报业的中心力量。此后,小报与大报在内容上也日趋相同。

随着政党的解散或衰落,以政治评论为主的大报对经营方式进行了改革,并逐渐走上了商业报纸的路子。率先改革的《邮便报知》缩小版面,改进销售方法,而另一突出代表是来到东京开拓市场的《朝日新闻》(《东京朝日新闻》),其彻底商业主义的发行措施使当时东京各报社遭受到沉重打击,纷纷改进发行、销售方式以抵抗。以东京报纸为代表的日本近代商业报纸最终在明治政府末期确立,在其确立过程中体现出的三个特征是:一是报纸趋向"中报"化,内容从侧重政治评论转为以报道式新闻为主;二是报纸作为广告媒体的价值得到提升,这与资本主义在日本发展的背景相关;三是报纸的"不偏不党"原则确立。这三个显现于20世纪初的近代商业报纸特征,至今仍可从东京乃至全国的报纸中看出痕迹。

(二) 在动荡中发展的杂志：从战前全盛到战后再生

在日本，起初并没有把报纸和杂志区分开来，作为印刷媒介的杂志和报纸同时出现，并发挥了重要作用。最早是在幕府末期，许多荷兰杂志流入日本东京，这使得当地的洋学者从中学到了许多新知识，显示着杂志这一大众传媒形式在普及先进国家知识方面所发挥的作用。1873年前后，日本自产的专业杂志在大阪发端后逐渐流入东京，仍以传播知识为目的。随后，东京的杂志开始从内容上显示出专业化的趋势：评论、政论杂志诞生，宗教杂志亦开始发展，学术、医疗方面的杂志相继创刊，汉诗、文学等文学杂志也随之出现。至19世纪80年代，杂志种类更进一步丰富，东京出现了妇女杂志和少年杂志，杂志界开拓新的读者市场也成为其大众化发展的契机。日俄战争（1904—1905年）前后，伴随着资本主义在日本的发展，杂志企业化进展显著（由编辑本位转换为经营者和出版资本家本位），大众性出版的营业体制得以确立，杂志开始成为商品，并显露出了大量生产的倾向。同时，以《中央公论》为代表的社会主义杂志的确立，使得东京的杂志文化出现了泾渭分明的二元化倾向。随着种类的不断丰富，尤其妇女杂志的不断创刊，以及以大量生产为经营准则的营业方式确立。在1930年前后，东京乃至全日本的杂志出版达到全盛时期，妇女杂志与综合杂志极大盛行，以现代性和娱乐性为特点的大众杂志更为活跃，尤其讲谈社凭借大众娱乐杂志《富士》建立起了不折不扣的杂志王国。

一直呈上升势头发展的杂志业却在日本闯入太平洋战争期间遭受了重大挫折。1941年刚一开战，日本情报局就以"舆论指导方针"对杂志进行了全面的清理和统一，利用所有形式加强对于出版的控制，各类杂志的数量都极大减少。在东京，经过整顿的综合杂志只剩下三种，娱乐杂志和妇女杂志也分别仅存五种和三种。可以说，无论对东京还是整个日本，这一时期的杂志出版可以用"崩溃"来形容。

战后,随着美英四国对日本的控制,言论自由有所恢复,长期读不到书刊的东京市民也对杂志产生了旺盛的需求,在这样的背景下,杂志界开始了艰难的恢复期,许多杂志创刊或复刊,以《读者文摘》为代表的欧美杂志也流入日本东京并得以广为宣传。到 1953 年前后,日本杂志业界终于稳定下来。在东京,不仅妇女杂志得以复苏,新兴大众杂志更凭借对大众心理的把握,在发行量上节节高升。经过 20 世纪 50 年代的创刊热后,东京杂志业界呈现出两个特点,一是更进一步细分化,一些青年杂志、健康杂志、思想杂志相继创刊;二是与映像联动的各种漫画杂志大行其道,与电视、游戏业一起打造出繁盛的"ACG[①]"时代。可见,战后重新起步的东京杂志业,如今已然呈现出日益立体化的趋势。

(三) 广播、电视:从一元化管理到与民营商业并举

与其他国家无异,广播和电视在日本东京的出现无疑是传播界的一大革命。

世界上第一家广播电台 KDKA 在美国设立四年半以后,1925 年 3 月,在东京芝蒲的东京高等工艺学校发出了日本最早的电波。事实上,在申请建立广播电台的近 30 家公司中,政府采取统一管理的办法只批准了三家,其中东京创建的电台是东京广播电台(JOAK)。仅仅一年后,日本政府指令仅有的三家电台(另两家为大阪广播电台和名古屋广播电台)合并,成立新的社团法人日本广播协会,基本搭好了延续至今的 NHK 的组织框架。这表明,日本的广播事业从一开始就是在政府强有力的监控之下作为垄断事业发展起来的,而东京自然是全国广播事业的发源地与核心区。此后,一元化管理愈演愈烈,1934 年日本政府对广播协会进行了大规模的改革,极大地强化了通信省的监督,对广

---

① ACG 为英文 Animation、Comic、Game 的缩写,是动画、漫画、游戏(通常指电玩游戏或 GalGame)的总称。动画和漫画产业本来就密不可分,它们内在的本质有着高度的统一,即都有着对虚拟角色和虚拟环境的创造,都能建立让受众瞬间直达理想国的精神通道。随着电玩产业的快速崛起,在东京,20 世纪 90 年代此三项产业已紧密结合,许多作品企划都是跨三项平台以期达到最大收益。

播节目的制作及内容严格审查。

直至"二战"后,GHQ①实行最高管制下的东京广播事业才有所改善,GHQ发出了实行广播的民主化和非军国主义化的指令。至1945年以后,广播在东京各家庭中的普及率逐年上升,而电台编排节目的自由也在法律上得到保障,娱乐节目、竞赛节目等新型节目也随之兴起。此后,日本广播业也告别了NHK一枝独秀的状态,民营广播在这一时期大量诞生,1951年底东京出现了广播东京和日本书化广播协会(文化广播)两家新电台并很快开播。至此,NHK与民营广播并举的局面确立下来,如今东京的广播电台及节目早已百花齐放。

与广播一样,电视在日本的出现与发展也处于世界先行之列。尽管相关研究与实验在第二次世界大战中停顿下来,但战后不久的1953年2月,NHK、东京电视台便开始开播,同年8月,全日本第一个民营电视台——日本电视台亦在东京开播。这种在功能上结合了广播和电影的吸引力且更具现实感的媒介,从一开始就捕捉到了人们的注意力,给东京社会带来不可估量的影响。当时对东京的一般家庭来说,价值20万日元以上的电视机尚是奢侈品,据说在1954年日本电视台直播职业拳击世界轻量级锦标赛时,东京都近郊街头的电视前聚集了大量的观众,都营电车、公交车和出租车被堵在人流中,接连造成交通堵塞。当时的视听者有55万人以上,其中一台电视机前的观众就超过两万人②,这是令人难以置信的记录。1955年4月,第二家民营电视台广播东京电视在东京开播,亦是作为民营广播公司兼营电视台的第一家,其首先推出的节目形式便是日后风靡全城乃至全国的电视剧。值得注意的是,在日本政府主导的一元化电视网络体制下,NHK在东京乃至全

---

① GHQ是General Head Quarters of the Supreme Commander for the Allied Powers的简称,即盟军最高司令部,其咨询机关由美、英、中、苏四国代表组成,但实际上是美国单方面的统治。

② [日]山本书雄:《日本大众传媒史》,诸葛蔚东译,广西师范大学出版社2007年版,第241页。

国都确立了强有力的垄断体制。

1957年12月,NTV在东京街头安置彩色电视机进行试验性播放,受到人们极大关注,次年,TBS、朝日广播、读卖电视等也在东京正式开播。随着电视台的不断增多及彩色电视的顺利发展,以1964年东京奥林匹克运动会为契机,电视在东京全城得到了迅速的普及。此后,卫星转播技术传入日本,1967年1月1日,通过宇宙直播在东京、巴黎、伦敦和纽约之间同时播放的《新年降临》,昭示着东京的世界电视直播进入了正式的起步阶段。

面对电视的强力冲击,广播业和杂志出版业都做出了应对。面对人们收听时间减少的事实,广播电台推出了现场直播和综艺性节目的编排方式,并迅速由东京向全国普及开来;东京杂志界也在这一时期发生了根本性的变化,受电视的影响,许多娱乐月刊杂志衰退,以与常看电视的视听者不同的读者层为对象的综合杂志则取得稳定增长,新创刊的众多周刊类杂志则屡次在东京掀起热潮,确定了其大众传媒的地位。

尽管电视在整体上偏向于大众的娱乐性,但东京从20世纪60年代起,电视就与选举紧密联结在一起,这种积极对日本大选进行报道的潮流一直延续至今日东京乃至全日本的电视界。同样从20世纪60年代开始,无论NHK还是民营电视台,其电视节目(历史剧、家庭剧、歌曲节目)都走上了大型化的道路,直播报道比例亦不断上升,电视在东京作为报道媒介的地位得以确立。

(四)日本五大报系的确立:报纸的企业化与集团化历程

日本报业近代化程度进一步提高的标志在于其在经营及企业形态上发生的变化。作为向近代企业转型的一环,新闻企业改变了过去的个人经营的方式,通过增加资本金和实行股份制的方式完成了企业的近代化。这种股份制改革以《大阪每日新闻》为先驱,逐渐影响到东京的各家报社。早在1911年左右,各种早晚报在东京角力的时期,东京的报纸就出现了集中化的倾向,与以往相比,各报社报纸的发行数量悬殊较大,《国民新闻》和《报知新闻》都自称突破了 18 万份,而《日本》却仅为六千份上下。在经历了 1919 年东京各报社印刷工人罢工导致的东京报纸"联盟停刊事件"及 1923 年关东大地震给东京新闻界带来的大灾难之后,东京有实力的报社数量开始减少,新闻界的集中化倾向得到进一步加强,一流报社和二流报社之间的差别更加明显。到 1938 年左右,随着《读卖新闻》的发行量跟随从大阪走向东京的两家报纸的脚步超过 100 万份,在东京地区形成了《朝日新闻》《每日新闻》《读卖新闻》三足鼎立的局面。

然而,战争和日本政府相应的政策却给正在企业化进程中的东京报业带来了巨大的影响。"二战"开战后的 1942 年,日本政府通过日本新闻会这个控制机构来推行报纸的合并政策,在东京继续保留《朝日新闻》,《东京日日新闻》《读卖新闻》和《报知新闻》合并为《读卖报知》,《都新闻》和《国民新闻》合并为《东京新闻》,《中外商业新报》《日刊工业》《经济时事新报》等 11 家业界的报纸则合并为《日本产业经济新闻》(现在《日本经济新闻》的前身)。1945 年 5 月东京大空袭后的一段时间内,《朝日新闻》《每日新闻》《读卖报知》①《东京新闻》和《日本经济新闻》这东京五大报甚至开始发行相同的报纸。

在战后东京报业的发展史上,在 20 世纪 50 年代和 70 年代有两个快速发展期,各大报纸的技术革新、设备竞赛以及跨出东京在全国范围内的发行竞争全面展开,逐渐形成新的报业垄断格局。其实在东京,从临时广播的第一天起,电台就从东京各报社接收提供的信息,对报业的依赖性极强。直至 1950 年"电波三法"②对电波经营限制的解除,报业之间的系列化竞争在民营广播的创业期尤为激烈,报业和广播的正式结合,促使报业经营形成多样化,其产业结构亦发生了变化。同样,到

---

① 《读卖报知》,(1946年《读卖报知》更名为《读卖新闻》)。
② GHQ管制日本时期于 1950 年 5 月公布、6 月实施的《电波法》《广播法》及《电波监督委员会法》。

民营电视创建时期,报业又通过积极参加民营电视台投资建设,以及对民营电视台的积极扶持,让报业和民营广播电视的资本、人力合在一起,形成了综合传媒集团。在当时《读卖新闻》《朝日新闻》《每日新闻》《日本经济新闻》和《产经新闻》这五家全国性大报的基础上建立了五大全国广播电视网,形成了五个全国性的垄断性传媒集团,这些报社纷纷在东京设立总社。

这样,在发展方向上,东京的大众传媒日益趋向立体化,而五大报系在东京及全国确立的垄断格局也一直延续至今日,长期以来都呈现出一个"五分天下"的局面。

(五) 新媒体技术的出现与普及:互动、立体的大众传播网络形成

在大众传媒领域内的技术革新上,日本这个国度从来不落后。如今的东京甚至以代表全球最新的各种技术和电子产品而闻名于世。在20世纪90年代互联网降临世界之时,东京亦是紧紧跟上了网络世界前进的步伐。

早在1995年,《读卖新闻》《朝日新闻》等大报就建立起了自己的网站,十余年间,电脑及随之而来的互联网在东京市民间以难以想象的速度普及开来。互联网渗透率在2000年为30%,至2012年时已增至79.10%[1]。来自 We are social 的名为《2015年数字化、社交、移动通讯报告》(Digital, Social & Mobile in 2015)显示,2014年日本互联网用户已达1.09亿,环比增长9%,渗透率为86%,位列世界第七位[2]。

日本政府的IT战略本部于2006年1月提出要在2010年实现"遍在网络社会"的目标,事实上,如今的东京早已成为一个"遍在网络社会"。在互联网的使用率数据之外,在近年来被学界认为具备"第六媒体"潜力的手机为代表的移动媒体发展方面,东京已然走在世界前列,

---

[1] 孙晓:《中美日韩互联网与通信产业国际竞争力比较研究》,吉林大学博士学位论文,2015年,第74页。

[2] 同上。

尤其是1999年开始推出的"I-MODE"数据业务,其在东京乃至全日本掀起的风潮使之成为全世界最成功的无线互联网服务之一。

不难看出,在东京的大众传播网络中,各种传媒形态之间的互联、互动性是极强的。除去前文已述的报业与广播电视之间的连接,我们还可以看到:在报业与网络之间,据日本新闻协会公布的"2004年报社/通讯社的电子媒体与电波媒体现状调查"结果显示,报社开设网站率达到98.80%;另据日本报纸协会的"报纸及通讯社的电子、电波媒介现状调查"的结果,截至2013年1月,参与调查的86家机构均已开办网站①。在广播电视与通信、网络之间,由于互联网的普及、网络宽带化、电视媒体的多样化和数字化发展,广播电视和通信手段已经走向互融,传统的通信和广播电视概念无法定义的介于两者之间的服务形态开始出现。对于已有多年发展历史的以"I-MODE"为代表的移动媒体业务,早已和报纸、广播电视、通讯社等分别建立起了固定的合作关系。可以说,在现今东京这样一个"遍在网络社会"里,由报纸杂志、广播电视、互联网、手机等各种媒介形态组成的信息传播网络,是名副其实的一张"网",各种媒体之间相互合作、联结,新旧媒体之间形成了高效的互动。

从大众传媒诞生到现在,东京的信息传播网络经历了一个多世纪的漫长发展,身处新闻与传播业整体发展状况最为发达的国家之一,作为日本的首都及信息传播中心的东京,其上空、地下以及市民生活的每一个角落,都被包罗于一个互动而立体的大众传播网络中。

三、东京现有信息传播网络的基本构成

(一)报纸:报业王国的中心

报业在日本传媒业中是个举足轻重的行业,不仅份额最大,资历最老,而且广播电视业的大老板往往都是报社的大老板。在《新闻记者》杂志从2003—2011年每年所刊登的《世界日报发行量前100名排行

---

① 陈昌凤:《日本报业:历史神话今安在》,载《新闻与写作》2016年第8期。

榜》系列报告的数据看来,在世纪初的前10年,世界报协公布的全世界发行量排名前五位的报纸几乎全是日本的报纸,具体情况见表4-1。从整体上来讲,日报报业的发行量还是呈现出持续小幅下滑的态势,这与在新媒体的冲击下,全球报业在新千年之后的颓势一致。据日本报业协会统计(见图4-1和图4-2),日本报纸的发行数量在1997年达到峰值,总计日发行5 377万份,该发行规模持续保持到2001年左右;而根据其最新的数据显示,2015年日本报纸的日发行量已跌至4 424万份,同比减少2.45%[①]。

表4-1 日本五大报近年发行量在世界日报中的排名[②](发行单位:万份)

年份\报纸	读卖新闻	朝日新闻	每日新闻	日本经济新闻	产经新闻
2003	1 424.60;第1	1 232.60;第2	563.50;第3	473.60;第4	266.50;第8
2004	1 408.10;第1	1 223.50;第2	395.70;第6	464.30;第3	272.30;第8
2005	1 406.70;第1	1 212.10;第2	558.70;第3	463.50;第4	275.70;第7
2006	1 398.20;第1	1 188.10;第2	555.60;第3	465.40;第4	280.80;第9
2007	1 002.50;第1	808.80;第2	396.60;第3	304.20;第7	219.10;第16
2008	1 002.10;第1	805.40;第2	391.20;第3	305.40;第7	220.40;第15
2009	1 002.00;第1	804.90;第2	390.10;第3	305.20;第7	222.10;第14
2010	1 001.90;第1	801.90;第2	373.80;第3	305.00;第7	166.60;第26
2011	995.10;第1	770.30;第2	347.60;第4	301.10;第6	165.70;第28

日本朝日新闻社媒体实验室室长助理胜田敏彦说,《朝日新闻》的发行量已经处于下行轨道上,从高峰时的1 200多万份下降到现在的680万份。这虽与日本人口老龄化相关,但更重要的是来自新媒体的冲击,"报纸和电视的存在感降低,网络媒体的比重显著增加"[③]。

---

① 崔保国:《日本报业:迷雾中的艨艟巨舰》,载《全球传媒学刊》2016年第3期。
② 据历年《新闻记者》杂志所刊载的由世界报业协会发布的《世界日报发行量前100名排行》制表。
③ 王亚明:《日韩媒体融合发展现状考察》,载《国际传播》2016年第1期。

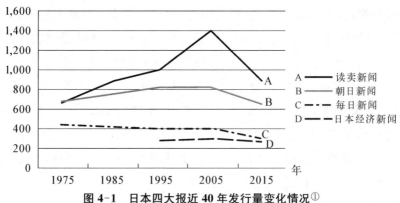

图 4-1 日本四大报近 40 年发行量变化情况①

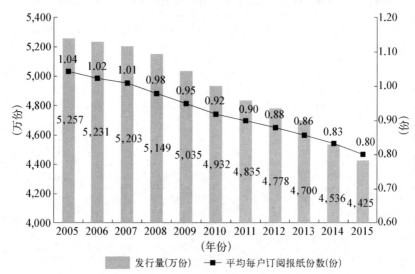

图 4-2 日本报纸发行量与平均每户订阅报纸数②

即便如此,日本的日报至今仍然在全球日报中占据领先地位。据世界报业和新闻出版协会(WAN-IFRA)发布的《World Press Trends 2016》显示:《读卖新闻》与《朝日新闻》虽然与 2014 年的 969 万和 745 万相比,发行量下滑显著,但其保有 910 万和 662 万的发行量仍然位居

---

① 陈昌凤:《日本报业:历史神话今安在》,载《新闻与写作》2016 年第 8 期。
② 崔保国:《日本报业:迷雾中的艨艟巨舰》,载《全球传媒学刊》2016 年第 3 期。

世界第一和第二位[1]。

日本报纸的强势表现,与其历史文化传统紧密相关[2]。即便在新媒体的冲击下,日本民众对传统报业仍然保有极大的热情,报业发行量的数字也没有如其他国家一样发生断崖式下滑,这其中民众对报业的信任起到了重要的支撑作用。根据2015年3月日本通信调查协会发布的《2014年关于大众媒体的民意调查》显示:在信息源上(百分制),日本人对报纸的信赖度为69.20%,仅次于公共电视台NHK(71.10%),但却远高于互联网(54.00%)[3]。而且,由于日本报纸几乎都来自长期的订户,因此下滑的幅度要比仰赖零售的报纸发行量更为稳定。据统计,目前95%的报纸都是投递到户的(零售占4.39%,而邮送仅占0.04%),而且近年来投递到户的比例还在小幅攀升(2000年时投递到户的比例约为93.49%)[4]。

另外,不容忽视的是,日本的报业在整个信息传播网络中处于核心位置,甚至被称为日本互联网时代的"核心媒体"(Hub Media)。在日本,五大报几乎垄断了日本的信息资源,除了它们在日本全国发行并拥有各自的驻外记者,还在于这五大报纸旗下分别拥有自己的电视台和广播电视网。比如,《读卖新闻》和《朝日新闻》旗下分别拥有可在日本全国收看的日本电视台和朝日电视台,而二者所分别拥有的电视网则为各地方电视台提供新闻资源[5]。在这一体系下,新闻生产的源头和传统渠道实质上都被报业所把控,外加日本极其严苛的版权保护制度,新媒体是不可能像中国的自媒体一样凭借"转载"和"洗稿"就能野蛮生长的。

东京作为这个报业王国的中心,自然也是名副其实的"报业之都"。

---

[1] 陈洋:《2016年日本新闻传媒盘点》(2016年12月28日),微信公众账号"刺猬公社",最后浏览日期:2018年9月1日。
[2] 王南:《日本:报纸的王国》,载《中国经济时报》2016年5月26日。
[3] 陈洋:《日本的报纸为什么没被新媒体打败?》,载《杭州日报》2016年3月21日。
[4] 崔保国:《日本报业:迷雾中的艨艟巨舰》,载《全球传媒学刊》2016年第3期。
[5] 同上。

例如,在日本报纸的总发行量中,《读卖新闻》《朝日新闻》《每日新闻》《产经新闻》《日本经济新闻》五家全国性报纸的发行量就占了60%左右的市场份额,其他115家报社只得到了40%左右的市场份额[①]。这五大报系发行量比重最大的总社又均设在东京,其在东京都地区的发行量均占全国总发行量的24%左右,其中《日本经济新闻》在东京的发行量更占总发行量接近40%的比例[②]。因此可以说,日本五大报亦是"东京的五大报",这五份报纸再加上东京唯一的地方性报纸《东京新闻》,就构成了东京日刊报纸的基本格局。

1. 发行之王:《读卖新闻》

在东京这个报业王国的中心,我们首先不能忽视的是世界上发行量最大的报纸——《读卖新闻》,根据日本报纸发行稽查机构(日本ABC协会)发表的统计数据看,在该报上千万的日发行量中,有665万余份出自《读卖新闻》东京本社,发行范围为东京及周边地区。

千万大报的发行奥秘究竟何在?《读卖新闻》经营政策部部长三浦光男[③]认为:"最主要的一点是《读卖新闻》在全国拥有庞大的销售网络,拥有8 500多个销售店,这些销售店负责每天按时把报纸派送到每一位订户的家里,而关键是这些销售店都是独立经营、核算的,他们会想尽办法把报纸卖出去。"而《读卖新闻》社长内山齐则认为,"发行之王"加上"内容为王",才共同构成了《读卖新闻》的核心竞争力:"第一,《读卖新闻》的可读性是有口皆碑的,内容充实、论调明快且方便阅读。第二,全国的28个印刷厂能够制作印刷质量高且稳定的报纸,通过强力的销售促进策略,使竞争对手与本报的发行销量差距达到190

---

① 龙一春:《日本传媒体制创新》,南方日报出版社2006年版,第45页。
② 日本ABC协会「新聞発行社レポート 半期·普及率」,表中"朝/夕刊"为"早/晚报"之意,http://adv.yomiuri.co.jp/yomiuri/n-busu/xls/04data_03.xls,最后浏览日期:2018年9月1日。
③ 本段对三浦光男、内山齐受访内容的引用,参见崔保国:《走进日本大报》,南方日报出版社2007年版,第124、105页。

万份。"

概括起来,《读卖新闻》在发行方面的特点主要有两点:首先,《读卖新闻》依托日本的报刊专卖制度,99%的发行量是直接投递给订户的,只有1%是零售;其次,《读卖新闻》实行宅配制的报纸投递方式,送报员是与订户直接接触的界面,通过深入社区的方式,订户通过订报员和报纸形成了紧密的联系①。

《读卖新闻》的读者有何基本特征?从订阅的家庭户主职业状况上看,与其他四家全国性大报相比,《读卖新闻》东京版的读者层比较集中在从事体力劳动和事务性劳动以及工商服务者人群,三个人群合计比率超过了61%,说明该报读者属于社会中下阶层人群;从户主受教育的背景看,《读卖新闻》东京版的读者中高中毕业人群比例最高(44%),而大学毕业人群比例最低(27.80%),低于其他四家全国性大报读者水平,证明其读者受教育的程度比较低;从订阅家庭的年平均收入来看,处于全国五大报纸的倒数第二名位置;但从户主年龄结构看,29岁以下人群比率2.40%,略高于其他四大报,60岁以上人群比率为31.60%,略低于其他四大报,说明该报读者相对年轻②。

2. 广告之王:《朝日新闻》

无论在东京地区还是在全日本,《朝日新闻》都是《读卖新闻》最强劲的竞争对手,虽然从日发行量上来说,落后于《读卖新闻》190余万份的《朝日新闻》是日本、东京的第二大报,但广告收入却一直稳居日本全国性大报的第一位。该报2004年度的总收入为4 069亿日元,其中有43%来自广告收入③。能够获得如此高的广告媒体评价,源于朝日新闻集团成功的广告经营,更在于它是世人公认的代表日本的高级报纸,

---

① 郑博斐、李双龙:《〈读卖新闻〉的发行机制》,载《新闻爱好者》2009年24期。
② 日本社团法人中央调查社于2002年3月对25000个两人以上普通家庭的订阅报纸状况进行了相关调查,参见尹良富:《日本报业集团研究》,南方日报出版社2005年版,第103、105页。
③ 崔保国:《走进日本大报》,南方日报出版社2007年版,第72页。

它拥有高学历、高收入的高质量读者群。朝日新闻广告局首先在部门上细分出负责客户接洽、营销策划及审查刊登业务的三个职能部门。同时,《朝日新闻》一向坚持有选择地刊登广告,刊登有品位的广告,早在创刊初期就制定了谢绝"有伤报纸体面的东西"的概略,由于主要读者的特征,《朝日新闻》上刊登广告最多的是出版、教育和文化行业。另外,《朝日新闻》更制定了多项指标,定期在读者群中进行调查,以测试报纸的广告效果。

我们同样通过数据来验证《朝日新闻》的"知识阶层读者群"[①]。从户主职业结构看,从事脑力劳动的事务性办公人员比例最高,达到24%,在全国五大报中,《朝日新闻》读者中从事知识性工作的人员仅次于《日本经济新闻》,明显高于其他三家报纸;从户主接受教育的文化程度看,《朝日新闻》读者中大学毕业及以上者占43.90%(高中毕业者比率为35.70%),次于《日本经济新闻》,但明显高于其他三家报纸;从该报读者的家庭年收入结构及户均收入来看,《朝日新闻》仅次于《日本经济新闻》居五大报的上游。可见,在东京乃至全国范围内,《朝日新闻》是一张以知识阶层为主要读者对象的报纸。

除了在广告方面的善于经营之外,《朝日新闻》还是在新媒体时代积极改革进取的典范。朝日新闻集团下属有《朝日新闻》、朝日电视台、朝日广播电台、新闻网站等媒体。其中,朝日新闻 digital 是朝日新闻社在新媒体冲击下的产物,而且也是帮助其成功突围的新媒体助手[②]。朝日新闻社还建立了一个松散管理的"中央厨房",除有专门部门的固定人员根据社交媒体的特点进行选题策划加工外,还要将部分报纸内容转换成为社交媒体的内容[③]。与此同时,朝日新闻社还成立了媒体

---

① 日本社团法人中央调查社于 2002 年 3 月进行的"2002 家庭指标调查"资料整理,参见尹良富:《日本报业集团研究》,南方日报出版社 2005 年版,第 25、105 页。
② 罗兰:《新媒体冲击下〈朝日新闻〉的应对策略研究》,载《新闻研究导刊》2016 年第 10 期。
③ 王亚明:《日韩媒体融合发展现状考察》,载《国际传播》2016 年第 1 期。

实验室(Media Lab),作为扩充业务线和进行媒体融合创新的尝试,要求"切断《朝日新闻》的 DNA,忘记以往的媒体模式,开拓全新的业务形式,建设成为社内外的信息集散中心"的概念,要求以此平台为基础,抛弃旧有办报经验,进行新媒体端的孵化创新。从 2013 年起,媒体实验室每年征集约 100 件创意,从中选拔三四件进行产业化,已经开展了"朝日自分史(专业记者为普通人写自传)""文化产品众筹平台""宠物信息网站""听报纸"等项目[①]。可见,常年以"广告经营"为优势的朝日新闻集团,其对媒体融合的嗅觉也相对灵敏,走在了新媒体改革的前列。

3. 追求彻底客观主义:《日本经济新闻》[②]

如果要在雄踞东京的日本五大报中再选出一份报纸来分析,自然是与《华尔街日报》和《金融时报》并称世界三大财经报纸的《日本经济新闻》。事实上,它不仅是世界上发行量最大的财经报纸(2004 年其早报日均发行量为 301 万份[③],《华尔街日报》为 211 万份,《金融时报》约为 50 万份),其收入也不逊于《华尔街日报》和《金融时报》,可以说这家发端于东京且至今只在东京设立总社的报纸创造了财经报纸的"神话"。

而且,在新媒体大潮袭来之时,《日本经济新闻》也没有受到多少冲击,反而逆势而上,电子版的发行量增长甚至超过了纸质版发行量的下降,形成了稳步提升的态势,不得不说是一个奇迹(见图 4-3)。

《日本经济新闻》的办报方针可以从其社训中看出:"忠诚公平,从民众利益出发,为国民生活的经济基础获得平稳的发展作贡献",可以

---

① 罗兰:《新媒体冲击下〈朝日新闻〉的应对策略研究》,载《新闻研究导刊》2016 年第 10 期。
② 此为《日本经济新闻》追求的报道原则,参见崔保国:《走进日本大报》,南方日报出版社 2007 年版,第 150 页。
③ 同上书,第 154 页。

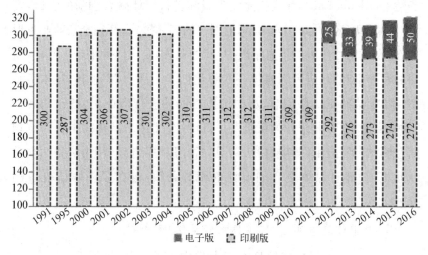

图 4-3 《日本经济新闻》发行量变化①

数据来源：

1991年至2000年为隔五年的数据；数据来自《日本经济新闻媒体资料》1991、1995、2000至2016年相关年份版本整理。

说这是《日本经济新闻》的命脉所在，读者对其信赖程度极高。《日本经济新闻》重视事实，坚持客观报道，认为对事情的判断应该交给读者，报纸只管报道事实。如果记者想发表个人的意见，《日本经济新闻》会要求他签上名字，把它作为一种解说或者是评论来报道。在普通新闻报道中出现褒贬评价是不允许的，因为《日本经济新闻》实施的是彻底客观主义的报道原则。尽管日本五大报均以"客观、公正"的报道原则闻名于世，但在长久以来形成的"读卖/产经"与"朝日/每日"对立的两极化论调中，《日本经济新闻》始终坚定地恪守着绝对中立、客观的原则。所以，我们不难看出，以日本中产阶级为受众群的《日本经济新闻》，因读者大多都是日本经济界、政治界的领导者和公司的管理人员，其影响远远超过它的发行量（见表4-2）。

---

① 尹良富：《全球发行量第一财经报纸的生存策略》，载《新闻记者》2017年第12期。

表 4-2　企业高管接触日本四大全国性报纸状况(占比：%)①

分　　类	日　经	朝　日	读　卖	每　日	样本量
董事长、总经理级	92.20	35.60	34	12.70	n=430
IT软硬件采购决策者	88.40	33.10	32.10	13.50	n=289
设备资材采购决策者	91.50	36.10	28.40	12.30	n=192
一年内完成合计5亿日元项目的决策者	94.60	40.10	31.50	12.40	n=195

我们也可以想象,恪守"彻底客观主义"的《日本经济新闻》不仅在全国的经济、金融中心——东京占据着其他报纸难以企及的影响力制高点,同时也是在海外被订阅得最多的日本报纸。数据方面,《日本经济新闻》读者的构成大多数都是白领阶层和商务人士,也有各行各业有正式工作的职业人士,以社会的中坚力量为主;从《日本经济新闻》读者的学历分布来看,有48.50%的人是大学本科以上学历,这个比例比其他全国性报纸高得多,也比非《日本经济新闻》读者高得多,说明其拥有大量受过良好教育的读者;从《日本经济新闻》读者收入构成来看,读者的家庭年收入状况良好,比非《日本经济新闻》读者的阶层平均年度收入高出近30%,说明《日本经济新闻》读者是具有很强消费能力的群体②。此外,《日本经济新闻》还经营着一个电子媒体形式的、具有30多年历史的综合性数据库事业,这个将日本所有的报纸、经济类杂志等内容都储存在内的数据库在东京各大中企业中都极受欢迎。

另外值得一提的是,2015年7月23日,日本经济新闻社(Nikkei)斥资8.44亿英镑,从培生集团(Pearson)手中买入英国《金融时报》集团(FT Group)。日本经济新闻社凭借在最后一刻向这家总部位于伦敦的全球新闻机构发出的收购要约,击败了竞购对手德国斯普林格集

---

① 尹良富:《全球发行量第一财经报纸的生存策略》,载《新闻记者》2017年第12期。
② 数据分别源自:2003年9月及2001年9月《企业形象调查/普通个人编》,参见崔保国:《走进日本大报》,南方日报出版社2007年版,第194—195页。

团(Axel Springer)。此举无疑显示了《日本经济新闻》作为全球性媒体集团的魄力和实力,其经济帝国的触角也正式走出日本,以百年大报《金融时报》为载体伸向全球。

4. 东京唯一的地方报:《东京新闻》

在报业王国的中心东京,除了全国性五大报外,最显眼的自然就是东京唯一的一家地方报——《东京新闻》。这份有着百年历史的报纸覆盖着东京的23区和周围的七个县,作为晨报,2006年时它有着82.60万份左右的日发行量,位居世界第60位[①]。但是,2007年的统计就已经低于60万份,跌出世界日报发行量前100的排名了[②]。《东京新闻》最大的特征是贴近大众,读者多为中老年人,是一份非常人性化的报纸。

从全社会的角度看,东京是各种信息的集合地,与《读卖新闻》《朝日新闻》等这类在经济、政治报道方面有强项的报纸相比,《东京新闻》的优势在于兼顾政治、经济、地方新闻三个方面,更符合本地人的需求。正如《纽约时报》通过对纽约市政治、经济等各方面的报道来洞察整个美国局势,这就是地方报纸的优势所在,在东京,地方报纸与全国性大报相互都具有不可替代性。《东京新闻》先后提出了"首都圈的主打报纸"和"东京必需品"等口号,非常注重秉承其前身《都新闻》在文化、文艺等方面的传统,另外评论性文章的分量较大,一些匿名批评、时评等都具有丰富的蕴涵和重大的意义,内容往往都是市民非常关心的。

能够在百余年的历程中从东京多份地方报中脱颖而出,成为如今首都圈唯一的地方报,可以说《东京新闻》是一份出色的地方性报纸,它的成功源于不甘淹没在众多报纸的言论漩涡中,它要市民们听到它的声音,因此往往通过独家的报道、特别的评论来吸引人

---

① 《2006年世界日报发行量前100名排行榜》,载《新闻记者》2006年第6期。
② 《2007年世界日报发行量前100名排行榜》,载《新闻记者》2007年第6期。

们的眼球。《东京新闻》也印证了一个道理：大众化口味不意味着平庸与中立，相反，市民更加喜爱对他们的生活和思想有导向作用的报纸。

5. 主要报业集团的业务结构

如本书第二部分所述，日本五家全国性大报建立了五大全国广播电视网，形成了五个全国性的垄断性传媒集团。作为报业集团的代表，这五家总社均位于东京的传媒集团，其集团化经营的共性在于立体化经营业务的发展及产业链的构建，具体业务结构如下。

（1）朝日新闻集团

截至 2002 年 4 月，朝日新闻集团有企业 200 余家，业务涉及报刊图书出版发行、文化事业、印刷、运输、广告、销售及零售、报纸插页广告、不动产、物业管理、旅行、网上零售、业务支援等多个领域。另外，在社会贡献方面，该报运营的各类公益性法人有 20 多个，涉及文化、艺术、社会福利、教育、环境保护等多个领域。集团相关企业大致可分为媒体企业，以及与报纸相关的印刷、运送、销售等企业两类，具体如表 4-3 所示①。

表 4-3　朝日新闻集团的关联企业②

媒体企业	日刊体育新闻社	日本创刊最早的体育报(1946)
	朝日电视台与全国放送网	日本第四大民营电视网
	卫星与数字频道	ASAHI NEWSTAR，BS 朝日频道，Digicas 频道，CS oneten 频道
	ELNET 数据库资料剪报服务	1988 年以来的报纸、杂志、文章数据库
	朝日小学生新闻	
	朝日中学生周报	

---

① 尹良富：《日本报业集团研究》，南方日报出版社 2005 年版，第 4 页。
② 同上书，第 16—23 页。

续表

报纸品牌派生事业	朝日文化中心	日本终身教育的早创者
	朝日读者旅行	
	朝日旅行会	
	朝日 mullion21	消息销售服务企业
	朝日兴发网上邮购	
	朝日新闻综合服务	朝日新闻全资子公司,财险寿险代理及关联公司的事业性业务
	海外报纸普及	报纸出口企业
	朝日企业	出版物宣传、运送等
	朝日物业管理	集团内服务
	朝日会员卡	
公益事业活动	全日本摄影联盟;全日本合唱联盟;日本学生航空联盟;财团法人森林文化协会;朝日新闻福利文化事业团;朝日奖学会	

(2) 读卖新闻集团

除了东京、大阪、西部三家本社外,读卖新闻集团还有32家相关企业及法人机构(见表4-4),经营业务主要包括:报纸出版发行、出版印刷、电视传播业、销售、体育休闲业、文化教育、服务业、海外法人、广告业及其他业务。可以看出,其业务涉及的领域基本与朝日新闻集团相仿。

表4-4 读卖新闻集团控股及关联企业[①]

事业类别	机构名称	主要业务内容	资本关系
报纸出版发行	读卖东京本社	东京周边及以北地区	全资
	读卖大阪本社	关西周及周边地区	全资
	读卖西部本社	九州及冲绳地区	全资
	报知新闻社	体育报纸	全资
	福岛民友新闻	地方报纸	控股

---

① 尹良富:《日本报业集团研究》,南方日报出版社2005年版,第92—93页。

续表

事业类别	机 构 名 称	主要业务内容	资本关系
出版印刷	中央公论新社	杂志、图书	控 股
	旅行读卖出版社	旅游杂志	全 资
	东京媒介制作	报纸印刷	全 资
电 视	日本电视网	日本最大私营电视网	最大股东
	读卖电视台	大阪地区重要的私营电视台	控 股
	CS日本	卫星电视台	主要股东
	读卖映像	电视节目制作	全 资
销 售	读卖信息开发	东京本社专卖店促销物品	全 资
	读卖资讯中心	报纸插页广告	大股东
	读卖计算机	专卖店销售信息管理	大股东
体育休闲	读卖巨人军	职业棒球俱乐部经营	全 资
	日本电视台足球俱乐部	职业足球经营	大股东
	读卖游乐场	游乐场经营	大 股
	东读卖旅行;读卖高尔夫	旅行;高尔夫球场	全 资
文化教育	读卖日本交响乐团	交响乐演出	控 股
	读卖—日本电视文化中心	文化教育培训	大股东
	读卖理工学院(中专)	学生送报员相关	全 资
服 务	银座结婚会馆;东京读卖服务;大阪浮脉服务;读卖不动产;Yomix		全 资
海外法人	读卖香港	读卖新闻国际卫星香港版	全 资
广 告	读卖广告	广告代理	全 资
其 他	读卖搬家中心;YC求人网络;读卖会馆;读卖家庭会员卡;读卖育英奖学金;读卖光与爱事业团		全 资

(3) 富士产经集团

《产经新闻》隶属产经新闻集团,而产经新闻集团又是富士产经集团下属的一个企业集团。富士产经集团于1967年由产经新闻社与富士电视、日本放送和文化放送共同组成,旗下拥有100多家企业[1],

---

[1] 崔保国:《走进日本大报》,南方日报出版社2007年版,第198页。

12 000多名员工,是日本规模较大的媒体集团。其业务涉及报纸、电视、广播、出版、音乐、电影、物流、软件销售、邮购及房地产等众多领域。

(4) 其他报业集团

每日新闻社作为一个传媒集团公司,除了每天发行《每日新闻》早报和晚报外,还发行《每日新闻》英文版、《经济学家》《日本统计年鉴》以及《每日中学生新闻》《每日小学生新闻》等10多种报刊。此外,还拥有每日画报社、每日新闻东京社会事业团、大阪高速印刷和富民协会等单位。每日新闻集团公司是遵循每日新闻社的企业理念发展起来的,因而集团经营的基本方针以《每日新闻》为中心,各公司通过各种协同活动,追求共同发展与繁荣。值得一提的是,在几家报业集团中,每日新闻集团的数字化业务室开展得比较早,包括"MSN每日互动"的开创,开展面向中国手机用户的"每日看点",以及每日图片数据库、《每日新闻》数字媒体局等经营的其他报业数字化服务。

日本经济新闻集团不单是一个报业集团公司,它涉及四大领域,包括日经报业集团、日经出版集团、日经电视集团和日经数据库集团(见表4-5)。除业务内容立足于经济、金融、商业领域外,该集团的一大特色还在于出版界的突出表现,具有50年历史的日经BP社(1969年由日本经济新闻社与美国麦格罗希尔共同成立的合资出版社),其业绩在出版业界一向被同行所称道。

表4-5 日本经济新闻集团业务板块结构①

报纸	日经流经新闻(1876)	世界最大经济报纸,经济、产业、政治、文化、体育新闻、评论
	日经流通新闻(1971)	百货商场、超级市场、物流新闻、消费、动向详细分析
	日经产业新闻(1987)	企业业绩、产业新闻、经营战略、新商品、新技术动向详细分析
	日经金融新闻(1987)	企业业绩、金融、证券市场新闻、市场动向详细分析

---

① 日经集团网站,http://www.nikkei.co.jp/,最后浏览日期:2019年3月17日。

续表

书籍/杂志		日经 Business、日经会社情报、日经 Mechanical、日经 Computer、日经全球网络等
		日经公社债情报、日经商品情报、日经年金情报、其他日经年金情报等
		日经 Money、日经 TRENDY、日经 Click、National Geographic JE、Vougue 日本等
电视广播服务	东京电视台网络	日本六大电视台之一,在全国有六个电视台
	B.S. Japan	卫星广播电视台,政治、经济、文化信息
	日经广播	短波广播公司,股票数字消息,赛马信息
	日经 CNBC	经济、金融、企业电视新闻
电子信息服务	Nikkei Net	日本全球网络通信网站,经济、政治、社会、体育新闻
	日经 Telecom 21	历史数据库服务,个人电脑可检索数字及文字内容
	NEEDS	历史数据库服务,企业财务、经济产业统计
	QUICK	即时数字信息、即时新闻、股票、债券交易

6. 报纸发行覆盖模式

在报纸的发行及销售方式上,与中国和其他国家的街头销售方式不同,日本自明治时期以来一直实行的是专卖制和送报到户的户别配送制度。专卖制是指读者以月为单位并以每月结算的方式与报社签订专属销售合同,在这一基础上,读者居住区域的该报社直属销售店每天会有报纸配送员把报纸直接送到读者的家中。据统计[①],东京99％的一般综合性报纸都是通过这样的方式进行销售的(比全国范围内的平均比例稍高,见表4-6),70％的体育类报纸也是采用了户别配送的制度。从本书第220页的表4-7还可以看出,专卖方式所占的报纸销售份额还有轻微上升的趋势,但各项比例在总体上基本保持恒定。

---

① 龙一春:《日本传媒体制创新》,南方日报出版社2006年版,第14页。

表 4-6 日本读者购报方式比较[①](%)

年　份	由专卖店送报到户	报摊零售	邮　寄	其　他
1996	92.90	6.60	0.05	0.40
1997	93.10	6.30	0.05	0.50
1998	93.20	6.20	0.05	0.50
1999	93.31	6.10	0.05	0.53
2000	93.49	5.95	0.05	0.50
2001	93.38	6.06	0.05	0.51
2002	93.80	5.63	0.05	0.52
2003	93.87	5.55	0.05	0.53

另外，日本的报纸发行和物流配送截然分开，东京报业实行的是专卖制主导下的多渠道报纸发行模式，在建立独家专卖发行网络的同时，各报还依靠联合各类发行经销店发行报纸。尽管在东京大众化报纸的销售中，订阅占了99%的比重，但承担业务的销售专卖店形式并不单一。报社在东京各地的销售店根据其销售报纸的种类及与报社的关系可以分为三种类型[②]：第一类是完全成为本系统报社的专属销售店，只销售该报社的报纸及其所属报业集团中的其他报社报纸。第二类为综合性专属销售店，这类销售店虽然是某集团报社的专属销售店，但也同时代理销售一两种其他报业集团的报纸。但这种情况多是在报纸类型不同且不构成竞争的情况下才会发生，例如作为一般性综合报纸的专属销售店也会代理销售《日本经济新闻》这样的经济类全国性报纸。第三类为联合销售店，它代理所在地区发行的全部报纸。这类销售店多是位于一些不构成竞争性的人口稀少的郊区或政府所在地区域，如东京中央政府机关密集的地区霞关，由于政府机关订阅的报纸种类是无

---

① 根据日本新闻协会经营业务部提供的内部资料整理，参见尹良富：《日本报业集团研究》，南方日报出版社2005年版，第373页。

② 本段分类介绍及相关数据参见龙一春：《日本传媒体制创新》，南方日报出版社2006年版，第14页。

法依靠各种促销手段改变的,因此在这样不能期待依靠商业行为来增加销量的地区,联合销售店是最为恰当的。这种销售店的业务为送报和收取订阅费,并没有扩大销售量等促销行业务。而前两类销售店除了承担送报和收取订阅费的业务以外,还必须为本报纸扩大销售量展开各种促销业务,这两类销售店约占东京销售店总数的90%以上。

为将专卖制、户别配送制与日本大报的高发行量对接,下文将以长年占据世界日报发行量的前三名的《读卖新闻》《朝日新闻》及《每日新闻》为对象介绍日本报纸的发行流程及竞争。

《朝日新闻》的报纸发行业务都由其发行局负责,《朝日新闻》分布在全国各地约3 500家报纸专卖店的销售、投递业务都是由发行局负责管理的。从发行人员来看,向下层层叠加形成了一个"金字塔":四个本社各有一个发行局长,其下又有一个执行副局长,局下面又分为许多部门。以东京本社来讲,从东京到北海道共分六个部,各部都有部长,接下来是次长,各部还有一个区片长,接下来负责发行局外勤业务的员工叫"管片巡视员"。而从销售店来说,主要依靠的当然是送报员。虽然配送人员工资由销售店长发放,但报社亦会配合销售店雇用配送人员,同时对配送人员的工资做一些指导工作;同时,在日本五大报竞争比较激烈的地区(如东京都地区),报社甚至会考虑给这些配送人员补助金。《朝日新闻》在全国销售网络中拥有3 500个专卖店和2 500个综合店;但作为仅在东京都地区发行的地方报纸《东京新闻》,就拥有1 300个专卖店和1 600个综合店[①]。把这两组数据做一个比较,便不难看出各家报纸需要为东京地区激烈的销售竞争投入多大的比重。目前在东京,报纸配送人员的主流是家庭主妇和学生[②]。

与《朝日新闻》类似,《读卖新闻》的发行体系中也有其销售局作为主要操手,各区片的"管片巡视员"在发行报社与销售末端的专卖店之

[①] 数据来源:对东京新闻社长宇治敏彦的采访,参见崔保国:《走进日本大报》,南方日报出版社2007年版,第231页。

[②] 同上书,第92页。

间不断进行的"上情下达"与"下情上送"沟通活动,亦在其成就的巨大发行量中居头功。另外,《读卖新闻》作为世界上发行量最大的报纸,其对每一个独立经营、核算的销售店店主在销售积极性方面的刺激,前文已经通过该报经营政策部部长三浦光男的话语中有所了解。但值得关注的是,在报纸的销售方式上,日本自明治时期以来各报都一直实行专卖制和送报到户的户别配送制,为何同样是以专卖制为基础构建的发行体系的《读卖新闻》,得以在发行量上超过日本其他四大报?其实,《读卖新闻》在报纸发行体系的构建上有独到的创新之处。东京《朝日新闻》在报纸销售方式上依托的是几大销售大店(专营批发业务),这些店下还有一批负责报纸收订工作的中小销售店,这些中小销售店主并不是独立的经营者,而是销售大店发给工资的打工者,这些人多希望独立经营、多劳多得,但销售大店不予承认,造成大小销售店之间的关系十分紧张。《读卖新闻》抓住了东京《朝日新闻》销售网络系统上存在的体制缺陷,用承认店主独立经营、多卖多奖的分级奖励销售方式,挖走了大批有潜力、有实力的东京《朝日新闻》系统的中小店主,在东京周边地区组建了牢固的销售网络体系。而《读卖新闻》的印刷点亦是遍布全国,仅在东京都地区就有近10个印刷厂。印刷厂大都建在城郊靠近公路旁,便于运报车进出,印刷设备也大都采用计算机控制,一切井然有序,不论远近,读者都能及时看到报纸。可以说,正是《读卖新闻》长久以来在发行方面所做的多方面努力,使其在销售竞争中逐渐占据了上风,不仅在东京,更在全国范围内超越了原来的"老大"《朝日新闻》,在领先对手190万份发行量的同时,全国市场占有率达到37.40%[①]。

《每日新闻》的发行特色在于,采用由中心向外扩散的方式进行发行。在其由总局、支局、准支局等上百个层级单位构成的全国发行站点网络中,形成了以某个地区中心、次中心向下级单位扩散的发行覆盖模式。以《每日新闻》东京本社为例,形成了"东京→厚木→立川→琦玉

---

① 崔保国:《走进日本大报》,南方日报出版社2007年版,第126页。

西→宫崎→小山→水户→千叶……"这样的扩散路线,以保证在东京本社附近的读者能够最先买到报纸。

事实上,在由20世纪延续至今的激烈的报纸销售竞争中,日本五大报的发行模式在大体上基本相同,都立足于历史悠久的以专卖制和户别配送制为基础的报纸发行体系,只是各报在不同方面或某个流程中做得更为突出而已。

7."一报两刊"与报纸地方版

日本国内所说的"一报两刊",是指同一份报纸的"日刊"和"晚刊",实际上就是指同一份报纸,每天分别发行一份"早报"和一份"晚报"的发行方式。日本的全国性五大报纸都采取这种"一报两刊"的形式。这不仅是对报纸时效性的增强,更是使报纸不同版面内容都能做到充实、全面的保证。无论是日刊还是晚刊,在报道内容上都呈现出混杂性、多样性的特点,众多信息都能做到细致贴心,生动活泼。以可读性最受日本普通百姓称道的《读卖新闻》在东京地区的报纸来做分析[①]:《读卖新闻》东京版以生活在东京为中心的40千米内的人群作为自己的受众面,其构成以管理人员、服务业从业者、专业技术人才、专职主妇(夫)、事务、营业、保安、学生、工商业为主。针对此受众结构,《读卖新闻》的内容编排亦根据日刊和晚刊来合理化分配。日刊一般大概在40版左右(包括广告专版),除头版外主要分为综合、国际、经济、新闻解说、抄录(其他通讯社报社稿件)、"气流"(读者来信)、体育、棋类、生活、教育、地区、短歌俳句、社会等;晚刊则一般在20版左右(包括广告专版),除头版外主要分为新闻、体育、股票行情、文化、夜晚专刊、医疗、艺术等。这种"一报两刊"的发行方式及其成功经验,都是世界上其他国家和地区的报纸发行中极为罕见的,可谓是日本报纸专卖制、户别配送制发行之外的又一大特色。

此外,日本全国发行的报纸均同时发行地方版,各地区看到的同一

---

① 魏明革:《解密日本报纸的高发行量》,载《军事记者》2007年第2期。

份报纸并非完全相同,这亦是日本报纸发行覆盖模式的一个突出特点。由上文读卖新闻集团的业务分布表可知,其在国内的几个城市设有不同的总社。事实上在日本五大报中,除《产经新闻》以外,其他四家报社都在日本的重要城市东京、大阪、名古屋、福冈及札幌等建立了地区性总部,而这些地区性总部的功能不仅体现在对全国发行网络的实现及增强发行覆盖的深度,还体现在侧重于所在地区新闻版面内容的编辑。再以《读卖新闻》为例,其从日本北部的北海道到南部的九州设立了23个印刷据点,各地区性总部即根据这些印刷据点所在区域的特征,编辑出针对当地的地域性报纸内容并发行。这样一来,全国性报纸在保持全国性报道内容优势的同时,又兼具了地方特色。而在销售竞争上,如此完善的报道和发行机制,也使全国性报纸在日本"一城一报"的格局中,即便是在单个地区的销量也能够和当地的地方性报纸相媲美①。

发行上,《朝日新闻》《读卖新闻》《日本经济新闻》三大报宣布实行联合送报,在发生灾害时,未受灾的一方要协助受灾方援助内容制作、印刷生产及运送发行。为维持按户投递网的可持续发展,在人口稀少的地区,《朝日新闻》与《读卖新闻》还进行报纸发行网的合并,即由一个站点同时发行两家报纸到较偏远的山村家庭②。在一篇名为《日本报业如何自救》的文章中写道:在日本,三份主要报纸已经改为决定一起联合。他们都是日经—朝日—读卖网的合伙人,那是他们在一年前组建的一个集团,旨在将他们的特色文章集中发布上网。现在,这些报业再次合作,努力把他们的文章带给那些迷恋科技的年轻人。三大报具备不同的报道风格:《读卖新闻》以偏右的报道姿态获取大企业支持,《朝日新闻》以中间偏左的态度保持着对日本政治经济体制的批判姿态,而《日本经济新闻》报道更强调信息报道速度和数量。联合后的各大报并不会淹没自己的特色,他们在联合中通过各自的报道方式,努

---

① 龙一春:《日本传媒体制创新》,南方日报出版社2006年版,第18页。
② 周燕群、程征:《危机下,日本报业应对举措》,载《中国记者》2009年第7期。

力扩大自己的读者群特别是拉近年轻读者。近期三家报业集团还曾集体介绍一个 iPhone/iPod Touch 的应用,它能把报道城市新闻、社论和照片传递给苹果智能手机的拥有者(这些文章通常只是导读内容,最终的目的是吸引读者阅读报纸)。相对于日本报业发行之前所推行的报业专营店而言,报业集团之间的联合起到了联合拯救行业的作用。

(二) 杂志:出版业的支柱

在中国,杂志通常与报纸一同归类,称"报刊";但在日本,尽管许多报业集团都有自己出版的杂志,但更多时候,杂志是与书籍一同并称为"出版业"的,出版杂志的中坚力量也是各大出版社。有研究表明,日本杂志的读者市场巨大,年人均占有量 20—30 册左右,超过了欧美发达国家 7—10 册的水平,更是我国的 10 倍[①]。

从杂志在东京的流通渠道来看,按销售量从高到低排列应为:书店——便利店——书报亭。日本是仅次于美国的"杂志王国",不仅在东京,整个日本出版业的发展都是杂志起主导作用的。自 1970 年以后,几乎每年杂志的销售量都高于图书的销售量,在 21 世纪初,杂志出版收入一直大幅度领先于图书出版收入,2003 年二者的比例更是达到了 64:34,杂志销售额也一直稳定地占据了出版业总销售额的 59% 左右[②]。

同样,由于新媒体的冲击,杂志业也开始进入下行的通道。2016 年的数据显示,日本有 397 家全国发行的杂志,杂志主要通过便利店进行销售,但近几年单个便利店中卖杂志的货架已经从五个减少为三个,缩减了 40%[③]。作为杂志社与读者接触的"界面",便利店货架的减少具有非常直观的意义。

[①] 刘强:《日本杂志业发展模式研究》,载《中国出版》2011 年第 24 期。
[②] 日本出版科学研究所:《2004 年出版物发行、贩卖概况》,载《出版月报》2005 年第 1 期。
[③] 王亚明:《日韩媒体融合发展现状考察》,载《国际传播》2016 年第 1 期。

1. 杂志受众细分

根据日本出版科学研究所的统计①,2004年日本出版发行的杂志有3 624种,其中大多数在东京都有发行售卖。从前文叙述的东京杂志发展史不难看出,其一大特点就是受众不断细分化,其实对于3 000多种杂志,在东京最具代表性的分类方法亦是由日本杂志协会根据杂志的内容和读者对象的不同所进行的分类方法,其种类可以概括为八种。

(1) 男女共通,以一般成年人为对象:综合月刊/周刊杂志、周刊画报、文艺/历史杂志、商业/金融杂志等。

(2) 面向男性,主要以年轻人为对象:男性青年杂志、少年漫画杂志、男性漫画杂志等。

(3) 男女共通的信息杂志:城市信息杂志、TV/FM信息杂志等。

(4) 以少女为对象的杂志:少女杂志、少女漫画杂志。

(5) 以年轻女性为对象的杂志:女性青年杂志、女性青年成人漫画杂志等。

(6) 以女性为对象的实用杂志:女性周刊杂志、家庭女性杂志等。

(7) 以孕妇/育儿期女性为对象的杂志:孕妇/育儿杂志。

(8) 以儿童及学生为对象的杂志:儿童杂志、学年杂志。

我们可以看出,东京在对女性杂志的分类上是比较细的,这既与历史中的"杂志创刊热"时期女性杂志大量涌现一脉相承,也与广告界的要求有直接联系。据MRS广告调查公司2005年2月的杂志广告统计数字来看,与化妆品相关的广告占杂志广告总额的9.20%,居各类商品广告的首位,第二位为服装纤维制品,占8.60%,诸如这些化妆品、时装、服饰及家庭洗涤用品的广告一直占据着杂志广告市场的重要地位。

---

① 日本出版科学研究所:《2004年出版物发行、贩卖概况》,载《出版月报》2005年第1期。

2. 从漫画杂志到 ACG 产业链

从上述分类中还可以看出东京杂志的另一个特点,即无论是少年还是青年,抑或是较成熟的成年人,不分男女都有符合自己年龄层和性别的漫画杂志。日本是一个名副其实的漫画王国,它的漫画题材并不仅限于儿童题材,以成人为题材的漫画也占了相当大的部分,这与中国的有关漫画的传统观念有着很大的不同。因此,初到东京的人可能会惊异于此景:在电车中很多身着西服的上班族竟拿着漫画杂志并且是一边看着漫画一边乘车。其实在东京,1989 年以后成人漫画杂志的发行量就超过了少年漫画杂志①。

漫画的存在可以说是日本出版文化的最大特征。尽管大众传媒所应具有的新闻性和报道性在漫画杂志中丝毫不存在,但漫画杂志的大众传媒属性却毋庸置疑。在日本出版科学研究所公布的 2002 年出版市场的统计数字中,漫画杂志和漫画连环图书的合计销售额约占出版市场全体的 22.60%,销售册数约占全体的 38.10%。在东京,漫画刊物的发行量是其他书籍或杂志望尘莫及的,根据日本杂志协会公布的 2003 年 9 月到 2004 年 8 月期间发行量超过 100 万册杂志的名单,只有位居第三位的《月刊电视》(月发行量 120 万)不输于漫画杂志,其他九种杂志均为漫画杂志,创刊于 20 世纪五六十年代的《周刊少年跳跃》和《周刊少年杂志》稳稳占据着前两位(周发行量分别为 299 万、272 万)。如果以全日本的数据为参考,每周出版的漫画杂志销售量都超过 1 000 万册,除以 1.30 亿的人口,意味着每周 13 人中就有一人在买漫画杂志。

对于出版社来说,仅仅依靠漫画的平面出版物是不能实现最大化的经济效益的。在东京,大型出版社已经通过漫画作品在多种媒体上的综合利用,进而实现了一个完整的漫画产业链结构(ACG 产

---

① 龙一春:《日本传媒体制创新》,南方日报出版社 2006 年版,第 106 页。

业链)。其完整性表现在三个方面①:一是出版多种形式的平面刊物,即将同一漫画题材使用在漫画杂志、漫画连环图书和小说上;二是通过和其他影视媒体企业的横向合作,使漫画电子媒体化,以电视连续剧、动画片的形式在电视台或电影院放映;三是开发周边产品,即通过音像制品、游戏和玩具等相关产品的开发和销售,实现漫画产业链条上多个企业间的相互合作。这一经营路线早在20世纪70年代后期就开始显露头角。最成功的范例是德间书店1997年对由漫画改编的《幽灵公主》动画片的制作和发行,它与动画片制作公司、日本电视台、电通广告公司共同出资制作完成了该动画片并通过东宝系列电影院在全国放映,收入超过100亿日元,后来德间书店还与美国迪斯尼公司进行业务协作,使该片在欧美也公开放映并以音像制品的方式展开销售,从而引发了从漫画到动画片,从东京到全国再到世界的流行。而在中国流行已久的《名侦探柯南》也是同类的范例。

如今,日本动漫产业涉及影视、音像、出版、旅游、广告、教育、服装、玩具、文具、网络等众多领域,并以超过90亿美元的年营业额使之成为世界第一动漫大国②。另据韩国文化体育部的一份统计显示,世界动画片约3 000亿日元的市场中,日本占据了约65%③。

3. 综合类月刊杂志与周刊杂志

在上述的女性时尚杂志和漫画杂志中,的确无法体现所谓的新闻性和报道性,但这并不意味着东京没有具备这些特性的杂志。身处一个有着追求新闻自由传统的国家,东京的杂志在报道事件方面时表现出了更多的攻击性和批判性,虽然报纸在时效性上更胜一筹,但在深度

---

① 龙一春:《日本传媒体制创新》,南方日报出版社2006年版,第112页。
② 郑明海:《动漫产业发展的国际比较及启示——以中美日三国为例》,载《发展研究》2007年第8期。
③ 景宏:《日本动漫产业的发展及其对世界的影响》,载《日本学刊》2006年第4期。

报道和对现实的批判上,月刊综合杂志却有着敢为天下先的先锋精神。东京的月刊综合类杂志中,较为著名的有《文艺春秋》《中央公论》和《世界》等。《文艺春秋》最为著名的报道是1974年11月号发表的最终导致田中角荣首相辞职的调查报道,该事件被称为日本的"水门事件",正如该月号杂志的《编辑手记》中所写:"本杂志的此次策划师因为报纸和其他的大众媒体不肯做这样的事情,所以我们做了。"目光移近至2003年,东京的月刊综合杂志对美国发动的伊拉克战争也表明了各自鲜明的立场。具有文化精英阶层意识的杂志《世界》和《论座》都表明了反对战争的立场,而与此相反,《中央公论》和《文艺春秋》却在同时期杂志中发文支持美国发动战争。总的来说,在对现实的批判精神上,与月刊综合杂志相比,东京的报纸和广播电视的确是相形见绌。

与月刊综合杂志的深度报道、立场鲜明相比,东京的综合周刊、女性周刊和周刊画报在报道深度上也略逊一筹。由于周刊杂志特别是女性周刊杂志具有强烈的广告媒体特征,因此如何扩大销售量便成为重要的课题,其必须做到努力满足读者的愿望和猎奇心理,生产和制造适合大众口味的文章。这样的编辑方针使杂志的报道内容带有了更多的娱乐性、煽情性,文章的标题也更多地使用具有煽动性的语言。在东京,综合性周刊中较为著名的有《周刊 Post》《周刊现代》《周刊新潮》及《周刊文春》等,女性杂志有《女性 Seven》《女性自身》《周刊女性》,周刊画报则有 FRIDAY、FLASH 等。

4. 新闻类免费杂志出现

2004年,在东京传统的杂志市场中,出现了一张新面孔——新闻类免费杂志。每逢周四的清晨,东京新宿地铁站出入口,许多身穿工作制服的中青年男女可顺手在墙边杂志架上取一本杂志,然后匆匆走进地铁站。被取的杂志名为《R25》,是在东京都范围内发行的一份免费奉送的周刊。《R25》创刊于2004年7月,逢周四出版,每期印刷60万份[1]，分放在人流密度较大的地铁出入口、电车站等处的专用杂志架上供人免费取阅。每个点大约放一万份，两三天即被拿光，可见其受欢迎的程度。为了吸引读者，《R25》在各方面都动足了脑筋。它把读者群定位于25岁至35岁的工薪阶层中不大爱看杂志、很少翻阅报纸，被广告商称为"作为消费者很有魅力，广告宣传又很难接近"的一族。周刊的内容，主要刊登这些人日常谈话中经常涉及、又不甚了解、却很想搞清楚的社会话题。每篇文章约800字左右，两分钟就能读完。一本杂志只有50个页码，满足了这部分读者要求携带方便的心理，和在上下班途中，坐在地铁或电车中阅读的需要。同时，《R25》又用高级纸张印刷，让人不会感到掉价。

其实更早以前，东京就出现了免费奉送的杂志。如2000年创刊的刊登饮食业折扣降价信息的《热胡椒》，2001年创刊的刊登人才招聘信息的《地区招聘岗位》，2002年创刊的《住宅信息》等，但都是传播商业销售信息的杂志，而作为传播新闻，刊登各类信息的免费奉送杂志，《R25》还是头一份。作为代表着全新发行形式的杂志，《R25》等在东京新鲜出炉的新闻类免费杂志尚处于摸索阶段，毕竟免费奉送的杂志其收益全靠广告，如何做到收支平衡是其之后要面对的重要课题。读者以前熟知的一般传播商业信息的免费杂志，广告和文章是统一的，广告即文章；但《R25》是新闻读物类杂志，广告与文章是两码事，而且随着印刷份数增加广告价格也要上升，从而降低了竞争力。

关于免费杂志的前途，新闻类内容比商业消费类信息更有优势，东京出版界人士认为[2]，至少在当前它可以与收费杂志并存，尤其是新闻信息的免费传播有其价值和吸引力，但若是内容仅限于商业信息类的免费杂志，只能算是一种过渡形式，最终要被因特网和手机所取代。

---

[1] 《日本出现新闻读物类免费杂志》，载《朝日新闻》2004年12月11日。
[2] 同上。

(三) 广播电视：从公共与商业并存到数字化共进

目前,东京地区收视的主要频道包括[①]：NHK、东京 metropolitan television(MXTV)、全国朝日放送(ANN)、富士电视台(FNN)、东京放送(JNN)、日本电视放送网(NNN)、东京电视台(TXN)等。

谈及东京的广播电视现状,必须先从日本广播电视业的体制及信号传送两方面大背景来了解。在体制上,自 1950 年制定了"电波法"和"广播法"以后,就确立了日本的广电事业为公共(半官方)广播的 NHK 和私营商业电视(民间广播联盟,简称 NAB)并存的体制,一直延续至今。日本广播电视的传送分为地面系统、卫星系统和有线系统三大类。其中最大的特色在于,卫星系统又分为广播卫星系统(BS)和通信卫星系统(CS),这在世界上是独有的。

1. BS 与 CS 的共存

在日本与 20 世纪 80 年代中后期最早进行卫星试验播送时,仅有 BS,但由于日本新修改的广播法将国际卫星播送委托于 NHK,所以在 BS 播送方面,民营电视几乎无法参与。但是,该法又规定了可以利用通信卫星进行传送,因此导致了 CS 播送的出现。时至今日,正是 BS 与 CS 的共存形成了日本电波媒体的独特的分布和多样、专门化的发展局面。进入 21 世纪,从东京收视的分配情况来看,实行 BS 模拟传送的有 NHK 的 BS1、BS2 和 HDTV 三个频道,WOWOW[②] 的一个电视播放频道及一家实行 PCM(Pulse Code Modulation)的声音传送;实行 BS 数字传送带有 NHK 的 BS-1、BS-2 和 HDTV 三个频道,以及民营的七台七频道：BS 日本、BS 朝日、BS-I、BS-Japan、BS 富士、WOWOW 和 Star Channel BS,共 10 个电视频道;另实行 FM 播送的有 10 家,实

[①] 日本电视台即时查询系统统计,http://www.jrt.co.jp/link/alltvlink.htm,最后浏览日期：2018 年 9 月 1 日。

[②] 属日本卫星广播公司(JSB),1991 年 4 月正式开始收费播送,是全日本第一个付费频道。

行 Data 播放的有九家。而在 CS 方面,利用 CS 数字传送的有 Skyperfe TV 和有线宽带网(Boardband Networks);实行 CS 模拟传送的只有提供 PCM 声音的一家。另外,CS 所具有的可能增加频道数的特点,以及对其实行的委托和受托播放制度,是那些只有软件(节目制作或编辑能力)的事业体成为委托业者,因而造成的频道过剩,通过激烈的竞争而走向频道的细分化和专业化。

2. NHK

NHK 作为国家公益性电视台,是从其设立之日就确定的。日本《广播法》的第七条对 NHK 的设立目的有如下规定:"协会的设立是为了公共的福祉,为了在日本全国播放丰富多彩的优秀节目或进行节目的播放委托业务。协会在播放国内节目的同时,为了广播电视技术的进步而开展的必要的业务以及进行国际广播业务和委托协会国际广播业务也是其设立目的之一。"NHK 不仅是以《广播法》的规定为依据而设立,其业务范围、组织形态和收视费制度都由《广播法》明文规定,此外,NHK 的收支预算、事业计划和资金计划每年都要向总务大臣提出并必须得到国会的承认后才能实施。

尽管 NHK 作为"国民的广播局",但从广播法施行起便确立的收视费制度,使 NHK 凭借收视费作为主要财源得以财政独立,确保了其在事业运营和节目制作上相对的自主性。在包括东京的全国范围内,NHK 运营着包括电视、广播 11 个频道,全国的签约用户达到 4 000 万左右[①];同时在对外广播和交流方面,还分别有短波国际广播 Radio Japan 和卫星电视 NHK World TV。NHK 始终以公共传播为使命,致力于不断提高传媒的新闻机能与文化创造的机能,在社会状况和传媒业的变动中,仍然保证为广大受众提供公正的报道和多样且具高品质的节目。为此,NHK 内部还设有节目审议会,分为"中央节目审议会""地方节目审议会"和"国际节目审议会",以把握节目内容,严格实

---

① 张放:《日本的广播电视媒体》,载《中国广播电视学刊》2002 年第 7 期。

行"自我规制"。

(1) 业务结构及经费情况

NHK的业务结构是随着《广播法》的修改及相应的经营模式的改变而逐渐扩展的。具体说来,又源于NHK收视费收入饱和导致的财政赤字,及其与众多日本商业电视台的竞争。

最初,《广播法》在其第九条第一项规定的NHK的基本业务主要包括:进行中波广播、超短波广播和电视播放的国内广播电视播放业务;进行电视的委托播放业务(仅限于国内)。

进入20世纪70年代,由于日本全国消费者物价指数上涨,劳动者的收入也随之上升,由此带来的劳务成本的上涨直接影响了NHK原本的收支结构,致其经营事业支出的增幅超过了经营事业收入的增幅。从1972—1975年,NHK经历了连续四年的财政赤字,且差额一年比一年大,1975年其经营事业收支差额竟达到了－179.70亿日元[①]。为扭转财政赤字,NHK扩大相关业务势在必行。因此,1982年,《广播法》专门就NHK的投资范围做出修改,其第九条增加了"与协会的事业紧密相关并且是政令规定的事业"的内容,NHK的出资限制也得到了放宽。

在NHK走上合理化扩大经营范围的基础上,随着20世纪80年代卫星电视和有线电视等新技术登上历史舞台。在参考了日本邮政省就广播电视的政策提出的报告后,国会先后在1988年、1989年两次通过了对《广播法》NHK业务相关条款(该法第九条)的修改。至此,NHK的业务增加了"向外界提供和租赁协会所有的设施或设备""委托、受托广播制度",以及向他人委托国内播放、调查研究、国际播放业务等内容。这两次法律的修改,实际上是政府为NHK提供了扩大业务的法律保证,NHK"从原来的以确保财源和合理化经营为目的的内

---

① 日本放送协会编:《年度别损益计算书》,载《放送五十年史·资料编》,日本放送出版协会1977年版,第616—617页。

向型经营策略转向了以扩大业务范围和形成企业集团为目的的外向型发展策略"①。

因此,进入20世纪90年代的NHK走上了一条事业扩张路线和国际发展战略。从收支状况来看,由于其在卫星电视上采取收费制度,而收视制度之外的副收入也因业务扩大而始终保有相对规模(维持在100亿日元左右,见表4-7),NHK没有出现财政赤字。这亦证明NHK扩大经营业务范围的正确性,收视费以外的副收入已成为其必不可少的财源。

表4-7 1995—2004年NHK事业收支状况②(单位:百万日元)

年度	经营事业收入	经营事业收入中的收视费收入	副收入	经营事业支出	经营事业收支差额
1995	578 383	570 306	8 077	572 638	5 744
1996	596 192	587 959	8 233	588 901	7 290
1997	621 796	611 672	10 124	602 110	19 686
1998	633 711	624 328	9 383	607 975	25 736
1999	645 042	635 951	9 091	617 162	27 879
2000	655 857	645 967	9 890	629 899	25 957
2001	667 626	657 395	10 230	644 618	23 008
2002	675 000	665 630	9 370	655 604	19 396
2003	680 257	671 112	9 145	659 281	20 976
2004	685 494	673 665	11 828	667 623	17 869

(2) 面临的问题

NHK面临的问题都与其与生俱来的公共服务性质有关。在公共广播电视和商业广播电视并存的体制下,NHK的运营模式必然会成为一个颇具争议的焦点。一方面,具有"公"性质的NHK自然会受到

---

① 龙一春:《日本传媒体制创新》,南方日报出版社2006年版,第158页。
② 日本放送协会放送文化研究所《NHK年鉴》1995—2004年版,日本放送协会/NHK各年度《损益计算书》,参见龙一春:《日本传媒体制创新》,南方日报出版社2006年版,第162页。

政府的重视和有意无意地扶持，在这样的先天优势下，理应在经营上属非营利性的 NHK 却在经营策略上不断扩大业务经营范围、拓宽营利业务，这从 20 世纪 80 年代直至今日，都始终是日本商业电视台对 NHK 进行批判的中心问题；另一方面，同样因为 NHK 天生的公益性和非营利性，《广播法》对其业务内容自始至终的限制，政府的监管作用，以及商业电视台对其进行商业活动的牵制等一系列国内因素，都进一步限制了 NHK 发展成为国际性综合媒体集团。

此外，NHK 向国民进行普遍征收的收视费制度，决定了 NHK 的发展必须受到全体国民的监督。长久以来，包括东京市民在内的日本国民看似都养成了对 NHK 的收视习惯，收视费制度实行得安稳顺利。但进入 21 世纪以来，NHK 却遭遇了在收费制度和民营化问题上引发的危机。在经历了 2004 年"红白歌会"首席制作人"诈取收视费"事件[1]被曝光之后，NHK 在市民中的形象一落千丈，随后受众甚至直接拒绝缴纳收视费以示抗议。此后，NHK 又相继被曝光了一系列财务方面的丑闻[2]，这对于一个国家公共电视台来说无疑是致命的。作为结果，以东京为代表的拒绝缴纳收视费的个人和家庭剧增，2005 年拒绝缴纳收视费的件数约达 40～50 万[3]。根据 2005 年 1 月专门进行互联网调查的网站"C-NEWS"公布的调查结果显示，只有 10％左右的用户较多收看 NHK 的节目，70％的用户更倾向于较多收看商业电视台的电视节目；而在是否已缴纳收视费这个问题上，超过 20％的用户回答不知道，没有缴纳的用户占了接近 20％的比例；同时调查结果亦反映，NHK 的严肃节目对比较年轻的受众群是缺乏吸引力的。由此引发的民营化呼声至今未间断，NHK 也在 2005 年有史以来首次出现收

---

[1] NHK"红白歌会战"的王牌节目制作人礒野克已在任期间，私吞节目制作费，不正当支出累计总额高达 4 800 万日元，该事件 2004 年 7 月被《周刊春秋》披露，在业界引起不小震动。

[2] 包括制作技术中心职员骗取制作费、首尔支局长虚假超额申报采访费以及 NHK 冈山电视台的播放局长违法财务操作事件等。

[3] NHK2005 年 1 月向日本总务省提出的 2005 年度收支预算案。

视费收入及事业收入比前一年度减少的异常情况①。

然而,即便在受众一侧,NHK 受到了很大的挑战,但是在政府方面仍然给予其十足的权威。2017 年年底据日本东京广播公司(TBS)电视台报道,日本 NHK 向法院起诉一名男子,称该男子家中有电视但拒绝缴纳收视费。日本最高法院首次判定《放送法》中义务缴纳收视费的相关规定"符合宪法"。最高法判决该男子需签订合约并支付收视费 20 万日元(约合 11 800 元人民币),15 名法官中,占据多数的 14 人给出了上述判断。此举无疑为 NHK 收费制度的合理性再次打上了法律之印,也对那些试图拒交收视费的日本民众起到了威慑的作用。

面对政府支持和部分民众抵制的呼声,NHK 也意识到了自身在节目定位和传播方式方面的问题,毕竟靠法律的强行约束,可以保证收视费到位,但并不能带来传播影响力的保有与提升。于是,在网络社交媒体日益成为年轻人日常生活的一部分后,NHK 也开始主动迎合这部分群体的需求。资深制作人 Hirohisa Hanawa 带着他的数字实验室里的工作团队,试图为社交媒体时代的观众重新定义纪录片。根据新媒体时代的特征,NHK 推出了"一分钟纪录片",这些短片在 Facebook 上发布,在年轻受众中引起了很大的反响。

3. 民营电视网

在地面传送系统中,由于法律的限制,除了 NHK 以外,日本没有一家民营电视台拥有全国性传送网,其播出范围往往被限制在本地区内。因此,各地方台就以东京的电视台为核心,通过签订业务协定,组建起全国性电视网。这种关系主要表现在新闻联网、节目联网和广告联网三个方面。目前,以东京核心台散射至全国范围的共有五大电视网系统,分别是:NNN,由《读卖新闻》创立,以日本电视(NTV)为中

---

① 龙一春:《日本传媒体制创新》,南方日报出版社 2006 年版,第 166 页。

心,是规模最大的电视网;JNN,由《每日新闻》与电通公司合股创建,以TBS为中心;FNN,属于《产经新闻》、文化广播公司等组成的"富士产经集团",以富士电视台为中心;ANN,属《朝日新闻》报系,1996年年初被默多克收买部分股份后成为日本主要媒体机构中首家有外国公司参股的电视台;TXN,属《日本经济新闻》报系,中心台为东京12频道,以报道经济节目为主。正是这五大电视网的确立,极大地推动了无限电视的普及,如今不仅是东京,整个日本范围内无线电视的普及率达到100%①,巨大的影响力可想而知,这也正是日本政府一直把无线电视作为最重要的传播手段来对待的原因。

与NHK不同,各民营电视台的事业收入以广告收入为主,广告费的增减决定着民营广播电视业的收益水平。另外,民营广播电视网多采取多种经营的方式,如TBS②,其下联结的子公司经营广播电视业的有17家、经营房地产业的有五家以及经营其他事业的有五家,经过2000年进行的企业重组,TBS逐渐构建了多媒体、多频道数字化时代的节目供给体系,以此保持其在电视连续剧和娱乐节目方面的优势。

4. 广播电视数字化

东京广播电视的数字化进程,是以1996年10月Perfec TV的57套卫星数字电视频道的正式播送为标志而启动的。到2005年12月为止,公共电视NHK及支撑着日本商业广播电视产业的五大无线商业电视网,都已加入这一进程中。事实上,在2003年年末,东京都市圈就基本实现了电视的数字化播放。尽管日本的广播电视业半个世纪以来一直处于公共与商业并存的体制下,但针对无线电视数字化这一发展潮流,日本政府在2000年以后采取了"官民一体"的推广政策,使得公共电视与商业电视网在数字化的道路上齐头并进,也极大地加速了整个东京数字电视的普及。广播电视数字化的意义不仅在于图像及声音

---

① 张放:《日本的广播电视媒体》,载《中国广播电视学刊》2002年第7期。
② 同上。

的高品质化和多频道化,更在于电视播放和互联网互融功能的实现。正如前文所述,在如今的东京,由于互联网的普及、网络宽带化、电视媒体的多样化和数字化发展,广播电视和通信手段已经走向互融,传统的通信和广播电视概念无法定义的、介于两者之间的服务形态开始出现,这必将推进广播电视产业进行新的结构调整。其实在日本,"广播电视"本来就不仅仅包括单纯的声音及图像传送,早在1985年,政府召开的恳谈会就提出了"广义的广播电视概念",即"以公正能直接接收为目的的电波通信媒体",这便是主张将新形式媒体置于广播电视制度之下管理。时至今日,广播电视和通信融合的趋势越发明显,恰恰呼应了其概念的广义性。

(四)新媒体:移动媒体发展的典范

前文已述,对于新媒体领域的技术革新与相关产业的发展,日本始终领先于世界,而东京无疑就是其中最突出的代表。就东京地域来看新媒体,不仅在互联网使用方面代表着世界最高的普及率,亦不仅仅是报网联动等新旧媒介融合的先驱,其最突出的表现莫过于将手机这一新媒体也纳入整个媒体网络中,恰恰迎合了日本政府首先在东京力求实现的"遍在网络社会"[①]蓝图。

无论是旅行的游客还是考察的学者,对近年东京的一个共同印象便是以手机为代表的移动媒体业务相当丰富和先进。随着终端性能的不断提高、平台技术的逐渐成熟,手机上网业务已经成为移动增值领域的热点。其实,在日韩和欧美一些地区,手机上网业务已经发展成较为成熟的产业,其中日本的发展最为突出。用户规模是东京手机上网业务繁荣的重要基础。在东京,手机用户的规模几乎达到饱和,其使用手机附加功能的用户数量也是全球最高的,手机上网就是其中最常使用的功能之一。

---

① 翟娜娜:《日本"遍在网络社会"带动媒体融合》,载《中国记者》2006年第6期。

第四章 东京信息传播网络发展与特征

1. I-MODE 手机数据业务

设立于东京的 NTT DoCoMo 公司成立于 1992 年 7 月，是日本最大的移动通信公司，隶属日本最大的电信公司 NTT 集团。I-MODE 是 NTT DoCoMo 从 1999 年 2 月起推出的数据业务，随后很快在日本掀起了一股无线上网热潮，成为世界最成功的无线互联网服务之一。I-MODE 中的"I"的含义是 Interactive、Internet 和 I（代表个性）。I-MODE 用户可以随时连接互联网进行浏览，与一般 PC 机拨号上网不同，它更像专线上网，只要开机就一直保持在线上，在线浏览以数据流量收费。I-MODE 成为日本手机媒体的技术基础。

I-MODE 的成功首先当然是技术选择的成功，但除此之外，更重要的在于其内容提供上的成功——体现了新媒体领域中不变的"内容为王"理念。I-MODE 的内容又以四个标准来衡量：第一，它必须是新鲜的，即时更新；第二，它必须有深度；第三，应该鼓励用户多次访问，如用手机进行联网游戏；第四，用户应该能看到这种手机上网方式的好处。I-MODE 结合日本国民心理，量身定做了各种娱乐业务吸引用户，重点提供诸如漫画、游戏、图片下载和音乐等服务。为了保证推出精品服务，NTT DoCoMo 对内容提供商采取了严格的考核措施。NTT DoCoMo 总是把最受用户欢迎的内容放在第一位，以鼓励内容提供商做好内容。对那些推广 I-MODE 业务最得力的内容提供商，尤其是游戏提供商，NTT DoCoMo 则采取注资的方式以维持紧密合作关系。由此，保证了 I-MODE 业务内容的丰富性和个性化，在东京，几乎所有的用户都能在 I-MODE 的业务中找到自己感兴趣的东西。

在东京的信息传播网络里，手机作为一种移动媒体，实质上早已成为大众媒介之一，具备了巨大的广告价值。在东京，手机广告可分为旗帜型（图片型）广告、邮件型广告和网站型广告等。I-MODE 广告的具体做法包括：在适当的时机发送手机电子邮件吸引顾客；通过网络游戏吸引用户，在网络游戏中打出企业 logo 等。

可以说,当年具有创新性的 I-MODE 模式成功引领了 2G 时代的全球 WAP 增值业务潮流,也使 NTT DoCoMo 成为产业链的掌控者,这种模式被众多电信运营商所效仿,奠定了 NTT DoCoMo 在日本乃至全球通信行业的巨头地位,拉动了日本移动市场长达 10 年的强劲增长。

然而,随着 3G、4G 网络的陆续普及,5G 网络已进入通信技术更新的通道之中,2G 时代特征明显的 I-MODE 模式因其较强的封闭性属性,已经离目前提倡开放、共享的互联网渐行渐远。全盛期,使用兼容 I-MODE 手机的用户数达到近 5 000 万,而 2016 年,这一数字已经下降到 1 740 万。NTT DoCoMo 也于 2016 年初宣布,将在年底前结束与本国 I-MODE 移动互联网标准兼容的大多数功能手机的出货。2015 年 4 月底,NTT DoCoMo 提出了新的中期发展战略,通过合作创新转变为价值共创公司。曾经的产业链霸主开始降低姿态强调合作,甘心从产业链"主导者"变为"聚合者"。"通信业的闭环生态至此已缩小成一个句号,行业已开始在开放、合作、共赢的道路上续写新篇。"①日本互联网信息传播网络也将以此为节点,进入更加开放的新时代。

2. 手机与传统媒体

进入 20 世纪末,由于年轻人读书、看报习惯的淡化,以及以手机为代表的得益于技术革新的各种新媒体在东京诞生并逐渐普及,曾经辉煌的报业与杂志业在销售收入及利润方面都有不同程度的行业性衰减。但是,新媒体的大受欢迎并不意味着传统媒体只能坐以待毙,在东京,新旧媒体融合的势头十分强劲。

在东京各报纸发行量饱和并走下坡路之时,《朝日新闻》《日本经济新闻》等报社纷纷通过手机媒体传送新闻,东京手机用户可以菜单式地选择网络信息服务。例如,如用户需要每天通过手机阅读《日本经济新

---

① 《DoCoMo 停产 I-Mode 手机》,载《通信企业管理》2016 年第 12 期。

闻》,可以每月增交200日元的手机费;若还需要阅读《朝日新闻》,可以每月再交纳200日元。这些收费由NTT DoCoMo与各报社分成。日本是世界上报纸消费量最大的国家之一,同时日本又是世界上手机拥有率和使用率最高的国家之一,在东京,手机是年轻人生活中必不可少的工具,各大报纸正是看中了这一点,开展了广泛的移动发行业务,在I-MODE刚推出时,《读卖新闻》就与NTT DoCoMo展开了手机报等方面的合作。

在手机与广播电视的合作方面,2002年10月东京刚出现了新一代视频手机,《朝日新闻》的朝日电视台便开始每天通过其移动电话系统,向用户播发几分钟的视频新闻。目前,在手机上实现电视与数据广播的互动已成为东京几大主流媒体较为普遍的业务方式。东京的两大移动运营商NTT DoCoMo和KDDI自2003年就开始推出手机电视业务。2005年12月NTT DoCoMo以1.77亿美元收购了富士电视台2.60%的股份,合作开发手机电视业务市场。KDDI则在2005年12月宣布与美国高通公司成立合作公司,共同开发手机电视广播业务。目前,在东京的手机电视上播出的内容主要涉及新闻快讯、气象服务、体育赛事、智力竞赛等。手机电视亦使电视台在节目的播出形式上更加丰富多彩,不仅涵盖了传统的影像服务内容,更广泛地涉及了网络及增值服务和多项信息服务。

东京最成功的媒体互融案例是手机媒体与互联网的结合。其主要原因在于移动通信技术上的突破,如I-MODE服务可以直接接入互联网。东京的移动互联网经历了独特的发展模式,它允许用户使用网上在线服务,还向用户提供特色服务,如手机铃声分类、游戏分类,还有火车(地铁、电车)路线分布图等。另外,受众通过手机上网,亦可以快速浏览信息和进行各种信息检索。从1997年开始,日本各大传统媒体就尝试着纸介媒体与互联网的结合,而近年来的手机上网业务,更丰富了纸介媒体网上的增值服务。

另外,前文提到的漫画自然也是媒介融合的借力点。通过手机看漫画是一种带有浓厚日本传统文化的整合体验,手机技术与漫画书的结合从一开始就受到了各年龄段东京市民的普遍欢迎。手机漫画页面经过特殊的格式调整,可以适应手机微小的屏幕,在观看漫画时,用户还可以看到弹出的画面和感受画面震动。

在互联网信息传播进入"算法"和"推送"时代之后,日本传统媒体和新式手机新闻软件也迅速结成了合作关系。类似于国内的今日头条,Smartnews是日本最大的移动新闻分发平台,根据其提供的数据,2016年下载数超过1600万,月活量为500万,日活量达200万。其内容阅读采取免费模式,主要通过精确的广告投放作为盈利模式[①]。Smartnews已经与日本国内主要报纸和电视台形成了合作关系,但与今日头条一样,其能为传统媒体的"回馈"少之又少,这使传统媒体对其的新闻供应一直处于一种"赔本赚吆喝"的初期阶段。

上述这些手机与各种媒体融合的例子,都体现了东京手机媒体业务正朝着娱乐化与多媒体化的方向迅猛发展。这不仅得益于技术的突破和经营模式的创新,还在于运营商对东京(尤其年轻人)生活节奏的把握以及对当地时尚文化的贴近。

3. 手机成为"个人服务器"

说到对东京生活节奏的把握,就不得不提近两年在东京手机用户中出现的又一趋势,即手机化身为"个人服务器"。在东京,不仅能经常看到市民在用手机看电视节目、听新闻广播、阅读杂志,还能看到这样的景象:在街头路边或者地铁站里,有人通过手机扫描购买自动售货机里的饮料;在各种便利店和租赁公司,人们用手机支付费用;在车站和一些餐厅里,人们买票和吃饭用手机付款;在一些杂志上刊登的餐饮等广告的旁边,都有一个特殊的标记,用手机对这个标记进行扫描,便可进行预定。手机在东京已成为不少人名副其实的"个人服务器"。对此,NTT DoCoMo公司提出的理念是,要让日常生活通过手机变得更

---

① 王亚明:《日韩媒体融合发展现状考察》,载《国际传播》2016年第1期。

加便利,手机最终将成为个人媒体终端,它可以成为日常生活中的各种卡、身份证等。"钱包手机"是该公司在东京新开发的项目,和日本的铁路、车站餐厅、便利超市连锁店、各种租赁公司签订了服务合约,已可以在这些地方通过手机"刷卡"进行消费,实现了信用卡的功能。NTT DoCoMo 公司表示,以后要从与固定银行的合作,走向建立一个平台与所有银行合作,与所有的金融机构合作,实现个人的金融活动、投资理财均可通过手机来完成。

综上可见,如今东京的移动媒体已经形成数据提供、信息传输和终端接收的完整产业链,在每一个环节上都有相应的产业公司制作和提供相应的产品内容,而且都是各司其职,占据整个产业链中的一环。

四、东京信息传播网络运行的政府管理体制特征

简单回顾东京大众传播网络的发展历史,我们可以就政府的管理体制做一个粗略的描述。从报纸诞生并确立其大众传媒的地位开始,其商业报纸的属性便随之确立下来。但是,"商业"并不意味着与此相应的"自由",我们可以看到,在诸如政党斗争、对外战争等发生的特定时期,大众媒介往往成为政府严格管制,甚至直接打击的矛头所指,而东京作为日本的首都,又无疑是受到最强力管制的地区。因此,以商业报纸面世的东京报纸不仅经历过政党机关报道阶段,亦在日俄战争及两次世界大战中在政府的主导下经历了多次重组与控制。与报纸同时在东京诞生的杂志,其命运更是随着战争发生与社会变动而不间断地动荡,亦在"二战"中经历过彻底崩溃的时期。可以说,在战前和战中,东京的媒体成为政府奴役和愚昧民众的工具,大众传媒很难保持主体性和报道方针的客观性。

情况得到真正的改善应该是在 GHQ 管制时期,经过战后由美国占领军所强制实施的改革,东京的媒体和政府被分离开来,成为"第四种权力",在一定意义上成为监督政府行为的工具,并直接服务于民。

从历史角度来看,战后东京媒体之所以能取得如此的发展,不能不说得益于战后的民主革命。虽然,由美国所主导和制定的对日占领政策是从其本国利益出发的,但一个客观的事实是,1945年以后,东京媒体在受政府管制方面所发生的根本性变化都是以战后改革为起点的。当然,从广播诞生之日就被政府划定为垄断事业,到后来电视诞生时期政府仍然大力扶植并保持公共广播NHK的垄断地位,可以概括地说,尽管日本是一个有着追求新闻自由传统的国度,但政府对大众传媒的管制实质上从未彻底放宽。但是,我们必须注意如下两点:日本政府的管制不完全是负面的,在东京媒体演化历程中的许多关键节点,媒体的发展也部分归功于政府的支持与主导;而从近年看来,无论对哪个大众传媒行业,政府的管制都有逐渐放松的趋势。

(一)广播电视:"制度的媒体"

在东京,广播电视被定义为"一对多数"的媒体,NHK和商业无线电视台,是以声音及图像的形式对没有特定性的公众传递信息,因而对公众意见的形成具有强大的影响力。另外,一个国家的电波频率本身也是有限的。基于"影响力巨大"和"电波的有限性"这两点认识,日本政府对广播电视采用了较为严格的管制体系,制定了许可证制度、大众传媒的垄断排除原则和特别的内容管制。因此,在东京,广播电视媒体也被称作"制度的媒体"。广播电视受到了《电波法》《广播法》《有线电视法》和《电气通信形式广播电视法》等特别法律的制约。同为大众传媒的报纸、杂志等媒体,虽然有产业界的一般性法律诸如《垄断禁止法》对其进行经营方面的制约,但却没有像广播电视媒体这样有专门的法律来限制它们作为媒体的活动。前文已述,无线电视由于其100%的普及率和巨大的影响力,与其他形式的媒体相比,日本政府一直把无线电视作为最重要的传播手段来对待。

在其中两项特别法律的制约中,《电波法》主要规定了广播电视业是许可制的事业。其制约作用主要表现在三个方面:电波的分配制度

(许可证发放及电波波段的分配);大众传媒的垄断排除原则(不允许同时对多家电台、电视台进行支配性经营);对国外资本的制约。而《广播法》则使广播电视播放的节目内容及言论受到了限制,其制约主要体现在电台、电视台的设立限制、播出内容的限制、收取费用的限制和对NHK的特别限制四个方面上。

(二) 报业:"民主之风"与"客观中立"的辩驳

在东京,报业通常又被称为"新闻业",这不仅显示出报业在大众传媒业中举足轻重的地位,亦代表了民众对报纸在新闻自由等传统理念上的认可。确实,与作为"制度的媒体"的广播电视业相比,在一个多世纪前就确立了商业报纸属性的东京报纸受到相对少的政府管制。如今雄踞东京的日本五大报的办报方针和办报原则,也与西方报纸的办报方针相一致,都强调公正、进步、自由的理念。然而,看似一片"民主之风"的报业一直以来却颇受日本国内外学界的质疑。

1. 高度垄断的信息市场:记者俱乐部

欧美记者对日本报纸的评价是,在其全面综合的版面设计带来准确与便利的同时,却缺乏鲜明的个性和政治主张。确实,在东京看报时常会觉得报纸千人一面,报纸的内容大同小异。究其原因,和别的国家一样,当重大事件发生时,东京各报的记者蜂拥而至同时进行报道;但更重要的一点在于,东京报业中记者俱乐部的存在使新闻源单一化。

发布式报道是东京新闻报道机制的独特之处。简单地说,就是依靠政府部门的公开发布会来进行采访和报道,这一报道手法建立在记者俱乐部制度的基础之上。从新闻源看,东京报社编辑部门的新闻稿来自通讯社、海外特派员、记者俱乐部和全国分布的分局等,其中从记者俱乐部发回的消息占据了最大的比例。被国外媒体界称为日本新闻界"怪胎"的记者俱乐部,最早成立于1890年第一次帝国议会召开的时期。记者俱乐部在经历了100多年的发展之后,已经达到了近700个的规模,包括中央及地方政府各部门、公安机关及各个行业团体在内,几乎所有的信息员都有记者俱乐部存在。但是,只有成为记者俱乐部的会员才能出席政府的记者发布会和其他会见的俱乐部制度,意味着记者俱乐部垄断了信息源。尽管记者俱乐部制度的存在具有一定的益处,但由于记者俱乐部中的常驻记者每天都是和俱乐部所属的政府机关人员进行交往,随着交往和友谊的加深,逐渐会失去作为第三方人士的感觉,记者和官方的信赖关系会使记者排斥官方以外的信息源并很难进行带有批判性的报道。记者俱乐部制度的另一个不容忽视的特征是一系列《报道协定》的存在,即报道机关自主制定的对某些报道和采访内容进行限制的协定。对报道协定的认可实际上就意味着记者放弃了自由独立的报道权利。报道协定还带来了关机采访的现象,即官方向记者提出在关掉录音机和摄像机的前提下才会说出更多的内容或内部,但这部分内容不能作为报道素材使用。这种现象在东京的记者俱乐部中非常普遍。

这样看来,尽管在 GHQ 管制时期为媒体作为"第四权力"提供了法律保障,即新闻是除立法、司法、行政三权之外的第四种权力,但是东京报纸媒体在很大程度上却是与政治家、政府结合,成为官方媒体,记者仿佛变成了"新闻官",新闻界实际成了政府机构中发挥独特作用的"第四官员群",无法独立而必须依靠权力"行走"。可见,虽然政府没有像对待广播电视业那样制定一系列专门的法律加以管制东京的报业,但却在"源头"上实现了操控和管理。

2. 两极化论调的形成

当然,在历史与现实中,记者俱乐部这个"怪胎"的存在并没有完全导致东京的报纸彻底失去自身的特点与主张。尽管东京的报纸虽然强调客观中立的报道原则,但这并不意味着各大报纸在对重大问题的态度和观点上是相同的。在几份全国性大报中,《朝日新闻》一直被认为是一份左翼的报纸,《产经新闻》则是右翼报纸的急先锋,《每日新闻》为中间偏左的报纸,《读卖新闻》为中间偏右的报纸。因此,长期以来,东京的新闻界形成了"读卖/产经"与"朝日/每日"对立的两极化论调,主要表现在历史认识问题、对现有政权的态度,以及对宪法的立场和对自卫队性质的定义等问题上。以宪法问题为例,"朝日/每日"基本上采取的是支持现行的和平宪法的主张,而"读卖/产经"则是积极提倡修改宪法,主张把日本自卫队建设成为一支正式的部队。这种论调两极化现象的形成也与报纸的读者层有一定关系。《朝日新闻》的读者以日本的文化精英阶层为主,这些人注重日本和国际社会的和平友好相处;《读卖新闻》的读者以日本的普通民众居多,因此报纸的观点基本反映了日本社会中大众的主张和认识。从总体上来看,《读卖新闻》采取的是现实主义路线,在拥护政府的前提下,为政府提供政策方面的建议和协助;而《朝日新闻》则保持了理想主义的色彩并采取了与政府保持距离的态度,这种立场一向为日本的传媒学者所称道。

3. "异端"的真实

尽管各报纸的论调可能有所倾向,但事实上,在当今这样一个趋向保守的日本社会中,绝大多数的东京民众都对带有强烈政党色彩的报纸有一种天然的排斥感,而以日本共产党机关报《赤旗》为代表的少数政党报纸就像一个"异端"分子,大多数的东京民众都对其怀有戒心并保持一种疏远的态度。当然,这也与日本政治环境的变化有紧密的关联,从20世纪70年代开始,自民党、民主党、公明党就逐渐占据了上风,进入21世纪以后,随着"两大政党"政治倾向在日本社会的日趋发展,包括社民党、共产党在内的自民党、民主党以外政党的发展都受到了制约。相应的,本来就以非法性报纸创刊的《赤旗》发行量逐渐减少,到2005年9月,其全国范围内日刊和星期天版的合计发行量为160多万份[①]。另一方面,随着政治和社会环境的变化,《赤旗》在报道内容上也更趋向多样化以满足读者的不同需求。至少,以《赤旗》为代表的弱势政党的政党机关报得以一直存在并发行至今日,我们可以看出政府

---

① 龙一春:《日本传媒体制创新》,南方日报出版社2006年版,第65页。

对新闻业管制政策是相对宽松的。不过,由于没有加入日本新闻协会或者日本商业广播联盟的日本报纸(《赤旗》等政党机关报都未加入)依然不能加入记者俱乐部和参加记者发布会,在这种情况下,《赤旗》的报道只能是依靠单独采访来进行,这也是《赤旗》在版面上以独家报道见长的原因之一。

4. 新媒体发展时期:放松管制与主导扶持

进入20世纪90年代,随着成熟的市民社会在东京的确立,原来的媒体和市民联手对抗政府的关系逐渐演变成市民和政府一道共同约束媒体的构图。这一演变的形成缘于媒体缺乏自省的意识和改革的能力,正是在这样的状况下,以保护市民利益为理由的政府介入便成为一种必然的结果。但是,此次政府的介入却产生了积极效果,尤其在记者俱乐部的改革上,倾向于使其成为一个更加开放的组织,具体方向如政府主办的新闻发布会应该向所有的报道机关开放,记者室应该向记者俱乐部成员以外的记者开放等。虽然,目前记者俱乐部的改革还在缓慢起步阶段,但越来越开放的趋势已然显现。

在广播电视领域方面,日本自1989年修改《广播法》,建立"委托播放运营商"和"受托播放运营商"制度以后,经过1994年确立电视海外播出制度和1999年撤销对有线电视的外资限制的过程,到2003年再次允许NHK扩大业务范围和2004年修改《大众传媒垄断排除原则》促进地方电视台之间的重组等一系列政策的实施和制度的改革,显示了日本政府从传统的许可型管理方式向市场型管理方式的政策转变。在泡沫经济破灭后经济长期不景气的今天,通信和媒体产业是被日本政府作为带动经济发展的支柱产业来看待的,对广播电视行业的放松管制,是日本政府推行经济自由化政策和强化产业竞争力战略的必然结果。

在前文叙述的东京广播电视业与通信的融合以及广播电视的数字化进程方面,政府也起到了积极的作用。总务省为了有效地利用无线数字电视的各种功能进一步推广普及数字电视,于2004年1月召开了"信息通信审议会",报告指出在教育和防灾等公共领域方面,要充分发挥无限数字电视技术上的优势,利用发射塔的数字信号发射和电视台的数字信号接收输出设备,积极提供手机电视播放和通过服务器系统的电视播放服务。从总务省以上的动作来看,日本政府是在积极参与并推广无线电视数字化在东京的发展进程的,这与日本政府一向倡导的"科技兴国"战略相一致。

同样,在前文介绍的已经形成完整产业链的东京移动媒体发展历程中,无论是目前已经做到的,还是将来的目标,都是在政府有计划的部署中逐渐完成的。从2001年开始,总务省就制订了"e-Japan"计划,进行大规模的基础设施建设,用五年的时间,建设成了世界上最先进的IT城市和国家。对竞标成功的各个IT企业,总务省都给予政策上的支持。

在e-Japan计划实施之后,日本政府还针对宽带使用率低问题,于2004年提出了"u-Janpan"的战略,"ubiquitous Japan"意为"无所不在的日本",将互联网络在日常生活的渗透率和使用率放在了重点发展的领域。随着这一战略的实施,日本宽带用户从2004年的1866万增加到2010年的3458万,增幅达85%。

在2014年之后,日本政府再次出招,推出了打造"智慧日本"的"i-Japan"战略,旨在打造以人为本、充满活力的数字化社会。该战略由三个关键部分构成,一是建立电子政务、医疗保健、人才教育核心领域信息系统,二是培育新产业,三是整顿数字化基础设施[①]。

正因为政府的主导,不同的企业都在各自的环节上完善自己的工作,基本上没有重复建设,不同媒体在彼此竞争中实现了比较良性的循环。可以说,东京的整个移动媒体能在不长的时间里如此迅速有序地

---

① 孙晓:《中美日韩互联网与通信产业国际竞争力比较研究》,吉林大学博士学位论文,2015年,第74页。

发展,并达到了整体强大的目标,政府的参与功不可没。

五、东京信息传播网络运行的经济特征

纵观东京信息传播网络百余年的发展脉络,再横向考察各大众传媒领域的经营状况,我们会发现,"垄断"二字始终贯穿在其几乎每一个发展阶段中。各大众传媒领域中垄断格局的形成,既是各媒体企业间竞争的结果,也是政府参与的结果。从当前的情况来看,无论东京还是全国,应该说各媒体行业间的竞争从未间断,但基本处在一种平稳、有序的状态中,长久以来形成的报业、出版业及广播电视业各自的垄断格局,还未被打破。

(一)报业:良好生态环境下形成的双重垄断格局

从20世纪20年代,发家于大阪的《朝日新闻》和《每日新闻》进军东京引发东京报业市场的激烈竞争开始,就在东京地区确立了《朝日新闻》《每日》《读卖新闻》"三足鼎立"的垄断格局。发展到如今的"五大报分天下"及唯一一家地方报的局面,可以说在激烈的报业竞争中,东京报业也出现了这样那样的问题,但总体来说,东京报业的市场还比较有序,是在良好的生态环境下发展起来的。

1. 报纸的销售和广告收入状况

从新闻业的经济特性来看,其"规模经济"的属性非常显著,扩大经济的规模即意味着追求报纸发行量的扩大,而发行量的扩大又可以促进销售收入的增加和作为广告媒体价值的提高,因此对生产报纸的报社来说,扩大报纸的发行量是其首要任务。这一点在东京报业中体现得尤为明显。在20世纪70年代至80年代日本经济起飞及迅速发展的时期,随着社会的都市化发展和人民生活水平的提高,报纸的销售量一直呈现增长趋势,当时各报为了获得新的读者,开展了各种各样的促销活动。但在《垄断禁止法》等一系列法律规章的限制下,"疯狂赠品"的竞争告一段落。至90年代后,东京报业销售竞争的特征表现为从其他报纸争夺读者,提出各种优惠条件来吸引读者,如订阅一年报纸便可得到三个月免费报纸等优惠措施。但是,这种类型的竞争并不是所有报社都可以进行的,需要有雄厚的资金基础,因为最终获胜的往往是拥有丰富经营资源的报社,这类报纸无论在资本、人才、技术、品牌力和流通网方面都有很强的实力。这种"强者更强,弱者更弱"的两极化发展态势更进一步促成了报业市场垄断化格局的形成。

2. 报业市场的双重垄断格局

我们将目光扩展至全国,会发现日本的报业市场是以全国性报纸的全国性垄断和地方性报纸的地方性垄断为特征的。从"二战"中的"一县一报"体制延续至今日的"一城一报",可知地方报纸在制度上是受到保护的。当然,这样的双重垄断格局在东京却有其特殊性,作为首都以及全国五大报总社的所在地,地方报纸《东京新闻》并未能占据对该地区的垄断地位,反而是五大报势头强劲。一方面,从这个角度来看,东京都市圈的报业竞争激烈程度又高于日本其他地区。另一方面,在新闻企业中,也形成了两极化的格局。

3. 稳定报纸价格中的政府干预

在东京乃至全日本,报纸的编辑发行等业务虽然没有受到任何法律的制约,但在报纸销售系统上却受到了法律的严格制约。这尤其体现在对报纸价格的制约上。首先,对于占据全国60%市场份额的五大报纸,早在1980年日本政府即根据《垄断禁止法》,将这五大报纸指定为垄断企业,规定其在提高报纸销售价格时必须提出相应的报告书并经过相关部门的批准才能实施提高价格的措施。最值得一提的是日本稳定价格体系的"再贩卖制度"。所谓"再贩卖制度"就是第二次销售价格固定制度,实现报纸零售价格定价标价制度。由于这一制度的存在,在东京,各种报纸、出版物均以明码标价的价格,稳定地向消费者供应,同时也给报业的专卖发行提供了制度及法律保障。在定价上,像《朝日新闻》和《读卖新闻》平时报纸均为对开60版(上午40版,下午20版),

零售卖180日元/份（相当于12元人民币左右），定价很高。按照中国的纸张和印刷成本估算，60版报纸成本不过5元/份，所以在东京零售一份报纸是大有赚头的，这也是报社销售收入高于广告收入的原因之一。这样一来，价格战在报业市场中发生的可能性几乎为零。当然，近年来，人们也在争议再贩卖制度，特别是取消和改革日本报业享受多年的《反垄断法》中把报纸作为一种特殊制定商品实行全国统一定价销售这一规定的呼声逐年加大，认为其限制了自由竞争，特别是缺乏价格竞争而给消费者带来了损失。但是，东京报界的观点是，该制度一旦被废止，送报上门制度会随之土崩瓦解，报纸零售价格将大幅回落，最后必然导致整个报业的衰落。

（二）杂志出版业：垄断化发展态势和两极化结构

在东京，出版社并不像报社那样需要大量的资金和人员，也不像广播电视行业那样属于政府管制的行业并有专门的行业法律，任何个人和企业都可以自由地设立并经营出版社。这使出版社企业主要以小规模的出版社为主。值得关注的是，东京出版业在20世纪60年代以后进入快速发展时期，在大量生产、大量销售的经营路线下，出版企业不断扩大经营规模，在随后几十年里，企业的销售额普遍增加了10倍以上，前五位企业甚至增加了20倍的收入。在市场不断膨胀的过程中，少数大型出版社的市场垄断倾向也逐渐增强，出版业的两极化发展也愈加明显。据日本2003年版《出版年鉴》数据，前三位出版社（讲谈社、小学馆、集英社）的市场占有率达到了21%，在有4 311家出版社的出版市场中，如此高比例的市场垄断也的确令人吃惊。而一年出版10种以上刊物的出版社有1 047家，其余的3 000多家出版社都是非常小的出版社，一年出版的新刊物只有几种，有的甚至只有一种。目前看来，在东京乃至全日本，出版社的这种两极化发展趋势今后还将继续下去。相应地，在杂志流通领域，大型经销商也占据着牢固的垄断地位。从2004年版《出版年鉴》数据来看，"日贩"和"东贩"两家公司的市场占有率为69%左右。

(三) 广播电视：政府管制下的事业扩张

1. NHK 受限与商业民营电视台的事业扩张

前文已述，广播电视业在东京是政府管制下的"制度的媒体"。最显著的例子当然是 NHK，作为公益性电视台，由于财源来自收视费，这种向市民进行普遍征收的收视费制度决定了 NHK 的发展必须受到市民的监督，同时也决定了它在经营上的非营利性。事实上，具有"公"的性质的 NHK 几十年来一直受到政府的重视和有意无意地保护及扶持，而民营的商业电视台却不能享受太多的来自政府的"优惠政策"。那么，作为公共电视台，NHK 如果严守"游戏规则"，不从事商业活动或者开展广告业务，那么它于商业电视台之间的友好关系尚能维持下去。可作为一个企业体，NHK 在经营过程中很难完全保持一种理想的状态。在这种民营商业电视台的扩张以及政府严格管制的两面夹击中，拥有相当实力的 NHK 受制于各种因素，至今未能成为国际性综合媒体集团。

综观东京的商业电视台，在几十年的发展历程中，不仅在产业结构上完成了转型，亦在发展战略上发生了变化。20世纪80年代，电台、电视台的经营者们为了能继续维持其在众多媒体中的领先地位，开始了从单一的广播电视事业经营向综合的内容产业经营的战略转变，为形成文化事业综合体而展开了向新事业领域的扩张。例如，日本电视台采取了具有外部指向特征的事业扩张经营战略，在以主营电视业务为中心的同时，发展以文化事业为业务内容的子公司和相关企业，在主办音乐会及美术展、制作并放映电影、开办体育赛事和音像制品的出版发行方面发挥着积极的作用。

2. 保守、内敛的日本传媒业

由前文叙述可知，日本政府通过一系列法律对外资介入日本主要的广播电视台（包括民营商业电视台）做了严格的限制。2005年，日本新媒体产业的代表——大型门户网站"活力门"公司在东京证券交易所收购了 NHK 52%的股份。而 NHK 是日本三大商业电视台之一的富士电视台的母公司，拥有其 25%的股份，控制 NHK 就意味着拥有了对富士电视台的控制权。同时，"活力门"网站又有着美国雷曼公司的外资背景。这就是说，如果雷曼公司通过"活力门"控股"日本放送"，再通过 NHK 控股富士电视台和《产经新闻》，这就意味着外资可以直接影响甚至是控制日本国内的舆论；而外资进入日本媒体后，势必会将盈利部分作为外资的再投资，或者将资金直接传入国外进行投资，从而损害日本经济。显然，这是日本政界和商界都不能接受的。因此，富士电视台企图反收购母公司 NHK 的股份，从而展开了一场激烈的传媒收购战。日本政界许多重量级人物亦纷纷表态，反对"活力门"收购 NHK。最终这场收购战以富士电视台反收购成功而告终，粉碎了"活力门"的收购计划。随后，日本执政的自民党电气通信调查委员会决定，将修改有关法律，加强限制外资进入日本传媒业，防止外资控制舆论工具。时任日本首相的小泉纯一郎也做出了类似的回应。最终，日本总务省决定提出相关法案，防止外资控制广播电台等媒体。可见，尽管政府对广播电视业的管制有逐渐放松的趋势，但却不意味着站在自由竞争市场外袖手旁观，对于外资来说，日本传媒可谓是"针插不进，水泼不进"。

（四）传媒集团扩张的另类路径：报业集团与广电集团的捆绑

在东京，广播电视业从诞生之日起便与各报社产生了不可分割的关系。而在报业集团的发展历程中，对广播电视业的收购与兼并则是一个关键节点，亦为如今形成五大报系所领衔的传媒集团瓜分市场奠定了基础。目前，东京的几大报社与各商业电视台形成了各自的捆绑型体系：朝日电视台—《朝日新闻》、日本电视台—《读卖新闻》、TBS—《每日新闻》、富士电视台—《产经新闻》、东京电视台—《日本经济新闻》。各自的体系在资源共享上、舆论导向上连动，在经营上互相合作，使得东京的电视台与报社之间形成了强有力的伙伴关系。

但随着时代的发展,这一捆绑关系不断发生变化,有些已经较为松散。例如 TBS 与每日新闻社,无论是资本还是资源共享方面都说不上是强有力的伙伴关系。电视与报纸之间的地位也发生了微妙的变化,电视发展到今天,报纸在某种程度上非但不能像历史上那样利用资源控制电视台,反倒要依靠时效性强的电视媒体,电视的影响力也越来越大,如《产经新闻》在富士产经集团内的龙头地位已被富士电视台取代。

六、东京信息传播网络运行的文化特征

东京的文化像是个矛盾体。即便只是到东京旅游,你也可以在感受传统日本文化的同时,领略全球顶尖的时尚潮流。有一种观点认为,日本的国民性中自我意识很强,多少造成了一些封闭的意识形态;但也有学者认为日本人其实很注重他人的看法,也善于以外国文化为镜子,吸取其中精华。这样的观点碰撞在东京信息传播网络的历史演变过程及如今的面貌中都得以体现。总体上看,日本是单民族国家,有着较为悠久的历史和深厚的文化传统。近年来,西方文化对东京年轻一代的影响也正日益显露出来。目前外来语在日语中的比重日益增多,尤其在一些杂志、漫画上出现的频率很高。正如日本学者加藤周一所说,日本文化是一种"杂种文化",天生就具备对各种文化的融合能力,能在保护自身文化的同时,兼容并蓄,吸收和消化异域文化,为东京乃至日本的全球化提供可能。当然,从前文列举的"活力门"收购事件亦可看出,日本作为一个学界公认的世界城市,与纽约相比,在开放性上仍然相对逊色。其实,如果外资进入日本媒体,一方面会加速西方文化的传播,另一方面也将有利于日本文化向西方的传播。

(一)东京传媒影响力向国外延伸的限制

我们已经知道,从报纸的发行量和报社的规模来说,世界上最大的

报纸既不是在报业发达的美国，也不是在人口众多的中国，更不是在报业历史悠久的欧洲，而是在只有一亿两千多万人口的岛国日本，日本的全国五大报占据着全球报纸发行量排名的前几位。理论上说，日本报纸的影响力应是全球范围内的，但事实上如果不看发行量，可能没有人会认为《读卖新闻》是"世界第一大报"。尽管从报业发展水平和办报质量来说，以东京报业为代表的日本报纸确实是一流的，但语言的局限性却大大限制了日本报纸的影响力和其向国外的发展。我们再以前面提及的"世界三大财经报纸"为例，尽管在发行量及收入方面，《日本经济新闻》丝毫不逊色于《华尔街日报》和《金融时报》。然而，发端于比东京更能称为全球金融中心的纽约的《华尔街日报》，其在全球范围内的影响力是《日本经济新闻》难以企及的；而《金融时报》虽然发行量只有 50 多万份，但在欧洲、美国各发行 10 多万份，在英国实际不到 20 万份[①]，所以与其说它是一份英国报纸，不如说是一份国际性报纸。相比之下，《日本经济新闻》的主要市场是在日本国内（只东京都市圈就包办了过半的发行量），在国外发行量为五万份的国际版，读者对象也主要是海外的日本人。可见，日语的局限性确实是颇具实力的东京各大媒体向国外发展的一大阻碍。另外，前文提到诸如限制外资进入等对外来文化及资金的相对保守性，亦大大减慢了日本媒体跨出国门的步伐。

（二）传统文化及国民性在东京大众传播网络运作中的体现

1. 官僚文化与保护主义

作为至今仍保有王室传统的国度，长期以来日本根深蒂固的"官僚文化"亦体现在东京大众传媒网络的形成过程中。我们以广播电视业为例，虽经历过 GHQ 占领时期的民主化改革，但随后在日本广播电视体制形成过程中，政府的参与是显而易见的。日本政府与企业之间的信赖关系建立在日本特有的"官僚主导、企业协调"体制基础之上，正是

---

① 崔保国：《走进日本大报》，南方日报出版社 2007 年版，第 155 页。

通过这种政府(官)与广播电视企业(民)的密切合作,才防止了企业之间的激烈竞争,抑制了对广播电视业的过度投资,使广播电视企业能够在一个相对安定的环境下进行发展。在广播电视企业中,NHK一直以来独享的很多"优惠政策",也再一次体现了"官贵民贱"的官僚文化传统。实质上,这些都是保护主义的做法。当然,据前文所述,目前这样的体制也逐渐呈现出"破局"的发展态势。

2. 不喜竞争与善于服从

上述"官僚主导、企业协调"体制的基础,从另一个角度来看,又可以说是日本讲究和谐与协调这一传统文化的体现。可以说,日本实际上是一个不喜欢竞争的国家,而政府的介入无疑会抑制过度的竞争,为大众传媒的发展创造一个安定的环境,在这一点上,"官"和"民"的初衷其实是一致的。与此对应,在东京传媒业中体现出来的另一日本国民性则是服从和重秩序。尽管,各大报社在东京的竞争尤为激烈,但不可否认的是,东京的记者是世界上最守秩序、最善于服从的新闻从业者。一个极端的表现即为前文提及的由《报道协定》带来的"关机采访"现象,为了遵守业内约定俗成"行规",记者甘愿放弃自由独立的报道权利。

3. 性别之塔倾斜

东京新闻界的一个突出特征在于,这是一个完全由男性控制的行业,而这一结论其实在日本全国范围内都成立。日本本身就是一个男权主导的社会,对于女性职员来说,头顶始终有着"玻璃天花板"。编辑部很少有女性编辑,只有数量很少的女性参与报道政治、经济和社会、国际事务。大量的女性出版物其实多是关于生活方式和家务的。1999年,在日本的新闻从业人员中只有9.90%[1]是女性,而且男性占据了绝大多数领导岗位。在报社里,没有什么地方比外事部更为男性所主导

---

[1] [日]井上野村:《日本媒体,政权"宠物狗"》,杨晓白译,载《传媒观察》2004年第1期。

了。例如,《朝日新闻》自认为是日本报业领导者,以拥有29个驻外办事处和75名驻外编辑记者而自豪,但整个《朝日新闻》外事部只有四名女记者。日本第一大通讯社——共同社,大多数日本报纸是它的客户,有23名编辑或记者在美国工作,但其中只有两名女性,她们都仅是记者。即使是在同一份报纸里,男女的收入差别也非常明显。女性雇员平均年收入折合美元约为2.58万美元,而男性平均收入约为5.23万美元,女性收入还不到男性收入的一半。可见,由于男权社会这一传统文化的主导,性别之塔在东京大众传媒业中严重倾斜。

4. 传统文化遭受冲击与报纸发行量的下滑

日本是一个善于传承自由传统文化的国度,最明显的例子当然是漫画文化的经久不衰。日本国民长久以来把读书看报当成最佳学习与消遣方式的习惯。说日本是世界上的"书报大国",相信没有人会否认。除了新闻业与出版业的长期快速的发展外,这当然也与受众的需求分不开。毫无疑问,日本人一直是酷爱读书看报的,这在报业及出版业集中的东京当然更为明显。据日本报纸报道[①],每天上午日本全国各地有5 000万人看报纸。日本有10家全国性的日报,差不多每两个日本人中就有一人每天要看其中一份报纸。日本人喜欢看的不仅是报纸,还有杂志和图书。2002年左右,日本出版的周刊和月刊等期刊约有4 000多种,每年创办的新期刊就有200种之多。日本又是一个"书店王国",全国有4 000多家出版社和三万多家书店(日本杂志销售占比最大的流通渠道是书店),平均4 000人就有一家书店,这个数字不仅大大高于我国,也远远超过美国、俄罗斯和一些欧洲国家。至于书亭、书摊在大街小巷更比比皆是。在东京,机场候机厅、地下街、旅店、地铁、火车站候车室,甚至在商店里都有书摊、书柜或书亭。日本东京神保町一带有600多家书店,许多外地人或外国人都会到此一游。据统

---

① 周家高:《酷爱读书看报的日本人》,载《当代世界》2002年第4期。

计①，东京的白领阶层平均每天花 63 分钟阅读报纸，有 49% 的人在家读书看报，31% 的人利用上下班乘车时间阅读。在东京乘坐地铁或火车时，会发现很多乘客在读书看报。

然而，这一长久以来的读书看报传统却面临着新媒体带来的巨大冲击。从 20 世纪 90 年代末以来，报纸和书刊的销量连续下降，"年轻人不读报"成了新闻业人士共同的担忧。他们的担忧不无道理，日本电通总研开展"2005 年消费者信息媒介利用调查"的数据结果显示，年龄越低，对网络和手机的使用倾向性就越强，年轻人对网络和手机的态度是"习惯成自然"的依赖，其使用目的主要是"获得话题和谈资""打发和消磨时光"。电视从很多方面都显现出了与因特网、手机相似的倾向，而报纸却呈现了与此截然相反的倾向。即便在关于"获得社会信息动态"和"获得值得信赖的信息"的调查上，对 10—30 岁的年轻人来说，这两个因素在他们的媒介选择上并没有起到很大作用。将这些因素综合起来考虑，年轻人对报纸的需求的确变得非常有限。

尽管在我们可以看出日本报纸发行量总体上的下滑趋势，但值得注意的是，在经历了 2006—2007 年的大幅下滑之后，随后的 2008 年和 2009 年两年，五大报都在发行量上保持了基本稳定，没有延续之前明显的跌幅，而且这种发行量的保持还是在全球金融危机爆发的背景之下实现的。再联系前文显示的日本互联网普及率在近年连续的飙升，我们可以作出的判断是：在以互联网为代表的新媒体冲击和金融危机爆发等不利条件下，日本报业似乎已经找到了传统报纸与新媒体结合的平衡点，即在探索报纸电子媒体发展及营利模式的同时，又保证纸质版报纸的发行量不会大幅下跌。这亦再次证明了日本作为拥有百余年商业报纸发展史的报业大国，其报纸媒体的抗压性、创新性及背后坚挺的集团实力。

相比之下有趣的是，一直深得东京市民喜爱的漫画类书刊却未受

---

① 周家高：《酷爱读书看报的日本人》，载《当代世界》2002 年第 4 期。

到手机、互联网等明显的冲击,开始抛弃严肃报刊的年轻人却依然钟情漫画类书刊,这也是漫画类书刊一直稳居东京出版业畅销宝座的原因。

七、东京信息传播网络的主要特征

本章较为详尽地介绍了东京大众传播网络的历史、现状,及其在政治、经济、文化方面呈现出的特征。接下来,著者将在总结前文分析的基础上,归纳出东京大众传播网络的主要特征,并试图将这些特征与纽约、伦敦等其他国际化城市的传播网络做些比较。

(一)报纸发行网络的高密度覆盖

1. 空间、时间上的双重高密度覆盖

日本的报纸给人最深的两个印象是:在所有传媒业中地位最高,"报业"即等于"新闻业";在相对狭小的地理空间内成就了世界最高的发行量。

巨大的发行量,意味着报纸发行对城市人口的高密度覆盖。从空间上看,全国五大报通过东京等重要城市地区总社、大量专卖店的设立,以及内容上有所区别的地方版报纸的发行,将百万、千万日发行量这样看似不可能完成的数字,切实落在全国的每一个角落。当然,无论对日本还是仅就东京而言,地理空间、人口的相对集中,亦使得信息传播网络覆盖的成本相对较小。从时间上看,日刊、晚刊这种"一报两刊"的发行方式,也在时间上增强了报纸的覆盖密度。

2. 报纸网络的横纵向比较:东京与纽约、伦敦

若我们从报纸覆盖网络的纵向来看,同样作为"报业大国",同样呈现出"一城一报"的格局,日本与美国的报纸网络却呈现出不同的特点。在美国"一城一报"的表象底下,除了一份主要的大众化报纸外,同时覆盖一个城市不同的区域,甚至不同的社区,却有众多的报纸存在,进而构成了多层次的报纸市场。美国近90%的报纸发行量在5—10万份之间,其中社区报便占据了美国报纸发行市场的主要份额,这一点恰恰

是中美报业结构的最大差异①。以纽约为例,就在纵向上形成了"大城市日报、卫星城市日报、郊区日报、周刊和商品信息报"的伞状报业网络。

而从横向上看,同样在相对狭小的地理空间内,亦同样作为全国报业中心的东京和伦敦亦有所不同。东京在"一城一报"的格局中,大众化报纸除了五大报以外,成规模的只有《东京新闻》;而在伦敦,一个城市就发行了包括全国的、城市的、地方三类共计122家报纸,这几乎已经等于日本全国所有的报纸数量了。

(二) 追求广播电视公共服务为主导

1. 收费的公共广播电视

前文对NHK做了较为详尽的分析,作为日本最早的电视台,NHK从出生就带有公共性质。而在"官贵民贱"的官僚文化影响下,政府一直对这一唯一的公共电视台给予优惠政策和保护。不难看出,日本是以追求广播电视公共服务为主导的。相对于纽约、伦敦、首尔的公共电视台,NHK受到了更多制度方面的约束,乃至《广播法》专门有篇幅来规定其运营的条条框框。与纽约公共电视台免费收看不同,NHK收入来源中对收视费的依赖使其在全国范围内几乎是强制性、普遍性地征收收视费。

2. 效率与公平的追问:NHK与商业电视台并存体制中的失衡

公共广播电视与商业广播电视并存的体制并非日本独有,在英美亦然。但NHK对国民收取收视费,并且随《广播法》修改而不断扩展相关投资业务。那么,一方面,作为公益性广播电视,NHK趋向商业化的经营和政府一向的支持,使得东京其他民营商业电视台始终未停止过对NHK的批判;另一方面,NHK的收视费制度,使得民众在其与商业电视台的选择中逐渐倾向后者,作为公共广播电视一旦失去国民的

---

① 朱春阳:《寻找开往中国报业春天的地铁》,载《东方早报》2009年3月25日。

支持，后果将不堪设想。正是在这样尴尬的处境下，日本国内才会出现要求 NHK 民营化的呼声。

（三）媒体与政府之间的密切关联

此特征在前文都已详细论述，不仅广播电视和报纸，即便是在新媒体的发展足迹中，都可以看出政府在其中扮演的不可忽视的角色。就日本最引以为豪、以之当作"新闻自由腹地"的报纸而言，尽管日本报业史中的政党机关报时期已是百余年以前的旧事，但时至今日，报纸仍然与政府保持着密切的关系。前文提及的"记者俱乐部"导致的采访权利等一系列问题，使人们对日本报纸关于"政府代言人"的批判也在情理之中。这种通过行内默认的制度主动"收编"于政府的现象，既区别于中国的"党管媒体"，又与美国各方政治力量"巧袖善舞"地利用媒体不同，介于二者之间。另外，从全国性大报中的两极化论调到《赤旗》等非主流政党报纸的被限制，都可以觉察出日本报业中的政治因素。

（四）传媒集团结构：综合信息产业型发展

20世纪以来，集团化发展成为全球各大传媒共同选择的扩张经营之路，日本传媒集团在这方面起步较早，现仍处于领先地位。如上文所述，东京五大传媒集团扩张的关键在于报业集团与广电集团的捆绑。事实上，在报纸与广电两种传统媒体形式结合的背后，更深层次的运营理念是综合信息产业型发展，尤其在新技术时代，传统媒体与新媒体的结合成为关键，这在前文列出的各传媒集团的业务范围中亦可看出。从具体的经营措施来看，可以概括为三个经营方向[①]：首先，新闻社不但发行一份全国性综合性报纸，还发行其他报纸、杂志、书籍等多种出版物；其次，在电子媒体的利用方面，在通过互联网为特定读者提供信息和直播报道的同时，还为读者提供数据库服务；再次，进军广播电视和影像行业，强化与同系列的电视台及电台的合作，为二者提供多样的

---

① 龙一春：《日本传媒体制创新》，南方日报出版社 2006 年版，第 50 页。

信息以供播出。这样一来,传媒集团以报社为起点,逐渐建立起作为综合信息产业的经营体制。

(五) 媒体国内外影响力及全球化扩张中的两个反差

1. 主要媒体国内外影响力的反差

无论报纸还是广播电视,东京媒体在日本全国的辐射范围之广和影响力之大是毋庸置疑的。可以说,东京传媒业的发展,是与东京作为首都城市及其在国内政治、经济方面的中心地位相匹配的。在国内影响力上与之对比,目前上海的媒体发展明显落后于其作为中国最大国际化城市及其经济中心的地位,二者并不匹配,上海的报纸甚至还在为获得长三角的区域影响力而努力。

然而,正如前文所分析的,尽管在国内拥有统治性的影响力,但无论是日本五大报,还是 NHK,都未能将这种辐射力在全球范围内扩展。这与其世界最高的报纸发行量亦不匹配,前文所举《日本经济新闻》与英国《金融时报》的对比就是最显著的说明。日本几大媒体的这种国内外影响力的反差,究其原因在于日语的局限性,以及媒体内容在全球化视角方面的缺陷等。

2. 动画与电视剧的全球化扩张与电视、报纸的本地化发展之间的反差

在电视、报纸等主要媒体跨出国门遭遇障碍的同时,日本的动画和电视剧却早早走上了全球化扩张的道路。日本动画产业在全球市场中所占的三分之二的份额足以令人惊叹。而日本的电视剧,尤其在 20 世纪 80 年代,以《排球女将》《阿信》为代表的电视剧在中国掀起的举国收视风潮至今为人们所称道。虽然进入 21 世纪以来,日本电视剧在全球电视剧市场中明显落后于韩剧和美剧,但也一直保持着稳定的输出。

区别于电视、报纸作为国内主要媒体形式及其文化局限性,日本的动画 ACG 产业之所以能成功输出,与日本政府将发展动漫产业作为

一项基本国策是分不开的。在1995年日本文化政策推进会议发表的重要报告《新文化立国：关于振兴文化的几个重要策略》中,提出了日本21世纪"文化立国"的战略方针,这其中就包括动漫文化。其具体措施是将动漫作为日本文化对外输出的载体,并将其纳入产业范畴,进行工业化、标准化的生产;采用企业积极投资开发制作动漫产品,政府政策扶持,大专院校培养输送动漫专业人才和科研机构研发技术的发展模式。作为一国文化输出的主要载体,日本动漫的成功绝不逊色于在世界范围内大行其道的美国好莱坞电影。

八、东京信息传播网络传播效能的评价

对于东京信息传播网络的特征归纳,究其历史演变过程及如今呈现的面貌,我们可以从正反两面来总结。一方面,我们可以看出东京是一个大众传媒业高度发达的城市,无论哪种媒体的发展水平都处于世界前列。而在各媒体领域的发展历程中,尽管出现过极其激烈的竞争局面,但最终仍形成了一个平稳、安定、有序的媒介市场,即便在两极化的趋势几乎出现于各媒体领域之时,大中小企业也仍在这个有秩序的市场中找到自己的位置并得以立足。另一方面,又必须清楚,这种媒介市场的形成,始终离不开政府的行政干预甚至是主导,在上文中,无论对东京信息传播网络的政治、经济或文化哪方面特征的总结,都很难撇开政府的因素来分析。因此可以说,东京的信息传播网络在很大程度上受到了政府因素的影响。应该说,在这个政府干预下各媒体行业中形成的牢固的垄断格局中,确实促进了各种媒体的迅速发展,在日常运作中亦体现了效率的优势。

但是,从批判的角度来看,效率却并不意味着公平和公正。尽管我们不可否认从大众传媒在东京诞生之日起就保有追求新闻自由的传统,但与西方报业的理念相比,"新闻自由"的含义在东京的信息传播网络中却颇有些微妙。我们以报业"五分天下"的垄断格局来说,之所以形成五报独大的局面,缘于日本社会特有的社会同质性、均质性和读者群中存在着的强烈的"中央指向性",这些都有力地维系和支撑着五大报纸的存在和发展,使五大报纸对舆论、文化的创造和传播具有巨大的影响力。同时也由于庞大的发行量所造成的对言论和信息的垄断使得处于高度垄断下的信息市场所提供的信息内容出现"均质化""一元化"和"一面性",几乎听不到与政府不同的声音。这些看起来是因为报业自身发展不平衡所致,实际上是因为日本政府在不同历史时期采取的政治上高度集中、统一的新闻政策的结果。欧美国家的新闻自由是新闻界经过不懈斗争取得的成果,而日本新闻界的自由却来自以美国为首的 GHQ 的外来"恩惠",而这种自由在"施惠"者撤离后就会变得不稳固。总的来说,东京新闻业务尽管经营上高度商业化和市场化,可精神实质却是国家主义和忠君意识。虽然在言论自由方面有了一定的进步,但还在一定程度上带有较深的传统烙痕。从这个角度来看,垄断本身就站在了"公平"的对立面。

我们细致分析最饱受争议的记者俱乐部制度。该制度之所以长期存在,源于其在日常业务运作等效率因素方面是有一定的益处的①。第一,从采访的角度来看,由于俱乐部成员在采访方针和立场上较为一致,这使共同采访活动能够顺利进行,省去了很多"跑新闻"的辛劳,亦有助于深化成员彼此对相关信息的认识。第二,对于作为信息提供者的官方机构来说,通过记者俱乐部进行统一的消息发布,可以使信息的传递富有效率,不需要再面对单独采访,这也是不需要花费额外时间的最为便利的方式。第三,对于报社来说,记者俱乐部的存在和新闻发布制度使报社在获取信息的时间上实现了一致,避免了各家报社"抢新闻"和"抢时间"的竞争。第四,由于是来自官方的消息,其正确性是不会受到质疑的,报纸在刊登时不必担心有报道失误和侵犯人权及个人隐私的危险,即使消息出现问题而遭到诉讼,也会由于消

---

① 龙一春:《日本传媒体制创新》,南方日报出版社 2006 年版,第 27 页。

息源的可信赖性而免于承担刑事和民事责任。上述益处的阐述再一次反映了日本人不喜欢竞争、重秩序的性格，也体现了在日常繁忙的业务中对"实用主义"的追求。这么一来，该制度在达成"效率"的同时，却带来了前文已详述的颇多问题，如报纸内容千面一孔，报纸沦为政府进行公众宣传的道具等，这无论对拥有自由采访、传播信息权利的报社，还是拥有知情权的广大市民受众来说，都失去了"公平"本来的意义。

上文提及的指向性亦可对应解释大众传媒业在日本的地理一极化现象。当我们将视线拓宽至日本全国时，会发现无论对哪个媒体领域，东京都占据着绝对主导的地位。这不仅限于言论控制上的指向性，更体现出在媒体业发展中东京绝对领先于地方的一极化、单极化趋势。正因为东京信息传播网络辐射至全国范围的强大影响力和约束力，我们在分析这个城市的信息传播网络时，常常要跨出这个城市，以全国的视角来看待和分析。

遗憾的是，这样的影响力却始终难以跨出国门走向世界，语言因素及政府主导的法律限制的因素上文已详细分析，此处不再赘述。因而，我们的结论是，无论在文化影响力还是在经营的主要范围方面，东京信息传播系统在日本国内占据着绝对的主导地位，影响力辐射至全国各地；但与纽约、伦敦等其他世界城市相比，在国际影响力上显得相对不足。

九、东京信息传播网络与城市发展之间的关系特征

东京大众传媒网络经历一个多世纪的历程发展至今，与东京这座城市的总体发展有着紧密的关联。由于政府的参与程度较高等原因，东京的城市发展对其大众传媒业的影响是巨大而显著的，这种关联亦具备必然性。而反观之，大众传媒业的发展对城市发展及市民生活等方面亦具有一定程度的反作用。论及东京信息传播网络与城市发展二

者间的关系，最显而易见的一点在于东京信息传播网络在日本国内绝对主导、中心地位的形成。如最开头对东京的介绍可知，正由于作为日本首都的东京在政治、经济、金融、文化、教育等各领域都逐渐成为全国的中心地带，同时伴随着密集、充实、高度发达的交通运输网络从东京都市圈向全国蔓延，因而报业、出版业、广播电视业及新媒体产业等都逐渐聚集于东京。这就造成了大众传媒发展在地理上的一极化，使东京成为名副其实的信息发布、传播中心。例如，日本最早的报纸诞生在横滨，而《朝日新闻》《每日新闻》等则为出身于大阪的报系，但后来几乎所有具备相当实力的报社都把发展重心转移到了东京，在此设立总社。

(一) 历史中的城市经济发展与东京传媒业

由于日本对外战争造成的东京大众传媒网络的整体动荡甚至崩溃，前文已经详述过。而除了战争外，国家、城市的经济发展亦对传媒业有相当的影响。例如，在战后日本经济恢复发展时期，随着自由竞争体制延伸至报业，东京报纸的销售由共同销售制过渡到由不同报纸企业实施的专卖制，出现了真正的竞争体制。由此，伴随着日本经济的增长，报纸的发行量持续扩大，在不断地增加版面和广告数量飞跃增长的情况下，报纸走上了一帆风顺的发展道路。1962年，报纸的广告收入甚至超过了销售收入，而在1955—1973年间，报价上涨了七次都没有影响到经营，靠的便是日本经济的高速增长。但随着1973年石油危机的爆发，用于印刷报纸的纸张减产，东京不少报社纷纷减少版面，报纸的经营在战后首次面临危机。类似的情况出现在20世纪90年代初，日本"泡沫经济"破裂之后，一度创造了发行量纪录的《读卖新闻》等大报亦开始逐渐降温，出版业则在1997年达到顶峰后遭受了连年大幅度的衰退。在日本经济遭遇转折期之后不久，大众传媒业亦在经营效益及规模上面临转折期的衰退危机。

(二) 作为区域社会的东京与东京信息传播网络的关联

具有极高人口密度的东京，其在市民教育、收入程度等多方面都明显居全国首位。在世界最高发行量的背后,实际上可以发现东京市民良好的阅读习惯。报纸在东京市民眼中几乎是"生活必需品",他们每天早晨都习惯于在早餐时或上班途中阅读报纸。东京市民同样热爱读书,书店在城市中的分布比上海等中国城市要多得多。可以说,正是东京市民百年传承下来的阅读文化,促成了世界最高的发行量以及99%的报纸订阅率,专卖制与宅配制的发行模式亦与此种文化相辅相成。

东京信息传播网络与城市发展的关联还体现在文化、体育、教育等方面。例如,电视诞生后在东京的普及离不开体育赛事的支撑,电视对市民最早造成大规模的吸引力正源于对相扑比赛及拳击争霸赛的直播,而东京成为奥运会的举办地则直接为电视的进一步普及提供了最好的时机。在教育方面,则反映了传媒业与城市发展之间的双向影响。记者职业在日本是一种很受欢迎的职业,每年日本大学生毕业求职意向排行榜上,日本的主要报纸和电视网都高居榜首。毕业生认为新闻行业是一个体面且收入颇丰的行业。尽管如此,职业新闻教育在日本却极为稀缺,这看似和日本高度发达的传媒业背道而驰,实质上与新闻业长期形成的职业理念、用人观念有关。正由于东京新闻业开展具体业务,并逐渐形成"实用主义"之风,造就了传媒业对新闻教育不依赖、不信任的观念。类似的情况亦发生在广告业,总部设于东京的日本电通公司是世界最著名的广告公司之一,但广告学专业在全日本的高校内寥寥无几。

(三) 东京大众媒体对城市发展的反作用

1. 现代化程度的重要指标:日报普及率

报业经营的基本原则是,在实现社会效益最大化的前提下,追求经济效益的最大化。从社会效益的角度来看,报纸的发行量越大,社会效益就越好,这是毋庸置疑的。从发展传播学的视角来看,这条原则对世界范围的报业经营都具有适用性。正是基于这条原则,日报拥有量和日报普及率成为衡量一个国家或区域的社会发展和谐程度及现代化进程的重要指标。一个现实例证是,联合国在关注各国报业发展时,并不细究报业经营的收益状况,而致力于提高日报普及率的平均水平。东京领先于全球的日报普及率绝不仅仅是一个数字,它对该区域多方面的发展都具有重要的积极意义。正是基于东京极高的日报普及率,日本政府和日本新闻协会才得以在大范围内普及 NIE 计划(Newspaper in Education 的缩写,"报纸教科书化")。从 1989 年开始就在东京的一所小学和两所中学试验性地导入了 NIE 式的教学活动,1996 年日本新闻协会还专门设立了 NIE 基金会并以此作为 NIE 运动的中心机构。目前这项活动的范围已经扩展至全日本,47 个行政区域都设立了 NIE 运动的推动组织。据日本新闻教育文化财团 2003 年"NIE 实践效果测定调查"结果显示,50％左右的学生开始喜欢读文章、对社会表现出关心的态度并开始学会对事物进行思考。这无疑是一个双赢的结果,对于报业经营者来说,NIE 运动避免了"年轻人不看报"现象的蔓延,获得了大量未来的读者;对于整个社会来说,报纸教材成为学校教育的一部分,不再只是作为人们闲时的消遣物,而是一种富有深度的智慧型和知识型媒体,阅读价值颇高。这也从一个侧面反映了长久以来报纸在东京市民心中高于其他媒体的不可取代的地位。

2. 全国性大报分别对区域发展的影响

东京的大众化报纸除《东京新闻》外,都是全国性综合类大报。区域性报纸与全国性大报在对区域及社会发展的影响上可体现出不同的作用:区域性报纸作为顺应当地文化及本土特色的产物,可能成为加剧该区域原有文化或特色的力量,加大该区域与外地的差别;而具备了一定舆论影响力的全国性大报,则可以从单个区域辐射向全国,形成一种文化及思想上的"同化"效应,同时进一步提升该中心区域在全国的地位及影响力。

总社位于东京的日本五大报均致力于在全国范围内一致的影响力。这样一来,辐射全国的五大报又使全国范围内的读者群形成一种强烈的"中央指向性"。也正是由于这种"中央指向性",使得原本就在政治、经济、金融等领域处于全国中心地位的东京进一步强化其影响力,成为名副其实的"信息传播中心"。这同样可以从其他媒体的发展状况来说明,以前文分析的出版业为例,据日本出版新闻社 2002 年调查结果显示,在全日本 4 361 家出版社当中,占总数 78% 的 3 406 家出版社都把总公司设在了东京,如果把位于首都圈的千叶县、神奈川县和埼玉县也计算在内,则有 3 585 家出版社位于这一区域中,占总数的 82%,此地理分布上的"一极化"现象比起东京报业有过之而无不及。

3. 媒介使用与市民生活习惯

大众传媒业的发展亦在一定程度上改变了城市市民的生活习惯。如前文提及的由于互联网、手机等新媒体以极其迅猛的速度在东京普及,使年轻一代逐渐丧失了读书看报的传统习惯,随着这个趋势越发明显,书报刊的销售额出现了连年下滑的情况。这就体现了城市发展、市民生活习俗演变与传媒业发展之间的连锁反应。还有一个值得关注的例子则是前文提到的手机演变为"个人服务器""钱包手机"的趋势,随着新媒体技术的革新以及媒介互融、媒体与其他产业互融的实现,手机在东京市民日常生活中的重要性及便利性都将大为提升,与此相对应的则必然是城市在相关基础设施、服务软件设施上的转变与发展。

十、东京模式:值得借鉴的经验与问题

(一)经验借鉴

1. 报业的"敲门发行学"是否依然有效

对于日本这个"报业王国",如果说其新闻业最饱受争议的是记者俱乐部制度,那么其最受称道的则是以宅配制、专卖制为代表的报业"敲门发行学"。

如前文所述,在新闻的销售方式上,与中国和其他国家的街头销售

方式不同,日本自明治时期以来一直实行的是专卖制和送报到户的户别配送制度。专卖制是指读者以月为单位并以每月结算的方式与报社签订专属销售合同,在这一基础上,读者居住区域的该报社直属销售店每天会有报纸配送员把报纸直接送到读者的家中。东京99%的一般综合性报纸都是通过这样的方式进行销售的,70%的体育类报纸也是采用了户别配送的制度[①]。与报摊零售型销售方式相比,专卖制和户别配送制度的优势在于报纸的销售发行量稳定,不会因为天气或其他的原因而使销售量发生大的变化,也避免了报纸为追求一时的利益和销售量而走煽情的路线,这是东京的一般性报纸能够维持动辄几百万发行量和高级内容品位的根本原因。而与订阅为主、零售为辅的销售方式相比,专卖制下的订单驱动型发行方式的好处在于有多少订单,报社就印刷多少报纸,几乎不会出现库存积压现象。因此报社的成本压力和报纸从业人员的精神压力相对要小许多。同时这种发行方式也为报社带来源源不断的现金流,使东京的报纸在经营上能够坚持"两条腿走路",既能取得稳定的卖报销售收入,又可以获得卖广告版面的广告收入。

而从专卖发行制度对报业的影响看,遍布全国的专卖网络体系形成一个其他产业参与者无法逾越的壁垒。根据产业组织理论,集中度高的产业可以包围自己不受新的产业者渗透和威胁。东京的各家报纸都有完备的专卖销售网络,上门送报率达93%[②],新的产业竞争者很难在短时间内建立起如此庞大的销售体系。从更高的视角看,这种产业内部基于专卖制度下的竞争机制,造成了日本报业市场牢不可破、滴水不漏的垄断格局,以致日本报业市场大门始终敞开,但是外资报纸根本无法进入,就连本国的业外资本也是"进来一个,死掉一个"。

而对我国报业来讲,虽然"自办发行"曾经成为一些都市报获得市场的法宝,但是在如今报业营收急剧下滑,人工成本逐步攀升的形势

[①] 龙一春:《日本传媒体制创新》,南方日报出版社2006年版,第14页。
[②] 尹良富:《日本报业集团研究》,南方日报出版社2005年版,第378页。

下，如果盲目地学习日本的发行制度，是无法复制其成功的。而事实上，早年曾经尝过"自办发行"甜头的报刊，正在逐渐告别这一体系。2018年9月5日，北京青年报社发布通知，《北京青年报》改为邮局发行，邮发代号为1-86。公告称："为适应媒体发展形势，覆盖更广泛的读者群体，本报决定调整2019年报纸发行方式。"自8月30日起，《北京青年报》由小红帽公司收订发行改为邮局发行。《北京青年报》全年订阅价为480元/份。北京青年报社的小红帽公司于1996年7月成立，是北京青年报社为转换发行机制、提高发行服务质量而创办的京城首家专业化报刊发行公司，并承接《北京青年报》夹报广告业务。

2. 新媒体发展中的政府主导作用

我们很难给日本政府对大众传媒的高度参与与管制下一个简单的结论。但至少从近年的实践来看，正如上文详述的那样，东京能形成以手机为中心的移动媒体数据提供、信息传输和终端接收的完整产业链，并且在每一个环节上都有相应的产业公司制作和提供相应的产品内容，这都离不开政府在其发展的每一步中起到的积极主导作用。正是在政府的E-Japan计划的主导下，不同的企业都在各自的环节上完善自己的工作，因此基本上没有重复建设，不同媒体在彼此竞争中实现了比较良性的循环。也正是因为这样，东京的整个移动媒体才会在不长的时间里，如此迅速有序地发展，达到了整体强大的目标。

(二) 教训与问题

谈到东京信息传播网络在发展过程中需要我们注意的问题，最先联想到的当然是相关法律规章对外资进入等方面限制和封闭造成日本与世界的隔阂。可以说外资难以进入目前日本传媒的垄断圈中，而日本的各大传媒企业也难以走向世界，这大大降低了其高发行量下原本应具备的全球影响力。这当然是我国政府对传媒的管制体制设计中，以及一些有实力的大型传媒企业在向国外发展过程中应该注意的。

但编者认为，对日本这个各传媒业经营都有成功经验的国度，其信息传播网络在发展成形的过程中的最大问题并不在于由政府干预而逐渐形成的垄断化、两极化格局与发展态势,毕竟其创造了一个安定、有序的媒介市场和环境。从数据上看,高度发达的东京新闻业的最大的问题还是在于新闻从业人员的职业精神不与发行量成正比。可以说,东京主流媒体的职业精神的确不能与其超高的发行量形成呼应,反而杂志和小规模的报纸因为苦于生计,常常成为舆论监督的主力军,而主流媒体却往往在这方面充当着"小跟班"的角色。这种奇怪的现象或许也与职业新闻教育的稀缺有关,日本大学生对新闻职业的向往常常只是出于薪水收益的考虑,而不是新闻职业理想的实践。

由记者俱乐部制度、《报道协定》等引发的种种具体问题及相关例子前文已列举过。在东京新闻业中,还有一个"实用主义"做法的体现在于其对"客观报道"的理解上。通常,根据客观报道的定义,报道要从事件的多个可能角度出发,做仔细观察。报道要求新闻从业者个人要具备精湛的技能、高超的智慧与良好的品德。东京媒体也常将客观报道视为报道中最重要的标准,提出了各种相应的口号,然而,这些标准在新闻从业者的日常实践中却变成一种奇怪的形式。在整个日本新闻界看来,客观性报道变得很简单,就是不在报道中加入主观的观点而已,这个概念是建立在客观报道的反面也就是主观报道的基础之上的。在日常操作中,这种客观报道的做法的确简单明了,比如,一位政客发表了某些论断,这就是事实;如果某政府部门发布了一项官方公告,这也是事实。于是,记者们纷纷不加主观意见地进行报道。这种倾向由来已久,但到20世纪80年代变得更加明显。然而,许多批评者都反对这种媒体活动,称其为"通稿新闻",即意味着记者的作用只是信息的搬运工。再和记者俱乐部制度引发的问题联系在一起,我们几乎可以进一步将东京主流媒体理解为"政府信息的搬运工"。

从这个方面看,在经营层面如此高度发达、领先于世界的日本传媒业,却在新闻从业人员的职业精神、媒体的舆论监督机制等内核方面潜藏着危机。

第五章

首尔信息传播网络发展与特征

一、首尔基本情况概述

(一) 首都经济圈的核心地带

韩国是2007年进入世界发达国家行列的亚洲国家,在此之前只有日本与新加坡是发达国家。首尔是韩国的首都,是直接受中央政府管辖的地方"特别市",是韩国的政治、经济、文化中心。首尔市的总面积为605平方千米,占韩国全国面积的0.61%。根据韩国统计厅2018年8月发表的统计资料,截至2017年首尔市的户数为3 948 850户,居民登记人口数为9 741 871人。首尔共有424个行政单位"洞"(동,相当于中国的"街道")。每一个洞的平均面积为1.43平方千米,平均人口为22 976人。

在1988年首尔奥运会以前,韩国还是给人一种比较封闭的以农耕文化为主的岛国印象,甚至被称为"宁静的晨曦之国"(Land of Morning Calm)。人们总会把韩国与朝鲜战争、国土分裂、军政府独裁、示威游行、劳资对抗激烈、国民性格内向且倔强等一些比较负面的特征联系起来[1]。通常首尔分为江南、江北两个区域。以汉江为界限,江北面积是297.84平方千米,占整个面积的49.20%,江南面积是307.40平方千米,占整个面积的50.80%。首尔已经成为世界上人口

---

[1] 王众一、朴光海:《日本韩国国家形象的塑造与形成》,外文出版社2007年版,第136页。

最密集的大都市之一。20世纪80年代,韩国在承办1988年首尔奥运会以后,在政治、经济、文化、科技、观念、制度等方面都有了全新的发展。而且,韩国经济从"汉江奇迹"实现以来不断攀高,尤其是首尔市全方位的高速发展。

以首尔为中心,形成了首都经济圈,即首都首尔及其周边地区随着经济、社会和城市的发展,各种要素不断集中而形成的广域大都市生活圈,由首尔、仁川和京畿道三个行政区组成。该区域在朝鲜半岛历史上具有重要的地位,一直是经济、政治、文化和教育中心[①]。首都圈的形成开始于20世纪60年代韩国工业化快速启动时期,70年代中期初步形成。1982年韩国颁布了《首都地区管理法》,对首都地区的经济发展、土地使用和基础设施建设进行统一规划和管理,该法首次确定了首都圈的边界。首都圈的行政范围包括中心城市首尔特别市、仁川广域市、京畿道行政区及其下属的64个次级地方行政区,圈内比较重要的城市除了首尔、千一川、议政府以外,还有水源、城南、东川豆、光明、松炭、安养、富川等城市;地理范围包括以首尔为中心70千米以内的区域,面积达1.18万平方千米,占国土总面积的11.80%。首都圈人口约2 550万,约占韩国全国人口50%[②]。按照该法设立了跨辖区的超级机构——"首都地区管理委员会",该委员会对首都圈范围内各行政区申请新项目拥有最终审查决定权。首尔市的城市构造计划在2011年改为一个主中心,四个副中心,11个区域中心,54个地区。中心的城市结构,即从单中心城市结构逐渐通过主中心和副中心的过程改变为多中心城市结构[③]。

---

① 刘佳楠:《20世纪60—90年代韩国首都经济圈发展问题研究》,华东师范大学硕士学位论文,2009年,第11页。

② 金钟范:《韩国区域发展政策》,上海财经大学出版社2005年版,第305页。转引自刘佳楠:《20世纪60—90年代韩国首都经济圈发展问题研究》,华东师范大学硕士学位论文,2009年,第11—12页。

③ 金基云:《北京与首尔城市交通体系比较研究》,北京交通大学硕士学位论文,2009年,第47页。

首都圈的发展到20世纪90年代趋于成熟稳定。90年代初首尔的人口达到了其高峰,大概在1 100万左右,但此后首尔的人口出现了下降,并一直保持在980万左右的水平。首都圈的人口也保持在2 000多万的水平[①]。韩国的高新技术产业主要集中在首尔及其周边地区。首尔、仁川、京畿道整个首都圈的高技术企业数占全国的69.70%,高技术产值占全国的62.80%;整个制造业企业数占全国的57.00%,其产值占全国的43.60%。其中,首尔集中了全国50家大企业中的48家,同时首尔成为众多外国公司总部的所在地[②]。表5-1是首都圈的基本情况。

表5-1 韩国首尔首都经济圈基本情况表(2018年)[③]

指 标 (单位,年度)	全 国	首都圈	首 尔	全国的集中度	
				首都圈	首 尔
国土面积(km², 2018)	100 363	11 840	605	11.80%	0.60%
人口(千人, 2018)	51 635	1 394	974	2.70%	1.90%
区域总产值(10亿韩元, 2016)	1 641 957	440 299	359 440	26.80%	21.90%
制造业就业(千人, 2017)	4 441	2 091	429	47.10%	9.70%
服务业就业(千人, 2017)*	1 976	972	364	49.20%	18.40%
大学(个, 2017)	189	70	38	37.00%	20.10%
医疗机构(个, 2016)	3 803	1 373	495	36.10%	13.00%
韩元存款(10亿韩元, 2018)	1 353 052	894 408	676 376	66.10%	50.00%
韩元贷款(10亿韩元, 2018)	1 512 963	982 695	575 107	65.00%	38.00%
车辆(千台, 2016)	21 803	681	3 083	3.10%	14.10%
公共楼房(栋, 2017)	7 126 526	1 979 910	611 368	27.80%	8.60%

① 刘佳楠:《20世纪60—90年代韩国首都经济圈发展问题研究》,华东师范大学硕士学位论文,2009年,第24页。
② 同上书,第28—29页。
③ 韩国统计厅 http://kosis.kr/index/index.do;韩国国土交通部 http://stat.molit.go.kr/portal/stat/yearReport.do,最后浏览日期:2018年8月31日。

第五章　首尔信息传播网络发展与特征

作为现代化的大都市,首尔在大众传播信息网络方面的建设也走在世界的前列,尤其是在新媒体的普及方面更是表现卓越。作为亚洲新兴的国家,韩国良好的信息产业基础和市场竞争环境促进了其宽带的飞速发展。韩国之所以成为全球宽带发展最快的国家之一,得益于其周密的规划和行之有效的发展措施。据OECD发布的互联网普及率数据,截至2017年,韩国宽带用户渗透率高达99.50%,高居世界首位①。

目前,城区人口近千万的首尔全城已经成为一个巨大的"信息网络",几乎在城区任何地方都可以无线上网,而且收费低廉。首尔曾在互联网布局之际实施一项叫作"无所不在的首尔"计划,也称"U城"计划,以扩展城市的信息技术覆盖面。近四英里(六千米)长、穿越市中心高层建筑群的清溪川步道正是"U城"试点项目所在地。市民通过手机、笔记本电脑或设在公园、公共广场的触摸屏,就可以查询空气质量、交通状况,甚至可以预订公园的足球场地。

(二)首尔的信息化建设与媒体概况

首尔市信息化建设的目标是:实现生活、产业、城市基础建设、行政四个领域的信息化,将首尔建设成"市民满意的、高水平的信息化城市"②。其中,数字媒体城市(DMC)建设为大众化的信息传播网络奠定了良好的平台。该项目利用首尔市西北部Sangam"新千年新都市"开发地区内的57万平方米土地,以打造世界领先的数字媒体产业为发展目标,计划将该地区建设成由数字媒体内容生产基地,数字媒体及其相关技术的"产学研"合作研发区等组成的东北亚商务中心。数字媒体城市主要组成部分包括:引进与尖端媒体和其内容相关的国内外顶尖企业和研究所;韩国与德国产业联合基地、韩国3M、IT Complex、KBS Media等;在数字媒体城市内建设标志性数字媒体街(DMS),并设置数

---

① OECD: Internet access. OECD Data. OECD.org, https://data.oecd.org/ict/internet-access.htm,最后浏览日期:2018年8月31日。
② 汪礼俊、初蕾:《数字城市在韩国》,载《上海信息化》2007年第2期。

字媒体城市标志造型物、IP-Intelight、Info-Booth 等设施,建设主题公园和广场;建设高质量的商务设施,便利的交通设计、高质量的信息通信网、环保型生活环境。这一规划将大大提高新媒体对于首尔大众传播信息网络的促进功能。

首尔不仅在新媒体方面表现突出,传统媒体上也成绩骄人。因为国土面积较为集中,首尔地区的报纸同时又成为全国性的报纸,影响着全国的舆论环境。根据韩国统计厅 2017 年 8 月更新的数据,2015 年全年韩国的新闻事业和放送事业的总体营业额数大约 199 607 亿韩元。这是韩国新闻事业的总体营业额 34 978 亿韩元和放送社的营业额 164 629 亿韩元加在一起的数字[1]。以韩国总人口 5 164 万计算,截至 2016 年全国纸质媒体共 1 423 家,每天的发行总量是 1 600 万份,平均每三个人一份,基本覆盖了韩国所有的家庭;网络新闻媒体 2 604 家,覆盖面可达全体韩国国民。统计同时表明,韩国报纸发行量多年来一直呈稳步上升态势[2]。截至 2018 年 4 月,韩国统计厅公布的统计显示,韩国拥有 191 家日报,1 232 家周刊。《朝鲜日报》《东亚日报》《中央日报》三大报社以雄厚的实力和悠久的历史,市场占有率达 70%以上[3]。

首尔发行量前三的报纸分别为《朝鲜日报》《中央日报》和《东亚日报》,其中《朝鲜日报》发行量超过 150 万。考虑到韩国互联网普及率几乎是我国的一倍(2018 年),在这样的环境中,首尔三大报能够做到这一发行量实属不易。上述情况是我们为什么选择韩国首尔作为我们研究对象之根本原因,我们试图通过对首尔大众传播信息网络的考察来探究,究竟是什么原因促使韩国新闻信息行业新旧媒体出现了如此高水平的发展状况(参见表 5-2—5-4)。

---

[1] 韩国言论财团,《2008 言论经营成果分析》。
[2] 元涛:《奋力支撑中的韩国报业》,载《世界博览》2009 年第 1 期。
[3] 季静静:《互联网时代韩国报业的广告运营策略研究》,山东大学硕士学位论文,2009 年,第 9 页。

表 5-2　2016—2017 年韩国全国性日报发行量情况对比表①

日　报	发行量		增　减
	2016	2017	
朝鲜日报	1 545 819	1 513 073	−32 746
中央日报	960 530	978 798	18 268
东亚日报	917 851	946 765	28 914
每日经济	705 322	705 526	204
韩国经济	527 782	529 226	1 444
韩民族日报	241 060	239 431	−1 629
韩国日报	200 503	213 278	12 775
京乡新闻	205 259	196 174	−9 085
国民日报	189 299	185 787	−3 512
文化日报	173 536	177 887	4 351
首尔新闻	160 948	164 446	3 498

表 5-3　2016—2017 年韩国全国性周刊发行量对比情况表②

排名	媒　体　名	总发行量	邮递数量	付费发行量	发行期数
1	韩国教育报	118 979	117 033	113 154	46
2	中央星期日	87 637	87 146	65 322	53
3	周日报纸	99 172	98 380	59 901	52
4	天主教和平报纸	51 976	51 775	50 637	50
5	百岁时代	43 304	43 154	37 751	50
6	中小企业新闻	33 639	32 879	18 403	46
7	周日首尔	24 688	24 393	9 405	51

---

① 韩国 ABC 协会：《2017 年（2016 年基准）163 家日报认证发行数量》，http://www.kabc.or.kr/about/notices/100000002402，最后浏览日期：2018 年 9 月 17 日。

② 韩国 ABC 协会：《2016 年（2015 年基准）161 家周刊认证发行数量》，http://www.kabc.or.kr/about/notices/100000002363，最后浏览日期：2018 年 9 月 17 日。

续表

排名	媒体名	总发行量	邮递数量	付费发行量	发行期数
8	周日时事	21 386	20 906	8 130	52
9	韩国公寓报	15 539	15 409	6 431	48
10	市政新闻	7 000	6 900	5 390	49
11	女性新闻	10 064	9 487	4 332	50
12	残疾人新闻	6 032	5 982	2 667	48
13	每周当代	6 760	6 659	2 542	47
14	事件内幕	5 564	5 464	2 085	47
15	今日媒体	3 550	2 753	1 040	50
16	韩国非政府组织报纸	2 000	1 743	337	37
17	韩国大学报	6 280	6 230	279	63
18	五道民新闻	1 333	1 328	63	18
19	每周韩国	12 978	12 478	0	50
20	TAX WATCH	10 070	9 892	0	20
21	记者协会公报	7 604	7 504	0	47
22	市场经济报	5 008	4 979	0	12
23	全球经济学	5 000	4 910	0	52
24	首尔财务	3 000	2 990	0	49
25	统一五道报	2 450	2 420	0	11
26	Newsway	2 000	1 990	0	47
27	IMS 报	2 000	1 990	0	1
28	五道以北新闻	2 000	1 950	0	2
29	首要经济新闻	1 811	1 748	0	43
30	今日新闻	1 635	1 596	0	23
31	每周文化财产报纸广播	1 111	1 062	0	9
32	法律高级报纸	591	588	0	15
33	消费者报	200	190	0	17

表 5-4　韩国全国性日报发行量情况表(2017 年)①

排名	日报名	发行量	付费发行量
1	朝鲜日报	1 513 073	1 254 297
2	东亚日报	946 765	729 414
3	中央日报	978 798	719 931
4	每日经济	705 526	550 536
5	韩国经济	529 226	352 999
6	农民报(每周三期)	293 436	287 884
7	韩民族日报(한겨레)	239 431	202 484
8	京乡新闻(경향신문)	196 174	165 133
9	文化日报	177 887	163 090
10	韩国时报	213 278	159 859
11	国民日报	185 787	138 819
12	Sports 朝鲜(스포츠조선)	158 220	124 044
13	Sports 东亚	162 591	122 464
14	首尔新闻	164 446	116 028
15	釜山日报	142 421	113 565
16	Sports 首尔	144 345	109 427
17	每日新闻	123 396	96 479
18	国际报	110 629	81 162
19	东亚儿童	98 962	77 801
20	每日运动	106 625	76 470
21	少年朝鲜日报	96 032	74 637
22	世界日报	101 269	67 758
23	Money Today	86 502	66 288
24	首尔经济	84 635	57 955

---

① 韩国 ABC 协会:《2017 年(2016 年基准)日报新闻认证发行数量》,http://www.kabc.or.kr/about/issuereference/100000002582? param.page＝&param.category＝&param.keyword＝,最后浏览日期:2018 年 9 月 17 日。

续表

排　名	日　报　名	发 行 量	付费发行量
25	电子报	61 748	49 054
26	岭南日报	74 468	47 429
27	Sports 京乡	59 855	46 635
28	明天新闻	50 740	45 917
29	江原日报	60 214	43 455
30	先驱经济	55 469	42 371
31	京仁日报	54 814	37 263
32	江原道民报	41 500	32 665
33	庆南报	41 542	32 513
34	大田每日新闻	40 094	29 976
35	亚洲经济	35 000	26 137
36	光州日报	32 849	25 538
37	京畿日报	32 244	24 960

在广播电视方面，韩国广电业由韩国广播公司（KBS：Korean Broadcasting System）、文化广播公司（MBC：Munhwa Broadcasting Corporation）和汉城广播公司（SBS：Seoul Broadcasting System）三家主导，它们几乎垄断了韩国广电产业的生产、播出与出口。韩国广电业一直在公营与民营并存的二元结构中成长，在公益性与商业性的竞争中寻求平衡：20 世纪 90 年代早期，电视市场格局则由两强（KBS 和 MBC，为公营的文化广播公司）独占，逐渐演变成为如今的三足（KBS、MBC、SBS，其中 SBS 为民营电视机构）鼎立[1]。所谓"韩流"，就是主要由这三家广播公司生产的电视剧和其他电视节目远销到海外市场形成的影响。韩国荧屏上播出的本土化电视节目，绝大部分由 KBS、MBS 和 SBS 三家广播公司自行完成，它们不仅联合垄断了韩国电视收

---

[1] 刘燕南：《公共广播体制下的市场结构调整：韩国个案（上）》，载《现代传播》2003 年第 4 期。

视市场和广告市场,并且各自垂直整合节目制作、流通和传播环节。与我国强调制播分离相类似,韩国广播电视也有此类呼声,但从实际情况来看效果不大。

2000年3月,韩国政府根据新的《广播法》,重新组建了韩国广播委员会(KBC: Korean Broadcasting Commission)。KBC主要负责广播电视政策的制定、广播电视节目和广告运营、广播电视有关事项的核准/许可/登记和吊销、节目内容的审查、公共广播机构的人事管理、基金管理、受众投诉等事项[①]。韩国广播委员会原属于政府文化观光部,现作为民间性质的公共机构独立运行。韩国广播委员会的设立被认为是为韩国广播电视的公共性而采取的最重要的制度措施,这是韩国特有的广播电视制度安排。韩国公共广播体制的另一个独特之处是韩国政府成立韩国广播广告公社(KOBACO: Korea Broadcasting Advertising Corporation),全权代理KBS、MBC和SBS三家机构的广告业务。换言之,韩国广播广告公社将营利性广告业务从三台的主干业务中剥离出来,实行集中调控,垄断经营,并预留公益基金。这样做在很大程度上把住了各台的生存命脉,也在一定程度上约制了各台的赢利冲动,并从制度上保障了公共广播特点的显现[②]。这是首尔(包括韩国)和其他城市与国家广播电视运行体制最不同的地方,韩国广播广告公社是韩国广播委员会下属唯一的广告代理机构。在媒体与政府的关系上,广播电视行业相对于报纸行业表现出更多的合作意向,或许与此制度有关。

目前,首尔的中波电台共有六座,调频电台共有13座;电视台主要包括MBC、KBS、SBS和EBS(Education Broadcasting System 韩国教育电视台)等。

---

① 郎劲松:《韩国传媒体制创新》,南方日报出版社2006年版,第48页。
② 刘燕南:《公共广播体制下的市场结构调整:韩国个案(上)》,载《现代传播》2003年第4期。

二、首尔大众传播信息网络的历史演变

(一) 朝鲜半岛早期

历史上,在朝鲜最早出现的现代报纸是日本商人于 1881 年 12 月在釜山创办的《朝鲜申报》,这张日文报纸主要服务于日商的经济信息需求,与朝鲜的文化传播关系不大。1883 年 10 月 31 日,李氏王朝统理衙门下属的博文局(相当于现在的出版署)创办《汉城旬报》,这是第一家朝鲜人创办的现代报纸,其性质与中国清末官报类似。1886 年 1 月 25 日,博文局创办《汉城周报》,这是朝鲜报纸采用民族文字的起点,内容以时政新闻为主。1896 年 4 月 7 日,旅美医学博士徐载弼创办了韩国最早的民办报纸《独立新闻》。徐载弼认为国家的独立在于教育,特别在于启发民众,因而首先就应该刊发报纸。该报为周三刊,每期四版。读者包括市民、知识界和王朝内的外国人。徐载弼办报采用从美国学来的经验,提倡西方新闻价值观。为了纪念这份报纸,1957 年,韩国新闻界将该报的创刊日 4 月 7 日确定为"新闻日"。

1898 年 4 月 9 日,大韩国第一份日报《每日新闻》创刊,当时 23 岁的李承晚为该报主笔(后来他成为大韩民国的首任总统),该报每期四版,主张改革维新,但是存在时间较短,同年 10 月 8 日即停刊。在《独立新闻》《每日新闻》的带动下,大韩国的民族报刊进入了创办最高峰期。《帝国新闻》《皇城新闻》《万岁报》《庆南日报》(当时唯一的地方报纸,1909 年在庆南出版)等,都是当时很有名气的报纸。与此同时,一些外国人创办的报纸也推动了大韩国的舆论变革。其中,较为著名的有英国记者贝瑟尔(Ernest Thomas Bethell)1904 年创办的《大韩每日申报》和英文《朝鲜每日新闻》(The Korea Daily News)、法国传教士德芒热(Florian Demange)创办的《京乡新闻》等[1]。

李氏大韩国灭亡以后,日本在其境内推行的文化政策是消解朝

---

[1] 陈力丹、王辰瑶:《外国新闻传播史提纲》,中国人民大学出版社 2008 年版,第 205 页。

鲜民族的语言、文字和报刊。因而,除了日本驻韩总督的机关报《每日新闻》外,禁止任何韩文报刊。境内面向社会的报纸,总共24家,全部是日文。面对日本的残暴统治,朝鲜民族新闻事业进行了顽强的斗争。

1919年3月1日,在为前李氏大韩国最后一个国王李熙举行葬礼的时候,爆发了"三一运动"。运动中,原《帝国新闻》社长李钟一等39人发起《独立宣言书》,并与李钟麟、尹益善秘密出版报纸《朝鲜独立新闻》。日本殖民当局残酷镇压了这次运动,7 500人被杀害,1.50万人受伤,四万人被捕。事后,日方被迫采取了一些怀柔政策,略微放宽了新闻政策,给三家民营韩文日报发出了执照。于是,1920年3月5日《朝鲜日报》创办,4月1日《东亚日报》创办,第三家报纸是《时事新闻》。

(二) 大韩民国时期

战后韩国报业的发展,初期受到朝鲜战争的影响,随后长期受到东西方"冷战"的政治影响,发展十分曲折。1945年8月,韩国第一通讯社解放通讯社宣布成立。1945年10月,进驻朝鲜南部的美军废除日本统治时期的出版法,宣布新闻自由。这时,新出现的或恢复出版的报纸中,以左派报纸为主,有大约70家。当时的报纸可分为三个集团:亲社会主义的《解放日报》《自由新闻》《努力人民》等;"左"倾进步党人的《朝鲜人民报》《现代日报》《中央新闻》等;商业经营的《东亚日报》和《朝鲜日报》等。美军事当局出于全球战略的考虑,在韩国实行的并非自由主义报业政策。1946年5月《解放日报》被停刊,美军颁布88号法令,实行出版许可制度,很多报刊不得出版。随着半岛南北部分的政治分歧加深,双方各自建立了政权。1948年8月15日,大韩民国成立。在当时的韩国,"新闻自由"并非现实,而只是一种口号。在依次经历了李承晚、朴正熙、全斗焕三个独裁者统治时期以后,韩国的新闻传播业才迎来了新闻出版自由。

1. 李承晚时期(1948—1960年)

首任总统李承晚当政时爆发朝鲜战争,他继续实行出版许可制度,对报刊采取高度集权控制。尽管李承晚在美国流亡近40年,但他并没有真正变为西方式的民族主义者,而是继承了朝鲜王朝和日本统治的专制主义传统。例如,1949年6月,李承晚当局停掉了58家"左"倾报刊。1953年9月,以"颠覆政府阴谋罪"判处《联合新闻》驻日本记者郑国殷死刑。这是韩国新闻史上首例处死记者的事件。1955年,《东亚日报》曾因在"政府高级官员"前面加有"傀儡"字样,而一度被"无限期停刊"。1959年,当局又取缔了天主教会的《京乡新闻》。因此,李承晚时期开始允许民营广播电台的出现。1954年,首家宗教广播电台——基督教广播公司(CBS)夜以继日地传播《美国之音》的声音,对"4·19革命"起到推波助澜的作用。李承晚倒台后,新的民主党政府废除了88号法令,实行完全的新闻自由。一时间,报纸的创办又变得极为容易,冒牌记者和发行人到处可见,新闻敲诈和制造假新闻盛行。这种混乱的"自由"存在了一年,1961年5月16日,朴正熙发动政变夺得政权。起初,他允许报纸对议会政治有所评论,但不允许报纸对他本人和他的经济政策、军事独裁当局进行批评。朴正熙媒介政策表现为两个方面:第一是加强对新闻业的经营管理;第二是强调大众媒介的所谓"社会责任"。

2. 朴正熙时期(1961—1979年)

朴正熙政府直接开放了私营广播电视,允许亲政的集团开办。1961年,给予私营文化广播公司(MBC)执照,允许报业跨界经营,允许其同时拥有报纸、广播电台、电视台和出版社,开办电视机制造厂,实行纵向和横向的所有权集中。1963年,批准《东亚日报》开办民营的东亚广播公司。1964年,批准三星等企业集团开办民营汉城广播电台。在政府的控制和扶植下,传媒界重新组合,反对派报纸有的破产,有的变节,传媒整体上成为统治集团一部分,享受长期低息贷款、减免税和延期付息的各项政策优惠。与此同时,朴正熙政府滥用"社会责任"的名义,迫害新闻工作者。政变后的几个月内,有1 000名新闻工作者被解雇。政府还随意关押、监禁和折磨新闻工作者,新成立的情报机构时时刻刻监视着新闻业。朴正熙政府实行"采访证制度",从而剥夺了600多名当局认为"不合作""不听话"的记者的工作。后来,采访证的发放范围一再缩减。报纸总数从他上台前的85家减少到34家。1961年,《民族日报》社长赵容寿被判处死刑。1964年,《朝鲜日报》记者李泳槽因报道联合国讨论朝鲜问题的提案而被捕。同年,朴正熙政府颁布的《报业委员会法》几经反复最终未能实行。这个法案规定可以惩罚"不负责任"的报纸,韩国编辑联合会全力抗制这一危害新闻自由的法律,社会上成立了一个名为"全国取消报业委员会法斗争委员会"的组织,下层新闻工作者也组成了全国新闻工作者联合会(JAK)(联合会是韩国新闻界自律常设组织,组织了一系列的新闻奖,维护新闻工作者的正当权益)。

1974年1月18日,朴正熙颁布"总统紧急措施",不准传播关于修改宪法的一切信息,宣布政府可以撤销报道,同时预先限制或者检查相关的其他报道。《东亚日报》管理层事前受到政府情报部门的调查,因而不同意编辑部刊登《报道自由宣言》,编辑部成员与报纸老板形成对立状态。在面临罢工危险时,报社妥协,关于《报业自由宣言》的内容刊登了三个整版。面对这种情况,朴正熙政府迫使广告客户停止在《东亚日报》刊登广告长达三个月;随后,管理层向政府屈服,解雇了35名强硬派记者,雇人驱散静坐罢工的160名新闻工作者。抗议这种控制的《朝鲜日报》员工,也被集体解雇。此后,韩国的传媒趋向娱乐轻松的内容,商业化倾向成为主流①。

3. 全斗焕时期(1979—1987年)

朴正熙于1979年10月26日被刺以后,全斗焕通过军事政变上

---

① 陈力丹、王辰瑶:《外国新闻传播史提纲》,中国人民大学出版社2008年版,第211页。

台。1980年5月,他制造了光州惨案(通过军队镇压光州的学生运动,死亡2 000人),以铁腕手段镇压民主抗议,巩固自己的统治。全斗焕采用各种方法迫使新闻传媒就范。1980年12月,全斗焕颁布《言论基本法》,表面目的是维护新闻工作者的忠诚和正直,实际目的是阻止他们接触敏感的社会问题。同年,他以"反腐败"(主要指传媒的唯利是图和低级趣味。当时,民众对传媒商业化有很多批评,当局利用了民众的正当要求)名义对新闻传播界实行了一次大清洗,40多家报纸的700多名新闻工作者被解雇或停职。在全斗焕时期,日报从28家减少到11家,通讯社从六个减少到一个,广播电视机构从29个减少到27个,虽然电台数目消减得不多,但节目品种日益单调。全斗焕还成立了"公共信息协调办公室",每日向媒介发布报道指南,详细规定对各种报道的种种要求,哪些可以刊登,哪些不可以刊登,哪些绝对不可以刊登。1986年9月,民主言论运行委员会公布了1985—1986年间292天该办公室提出的"报道要求",包括持什么态度、发不发照片、报道放在什么位置等细节。公开这些材料的三位当事人以"泄露外交机密""违反国家安全法"的罪名遭到逮捕。

1973年,全斗焕将1952年形成的国营"韩国广播系统"转变为韩国广播公司(KBS),并且将所有广播电视机构都合并到国营的韩国放送公司(KBS)体系中,实行统一控制;议会通过的法律规定KBS是公营体制,但实际上长期直接由政府控制。整肃后的广电系统,全斗焕实行怀柔政策,给予充裕的财力支持,从业人员福利待遇很高,进修、出国、购房等享受优惠,子女就读均由官方支付学费。其财源来自KBC和MBC(此时的MBC的65%股份由KBS控制)征收的代理广播广告手续费。全斗焕时期,对广电的娱乐节目、新闻节目和宗教节目加以种种限制。政府曾规定,晚间12点到早晨6点、上午10点到下午5点30分等时段不允许播出电视,因为按照统一的作息时间,此时应该睡觉或者工作,而不应该看电视。政府对进口节目严加限制,播出的进口节目不得超出整体的20%。每天电视节目的开始,都有5—10分钟关于全斗焕活动的报道,这令观众厌恶。民众从开始时的支持,变成最终厌倦了这种"负责任"的媒介①,广播电视很快便失去了民心。

4.《6·29宣言》:韩国新闻政策的转折点

全斗焕当政时期,韩国的经济发展令世界瞩目。然而,经济发展与全斗焕的高压独裁之间的紧张关系始终得不到解决,终于导致1987年春天爆发了全国性的大规模抗议运动。《汉城新闻》等26家报社发表宣言,要求维护言论自由,废除《言论基本法》,解放被捕的新闻界人士。1987年6月,在全国一片声讨浪潮中,全斗焕退居幕后,指定他的同乡和同学——曾积极支持他政变的军人卢泰愚担任执政的民主正义党主席,竞选下一任总统。面对国家即将主办奥运会的尴尬局面,在各方面的强大压力下,6月29日,卢泰愚发布了《八点民主化宣言》(即《6·29宣言》),同意反对派提出的直接选举总统的要求,紧急宣布了一系列民主改革的措施。其中第五点的内容是:促进新闻自由,迅速改善相关体制与措施。

于是,形势发生剧变,11月,议会通过决议废除《言论基本法》,取而代之的是《定期出版物登记法》,同时通过了新的《广播电视法》。《定期出版物登记法》规定其法律目标是"努力实现报业的健康发展",引人注目地删去了"公共责任"的字样。修改后的广播法允许民办广播电视,规定政府不得干涉广播电视的内容。新闻检查制度被取消,公共信息部下属的"公共信息协调办公室"被撤销,并废除了政府颁发记者证制度。

1987年年底通过的一系列法律标志着韩国的新闻自由体制得到确认。本来,开放需要一定的过程,但是1988年韩国举办奥运会迎来了数千采访奥运会的记者,这个转变的进程一下子大大缩短。1988年成为韩国完全开放新闻出版自由的年头。

1988年,卢泰愚执政,基本执行了他在新闻出版方面的承诺。报

---

① 陈力丹:《世界新闻传播史》,上海交通大学出版社2007年版,第356页。

纸的发展迅速,广播电视不再直接受政府控制,KBS 真正实行公营制,全斗焕时期被 KBS 兼并的民营广播电视重新独立出来。媒介开始批评政府,公布不利于当局的民意调查结果,并公开讨论与朝鲜的关系等过去被禁止的话题,新闻自由的状况有了明显的改善。1993 年,金泳三接任总统,出现了战后韩国第一次平静地移交权利的现象。当然,40 多年对传媒的专制控制造成的观念和习惯不会很快消退。有的新闻工作者仍然习惯于认为传媒是"政府的工具",并自愿采纳从官方信息部获得关于如何报道敏感问题的种种暗示。政府机构也会习惯性地采用一些间接的方式动员舆论,或对传媒进行收买,实行软控制①。

三、首尔信息传播网络的基本构成

首尔信息传播网络表现出了与其他国际大都市不同的特征,电视业、门户网站的舆论影响力超过了报业。2006 年 3—4 月,英国 BBC 和路透社、美国"媒体中心"分别对世界 10 个国家(分别是韩国、美国、英国、德国、俄罗斯、巴西、埃及、印度、印度尼西亚和尼日利亚)的万余人为对象实施了媒体与政府信赖度调查。据调查显示,在韩国,KBS、Naver 和《朝鲜日报》等当选为最受信赖的新闻媒体。相比较而言,美国人主要是通过电视(50%)、报纸(21%)、网络(14%)获取新闻;英国人依次是电视(55%)、报纸(19%)、电台(12%);德国人依次是报纸(45%)、电视(30%)、网络(11%);而韩国民众获取新闻的来源依次是电视(41%)、网络(34%)、报纸(19%),通过网络获取新闻的比率在世界 10 个国家中最高②。2009 年 2 月,韩国首尔大学教授尹锡敏所做的调查也显示,韩国媒体影响力从大到小依次为电视台、门户网站和报纸。其中,三大电视台(KBS、MBC、SBS)的舆论影响力远远超过门户

---

① 陈力丹:《世界新闻传播史》,上海交通大学出版社 2007 年版,第 357 页。
② 朝鲜日报中文网:《KBS、NAVER、〈朝鲜日报〉当选在韩国最受信赖的媒体》,chn.chosun.com,最后浏览日期: 2006 年 5 月 4 日。

网站和报纸。该研究以美国联邦通信委员会(FCC)、德国媒体集中委员会(KEK)使用的指标为基础,选择用户数、使用时间、销售额、影响力等12大指标来测定韩国媒体的舆论影响力。分析结果显示,KBS、MBC、SBS在12大指标中有11个指标占到第一至第三位。除广播之外,其在大部分指标中所占比例为50%左右,"黄金时间占有率"甚至达到68.80%。舆论影响力仅次于电视的是门户网站。在大多数指标中,Naver、Daum等五大门户网站的占有率超过了韩国九大日报的总和。其中在"使用时间和专注程度"方面,五大门户网站甚至超过了三大电视台[1]。排名在最后的则是报刊业[2]。由于韩国现有的《报纸法》规定,报社不能兼营电视台,但是反过来,广播公司可以持有报纸和通信公司的股份。这一不对称的规制原则导致传统的强势媒体"三大报"正迅速被电视台与新兴媒体所超越,其社会影响力急剧下降。从1956年开始,每年的4月7日是韩国的"报纸日"。2009年4月7日《中央日报》论坛中《"报纸日"来临之际对报业危机的思考》一文写道:"今天是第53个报纸日。在这个特殊的日子里,原本应该回顾言论自由的重要性、庆祝报纸日53周岁生日,但眼下由于报界四面楚歌的境地,我们实在难以举杯庆祝。"[3]这或许正代表了韩国报业的普遍心态。在对韩国报业的反思中,该文认为,报纸真正的危机并非来自经营,而是来自信任[4]。《中央日报》在2009年3月的改版中,将"信任"放在新的版式"柏林式"的首位,并进一步强化《中央日报》的"读者在下,新闻在上"的宗旨也来自"没有读者的信任、就没有报纸"这一认识。

2009年7月,新修订的"媒体三法"的通过,开启了报刊、广播电视

---

[1] 朝鲜日报:《三家电视台舆论支配力达60%》,http://news.chosun.com/site/data/html_dir/2009/11/14/200911140060.html,最后浏览日期:2019年3月17日。
[2] 王刚:《韩国出台新媒体法引发的多方争议》,载《法制日报》2009年7月31日。
[3] 韩国中央日报中文网:《"报纸日"来临之际对报业危机的思考》,http://chinese.joins.com/gb/article.aspx?art_id=19752&category=002001,最后浏览日期:2019年3月17日。
[4] 同上。

与互联网三种媒介市场相互开放的大门,这为韩国媒介走向融合与竞争之路打开了门户。对首尔信息传播网络的考察,还是先由最传统的报刊业开始,然后看看这些传统媒体行业是如何一步步与新传播技术融合的。

(一) 首尔杂志业

1997年的经济危机促进了韩国报刊业的开放。金融危机之前,韩国已经注册的杂志共有4 705种,而其中实际发行的杂志只有2 215种,不到注册杂志总数的50%。金融危机之前,韩国共有750多家杂志社,发行2 200多种杂志,年度销售额达6 800亿韩元,年度杂志广告销售额达2 100亿韩元(占整个广告市场的5%),形成9 200亿韩元的市场规模。但是,金融危机时期,韩国杂志业因为广告突然大量减少、纸张费和胶片价格上涨等因素,造成制作费暴涨、销售量萎缩等困难。其中,1998年杂志业的广告比前一年减少了51.90%,只有1 020多亿韩元了①。1998年12月31日修改的韩国期刊注册法于1999年7月1日起开始施行。加入经济合作与发展组织(OECD)以后,为促进外国投资,在期刊发行业中,从1999年1月1日起施行外国资本可以向国内杂志社投资50%以下、向报业投资30%以下、向通讯业投资25%以下的新规定②。据韩国舆论振兴财团的调查统计,截至2014年底,杂志行业的从业者约18 314人,年销售总额为13 000亿韩元(约合79亿人民币)。杂志社最多的企业形态是个人企业,其次是股份公司、公益法人和有限公司等。大牌的综合性的杂志社为首尔文化社(首尔媒体集团旗下出版社)。该社创办于1988年,发行五种面向女性的综合女性杂志和生活信息杂志,此外还出版连环漫画杂志、各种生活类专业杂志书以及单行本图书。表5-5—5-7是韩国纸质媒体和互联网媒体行业的基本情况。

---

① [韩]朴朦救:《韩国社会变革与杂志发展》,载《出版发行研究》2003年第1期。
② 同上。

表 5-5　韩国报纸、互联网媒体业数量情况(2016 年)[①]

新闻媒体形态			2014 年	2015 年	2016 年
纸质媒体	日报	合计	171	177	191
		全国性综合日报	25	27	29
		地区综合日报	107	106	119
		经济报纸	13	14	12
		体育报纸	4	4	5
		外语报纸	2	2	2
		其他专门报纸	17	22	22
		免费日报	2	2	2
	周报	合计	1 143	1 165	1 232
		全国性综合周报	31	33	32
		地区性综合周报	554	528	535
		专门周刊	558	604	665
互联网媒体	合计		—	2 332	2 767	2 604
	基于离线的互联网新闻		—	642	633
	基于线上的互联网新闻		—	2 125	1 971

表 5-6　韩国杂志基本情况[②]

年　份	杂志社数量（个）	从业人员数量（人）	总销售额（百万韩元）	每杂志社平均销售额(百万韩元)
2014 年	2 509	18 314	1 375 393	548
2012 年	1 479	17 748	1 862 515	1 259

---

① 韩国统计厅：新闻事业事业体数统计，http://kosis.kr/statisticsList/statisticsListIndex.do?menuId=M_01_01&vwcd=MT_ZTITLE&parmTabId=M_01_01#SelectStatsBoxDiv，最后浏览日期：2018 年 9 月 17 日。

② 辜晓进：《美国传媒体制》，南方报业出版社 2006 年版，第 7 页。

韩国 ABC 协会 2010 年的数据显示,全国 194 家普通杂志社中 74 家总部在首尔、专业杂志社中有 120 家将总部设在首尔,它们发行的大部分杂志都是面向全国市场的。详细的情况见表 5-7。

表 5-7　首尔地区杂志出版情况(2010 年)[①]

总部	分类	杂　志　名　称
首尔	普通 (74 家)	经济风月、金融经济、National Geographic 韩语版、News-wide Journal、Noblesse、Dynamic Korea、大学明天、大韩国人、共享的社会、淑女倾向、读者、Rich、文学世界、Mission 事实时代、Miz Tomorrow、消费者时代、时代精神、事实主人、事实新闻、事实新闻 JOURNAL、事实新闻人民、事案、事实 JOURNAL、事实时代、事实 In、新东亚、信用经济、信用社会、信号灯、亚洲文艺、儿童花园、妈妈的头脑、Yonhap Imazine、今天韩国、月刊高尔夫、月刊朝鲜、月刊中央、月刊宪政、月刊现代经营、月刊环境、周刊倾向、饮食和人、Economist、经济 REVIEW、田园生活、校园 PLUS、PaGolf、福布斯韩国、Foreign Polic、Hankyoreh21、韩经商务、韩国画报、同步、幸福的统一、ASI、atti、Business Korea、CEO NEWS、CNNez、Currency Korea、DIPLOMACY、Green Mother、森林、KOREA Economic Report、Korea IT Times、MBC 经济杂志 New Media、News World、NEWSIS EYES、Newsweek 韩语版、Midas、ORGANICLIFE、Queen、Seoul City、YBM ENGLISH
	专业 (120 家)	建筑交通新闻、建筑技术、建筑产业新闻、建筑经济新闻、建筑时代交通观光新闻、交通环境新闻、国土经济新闻、国土资源经济新闻、国土海洋新闻、树木新闻、内外电机通讯期刊、网络新闻、绿色新闻、农水畜产新闻、农食品品牌新闻、农渔村经济新闻、农业技术报、农畜流通新闻、农畜环境新闻、大韩建筑新闻、买家、BEAUTY M、CEO 活力、HR Insight、MEDICAL OBSERVER、Travie、等等

(二) 首尔报业

1. 报业的基本情况

由于政治格局的动荡,首尔在 1987 年之后才真正迎来了传媒业发展的"黄金时期"。因此,在全世界的报纸产业都走上了停滞不前与萎靡不振的道路时,唯独韩国新进入市场的报社正在急剧增加,从而导致市场竞争更加激烈[②]。1980 年实施"新闻统废合"之后,全国只剩 29 家

---

① 《杂志发刊现状》,韩国 ABC 协会,2010 年 3 月 19 日。
② 金在炫:《韩国报纸产业状况》,载《中国报业》2003 年第 9 期。

日报,到了1987年只增加了一家,共30家。1987年《6·29宣言》发表之后,报业界首先出现的现象便是复刊、创刊、增版和广告的竞争。根据统计,《6·29宣言》发表一年之后的1988年,全国日报数增加到65家,此后每年保持持续的成长。到1993年,全国的日报数达112家,1994年达124家,1999年113家,2001年123家,载至2014年12月,共171家①。据韩国新闻记者协会(韩国媒体最高协调和管理机构)2014年提供的数据,韩国新闻记者协会的会员单位是180家,首尔市的会员单位就有73家(需要说明的是,只有上一定规模的报社才能成为协会会员)②。

韩国报业的一个特点是政治立场十分鲜明。韩国报业有一条不成文的行规,一般持保守立场、相对右倾的报纸都是取名某某"日报";而持激进立场、相对"左倾"的,一般都叫某某"新闻"。所谓右倾,就是喜欢为大企业主说话;所谓"左倾",则是往往更强调维持普通民众的利益。比如,《朝鲜日报》与《京乡新闻》就是立场完全相左的死对头。

为准确客观地调查发行份数,1993年韩国引进了ABC(Audit Bureau of Circulations)③制度,加入的会员报社也为数不少,但真正参与份数公开,接受调查的报社却寥寥无几。其中,《朝鲜日报》是韩国31个日刊中最早持续接受该项调查的报纸。2002年10月,"朝中东"三大报首次全部纳入ABC的发行量认证体系,《朝鲜日报》《中央日报》和《东亚日报》的发行量分别为2 428 773份(2001年1—12月)、2 116 276份(2001年7—12月)和2 008 752份(2001年7—12月)④。为推进ABC制度在韩国的普及,韩国文化体育观光部在2009年5月明确,将

---

① 郎劲松:《韩国传媒体制创新》,南方日报出版社2006年版,第60页。
② 马杰:《向细节要效率——韩国报业剪影》,载《中国新闻出版报》2007年11月21日。
③ ABC是国际上第一个出版物发行数据认证机构,1916年成立于美国,是非营利会员组织,也是国际上公认的报刊发行量认证机构。
④ 秦圣昊:《本报取得ABC发行量认证,去年发行量达2 428 773份》,载《朝鲜日报》2002年10月8日。

根据 ABC 协会认证的发行份数和收费发行份数刊登报纸广告的方针。从 2010 年 1 月起,未接受 ABC 协会认证的报纸、杂志不能刊登政府广告。2008 年,韩国政府将 1 217 亿韩元规模的广告刊登在报纸和杂志上,成为印刷媒体最大的广告主。文化体育观光部对此解释说:"这是为了使报纸、杂志的广告单价能按照市场原理尽量合理地制定。"①从发行市场来看,排名前三位的日报社《东亚日报》《朝鲜日报》《中央日报》的市场占有率约为 51%,排名在前五位的五家报社(包括《韩国日报》《大韩每日》)形成了垄断格局,其市场占有率高达 76%左右。市场占有率高的少数几家报社也在订购市场中形成了垄断体系,排名前三位的报社占据了全国订购市场的 64%②。千人日报拥有量是联合国衡量一国社会信息化发展水平的重要指标,也是国际上通用的衡量一国报业发展水平的重要标准。从韩国报业的发行量水平来看,早在 2004 年韩国报纸的订阅率就达到了每千人 394 份,远高于中国报业发展水平(中国日报的千人拥有量到 2003 年才首次突破 70 份,2005 年为 76.84 份;其中,千人日报拥有量超过 100 份的省市由 2004 年的六个增加到 2005 年的七个,北京、上海的千人日报拥有量也仅仅为 285.16 份和 276.33 份③)。

基于"朝中东"三大报的垄断地位,韩国形成了以首尔为中心的舆论圈,三大报的垄断地位也引起了政府和民众的不满,呼吁扶持地方报纸的声音一直没有间断。对首尔以外地方报业市场的调查显示,首尔以外的大部分地区,10 人中有九人是中央报纸的读者,只有一人读地方报纸,中央报纸的垄断和寡头现象已十分严重④。三大报主要报道

---

① 《未经 ABC 协会认证发行量的报纸、杂志不能刊登政府广告》,载《朝鲜日报》2009 年 5 月 14 日。
② 金在炫:《韩国报纸产业状况》,载《中国报业》2003 年第 9 期。
③ 汪涓、宋华、陆云红:《我国首部〈报业蓝皮书〉发布 粤报纸数最多》(2007 年 7 月 6 日),腾讯新闻网,https://news.qq.com/a/20070705/003226.htm,最后浏览日期:2018 年 9 月 10 日。
④ 金成在:《如何搞活韩国地方报纸——以制定扶持地方报纸法的方向为中心》,载《当代韩国》2003 年秋季号。

以首尔和首都圈为中心的政治、经济、社会文化的新闻,每家报纸大约60个版面中只有1—2个版面勉强刊登地方新闻,所以地方舆论最终只能从属于中央舆论①。

具体到首尔而言,2008年的统计数字显示,该地区共登记出版发行的国内外报刊包括,普通日刊64家,特殊日刊②82家,外语类日刊八家。这些日刊虽然是在首尔登记,但其发行基本是面向全国市场,其中外语类日报还包括了中国的《人民日报海外版》。详见表5-8。

表5-8 首尔地区报纸登记现状③

分类	媒体名称	总计
普通日刊	建筑经济、监警日报、警察日报、京乡日报、国民日报、国情日报、Good Morning、Seoul、Global Time、内外大韩新闻、内外新闻、来日新闻、Newspace、大运河日报、大环境日报、The Daily Focus、DailyZoom、Daily No Cut News、东亚日报、每日经济、每日劳动新闻、Metro、文化日报、民族日报、法律日报、Saenuri新闻、首尔经济、首尔每日新闻、首尔日报、首尔版大韩日报、鲜京新闻、鲜京日报、世界日报、市民日报、亚洲日报、亚洲今天、亚洲经济、Arch新闻、AM7、UTPeaple、日间体育、日间今天、全国日报、朝鲜日报、中央日报、统一日报、Hana日报、Hankyoreh新闻、韩国经济、韩国日报、财经新闻、韩国今天、韩半岛日报、海公日报、海东日报、Herald经济、湖南道民日报、环境建筑日报、环境事实日报、City、E-环境日报、Evening	64家
特殊日刊	建筑日报、农民日报、大韩国土日报、The Daily Sports World、Digital Times、每日环境日报、民主警察日报、少年朝鲜日报、少年韩国日报、体育东亚、体育首尔、体育首尔 PLUS、体育朝鲜、体育韩国、食品医药日报、亚洲经济、亚洲环境日报、儿童环境日报、能源日报、韩国检察刊刊、日日经济、电子新闻、财经新闻、韩国建筑日报、韩国警察日报、环境日报、GGAuction等	82家
外语日刊	亚洲日报、人民日报海外版、Financial Times、International Herald Tribune、JoongAng Daily、The Korea Times、The Wall Street Journal ASIA	8家

---

① 金成在:《如何搞活韩国地方报纸——以制定扶持地方报纸法的方向为中心》,载《当代韩国》2003年秋季号。
② 根据韩国新闻法,特殊日刊指除了政治以外的领域中专门报道其某一个领域的日刊。类似于中国的专业、行业类报纸。
③ 《韩国报纸广播年鉴(2008)》,韩国舆论振兴财团,2008年,第477页。

此外，首尔还有全国性的周刊23家，详见表5-9。

表5-9　首尔地区的全国周刊(23家)[①]

总部所在地	周　刊　名　称
首　尔	星期一事实、周刊现代、中小企业新闻、中央SUNDAY、媒体今天、民主新闻事实韩国、事实首尔、星期天首尔、星期天事实、星期天新闻、残疾人新闻、事件内幕等

表5-10显示的是韩国各类新闻媒体收入构成及在近年来的变化。总销售额中最高的比例是广告收入。互联网上的内容销售收入较低但稳步增长，其他业务收入总体下降；互联网新闻媒体的广告收入及纸质报纸的销售收入均出现大幅下滑。表5-11为首尔各报社营销额以及市场占有率的情况。

表5-10　韩国各类报纸收入构成及变化[②]

年　份		广告收入	子公司或其他业务收入	报纸印刷零售收入	网络内容销售收入	合　计
纸媒	2014(百万韩元)	1 778 907	678 776	493 395	104 724	3 055 802
	2015(百万韩元)	1 802 206	728 938	505 946	139 307	3 176 397
	2016(百万韩元)	1 810 973	695 643	472 840	219 518	3 198 974
	同比增减率(%)	0.50	−4.60	−6.50	57.60	0.70
网络新闻媒体	2014(百万韩元)	175 665	213 577	—	52 844	442 086
	2015(百万韩元)	217 750	200 153	—	68 919	486 821
	2016(百万韩元)	192 511	183 249	—	76 653	452 414
	同比增减率(%)	−11.60	−8.40		11.20	−7.10
合计	2014(百万韩元)	1 954 572	892 353	493 395	157 568	3 497 888
	2015(百万韩元)	2 019 956	929 091	505 946	208 225	3 663 218
	2016(百万韩元)	2 003 485	878 892	472 840	296 171	3 651 388
	同比增减率(%)	−0.80	−5.40	−6.50	42.20	−0.30

① 《韩国报纸广播年鉴(2008)》，韩国舆论振兴财团，2008年，第477页。
② 韩国舆论振兴财团：《2017年新闻产业态势调查》，http://www.kpf.or.kr/site/kpf/ex/board/View.do?cbIdx=235&bcIdx=20267，最后浏览日期：2018年9月17日。

表 5-11 首尔各报社营销额(2016 年)(单位：百万韩元)

类 别	营 业 额	日报市场份额	整体市场份额
全国性综合日报	1 409 098	50.30%	38.60%
《东亚日报》	287 231	10.30%	7.90%
《朝鲜日报》	329 985	11.80%	9.00%
《中央日报》	290 316	10.40%	8.00%
《经济日报》	703 890	25.10%	19.30%
《每日经济》	228 779	8.20%	6.30%
《韩国经济》	160 310	5.70%	4.40%
地区性综合日报	487 985	17.40%	13.40%

从首尔地区各主要报纸的阅读量情况可以看到，传统"朝中东"三大报依然占据着非常明显的优势。详见表 5-12。

表 5-12 首尔地区报社阅读率(2007 年)[①]

报 纸	阅读率	报 纸	阅读率
朝鲜日报	13.50%	国民日报	1.70%
中央日报	11.20%	韩民族日报	1.30%
东亚日报	8.00%	韩国日报	1.30%
京乡日报	2.10%	首尔日报	1%
每日经济	2.10%	体育朝鲜	0.80%

互联网在韩国的发展非常迅速，2001 年的时候，韩国互联网普及率就已经高居全球首位。然而，我们观察首尔地区三大报的发行量(2010—2016 年)(见表 5-13)，却发现，尽管《朝鲜日报》发行量从 242.80 下降到 230 万份，《东亚日报》《中央日报》中间有一些波动，但发行量基本稳定。相比较而言，在同属于互联网高普及区域的东京，《读卖新闻》发行量却从 1 424.60 万(2003 年)下降到 1 002 万(2009 年)，

---

① 韩国舆论振兴财团：《2017 韩国传媒年刊》，http://www.kpf.or.kr/site/kpf/research/selectMediaPdsFList.do，最后浏览日期：2018 年 9 月 17 日。

成为当时世界唯一的一份发行量过1 000万份的报纸;《朝日新闻》则从1 232.60万(2003年)下降到804.90万份(2009年),分别跌去了400多万份,跌幅在30%左右。比较可见首尔报业的坚持实属不易。不过,考虑到韩国报纸订阅率的逐年下降(参见图5-1),三大报发行量的上升其实是报业资源集中于强势媒体的结果,而那些经营状况不是很好的报社,则会越来越边缘化了。

表5-13 "朝中东"三大报社的发行量(2010—2016年)(单位:万份)①

	朝鲜日报	中央日报	东亚日报
2010年	181.00	131.00	124.90
2011年	179.90	130.00	119.80
2012年	176.90	129.20	106.10
2013年	175.70	126.40	90.70
2014年	167.30	105.70	91.70
2015年	154.60	96.10	91.80
2016年	151.30	97.90	94.70

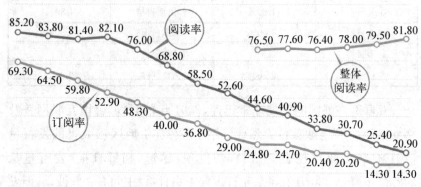

图5-1 韩国报纸订阅率(1996—2018年)②(单位:%)

① 韩国舆论振兴财团:《2017年韩国传媒年刊》,http://www.kpf.or.kr/site/kpf/research/selectMediaPdsFList.do,最后浏览日期:2018年9月17日。
② 同上。

尽管韩国报业获得了较好的发展,尤其是几家主要的报纸发行量相对稳定,但整体而言,报纸的订户在流失。根据韩国舆论振兴财团发布的《2017年韩国传媒年刊》数据显示,从2010年到2016年的六年间,报纸定期购买率下降了一半以上。但是,读者整体阅读率(即表示过去一周曾通过报纸、PC、移动互联网、手机和IPTV观看或阅读报纸文章的受访者百分比)却呈现持续上升,这或许给韩国报业带来一些希望。详见图5-1韩国报纸定期购买率(1996—2018年)。

韩国的一项调查结果显示,有30％以上未订阅报纸的家庭表示,今后将会考虑订阅报纸。这项调查是韩国新闻协会为迎接韩国第51个"报纸日"而进行的,包括停止订阅报纸者、年轻人和家庭主妇在内的1 200名市民接受了该项调查。调查结果表明,30.30％未订阅报纸的家庭表示今后有订阅报纸的打算。其中,年轻人占31.30％,家庭主妇占19.30％,年轻人订阅报纸的意识有所提高。此外,未订阅报纸的年轻人中,回答"一年之内将考虑订阅报纸"的也超过了15％,持同样打算的人,停止订阅报纸者为13.40％,家庭主妇为11.30％[①]。但是,该项调查也显示出一些值得担忧的信息。例如,在问及未订阅报纸的理由时,回答"从其他媒体也能得到新闻和资讯"的最多,占74.70％;回答"个人和家庭原因"的占54.80％;回答"广告和广告性的报道太多"的占29.60％;"报纸的报道和论调不中意"的占28.20％[②]。其中报纸的可替代性问题正变得日益突出。

2. 面对新媒体冲击的调整

韩国广播广告公司调查显示,平时人们阅读报纸的时间约为每天22分钟,由于移动互联网的迅速发展,人们的读报时间已连续七年呈减少趋势,与10年前相比已减少了一半(图5-2)。各年龄层的网民对上传图像、照片等都非常积极,而与"互动性"距离较远的报纸自然影响

---

① 王英斌:《韩国调查表明:报纸前景依然乐观》,载《世界文化》2007年第5期。
② 同上。

力日渐下降。《中央日报》中国研究所所长刘尚哲称:"韩国是一个年轻的国家,由于宽带网普及率高,纸媒体走下坡路比中国快。《中央日报》2008年发行量为200万份,我们预计10年后可能降到100万份左右。我们现在常常开会研讨如何应对。"①

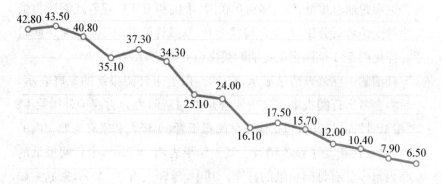

图 5-2　韩国读者报纸阅读时间(1993—2016 年)②(单位:分钟)

针对这一情况,首尔报业的应对表现在两个方面。一方面,2007年 2 月 23 日,韩国《朝鲜日报》宣称其"领先开创'跨媒体'时代",所谓的"跨媒体"是指将同一篇报道内容通过报纸、无线电视台、有线电视台、手机、网络等手段同时向受众进行报道③。这一举措将报业职能从"卖报纸"回溯到了"卖信息",依托报业原有资源,为受众提供更多的内容服务。另一方面,近年来,免费报纸成为吸引读者,尤其是成为吸引年轻读者的有效手段。在首尔的地铁站里至少有 10 余种免费报纸,有早报、晚报,供上班族坐地铁时免费翻阅。据了解,像《CITY》这种报纸,每期也不多印,只印 20 万份左右,在所有地铁站口免费发放。这对

---

① 郭军、赖寄丹:《互联网时代韩国报业的反守为攻》,载《亚太经济时报》2008 年 4 月 20 日。
② 韩国舆论振兴财团:《2017 年韩国传媒年刊》,http://www.kpf.or.kr/site/kpf/research/selectMediaPdsFList.do,最后浏览日期: 2018 年 9 月 17 日。
③ 韩贤宇、李学俊:《韩国〈朝鲜日报〉开创"跨媒体"时代》,载《朝鲜日报》2007 年 7 月 23 日。

传统大报构成了严重的威胁。为此,"朝中东"的高层领导还曾联合率领员工到首尔市政府门前示威,抗议免费报纸泛滥,劝告市民不要看此类报纸[①]。不过,韩国报业三巨头之一的《中央日报》也已经开始发行自己的免费报纸。同时,三大报也压低了报纸的订阅费,以适应新的报纸市场需求。《中央日报》最先从 2004 年 1 月开始直接把每月 12 000 韩元的订阅费砍了 2 000 韩元。《朝鲜日报》则从 14 000 韩元直降 5 000 韩元。尽管此时韩国报纸的家庭订阅比例已经降至 48.30%,首次低于 50%。

此外,面对互联网等新媒体的冲击,韩国报纸在内容上出现了新的变化。一方面,原本是综合性报纸的《中央日报》近年来明显增加了经济报道的分量;而另一方面,一些原本是经济类的专业报纸,却都纷纷打起了综合牌。在经济类报纸的发行量中位居龙头老大的《每日经济新闻》,其每日出版的 24 块新闻版面已调整到一半财经一半综合。《每日经济新闻》主笔张容诚表示:"一段时间报纸之所以走下坡路,是因为仅仅报道经济,内容单一,现在我们增加了综合性报道,内容丰富了,家庭主妇也能看,发行量提高了。"[②]《每日经济新闻》是韩国主流报纸中唯一不受财团控制的媒体,因其创始人把 50% 股份分给财团工作人员,20% 分给报社工作人员,完全由民间控股。其主笔张容诚说:"我们决不人云亦云,凡事一定要自己采访调查,以新闻的公信力为努力目标","对高层次新闻的需求始终是会有的,纸媒体不会被抛弃。制作高层次新闻对记者、编辑提出了更高要求,提高纸媒体从业人员自身的学习创新能力至为关键,我们报社送出去到海外读博士的就有 150 人。我们现在拥有 110 万份发行量,计划在近两年要把发行量提升到 150 万份。"[③]当前韩国主要媒体的数字化战略总结如表 5-14 所示。

---

① 元涛:《奋力支撑中的韩国报业》,载《世界博览》2009 年第 1 期。
② 郭军、赖寄丹:《互联网时代韩国报业的反守为攻》,载《亚太经济时报》2008 年 4 月 20 日版。
③ 同上。

表 5-14　韩国主要媒体数字化战略情况（2017 年）①

媒体	主要数字化战略
朝鲜日报	— 推出"VR朝鲜"后,制作约 140 件以上 360VR 内容 — 朝鲜日报 app 提供付费阅读服务 — 普通记者可通过公开竞争成为社交媒体团队负责人
中央日报	— 努力通过建立新的综合新闻编辑室改变业务流程本身 — 通过微靶向（Micro Targeting,读者细分导向）改变自身业务成分 — 实行数字生产优化的 CMS'JAM 制度（中央资产管理 Joongang Asset Management） — 组织重组：建立负责技术开发、规划、内容制作和发布的部门"数字化总部"；以及 24 小时速报响应团队"EYE 24" — 正在实验实施栏目优化,探索提供读者导向型内容
东亚日报	— 由年轻的记者主导数字内容制作 — 将开发"中国之窗"子主页 — 将建立无人机相关的互动子主页 — 运营数字综合新闻中心：进行社交媒体管理和现有可视化新闻再加工 — 写作专题文章《滴水（DDR·东亚数字报告）》
京乡新闻	— 招募高级网页设计、网站开发人员 — 制作面向移动互联网的新闻文章：互动新闻开发,策划讲故事制作 — 高管在数字部门工作一周
国民日报	— 建立综合新闻编辑室：同时处理编辑部门各部门的离线文章 — 每周两次执行"在线日"：优先制作线上报道
明日新闻	— 数字报纸免费订阅 — 升级互联网和移动报纸的访问便捷性和可读性 — 探索开发数字广告服务
每日经济	— 编辑部设立为社交媒体制作视频的工作室 — 与 Naver 合作并运营线上旅行特别节目"Travel+" — 纸面新闻改革：使用增强现实（AR）在纸质版第 1 页新增"Newspaper+"板块
文化日报	— 运用 SNS 等各种平台发布和传播文章
首尔新闻	— 将 SNS 团队整合为信息综合处理团队
首尔经济	— 改版数字品牌"首尔经济大亨"：寻找以移动媒体和以读者为中心的内容
韩民族	— 编辑部主任兼任数字部门的主管 — 编辑部正在运行数字优先：在线报纸制作、网络版编辑会议 — 合并编辑一部、二部,新成立"数字整合 Newsroom"

① 韩国舆论振兴财团：《2017 年韩国传媒年刊》,http://www.kpf.or.kr/site/kpf/research/selectMediaPdsFList.do,最后浏览日期：2018 年 9 月 17 日。

续表

媒　体	主　要　数　字　化　战　略
韩国经济	— 建立数字优先概念的综合新闻室 — 在主页 hankyung.com 建立"新闻 Rap 团"：可视化新闻、VR 新闻、视频、信息图表等 — 尝试发展内容专业化、高端化：Hankyung＋(付费在线报纸)、市场洞察、Hankyung 超级蚂蚁等产品 — 与《华尔街日报》合作推出"移动韩经"应用程序 — 与 Naver 达成协议建立合资企业 — 加强 AR 内容：A 将 R 应用于《2017 年韩国城市景观》指南文章
韩联社	— 建立未来战略室：支持适合新媒体环境的内容开发，研究和开发新媒体领域，媒体实验室的统计分析 — 建立数字新闻部门：制作可视化新闻等数字内容

3. 首尔报纸的发行技巧

韩国经济发达,国民收入水平高,城市人口密度大,人多而集中,为报纸发行提供了便利,有了这些先决条件,加上成熟的报刊发行体制,一并促成了韩国庞大的报纸发行量。韩国报纸发行格局与日本类似。全国性报纸都分为一报两刊,即一份报纸分日刊和晚刊,报刊发行实行专卖制。专卖制指报社与发行销售店签订专营合同,发行销售店为特定的报社提供专一的发行服务,它有专营性质,发行销售店又被称为报纸专卖店或贩卖店。报社与专卖店是平等合作的关系,报社提供产品,并负责根据各专卖店的订报数量将报纸送到各店,读者管理和销售由专卖店负责,报社与各专卖店的结算价格从 40％—60％不等,订户越多的店获取的利益越多。韩国的报纸专卖店有 2.20 万多个,有 48 万名从业人员,其中有四万多从事报纸投递工作的是学生,所以在韩国有"报纸少年"和"报纸少女"的说法。韩国的 47 个都道府县,平均每个有 488.78 个销售店,平均一个店有 21 人。《东亚日报》就有 5 500 多家专卖店,《朝鲜日报》则有 6 000 多家专卖店①。

---

① 本部分资料由复旦大学新闻学院韩国留学生徐东熙在课堂汇报材料中提供,在此表示感谢。

在销售方式上，首尔报纸主要依赖家庭送报的投递方式，促销也几乎全部依赖于访问销售。庞大的报纸专卖店网络，使得韩国93％的报纸销售都是通过"送报上门制度"来实现的，零售仅占6.30％，而邮送更少，只占0.50％，《朝鲜日报》《东亚日报》《中央日报》的送报上门率甚至达到了99％以上。不过，高发行量提高了首尔报纸的运行成本，韩国报业收入结构和我国类似，发行存在亏损，广告收入占总收入的比例在70％以上，最高的达到90％左右。以1998年11月为例，制作一份32版（八版彩色）的报纸所需的纸张费与墨水费约为124韩元。一个月（以26天为标准）仅主材料费就达3 224韩元，但支局获得的款项，每份报纸平均为3 000韩元左右。因此，报社每销售一份报纸，就要每月产生224韩元的赤字①。

韩国报纸发行也曾出现低价促销、厚礼促售等恶性竞争的状况，后来报社不得不求助韩国公平贸易委员会出面协调，并于1960年公布了《报业非公正交易禁止办法》，禁止四项不公正销售方法：使用金钱、物品、招待券、抽奖券等赠品；散发免费报纸和样品报纸；对不同的地区和个人改变定价或打折扣制造差价；将超过定购数量的报纸强行摊派给专卖店。2001年，韩国公平贸易委员会向改革管理委员会和政府递交了整顿报业市场的指导方针（草案），内容包括：禁止报业寄送多于订阅额10％的赠阅报纸，禁止报业连续三天寄送给用户赠阅报纸，禁止赠送高于每月订阅费价格10％的礼品以吸引订户的措施，等等，以防止不正当的销售行为。由于指导方针提出的限制媒体无序操作的措施引起了公众的广泛关注，韩国发行人协会也督促会员放弃某些市场策略，包括以贵重礼品换取订阅数额的做法。

在韩国，报纸发行拥有一个优势：韩国人讲人情，消费者忠诚度较高。以《京畿日报》为例，他们开发新订户的对策是：先免费送三个月报纸，待习惯养成了，再开始收费。而《朝鲜日报》的推广手段更高超，

---

① 金在炫：《韩国报纸产业状况》，载《中国报业》2003年第9期。

他们的发行员差不多走遍了全国每一个家庭,到户推销报纸,而且,可以让读者免费试看两个月,并送试看费两万韩元①。据韩国媒体研究所提供的数据,韩国家庭和个人订报占所有报纸发行量的95%以上,韩国报纸的发行主要靠全年征订,零售所占比例很小,约为6.30%②。

4. 首尔主要报纸

(1)《朝鲜日报》

《朝鲜日报》是一家在韩国影响力最大的新闻媒体,1920年创刊,近年来在家庭订阅率、个人阅读率、媒体喜爱度等各种就订阅情况进行的调查中,均高居榜首。《朝鲜日报》在韩国国内日刊报纸中,是最早向读者和广告业主公开声明发行数量和收费资准的。据韩国时事周刊《时事杂志》2009年1月公布的一项调查结果显示,《朝鲜日报》以21.90%的读者支持率高居韩国各类报纸之首,《朝鲜日报》作为广受韩国读者欢迎的最有代表性的报纸地位没有动摇,其中特别受到40—50岁年龄段读者以及首都圈(首尔市、仁川市、京畿道)、江原道、济州道读者的广泛支持。此外,30多岁的读者对《朝鲜日报》的支持率也上升到了19.00%③。

《朝鲜日报》1995年建立了朝鲜日报网(http://www.chosun.com),在韩国最早开辟了网络新闻时代。此外,《朝鲜日报》还办了多语种的网站,其中,朝鲜日报中文网(http://chn.chosun.com)主要面对中国网友和全球华人,提供有关韩国对中国的看法、韩国最新动态以及对全球焦点的分析和评论。该网站提供的新闻是将《朝鲜日报》及其旗下媒体当日的报道翻译成中文,除了涉及一般的及时性新闻、周末版经济板块——"Weekly Biz"、深层分析板块——"Why"、中国人专栏等专业性强的严肃性内容之外,还提供娱乐、时尚题材的韩国流行文化。

---

① 元涛:《奋力支撑中的韩国报业》,载《世界博览》2009年第1期。
② 同上。
③ 王英斌摘译自《朝鲜日报》:《朝鲜日报当选韩国最受欢迎的报纸》,转引自《中国新闻出版报》2009年2月3日。

(2)《东亚日报》

《东亚日报》1920年4月1日由金性洙、朴泳孝、金弘祚、高厦柱等77人发起主办,现由洪家家族持有主要股份。当时提出的办报宗旨是"支持民主,提倡文化"。该报现在是韩国三大日报之一,曾被称为"民族报"和"民族魂"。其1953年6月因朝鲜战争暂时停刊,8月复刊。《东亚日报》在汉城出版,常规版面为每天24—36个对开版,版式接近日本报纸风格,强调时政新闻,图文并茂,笔锋犀利。它的系列报刊有《少年东亚日报》、《新东亚》杂志、《科学东亚》杂志、《音乐东亚》杂志、《风采月刊》、《女性东亚》杂志和《东亚年鉴》等。《东亚日报》被认为是三大报纸中最敢于批评社会不良现象的报纸,它主张建立民族的政府、恢复公民权利、保障个人自由和新闻自由,因此经常受到政府的批评。但是,正因为这些特点,《东亚日报》成为在野党人和知识分子最为喜爱和拥护的纸媒。

(3)《中央日报》

1965年创办的中央日报集团已经由原来单纯的报业集团转向多媒体集团,除出版《中央日报》,该集团还出版英文日报Joongang Daily、韩文版《新闻周刊》《福布斯》《时尚》等20多种附属报刊。早在1995年,中央日报集团即创办了亚洲首家互联网新闻服务网——Joins.com,自创办以来该网站在韩国一直是最受欢迎的新闻媒体网站。该集团还拥有对外提供包括书刊出版、有线电视和互联网在内的多种类型服务。《中央日报》每天64个版,广告占全部版面的53%。近年来,在互联网等新兴媒体冲击下,《中央日报》报道上发生一些变化,一是综合题材转向以经济题材为主;二是从信息发布转向侧重分析和评论[①]。

《中央日报》的贡献还在于启动了星期天报业市场。韩国报纸过去没有星期天版,因为星期天广告主不投广告,而送报费用每一份也要比平日贵一倍以上。为发掘和培养这一部分读者群,《中央日报》于2007

[①] 郭军、赖寄丹:《互联网时代韩国报业的反守为攻》,载《亚太经济时报》2008年4月20日版。

年推出的 Sunday(《星期天报》)是韩国第一份每周日早晨配送的高品质报纸。《中央日报》认为,"在发达国家,周日往往能够比平时售出更多报纸。越是高品质报纸越是如此。越是高学历、高收入的读者,就越偏爱周日的报纸。一周当中因繁忙而无暇阅读报纸的人,往往将周日的清闲与报纸分享"。因此,中央星期日的定位为"一周一次,通过周日的报纸整理过去的一周,同时准备新的一周"①。该报内容分为三个部分:综合新闻部分只挑选一周新闻中重要的内容进行有深度的整理,并对下一星期做一展望。特别报道(Special Report)是从每周韩国的核心议题中挑选一个,对其进行多角度深层分析的特别报告书。副刊(Magazine)则提供丰富读者生活的文化教养与休闲信息,为读者献上阅读的乐趣。

《中央日报》1974 年在洛杉矶设立了美洲分部,使用 The Korea Daily 的名称发行美洲版报纸至今。美洲版不仅在美国境内发行,而且在加拿大及南美地区也已得到普及,能够为移民生活提供丰富而有深度的消息。在美洲发行的报纸版面分为美国版、韩国版、体育版、日常版块(Daily Section)和分类广告五部分,平均每期发行 100 余页面。同时发行的还有费城、橘郡、圣迭戈、罗兰岗等地的地区版。另外,在 joongangusa.com 上还网罗了美洲各地韩人社会所需要的新闻、生活信息、移民信息、工作介绍等信息,通过网络提供给读者。报社总部位于旧金山,此外在纽约、芝加哥、华盛顿特区、西雅图、夏威夷、达拉斯、橘郡、圣迭戈、巴西、阿根廷、多伦多、温哥华等地也都建有分部并发行报纸。

(三) 首尔广播影视业发展的状况与特征

在韩国电视领域,主要由集中于首尔的 KBS、MBC 和 SBS 三家主导,三家广播公司几乎垄断了韩国广电产业的生产、播出与出口。如前所述,韩国已有调查显示,韩国三大电视台传播影响力远超门户网站与报纸。

---

① 中央日报网站(中文版),http://chinese.joins.com/gb/,最后浏览日期:2019 年 5 月 18 日。

韩国的地面波电视网络共由四家公司组成,即 KBS、MBC、SBS、EBS。KBS 是与日本的 NHK 相似的电台,是靠接收费收入与广告收入播送两个电视频道,属于公共广播。EBS 类似于 NHK 的电视教育台,过去,EBS 曾属于 KBS 的一部分,但现已分离,现在是靠广告收入和 KBS 拨给的接收费用来经营的。MBS 与 SBS 都是靠广告收入开展着各自的一个电视频道广播的。不过,MBC 的资本正在成为政府机关的资本。从资本上看与日本的民营电视台(民放)相类似的也只有 SBS 系统。各个电台都是电视与(无线电)广播兼营,都进行着 FM/AM 的无线电广播。韩国广播委员会的数字电视促进委员会决定,从 2006 年开始将提高韩国地面电视的数字电视比例,在 2010 年全面实现数字化。

和其他城市与国家广播电视运行体制最不同的地方是韩国广播电视广告市场的经营模式。韩国广播电视频道与频率均没有广告经营权力,而是由韩国广播(电视)广告公社,这一韩国广播委员会下属唯一的广告代理机构,被授权全权负责三大公营和民营台的时段销售、广告计划和广告费的分配等业务,它代理电台、电视台的广告业务,收取的手续费用来资助新闻机构及新闻团体的运转。在媒体与政府的关系上,广播电视行业相对于报纸行业表现出更多的合作意向,这或许与此制度有更多关系。

1. 首尔地区电台

(1) 基本情况

按韩国传播振兴协会的统计,目前首尔的中波电台共有六座,调频电台共有 13 座。首尔的六座中波电台均为发射功率达到 50 千瓦的大功率电台;而 13 座调频电台的发射功率则在 1—10 千瓦之间,为中功率电台。从设置上来看,一方面,几个大功率的中波电台能够充分保证传播效果;另一方面,数量较多的调频电台也能够有效地扩大传播的覆盖面。电台按照运营方式分为网络电台和独立经营电台。在韩国除了

KBS、MBC、SBS、EBS拥有并运作的地面电台以外，首尔市还拥有交通广播(TBS)、道路安全管理工团属下的韩国交通广播(TBN)，以及其他电台(以宗教电台居多)。其中，除了交通广播以外基本上都属于网络化体系运营的电台①。按《数字时代广播电台发展方案》的统计，首尔有10家地面电台共18个频道(见表5-15)。总体来看，结构上公营和民营混合，而且公营电台和其他类电台更多。其中公营电台同地面电视台同属于一个组织，宗教电台则跟有线电台联结②。

表5-15 首尔无线电台(2018年)

区 分		品牌名称	其 他
公营	KBS	1,2,3AM	KBS1：新闻频道 KBS3：残疾人对象
		1,2 FM	KBS1：古典音乐 KBS2：多数为流行音乐
		韩民族放送	以韩国、朝鲜、中国延边的朝鲜族等为主要对象
		KBS World	中国、日本、普里摩利耶、萨哈林岛
	MBC	标准 FM	综合频道
		FM4U	音乐频道
民营	SBS	LOVE FM	综合频道
		POWER FM	音乐频道
其他	宗教	标准 FM	基督教电台
		音乐 FM	
		BBS	佛教电台
		PBC	天主教电台
		FEBC	极东电台(Far East Broadcasting Co., Korea)
		WBS	原佛教电台
	交通	TBN	无广告
	其他	EBS	无广告
总 计		10家18个频道	除了卫星及因特网广播以外

（CBS列应在"标准FM/音乐FM"行）

---

① [韩]郑仁淑：《广播产业和政策的理解》，传播书出版社2019年，第146—147页。
② 同上。

DMB(Digital Multimedia Broadcasting)的引进，推动了频道的专业化、多样化。三家主要地面电台（KBS、MBC、SBS）通过引进DMB Radio,比过去拥有了更多的频道。随着地面DMB的普及与电台频道的增多，频道专业化、多样化，为以后走类型化的道路打下了基础。

一直以来，谈话、信息、音乐融合的综合类节目最受首尔听众的喜爱，主要听众是30岁以上高收入的白领男性。从年龄段来说，10—30岁倾向于音乐节目，30岁以上的男性喜欢交通广播，30岁以上女性相对来说更喜欢听宗教节目[①]。

韩国广告公司的《广播听众倾向调查报告》显示，上下班途中在车上收听的听众为多数，选择节目的首要因素是主持人。中波电台中MBC位居收听率榜首，调频电台中则是SBS居首[②]（见表5-16）。无线电台的营销额比去年减少了157亿韩元（2.90%），主要原因是广告收入的减少（0.70%）[③]。

表5-16 首尔无线电台收听率[④]（单位：%）

中波						
电台	KBS1	KBS2	MBC	SBS	CBS	FEBC
全国	7.10	6.60	31.00	—	3.50	2.30
首尔	4.60	4.80	28.60	4.60	2.70	2.20
调频								
电台	KBS1	KBS2	MBC	SBS	TBS	BBS	PBC	CSB	EBS
全国	5.40	3.80	25.10	13.50	6.70	0.60	0.70	2.40	0.70
首尔	2.40	9.40	20.20	10.50	11.90	0.50	0.50	2.90	0.00

① Radio&Listener,韩国广告公司,2009年,第5页。
② 同上。
③ 《2009广播产业情况调查》,韩国广播通信委员会,2009年,第21页。
④ 同上。

(2) 主要电台

在韩国,主要的电台由三大广播公司(KBS、MBC、SBS)拥有。这三大广播公司的具体情况将在下一章介绍。

① KBS 电台

比起其他广播公司,KBS 拥有较多的频道,更接近于走"类型化"(Radio Format)的道路,即针对不同的受众,有目的的安排播出内容。

KBS1 作为新闻频道,从 1965 年开始便通过中波和调频播出新闻内容。KBS2 又被称为 Happy FM,主要面向中老年听众,内容以大众音乐为主。KBS3 则主要针对残疾人播出。KBS-1FM 又被称为 KBS Classic FM,是韩国唯一的古典音乐专业频道。KBS-2FM 主要针对年轻听众,内容也主要由流行音乐构成。

② MBC 电台

MBC 标准 FM 作为综合频道,1961 年起通过中波播出。为了提高收听效果也会通过调频方式来播出。标准 FM 在首尔地区的平均收听率达到了 28.60%,在所有电台中排位第一。

MBC-FM4U 是音乐专业频道。截至目前,其平均收听率是所有音乐电台中最高的。

在 MBC 电台的所有栏目中,MBC AM《新闻广场》的收听率高居榜首,尤其受到知识分子阶层的欢迎。而谈话类栏目《哈哈秀》和《女性时代》的收听率也分别居第二位和第三位。

③ SBS 电台

SBS 于 1999 年成立了 LOVE FM 的综合频道,POWER FM 则是其音乐专业频道。每天下午 2—4 点现场直播的 CULTWO SHOW 谈话节目是 2009 年 SBS 电台所有节目中收听率最高的。

2. 首尔地区电视台

作为韩国三大广播电视公司(KBS、MBC、SBS)的总部所在地,首尔一直是韩国传媒业的中心地带。这三家广播公司分别与地方广播电视台建立了不同的网络关系。KBS跟地方网络是直属关系，MBC则将地方广播电视台作为子公司，SBS则与地方广播电视台建立了战略联盟关系(见表5-17)①。

表5-17 韩国广播信息网络市场组成②

大分类	总分类	具体划分	其他
无线广播业	电视	公营、民营	KBS、MBC、SBS、EBS、区域民营广播
	电台 无线移动多媒体	公营、民营、其他	其他：宗教、交通频道
有线广播业	综合有线	1、2、3、4次	SO：System Operator
	转播有线		
	音乐有线		
卫星广播业	普通有线		Skylife
	卫星移动多媒体有线		TU DMB
其他广播业	因特网电视		

(1) 电视台分类概况

韩国的广播媒体市场分为无线、有线、卫星广播，以及节目制作供应业及其他广播业③。无线电视台市场主要是由电视(2005年开始的无线DMB)来组成。有线电视有SO(System Operator)综合有线电视，主要转播有线电视及音乐有线电视。卫视电视有普通卫星电视(SKY LIFE)和卫星移动媒体电视(又被称为卫星DMB或TU媒体)组成。另外，为有线电视和卫星电视制作和提供节目的节目供应商(program provider)也是韩国广播媒体市场的重要组成部分。其他则

---

① 《2017广播产业情况调查》，韩国广播通信委员会，2017年，第17页。
② 《广播影像独立制作公司登记情况(2008年12月31日基准)》，韩国文化体育观光部，第1页。
③ 《2009广播产业情况调查》，韩国广播通信委员会，2009年，第9页。

包括因特网电视等媒体(见表 5-17)。

在公营电视台 KBS 中,不同的频道有不同的经营方式。KBS1 是收费频道,收视费为每月 2 500 韩元,折合人民币 15 元(1∶167.88 汇率基准),无广告。KBS2 则有广告。无线电视台的营销额比去年减少了 481 亿韩元(1.40%),主要原因也是广告收入的下降(9%)[①]。

据韩国广告公司的统计,2006 年有线电视普及率将近 70%;如果包括普通卫星(SkyLife)的话,收费电视普及率将近 80%。每年有线电视市场的平均增长率为 20%[②]。有线电视台的营销总额为两兆 4 182 亿韩元。过去许多人把有线电视当作无线电视节目的重播频道,而现在,这种观念发生了变化。根据广播委员会的统计,2009 年 6 月首尔有线电视户口为 390 万[③]。

以有线频道 M.net 的《Superstar K》为例,这是一档不断淘汰选手旨在发掘明日之星的选秀节目。2009 年收视率达到 3%—8.20%,是收视率最高的有线电视节目。有线电视 TVn 频道的 Rollercoaster 也是 2009 年收视率较高的节目之一,平均收视率为 3%—4%。这些例子都足以说明韩国的有线电视热潮,因为在韩国,人们普遍认为有线电视台节目的收视率超过 1%就是成功的节目;如果超过 2%的话,那这档节目做得非常成功(图 5-3)。

首尔的主要电视台有:

- KBS1-Channel 7
- KBS2-Channel 9
- MBC Channel 11
- SBS-Channel 6
- EBS-Channel 13

---

① 《2009 年广播产业情况调查》,韩国广播通信委员会,2010 年,第 21 页。
② 《韩国广告产业的现状与未来》,韩国广告公司,2007 年,第 79 页。
③ 《2009 年广播产业情况调查》,韩国广播通信委员会,2010 年,第 35 页。

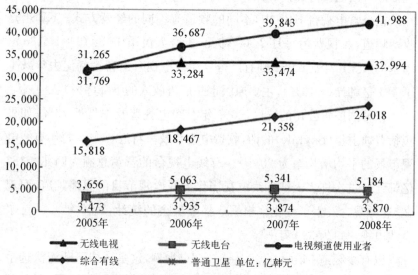

图 5-3 广播传播信息网络营销额变化趋势①(单位：亿韩元)

- 有线频道 M.net
- 有线频道 KM
- 有线频道 OCN
- 有线频道 TVn

(2) 首尔地区主要电视台

① KBS

KBS 是韩国最大的三家广播公司之一，在首尔的第七和第九频道分别播 KBS-TV1 和 KBS-TV2 有线电视频道的节目；此外，KBS 还辖有两个卫星电视频道(KBS Korea、KBS World)以及三家附属公司和 10 个海外办事处。KBS 在韩国 25 个地区设有发射站，发射信号遍及全国。KBS 的两个有线电视台 TV1(综合频道)和 TV2(娱乐频道)在韩国观众市场的占有率极高，约为 40%。每晚的新闻联播是

---

① 《2009 年广播产业情况调查》，韩国广播电信委员会，2009 年，第 21 页。

很多韩国观众每天必看的电视节目。而且,KBS制作的大量古装剧更是大受欢迎①。KBS于1997年11月开设网页,在韩国开创了因特网国际广播的时代。2000年7月开设多国语网页,KBS的10个语言广播组分别开设网页,专门为其语言对象国听众和网民提供网上服务。

  KBS属于公营电台,管理由12名各方面推荐的知名人士组成理事会主管,社长由总统任命,再由社长任命其他副社长等主管。这种体制保障KBS有极大的自主权,便于坚持客观性原则并确保其公信力。KBS目前的困难是经费不足,它的主要经费来自每个收视户缴纳的2 500元韩币(相当于20元人民币)的收视费,(见表5-18—5-20)这些收入仅能解决KBS近一半的开支需求②。

表 5-18 KBS 主要收入构成(2016 年)③(单位:百万韩元)

内容	收视费收入	广告收入	政府补助	转播费收入	其他广播事业收入	营销额
金额	633 266	420 723	12 620	2 061	402 684	1 471 354
份额	43.04%	28.59%	0.86%	0.14%	27.37%	100.00%

表 5-19 KBS、MBC、SBS 的节目制作方式④(单位:分钟)

KBS频道	自主制作	纯外包制作	附属外包公司制作	国内外购买	总计
1TV	363 340	128 245	390	20 075	512 050
2TV	195 605	231 390	19 160	14 440	460 595
MBC	232 820	192 740	39 045	10 710	475 315
SBS	246 296	191 683	23 520	7 760	469 259

---

① 康世鼎、黎斌:《世界电视台与传媒机构》,中国传媒大学出版社2005年版,第254页。
② 童兵:《媒体负有国民教育的崇高责任——赴韩国考察学习的一点感悟》,载《新闻记者》2007年第10期。
③ KBS:《2016 财务状态表》,http://open.kbs.co.kr/index.html?sname=finance&stype=info,最后浏览日期:2018年9月16日。
④ 《2017 广播产业情况调查》,韩国广播通信委员会,2017年,第42页。

表 5-20　KBS、MBC、SBS 编排节目类型的比率①（单位：分钟，%）

频道	新闻		教育		娱乐	
	时间	比例	时间	比例	时间	比例
1TV	151 850	29.70	299 165	58.40	61 035	11.90
2TV	38 990	8.50	211 065	45.80	210 540	45.70
MBC	95 045	20.00	171 160	36.00	209 110	44.00
SBS	104 500	22.30	166 290	35.40	198 469	42.30

② MBC

韩国文化广播公司成立于 1961 年，当时还只是一个广播电台。直到 1969 年才开始成为实际意义上的电视台。1980 年时，MBC 划归为韩国广播委员会主管，属于自主经营、自负盈亏的地方性电视台，以广告为主要的收入来源。现在的 MBC 电视台已是韩国最有影响力的三大广播电视主流媒体之一，其分支机构遍及全国，新闻触角已伸向全球各主要城市。目前有 19 个地方台、10 个加盟电视台，提供四个有线电视网及三个卫星电视网服务②；同时，拥有一个全国无线电视频道、三个广播频道、五个有线频道、四个卫星频道以及五个 DMB 频道。

在公司运营上，MBC 实行以公益财团广播文化振兴会为大股东的股份制经营，广告收益是主要的收入来源。其主要节目内容涉及新闻、体育、娱乐、纪录片等，其中电视剧制作最为知名，被称为"电视剧王国"。其代表作有湖南台曾经热播的《大长今》；另一部在中国大受欢迎的《我叫金三顺》，其本土收视率甚至突破了 50%的大关。MBC 在可信度、好感度、收视率及影响力方面均居韩国电视台第一位，深受观众喜爱。作为公共电视台，MBC 无论是新闻节目、综艺节目还是电视剧，都希望传达出一种"MBC 精神"，如果条件许可的话，大部分节目都由

---

① 《2017 广播产业情况调查》，韩国广播通信委员会，2017 年，第 42 页。
② 康世鼎、黎斌：《世界电视台与传媒机构》，中国传媒大学出版社 2005 年版，第 260 页。

自己制作。所以,MBC 的口号是"比 TV 更大的世界"。

MBC 拥有一个庞大而灵活的信息网,它使 MBC 电视台能及时、全面、深入地报道国际新鲜事件。MBC 在国内 19 个地区设有地方站点,仅首都首尔便设立了七个新闻处;海外除了 10 个常驻机构外,还与 CNN、APTN、NBC 和路透电视台达成咨询共享的默契。在播放时间的安排上,MBC 每天给新闻节目设置了八个播出时段,内容丰富:从针砭时事的新闻杂志、电视辩论系列,到高层访谈、特别报道等,让观众全方位、深入地了解国内国际的咨询动态。

MBC 正在逐步加强与许多海外广播商的合作。例如在 2001 年,MBC 及其自有自营的电视台与世界上 38 个广播组织签订了双边合作协议。目前,MBC 电视台已制定了一套全球发展战略,以期参与全球的广播服务竞争中去。该战略计划的三个步骤如下。第一阶段:创造一个泛韩国的网络。与韩国国内民众不同的是,侨居海外的(包括日本、中国、俄罗斯)韩国人长期以来一直与朝鲜保持着联系。让这些国外的同胞有机会接触韩国的电视网络,非常有利于促进朝鲜半岛的南北统一。向这些地区开展节目交换业务并注入发展资金,构成了 MBC 整体战略的第一部分。第二阶段:将网络扩展至亚太地区。把亚太地区转变成为一个统一、联合的经济实体将是一个长期而复杂的过程。在东北亚首先建立了桥头堡之后,MBC 计划将势力范围扩张到东南亚,进而延伸至地区的其他地方。第三阶段:全球网络。MBC 已经为进军世界传媒市场规划了多元发展的战略框架,其中包括:节目购销网络的扩张和多元化、自制节目市场的建立与推广、加入各种国际行业联盟、在现有频道和收购新频道方面的投资。现在,MBC 正在着手与经验丰富的国际媒体组织建立联合企业或战略联盟[①]。

---

① 康世鼎、黎斌:《世界电视台与传媒机构》,中国传媒大学出版社 2005 年版,第 262 页。

值得一提的是，与同为公营电视台的 KBS 相比，广告收入成为不收取收视费的 MBC 最主要的收入来源(参见表 5-21—5-22)；MBC 节目主要是自制，娱乐、教育新闻为其主要内容构成(参见表 5-23—5-24)。

表 5-21　MBC 首尔总部收入构成①(单位：百万韩元)

内容	广告收入	赞助收入	节目营销收入	其他事业收入	营销额
金额	568 040	60 303	103 455	22 308	754 108
份额	75.33%	8.00%	13.72%	2.96%	100.00%

表 5-22　MBC 其他城市收入构成②(单位：百万韩元)

内容	广告收入	赞助收入	其他广播事业收入	其他事业收入	营销额
金额	335 681	33 390	19 605	36 070	424 747

表 5-23　MBC 首尔总部节目制作方式③(单位：分)

MBC 频道	自己制作	外包制作	子公司外包制作	国内节目购买	进口节目	总计
TV	243 860	140 330	32 125	8 890	15 590	440 795
R(AM)	524 940	0	0	0	0	524 940
R(FM)	524 940	0	0	0	0	524 940

表 5-24　MBC 首尔总部编排节目类型的比率④(单位：分,%)

频道	新闻		教育		娱乐	
	时间	比率	时间	比率	时间	比率
TV	95 020	21.60	151 205	34.30	194 570	44.10
R(AM)	81 080	15.40	356 560	67.90	87 300	16.60
R(FM)	0	0	297 780	56.70	227 160	43.30

---

① 《2009 广播产业情况调查》，韩国广播通信委员会，2010 年，第 267 页。
② 同上。
③ 同上书，第 154 页。
④ 同上书，第 133 页。

③ SBS

SBS 创建于 1990 年,是韩国三大电视台中唯一的私营电视台。虽然覆盖率不及 KBS 和 MBC,但 SBS 通过与其他地方台签订战略协议的方式取得了全国性电视台的地位(见表 5-25)。以"健康的广播、健康的社会"为口号的 SBS 从 1991 年开始播出地面无线电视节目。与公营电视台相比,SBS 的台风更为活泼轻松,其特点是娱乐、综艺性节目多,比较符合年轻人的口味。正因如此,SBS 也以推出新人、新鲜组合著称,一些出人意料的组合常常也会带动收视率的提升(见表 5-26)。

表 5-25　SBS 节目制作方式①(单位: 分)

SBS 频道	自己制作	外托制作	子公司外托制作	国内节目购买	进口节目	总　计
TV	210 237	203 895	8 885	9 680	10 948	443 645
R(AM)	525 600	0	0	0	0	525 600
R(FM)	525 600	0	0	0	0	525 600

表 5-26　SBS 编排节目类型的比率②(单位: 分,%)

频道	新　闻		教　育		娱　乐	
	时间	比率	时间	比率	时间	比率
TV	95 135	21.40	149 900	33.80	198 610	44.80
R(AM/FM)	87 775	8.30	553 983	52.70	409 442	38.90

作为民营电视台,SBS 更注重以灵活的方式开拓市场。相较之下,SBS 收入构成中来自其他事业收入的比例远远高于其他电视台(参见表 5-27—5-28)。

---

① 《2009 广播产业情况调查》,韩国广播通信委员会,2010 年,第 154 页。
② 同上书,第 133 页。

表 5-27　SBS 首尔总部收入构成①（单位：百万韩元）

内容	广告收入	赞助收入	其他事业收入	营销额
金额	480 708	63 847	62 661	607 216
份额	79.17%	10.51%	10.32%	100.00%

表 5-28　SBS 其他城市总部收入构成②（单位：百万韩元）

内容	广告收入	赞助收入	其他广播事业收入	其他事业收入	营销额
金额	186 312	31 997	15 086	18 468	251 864

④ EBS

EBS 于 1990 年开播，设立宗旨在于提高韩国民众素质以及解决各地区之间教育程度的不平衡。EBS 最早由韩国教育开发院监督，主要播出课外教育节目、文化节目和纪录片。根据 2000 年 6 月韩国颁布并实施的广播法，教育电视台已独立成为一家公共广播公司（见表 5-29）。

表 5-29　EBS 收入构成③（单位：百万韩元）

内容	收视费	广告收入	赞助收入	其他广播事业收入	其他事业收入	营销额
金额	15 327	25 647	4 204	45 923	81 256	172 357
份额	8.89%	14.88%	2.44%	26.64%	47.14%	100.00%

⑤ M.net

韩国最著名的有线电视频道 M.net 从属于 M.net Media 公司。成立于 2006 年的 M.net 是韩国目前收视率第一的音乐频道，每天滚动播出完全独立制作的娱乐和音乐节目。除了具备一流的音乐制作水准，M.net 还打造了李孝利、神话组合等知名艺人。由 M.net 主办的 MKMF 大赏在

---

① 《2009 广播产业情况调查》，韩国广播通信委员会，2010 年，第 267 页。
② 同上。
③ 同上。

韩国歌手中极有影响力。目前，M.net 的目标受众为韩国 20 岁左右的年轻人，并且其影响力已经进一步扩展到亚洲其他国家的年轻人中。

（四）首尔互联网行业的发展与特征

1. 首尔（韩国）互联网行业的发展[①]

根据韩国首尔大学教授尹锡敏 2009 年 2 月所做的调查，门户网站是韩国舆论影响力仅次于电视的媒体类型。在调查的大多数指标中，Naver、Daum 等五大门户网站的占有率超过了韩国九大日报的总和；其中在"使用时间和专注程度"方面，五大门户网站甚至超过了三大电视台[②]。这一传播态势，基于互联网在韩国的大规模普及与发展。相对于中国互联网近年来的突飞猛进而言，韩国早在 2001 年就已经成为世界上互联网最发达的国家之一了。促使韩国的网络飞速发展的原因很多，包括社会文化、技术进步、商业推动及政府政策等方面。但有研究者经过实地考察，发现在这个发展过程中，唯一起着关键作用的就是韩国政府的政策[③]。AFP 根据美国市场调查专业公司 SA（Strategy Analytics）发布的资料称，2008 年韩国以 95％的互联网宽带普及率（单位：户）位居全球之首，紧随其后的分别是新加坡（88％）、荷兰（85％）、丹麦（82％）、中国台湾（82％）及中国香港（81％）等。中国大陆地区仅以 21％位居第 43 位。SA 指出城市高度集中和政府的政策鼓励是韩国具有高宽带普及率的原因。

作为首都的首尔在网络化方面走在了全国的前列。首尔提出了的 U-city（无所不在的城市）计划，这将极大地扩展网络技术的应用范围。通过手机、笔记本电脑或公共场所里安装的触摸屏，市民可以查看实时

[①] 本部分内容主要是从韩国总体层面介绍首尔互联网的发展，首尔地区其互联网发展情况的单独数据较少，我们只能从韩国整体发展来看首尔的互联网发展情况。

[②] 王刚：《适应时代发展，实现跨媒体整合，韩国新媒体法呼之欲出》，载《法制日报》2009 年 7 月 14 日。

[③] 陈绚：《走向二十一世纪的韩国互联网——韩国互联网高速成长原因及初步结果》，载《国际新闻界》2001 年第 2 期。

空气质量、交通状况。近些年来,首尔屡屡扮演新技术"尝鲜者"的角色,多家世界级科技企业都将这里作为大实验室。"无所不在的生活"已成为首尔的城市口号,几乎所有新建楼盘都将齐备的家庭网络作为卖点宣传。

1994年6月,韩国电信(Korea Telecom)开始了第一个商业网络服务,其商标品牌是"Kornet"。其后,随着Dacom、i-net和Nowcom等公司开始提供服务,加速了本地互联网市场的发展。1998年6月,Thrunet初次提供了通过电缆解调器连接互联网的服务,1999年4月,Hanaro Telecom推出了世界上第一个ADSL服务,通过已有的电话网络提供服务。从此,韩国的互联网市场开始迅猛发展。随着市场的领导者KT在2000年开始全面发展ADSL市场,用户数量更是有了显著的增长。在1999年,网民的数量仅仅是370万;到2000年,网民的数量达到400万;至2002年10月,网民的数量更是达到1 000万。2001年年末,韩国的网民已达全国人口的17.20%,居于世界首位,其后是加拿大(8.40%)和瑞典(5.00%)。在这一过程中,韩国政府推出的KII计划,极大地推动了韩国互联网的普及。该计划所列出的时间表如下表所示(表5-30)。

表5-30 韩国政府KII计划(1995—2005年)[1]

第一阶段	1995—1998 奠定基础	建立资料交换网及建立622 Mbps—2.50 Gbps水平的传输 建立12个网络拨号系统及68个接入点 提供45 Mbps速率的服务,以及参与一些领航计划 在一些主要的地区,建立和测试ATM转换机制 建立信息分享和服务发展设施
第二阶段	1998—2001 扩展期	提高网络的速率 通过公共网站使计算机互相联成网 提供155 Mbps速率的代理服务 率先提供多媒体服务,最大限度地分享信息

---

[1] 陈绚:《走向二十一世纪的韩国互联网——韩国互联网高速成长原因及初步结果》,载《国际新闻界》2001年第2期。

续表

第三阶段	2001—2005 完成期	将主干网升级至更高速率 大力发展更高速接入技术,实现有线通信、无线通信,有线电视和卫星传送的有效联接 提供超过 155 Mbps 速率的代理 进一步加强政府的服务职能,扩大服务范围

在韩国政府的大力扶持和稳健的策略体系推动下,韩国的宽带产业取得了巨大的成功。从用户数来看,从 1998 年到 2007 年宽带用户从零发展到超过 1 400 万户。家庭宽带普及率在 2004 年就达到了 70.20%,是美国的三倍,是许多欧洲国家的五倍。韩国宽带用户数在初期的五年时间里增长迅猛,随着宽带接入市场的逐渐饱和,增长趋势放缓。但是,在 2005—2006 年之间,用户数的增长出现了小高潮,增长率达 15.20%,这是韩国政府努力发展数字内容产业取得的成果[1]。AC 尼尔森韩国公司公布的《2006—2007 年媒体指数调查》结果显示,韩国的电脑普及率和互联网使用率分别达到 88% 和 80%,居世界榜首[2]。从上网者的年龄看,有 98% 的 15—29 岁的韩国人在近一周内上过网,从而创下互联网使用率的世界最高纪录。韩国人其他年龄段的上网比例为:30—34 岁为 96%,35—39 岁为 91%,40—44 岁为 32%,45—49 岁为 73%,50 岁以上者为 39% 等。韩国信息化程度极为发达,其 4 800 万人口拥有 1 200 万条 VDSL（Very-high-speed Digital Subscriber Line）宽带线路,其速度比新加坡的 StarHub、香港的 iCable 宽带服务快 10 倍,比 2006 年中国网通的 ADSL 实际速率快 20—50 倍[3]。

为推动互联网的普及,韩国政府重点推动家庭主妇和学生接触和使用互联网。韩国信息通信部在全国范围内开设了"家庭主妇互联网

---

[1] 张丽、陈仕俊:《75% 的启示——韩国宽带业务发展策略启示》,载《通信企业管理》2008 年第 3 期。
[2] 王英斌:《韩国电脑普及率 和上网率居世界第一》,载《世界文化》2007 年第 11 期。
[3] 范红、贾萌、廖正军:《韩国放送公社"三个面向"的战略导向》,载《现代传播》2006 年第 3 期。

培训班",对100万名家庭主妇进行了为期一个多月的互联网培训并大力推动与家庭日常生活相关的宽带业务应用。对学校则采取免费接入的方式培养学生使用Internet的习惯开展网上教育应用[1]。从1999年10月到2001年12月年轻人群体的互联网使用率的增长非常迅速。7—19岁的年龄群体的互联网使用率从33.60%上升到93.30%;20—29岁的年龄群体的互联网使用率从41.90%上升到84.60%;30—39岁的年龄群体的互联网使用率从18.50%上升到61.60%。截至2001年12月,88.40%的小学生、99.80%的初中生、99.00%的高中生和99.30%的大学生都在使用互联网[2]。

2000年前后,韩国传统新闻业迅速与网络联手。例如:《京乡新闻》同意与"今日钱市""韩国医药""电子游戏"等网站共享信息与数据;《东亚日报》与"体育""法律服务"等网站建立了合作伙伴关系;而《朝鲜日报》有30个互联网出口,并投资了20多个互联网实业[3]。经过多年的发展,韩国互联网获得了骄人的业界,其发展轨迹如表5-31所示。

表5-31 韩国互联网普及进程(1999—2008年)[4]

韩国互联网普及情况表			
年份	网民数量(万)	互联网普及率	备 注
1999	943	22.40%	
2000	1 904	33%	

---

[1] 张丽、陈仕俊:《75%的启示——韩国宽带业务发展策略启示》,载《通信企业管理》2008年第3期。
[2] [韩]韩相震:《当代韩国的社会转型(续)——论迈向竞争化市民社会的三种主要推动力》,吴玉鑫译,载《江海学刊》2008年第3期。
[3] 郭镇之、林洲英:《韩国大众传媒近三年来的变革》,载《新闻战线》2003年第9期。
[4] 转引自季静静:《互联网时代韩国报业的广告运营策略研究》,山东大学硕士学位论文,2009年,第9页。

续表

年份	网民数量(万)	互联网普及率	备注
2001	2 400	56.60%	超过日本成为亚洲互联网普及率最高的国家
2002	2 627	59.40%	
2003	2 922	65.50%	超过爱尔兰,成为世界上互联网普及率最高的国家,同时宽带网普及率名列前茅
2004	3 158	70.20%	
2005	3 301	72.80%	
2006	3 412	74.80%	
2007	3 482	77.10%	
2008	3 536	80.60%	宽带网普及率达到94%,排名世界第一

韩国电信部门监管机构——韩国通信委员会发表报告,截至2007年7月底,韩国接入高速互联网的家庭总数达到1 509万,而目前韩国家庭总数约为1 588万,约95%的家庭已连接高速互联网[①]。韩国成为互联网世界中的领跑者。互联网的高度普及带来了韩国大众传播信息权力格局的变化,"70%的家庭是互联网宽带用户,这个比重居世界首位,网民被称作了'新舆论主体'"[②]。此外,目前韩国的互联网用户比任何其他国家的互联网用户消耗在网络上的时间都要长[③]。图5-4及表5-32—5-33为韩国互联网2005—2016年间发展的一些基本情况[④]。

[①] 韩国通信委员会数据,出自韩联社2007年9月14日之报道。转引自李卓盈:《浅析韩国网络媒体对韩国社会受众的影响》。

[②] 詹小洪:《韩国将推行网上言论实名制 网上反恐出新招》(2005年7月16日),新浪科技,http://tech.sina.com.cn/i/2005-07-16/1202664971.shtml,最后浏览日期:2018年9月15日。

[③] [韩]韩相震,吴玉鑫译:《当代韩国的社会转型(续)——论迈向竞争化市民社会的三种主要推动力》,载《江海学刊》2008年第3期。

[④] 《2017韩国互联网白皮书》,韩国互联网振兴委员会,2017年,第12页。

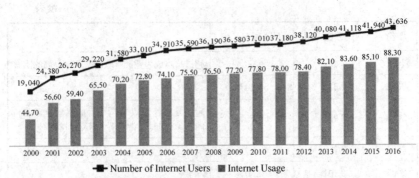

图 5-4 韩国互联网渗透状况(2000—2016 年)(单位：%,千人)

表 5-32 韩国互联网新闻登录情况(2005—2016 年)①

年 度	定期发行刊物总数	互 联 网 新 闻		
		注册数量	比重(%)	同比增加(%)
2005	7 536	286	3.80	—
2006	8 551	626	7.30	118.90
2007	9 479	927	9.80	48.10
2008	9 652	1 282	13.30	38.30
2009	12 961	1 698	13.10	32.40
2010	12 081	2 484	20.60	46.30
2011	13 268	3 193	24.10	28.50
2012	14 563	3 914	26.90	22.60
2013	16 041	4 916	30.60	25.60
2014	17 607	5 950	33.80	21.00
2015	18 712	6 605	35.30	11.00
2016	18 563	6 360	34.30	−3.70

---

① 《2017 韩国传媒年刊》,韩国舆论振兴财团,2017 年,第 245 页。

表 5-33　韩国网络广告收入情况(2012—2017 年)①

Category	2012	2013	2014	2015	2016	2017p
Broadcast	36 072	35 712	34 880	42 281	39 999	40 345
Newspaper	16 543	15 447	14 943	15 011	14 712	14 520
Magazine	5 076	4 650	4 378	4 167	3 780	3 662
Internet	19 540	20 030	18 674	17 216	16 372	15 358
Mobile	2 100	4 600	8 391	12 802	17 453	21 493
Billboard	9 105	9 645	9 362	10 051	10 091	10 268
Production	5 418	5 810	5 850	5 742	6 425	6 005
Total	93 854	95 893	96 477	107 270	108 832	111 651

* p：estimate

相对而言,韩国传统媒体所属网站与网络报纸的经营情况并不容乐观,详情见表 5-34。

表 5-34　韩国新闻网站经营状况(单位：百万韩元)②

新闻网站	2014		2015		2016	
	总　额	同比增减	总　额	同比增减	总　额	同比增减
东亚日报网	17 443	−1.02	18 736	7.41	19 982	6.65
数字朝鲜日报	33 084	−5.84	34 132	3.17	38 356	12.37
JTBC Content Hub	68 590	3.35	60 114	−12.36	79 058	31.51
每日经济网	22 961	20.58	28 761	25.26	20 984	−27.04
韩国经济日报网	21 071	−32.32	26 855	27.45	28 582	6.43
合　　计	163 150	−3.63	168 598	3.34	186 961	10.89

2. 实名制：首尔(韩国)互联网行业的一个两难尝试

韩国政府 2002 年开始推行网络实名制。2003 年 3 月,九个政府部门网站实行了实名制,当年年底扩大到了全部 22 个部门。同年 5

---

① 《2017 韩国互联网白皮书》,韩国互联网振兴委员会,2017 年,第 43 页。
② 同上书,第 261 页。

月,信息通信部与 Daum、雅虎韩国、NHN 和 NEOWIZ 四家大型门户网站总经理举行了恳谈会,并决定积极推广互联网实名制。2005 年 10 月起正式实施互联网实名制。根据规定,网民在网络留言、建立和访问博客时,必须先登记真实姓名和身份证号,通过认证方可使用。2006 年年底,韩国国会通过了《促进利用信息通信网及个人信息保护有关法律》修正案,规定在平均每天点击量超过 10 万的门户网站和公共机关网站的留言栏上登载文章、照片、视频等内容时,必须先以本人真实姓名加入会员。如果网站违反确认实名的做法,将会收到信息通信部长的改正命令。如果不遵守命令,将处以 3 000 万韩元以下罚款。该修正案于 2009 年 7 月 27 日正式生效[①]。从 2008 年 1 月 28 日起,韩国的 35 家主要网站按照韩国信息通信部的规定,陆续实施网络实名制,登录此网站的用户在输入个人身份证号码等信息并得到验证后,方可发帖。此前,韩国已要求网民在注册邮箱和聊天室用户名时使用实名[②]。

其实,互联网实名制规制的目的是希望让这一虚拟的信息传播网络能避免网络上出现过多的垃圾信息,提高新媒体传输网络中信息的利用效率,推动网络健康有序的发展。出乎意料的是,该制度实行后,韩国各大网站却成了黑客们的主要攻击对象。2011 年 7 月,韩国发生了前所未有的信息外泄案件。韩国 SK 通讯旗下的韩国三大门户网站之一 Nate 和社交网站"赛我网"遭到黑客攻击,约 3 500 万名用户的信息外泄。可见,互联网实名制导致的"自我审查"可能在一定程度上抑制了网上的沟通[③]。2012 年 8 月 23 日,韩国宪法法院宣布废除 2007 年生效的网络实名制法案,八位法官一致裁决这一政策破坏了言论自由。韩国宪法法院法官表示,没有证据证明网络实名制的实施达到了其初衷目的。而且不可否认的事实是,在强制推行网络实名制后,人们因担心受惩罚而不敢在网上发表不同意见,破坏了言

---

① 顾列铭:《韩国的网络实名制》,载《观察与思考》2009 年第 1 期。
② 同上。
③ 金宰贤:《韩国互联网实名制的教训》,载《创新时代》2012 年第 1 期。

论自由。韩国互联网实名制的教训表明当代信息传播网络在如何维护信息自由传播、隐私安全和网络攻击与谣言之间均衡关系需要更为精巧的制度设计,而不能仅仅是通过回到过去的信息规制道路上来遏制新传播技术带来的福利。

3. 首尔地区主要新闻网站

(1) OMN新闻网站

Ohmynews.com(简称OMN)在2000年开始运作时只有四名编辑,现在的编辑人数已经增加到了38人;最初仅有700多名"市民记者"为其撰稿,如今,市民记者的人数已多达四万余人[①]。OMN的内容结构具有与众不同的特征:"由专业记者负责采写要闻,其余大量新闻均以市民记者提供的新闻稿源为主,经专业编辑的编辑修改后在网站发表,保证了关注点的广泛性、稿源的多样性和稿件的质量。"[②]在该网站提供的新闻中,专业记者的报道只占20%[③]。它报道的内容大多是传统媒介忽略而公众关心的事件[④]。让OMN声名鹊起的新闻报道主要有三则,即2002年年底的"美军装甲车碾死两名中学女生"、同年的"韩国总统大选"以及2005年的"黄禹锡学术造假"事件。尤其是对卢武铉的鼎力支持,使OMN走到了与很多传统主流媒体的对立面,但也为它赢得了声望。卢武铉当选总统后,立即选择OMN作为其接受独家专访的媒体[⑤]。

OMN的原则是任何一个注册用户都可以成为公民记者。公民参与的大致流程为,记者会员实名认证,进入编辑页面发表新闻,24小时在线专职编辑决定你的新闻是否可以被选入发布区,有时在保持个人

---

① 王东:《解析韩国OMN的发展模式——兼论新闻网站的经营策略》,载《传媒》2009年第2期。
② 贾萌:《OhmyNews:未来的报业》,载《互联网周刊》2006年1月9日。
③ 转引自佚名:《韩国传统媒体遭遇挑战》,载《声屏世界》2003年第9期。
④ 郭镇之、林洲英:《韩国大众传媒近三年来的变革》,载《新闻战线》2003年第9期。
⑤ 王东:《解析韩国OMN的发展模式——兼论新闻网站的经营策略》,载《传媒》2009年第2期。

新闻鲜活情绪和色彩的基础上略加修改,按照编辑推荐和读者投票两个维度组织新闻排行榜,根据这个排行榜会给予作者一定的稿费。同时,"每个读者都有一个账户,可以对自己喜欢的新闻进行小额现金支持。每个记者名下会有一个稿费记录,累积到五万韩元(合大约400块人民币)时发放一半,另一半留存在账户上"。而每个读者进行评论反馈也可以获得少量报酬,网络言论这种主要的原创网络新闻模式在经济利益的基础上有了一定数量和质量的提高[1]。2004年5月,OMN建立了英文国际网站;其后,它又与日本媒体巨头"软银"(Softbank)合作,推出了日文版的OMN;2006年8月,OMN还开通了"我的电视广播"(OhmyTV broadcasting),从而形成跨媒介传播[2]。

从2000—2005年,OMN还连续进入了由韩国《时事杂志》评选的"韩国最有影响力媒体"前10位,它也是唯一进入10强的网络媒体,其中2005年名列第六位。OMN在议程设置方面已经开始扮演不容忽视的角色,尤其是在2002年韩国总统选举和2004年弹劾危机中对政局起到了举足轻重的作用,总统卢武铉也被称为"世界上第一位互联网诞生的总统"[3]。此外,在和传统大报之间议程设置的竞争中,OMN也表现出强大的威力。例如,前文提到的2002年底的"美军装甲车碾死两名中学女生"事件中,据研究者的统计发现,韩国舆论研究院主办的KINDS数据库(Korean Integrated News Database System)是韩国最权威最翔实的网上报纸、杂志、电视新闻数据库。在KINDS检索栏中输入关键词"驻韩美军/装甲车",将检索时间设定为事件发生的次日"6月14日",一共检索到五篇相关报道。KINDS在册的九大日报中只有五家在不起眼的位置对该事件进行了报道,每家日报仅刊载了一篇相

---

[1] 江江:《技术·政治·文化——韩国网络公民媒体的现状与历史背景》,载《国际新闻界》2006年第2期。

[2] 王东:《解析韩国OMN的发展模式——兼论新闻网站的经营策略》,载《传媒》2009年第2期。

[3] 肖洒:《权力由键盘产生——"市民记者"在韩国的兴起》,载《青年记者》2006年第7期。

关报道;保守的《朝鲜日报》更是充耳不闻。与此同时,OMN 新闻网在事件发生当日就对事件进行了报道,并且对案件的审判过程进行了集中报道,引起了韩国国民的强烈关注。九大日报在经过了一段时间的"集体沉默"之后,被迫将目光投向这一事件①。

(2) Naver 网站②

Naver 在 1999 年 6 月以搜索引擎服务提供者的定位出现在韩国,是韩国的最大的搜索引擎和门户网站,图 5-5 是 Naver 的 logo。Naver 这个公司名称源自英文 Navigator,意味着"网络导航者"的角色,而 Naver 网站 logo 上的那顶帽子,则隐含着探险家的意思。

图 5-5　Naver 的 logo:带翅膀的草帽

Naver 所属的 NHN 公司是 1999 年建立搜索服务的门户网站。建立初期的 Naver,面对着一个由 Yahoo! Korea、Daum 等门户网站共同竞争的市场。虽然 2001 年与韩国在线游戏门户网站 Hangame 合并成为 NHN(Next Human Network)公司,并于 2002 年在 Kosdaq 上市集资,Naver 在搜寻引擎门户网站的排名仍未见领先。直到同年 10 月,Naver 除了既往的邮件、游戏、新闻、视频等服务以外,并推出了著名的"知识 iN"服务,才出现了戏剧性的转变并一举成为韩国排名居首的搜寻引擎门户网站。

Naver 获得成功的基础在于引入了互联网时代的价值创造精髓:参与即生产,即吸引使用者参与创造知识和信息,并由此形成自己独享的知识和信息数据库。Google 尽管在 2001 年就已经开通了韩语搜索服务,但却不能针对韩国用户提供针对性的内容服务。Naver 的做法

---

① 赵明、王丽莉:《浅谈互联网对韩国政治的影响》,载《当代韩国》2004 年第 4 期。
② 相关资料参见百度百科中的 Naver 词条(http://baike.baidu.com/view/1092092.htm)。

是从问答服务入手,因为问答服务是收集用户智慧的最佳方式。在 2002 年,Naver 推出了一个名为"Knowledge iN"的问答服务平台,允许韩国用户实时提出及回答问题。这一形式极大地吸引了韩国网民的参与,平均每天用户会提出 44 000 个问题及得到 110 000 个答案。这些由用户提供的海量数据成为 Naver 的搜索引擎数据库的主要内容。这使得 Naver 迅速成为韩国最优秀的搜索引擎服务供应商。

"Naver 快速成长的秘诀,在于脱离美式搜寻引擎只进行既存网页信息搜寻的模式,而是进一步积极生产信息,并将之建立为数据库,因而大幅提高了韩国使用者对搜寻结果的满意度"[①],负责 NHN 韩国业务的崔辉永总经理这样解释 Naver 的成功秘诀。

4. 数字多媒体广播(DMB)

所谓 DMB,是数字多媒体广播(Digital Multimedia Broadcasting)的英文简称,它是数字音频广播(Digital Audio Broadcasting)的自然延伸,不仅能传输声音信息,还能传输文字、静止画面、电视剧等任何形式的数据信号[②]。这意味着,DMB 可以播放影视节目、查询交通导航信息、股市行情等,还可以实现网络下载。它具有在高速移动条件下接收到各种数据信号、使用方便、抗干扰能力强的特点。DMB 接收设备有多种类型,例如:车载式,主要运用于城市公交车、地铁、计程车;还有个人便携式,最常见的就是集成 DMB 功能的手机、MP4、PDA 等。2001 年和 2002 年是韩国广播电视的数字开发年。2001 年 10 月,韩国开办了数字广播电视。不过,信息传播部坚持采取用美国模式(ATSC);而以 MBC 为首的大众媒体、市民团体和广播电视技术协会则希望采用欧洲模式(DVB)。其后,由 MBC 带头进行了两种模式的

---

① 李修莹:《打造有别于 Google 模式,建立知识搜寻》,载《财经杂志》2007 年第 154 期。
② 李文行、黄倩婕:《作为移动新媒体的 DMB:韩国水原大学新闻系主任李文行访谈录》,载《新闻记者》2007 年第 4 期。

实地测验。因此,原计划于2001年开播的韩国数字电视在2002年3月1日才开播了星空生活(Sky Life)频道和144个上星的常规频道。2002年5月31日开始的世界杯足球赛却大大促进了数字卫星电视的发展,KBS、MBC、SBS三大广播电视网纷纷开播数字广播电视节目。星空生活频道还通过设立在主要商场和公共交通终点站的装置,为全国提供高清晰的数字电视转播,观众反应空前热烈。能够在移动过程中利用专用终端欣赏高画质和清晰音质的广播节目的卫星数字多媒体广播(DMB),在2005年1月10日开始试播,在2005年5月1日正式播出。韩国由此成为世界上第一个将DMB用于商业运营的国家。DMB开发商TU媒体公司本是国营企业,后由SK集团以高出市场价20倍价钱收购并控股,成为民营化企业①。

其中S-DMB(卫星数字多媒体传播)首先由韩国最大的移动通信公司SKT开展,目前通过收费服务它能提供13个视频信道和19个音频信道。T-DMB(地面数字多媒体传播)是在2005年12月开始运作的,现有七个视频信道和12个音颇信道。截至2006年12月,S-DMB拥有70万订户,T-DMB则拥有190万订户。应该说在这短短的时间里它们的发展速度是非常快的。S-DMB提供了四个门类,13个视频信道,在这些频道中,只有两个是新闻频道,分别是一般新闻颇道YTN和经济新闻频道MBN。T-DMB有一个24小时的新闻频道,它的实时新闻节目还提供给另外四个免费电视频道,尤其是SBS有专门为DMB制作的新闻节目。相比较S-DMB的内容而言,T-DMB更倾向于将13—19岁的年轻人锁定为自己的目标受众,有针对性地为他们制作个性化节目。相比较新闻媒体频道和免费电视的节目,DMB主要由流行电视剧、娱乐节目和体育节目组成,其中,SBS drama频道50%—60%的节目都是电视剧,其他都是娱乐节目;MBC drama也有三分之一的时间在播放电视剧。此外,DMB最受欢迎的是名人脱口

---

① 郎劲松:《韩国传媒体制创新》,南方日报出版社2006年版,第124—125页。

秀和娱乐节目,由于小屏幕播放、时间支配自由这些特点,尤其受到年轻人的钟爱[①]。在2005年的试验阶段,DMB的收视高峰是午饭时间。但是,现在的高峰出现在早上7—8点、8—9点这两个时间段[②],即人们主要在上下班的路上使用DMB,DMB正在逐步取代广播的地位,但只是对地面电视的空缺位有所补充。

四、首尔信息传播网络运行的政府管理体制特征

(一)韩国传媒业与政府的关系变迁

了解首尔信息传播网络,需要从韩国政权所处的体制出发。在不同的历史时期,韩国政府与传媒的关系存在很大差异。例如,全斗焕对新闻媒体严加控制:一是大规模解雇新闻工作者甚至监禁;二是合并、关闭新闻机构;三是通过并实施压制性的《报业基本法》。1980年,以反腐败名义对新闻界进行大清洗。40家报纸的700多名新闻工作者被解雇或者停职。在全斗焕时期,报纸从28家减到11家,通讯社从六个减到一个,广播电视从29个减少到27个。全斗焕政权还成立了"公共信息协调办公室",每日对媒体发布报道指南,详细规定对报道的种种要求。对于广播电视,干脆将其国有化(公营化),在总统直接监督下运行:对娱乐节目、新闻节目和宗教节目加以严格限制。政府曾经规定,晚上12点到早晨6点、上午10点到下午5点30分等时段不允许播出,因为这个时候应该是睡觉或者工作,不应该看电视[③]。

1997年,金大中竞选总统成功,使韩国的权力结构发生变化,政治取向更加趋向改革,韩国政治权力从保守派手中转移到了主张改革的

---

① 李文行、黄倩婕:《作为移动新媒体的DMB:韩国水原大学新闻系主任李文行访谈录》,载《新闻记者》2007年第4期。
② 同上。
③ 张涛甫:《试论韩国媒体与政治的关系》,载《杭州师范大学学报(社会科学版)》2009年第4期。

政治团体手中。代表社会中低层民众的金大中政府,要面对代表社会中上层的保守派的挑战,政治资源和信息资源被重新分割①。以民营为主的报业,明显地由三大报《东亚日报》《朝鲜日报》与《中央日报》控制了舆论,他们的政治倾向趋于保守。因此,代表改革派的金大中政府并未获得强有力的舆论支持,政府和媒介之间的关系也变得"紧张起来"了,以至于后任总统卢武铉感叹:"早晨一看到(那些报纸),心里就不痛快。"②卢武铉还曾公开评价政府与报纸之间的关系:"权力与媒体的紧张关系""保守的报纸扭曲了韩国的舆论"③。在金融危机影响下,金大中政府采用了开放市场和重组社会经济结构的政策。政府主导下的结构重组引起媒介产业的变化,政府的压力迫使《中央日报》《文化日报》《京乡新闻》等几家报纸从三星、现代和韩华集团分离出来。2002年,经过审计,号称"三巨头"的报纸《朝鲜日报》《中央日报》《东亚日报》被处以最高额的税款处罚,有的经营者被判入狱。

在政府与媒介关系上,韩国学者的研究认为,"韩国媒介最重要的一点是它的发展受政府强有力的指导。媒介的成长和财富的积累,主要归功于政府的保护政策和优厚待遇。国家试图把媒介作为推行政策的工具,并进行了严格的控制"④。我国学者陈力丹教授则认为:"既不是过去传统的附属关系,也不是西方那样的对手关系,而是既合作又批评、以合作为主的一种特殊关系。"⑤张涛甫认为,在半个世纪的历史进程中,韩国渐渐从权威政治走向民主政治,政府对媒体的控制从原先的

---

① 郎劲松、李磊:《卢武铉政府与传媒关系的调整和重构》,载《现代传播》2005年第4期。
② 汾水:《韩国施行修改后的新闻法》,载《今传媒》2005年第11期。
③ 郎劲松、李磊:《卢武铉政府与传媒关系的调整和重构》,载《现代传播》2005年第4期。
④ [韩]朴明珍、金昌男、宋秉宇:《现代化、全球化和强权国家:韩国的媒介》,载郭镇之主编:《跨文化交流与研究——韩国的文化和传播》,北京广播学院出版社2004年版,第228页。
⑤ 陈力丹:《传统与现代的漫长交战——韩国新闻事业及政策的演变》,载《国际新闻界》1996年第2期。

强行控制、直接控制渐渐转向平衡、博弈和间接控制①。郎劲松则进一步细化了政府与媒介的关系,认为自从金大中主政以来,报业与政府敌对,广播电视与政府合作,这是近年来韩国人的共识②。究其原因,主要是因为报纸与保守政治力量长期关系密切,而且因为民营的原因,在政治选择上有自己的空间;而广播电视行业中民营力量相对薄弱,受政府的直接管制较多,在政治选择上只能跟随执政党的指挥棒起舞。下表 5-35 是韩国各政治力量与媒体关系一览表③。

表 5-35 韩国各政治力量与媒体关系一览表

党派	性质	状态	与媒体关系
大国家党	保守	在野	支持报纸,反对言论改革
开放国家党(卢武铉所在党)	改革	执政	反对报纸,亲近电视,支持言论改革
民主劳动党	进步(代表社会底层利益)	在野	矛头直指代表富有阶层的《朝鲜日报》,强烈要求改革

卢武铉在任总统时表示,新政府正在努力创造新的执政氛围和文化。其要点就是把昔日以权力为中心的"权威主义政治"转换成以国民参与为中心的"参与政治",把昔日"排他式"的国政运营转向"以讨论和协商为体系"的国政运营,并且要处理好政府与新闻界的关系④。在上述转变过程中,韩国传媒的国家管理体制,实现了法治化的间接控调,同时又是带有集权和政府干预色彩的国家主导模式⑤。不过,在上述转变的过程中,韩国政府与媒体都有值得反思的地方。据英国 BBS 和路透社、美国"媒体中心"在 2006 年 3—4 月以世界 10 个国家的

---

① 张涛甫:《试论韩国媒体与政治的关系》,载《杭州师范大学学报·社会科学版》2009 年第 4 期。
② 郎劲松、李磊:《卢武铉政府与传媒关系的调整和重构》,载《现代传播》2005 年第 4 期。
③ 同上。
④ 同上。
⑤ 同上。

10 000人为对象实施的信赖度调查结果显示,人们对媒体的信赖度(61%)超过对政府的信赖度(52%)。调查对象为韩国、美国、英国、德国、俄罗斯、巴西、埃及、印度、印度尼西亚和尼日利亚10个国家。韩国是唯一对政府和媒体的信赖度完全相同的国家,分别为45%;其中,KBS、Naver和《朝鲜日报》等当选为最受信赖的新闻媒体[①]。从韩国国民对媒体和政府的信任度来看,尽管是一样的,但却均低于调查显示的总体水平。或许,在这一场纠葛当中,双方都不是赢家,韩国媒体与政府都需要反思自己的行为。

首尔是韩国的政治经济中心,对韩国全国呈现出辐射性的影响力;同时也是韩国的传媒中心,聚集了绝大部分的媒体与从业人员。这些媒体与从业人员共同构建起了首尔庞大的信息传播网络,这个网络的影响力绝不仅限于首尔一地,而是以强大的信息传播能力辐射全国。在这个信息网络中作为中坚力量的各大媒体,也因此具有全国性的影响力。可以这样说,落户首尔的媒体并不仅仅是地方媒体,它们更具有全国性媒体的特征。也正因为如此,首尔的信息传播网络的运行会受到韩国政府的有力管制。

(二)首尔信息传播网络管理的理念:从鼓励垄断到鼓励竞争

1. 政府基本角色:制定规则,扶持竞争

韩国宪法第21条第一行规定:"所有国民拥有言论、出版自由,并从言论、出版自由引申出广播自由,为了保障广播自由、形成各种各样的舆论,要规定广播的具体内容和组织以及过程。"从此角度看,广播明显会受到国家权力尤其是行政机构的影响。跟西方发达国家相比,后发展起来的韩国政府为了有效、迅速地缩小与发达国家之间的水平差距,主要通过政府的引导与扶持,对传播网络的扩张提供支持。从1998年起,陆续出台了《国民政府的新文化政策》《文化产业促进法》

---

① 姜京姬:《KBS、Naver、〈朝鲜日报〉当选在韩国最受信赖的媒体》(2006年5月4日),朝鲜日报中文网 chn.chosun.com,最后浏览日期:2019年5月18日。

《文化产业发展五年计划》《文化产业发展推进计划》《21世纪文化产业的设想》《电影产业振兴综合计划》等法律保障政策。2000年为促进文化产品的出口,政府还特别成立影音分轨公司,对韩文翻译为外语和产品制作的费用几乎给予全额补助。

引导和管制最根本的目的,是维护包括首尔市民在内的韩国民众的共同利益。从经济层面上看,政府的有力管制可以防止媒体垄断而发出单一声音。从社会规制层面上看,政府的有效引导可以减少媒体对社会产生不良影响的可能。政府的管制往往体现在:总统有权任命韩国广播电信委员会领导层、KBS领导层甚至董事长,以及签署相关法令。国会有权对《广播法》等相关法律进行制定和修改,也拥有韩国广播电信委员会领导层的提名权。而随着韩国政权的转换,KBS董事长往往也会重新任命,如李明博总统上台后任命李炳淳为KBS新的董事长。此外,政府还会从技术政策、产业政策和资源分配等层面参与对信息传播网络的管理。

2. 管理理念:多元发展,鼓励竞争

在韩国,1997年之前经济增长的主要支柱是以财阀为基础的集团经济。就信息传播网络而言,1980年就有五家民营广播公司被并入KBS。这样的垄断最终造成财阀势力的不断膨胀,并以各种方式吞并对手最终失去竞争的环境。对于任何经济体而言,缺乏竞争就意味着失去成长和发展的动力,最终必将走向僵化和萎缩。过去的韩国信息传播网络,正是在这样一种财阀集团垄断的情况下,举步维艰。正因如此,韩国政府主导传媒政策的发展方式,其可持续性正引来越来越多的质疑。

1997年金融危机后,韩国政府开始修改《商法典》和《限制垄断法》,一方面规范集团行为,对企业集团特别是大规模企业集团实行严格控制;另一方面,防止因企业经济过度集中而导致的市场资源配置不均;同时,改变原有的限制竞争的政策导向,转而开始鼓励和提倡竞争。

韩国电视业曾经一度呈现出典型的寡头垄断局面[①]。三大电视台（KBS、MBC、SBS）不但垄断了韩国电视收视市场和广告市场，并且控制了节目制作、发行和播出的全部环节，从而形成了"制播合一"的电视产业格局。韩国政府从20世纪90年代初便开始推行节目配额制度，旨在实现"制播分离"，并最终打破三大集团的垄断格局。而政府在2000年正式出台的《广播法》中，更是明确规定：到2001年电视网外适度的播出比例要增加到40％，其中独立制作商节目份额要增加到30％，并且在黄金时段必须播出份额达15％的外制节目[②]。

再比如，为了防止偏向于某些特定的文化、观念或宗教，制作更具普遍性和多样性的节目，韩国《广播法》第69条规定"广播公司必须以适当的比率安排各种类型的节目"。而《广播法实行令》第50条规定综合电视台每个月新闻节目须占10％以上、教育内容须占30％以上、娱乐节目则应在50％以下。但是这样的法规也在某种程度上导致各频道之间内容严重同质化，限制了各电视台频道的类型化、专业化发展，最终损害了受众的收看权利。

韩国广播政策在1990年以后仍然以政府为主导，由政府设定议题并作动员，由政府来决定和执行其政策[③]。政府对广播政策的诸多环节以各种手段实施其控制权。相反，普通民众、舆论、专家的影响力十分有限，甚至在立法过程中政府的力量也比议会更加强大。在2000年《广播法》制定过程中，虽有市民团体、利益组织参与讨论该法，实际上仍然只是名义上的参与者，无法左右政府的决策[④]。但最近研究表明韩国广播政策的决定过程已然有了新的变化，即由政府主导型逐渐转

[①] 朱春阳：《美、英、韩三国电视剧产制模式比较分析》，载《电影评价》2006年第10期。
[②] Kyong-Hee Song：Report on the program Quota Regulation：What has changed after nine years in the program supply market? KBI Report 2000，Seoul，Korea：KBI.
[③] 郑仁淑：《广播政策研究：政策过程为主》，载《广播学研究》，1996年第3卷。
[④] ［韩］郑勇准：《市民社会与广播改革》，传播书出版社2006年版，第49页。

为各种组织参与的多元型。随着受众、市民团体、学界等组织的影响力增大,政府在相关法律制定过程中逐渐重视与上述组织之间的沟通和协调①。

针对韩国电视广告公司独家垄断广播电视广告经营的格局,政府也曾经希望设立新的广告代理公司,以打破垄断的局面。按照1999年12月实施的韩国广播电视法的规定,韩国广播电视委员会要求原本垄断经营的公营韩国广播电视广告公司出让一半广告市场,只代理公营全国性的韩国广播公司、教育广播公司和文化广播公司的广告;而将另一半广告市场交给商营性的媒介销售代理公司,由其代理私营首尔广播公司和地方性公司的广告。但是,MBC是一个半公营、半商营的公司,也是公营公司中力量较弱的一个。它认为,自己被排斥于商营市场之外,有失公平;而号称地区性、实则覆盖全国的SBS将垄断商营市场,故此提出抗议。市民组织则担心,增设广告公司会增加受众的经济负担。韩国学者认为,韩国的广播机构公营不纯粹是公营,商营也不完全是商营,产权不明晰,竞争不公平,需要改革,应以竞争和市场机制的标准重新架构广播电视行业②。

此外,韩国新闻法修正案于2005年7月28日起施行,也可以看作是对居于垄断地位的"朝中东"的限制。这部名为《关于保证新闻自由和功能的法律》,对《朝鲜日报》《中央日报》和《东亚日报》韩国三大报设了种种限制,以削弱其影响,因而受到三大报的猛烈批评。修改后的新闻法规定,排名前三位的报纸,若占有全国报业市场的60%以上,即被认为是"市场垄断型事业";若发现其通过降价、赠品促销或免费赠送报纸,扩大发行量,则要课以罚金③。而"朝中东"三大报的发行量,分别位居韩国报纸的前三位,发行量共约640万份,占了韩国报业市场的六

---

① [韩]金大豪:《从产业政策的视角研究无线电视数字化进程》,载《韩国广播学报》2003年第1期。
② 郭镇之、林洲英:《韩国大众传媒近三年来的变革》,载《新闻战线》2003年第9期。
③ 汾水:《韩国施行修改后的新闻法》,载《今传媒》2005年第11期。

成左右。

根据该法,由政府出资设立的"新闻流通院"是三大报之外的报刊联合销售网,负责全国报刊递送业务,在各地还设有报刊专卖店,以期与三大报对抗。该法规定,若某报在与"大报"竞争时失败,广告版而下降一半以上时,即作为"报纸发展基金"优先扶持的对象,给予经济支持。该法还规定,各报社有义务向政府"报纸发展委员会"申报收入和大股东,以"加强经营的透明度",这也是限制三大报的措施。该法首次把网上报纸和纸质报纸并列,纳入政府支持和管理的对象[①]。网站OMN因此获得政府基金的支持。当然,政府的这一做法也被认为是打击不同声音,因为三大报历来与政府之间关系紧张。

3. 管制趋势:放松管制,推进行业市场融合

发达国家从20世纪90年代中期已经纷纷开始放松对信息传播网络的管制,韩国受到这一潮流的影响。放松管制,也就意味着由政府导向转为市场导向。只有放松管制才能保障公平竞争,只有以市场为导向才能促进相关产业的繁荣与活跃,并最终为消费者的福祉作贡献。从2005年1月通过的《报纸法》到2009年通过的"媒体三法"(《报纸法》《广播法》以及《网络电视法》等修正案)表现出了明显的放松管制的趋势。其中,2009年传媒法修订案的通过,被认为表明政府的目标是"通过竞争扶持全球性媒体"[②]。

2005年1月通过的《报纸法》修正案是自1987年韩国政治民主化以来17年来的第一次正式改变,表现较多的是希望实现对既有报业"朝中东"三巨头的规制强化,加大政府对报业发展的影响力。示例如下。

[①] 汾水:《韩国施行修改后的新闻法》,载《今传媒》2005年第11期。

[②] 《现在应通过实际行动扶持全球性媒体》(2009年12月12日),韩国中央日报中文网,http://chiese.joins.com/big5/article.aspx?art_id=36134,最后浏览日期:2019年3月21日。

第 15 条第二和第三款规定,报社不可以兼营新闻通讯、广播媒介。

第 16 条规定,日报社要对发行数量、有价销售数量、订阅收入和广告收入进行申报,并把总发行股份等资料申报给新闻发展委员会。

第 17 条规定,如果日报社的市场占有率超过规定,即一家报社 30%、三大报社 60%,将被视为垄断市场的寡头企业。

第 33 条和第 34 条的第二项规定,将设置新闻发展委员会和新闻发展基金,并且对非主导性报社进行支援。

第 37 条第五项规定,设立新闻流通基金,其经营上所必需的经费可以由国库支援。

此外,《报纸法》还规定,由政府的文化观光部长官任命新闻发展委员会委员。这样,新闻发展委员会具有一定的官方性质,而且其下属的新闻发展基金会,可以用国家的经费支持非主导性报社[①]。

2009 年通过的新修订的《报纸法》则突出了放松管制的价值取向,允许各类媒体形态之间的市场开放。相关内容包括。

(1) 允许日报与通讯社之间的兼营,解除日报社在日报、通讯社、广播电视媒体集团中的股份限制。仍然遵守大企业在日报社中的股份限制,即其占有的股份比例不能超过 50%。

(2) 禁止通过发放免费报和利用赠送超额赠品等形式进行推销等不公平竞争行为。对存在营业违法的媒体,可处以停业或 10 亿韩元以内的罚金。

(3) 为保证经营的透明性,欲持有有线广播电视的报社,应向广播通信委员会公开其全部发行量以及其中的有效发行量。

(4) 一家报社的市场占有率达到 20% 时,将被禁止进入广播电视领域。(注:目前朝鲜、中央、东亚日报的市场占有率分别是 11%、9%、8%,所以事实上,所有的报社都可以进入广电领域)

---

① 郎劲松:《韩国传媒体制创新》,南方日报出版社 2006 年版,第 211—221 页。

(5) 禁止报纸和广播电视兼营的现行《广播法》和《报纸法》相关条款的有效期截止到2012年1月31日。2012年12月31日之前大企业、日报、通讯社不能成为有线电视媒体的最大出资者或实际支配者。

(6) 任何一家广播电视台的收视份额不能超过30%。报社兼营广播电视，或持有其股份时，应将其所占有的阅读率按照一定的比率换算成相应的收视率，进行统一管理。

(7) 大企业、报社、通讯社等拥有综合性频道、专业化频道的股份不得超过49%。

(8) 报纸所有者、网络报刊所有者在继承、出让经营权的同时，其相应的地位应同时得到承继。

(9) 执行舆论功能的门户网站更名为"互联网新闻服务中心"。网络报纸的编排方针、主要负责人等信息应予以公开，并接受监督。约稿和读者主动反馈的意见信息不能混淆处理，应明确分开。

(10) 外国报社在国内设立分社时，需首先获得必要的许可。

(11) 为推进一般性报纸和网络报的健康发展，推广阅读文化，将整合"韩国新闻发展委员会"和"韩国舆论财团"两大组织，新设立"韩国舆论振兴财团"。由韩国文化观光部推荐不多于五位人员组成促进团委员会委员，负责财团的设立工作。

(12) 新设立舆论振兴基金，用于促进报纸、网络报以及互联网新闻服务中心的发展。

(13) 努力实现"韩国舆论振兴财团"资金来源的多元化。韩国舆论振兴财团的财源除本身已有资金外，财团自身运营产生的资金也应包含在内①。

韩国推动传媒修订法工作旷日已久，被誉为《传媒三法》的新法废

---

① 王波：《韩国新〈报纸法〉的修订过程、主要内容及其争议》，载《中国报业》2009年第9期。

除了原来严格禁止跨媒体经营的规定,开放报社和民营企业可以投资广电业。被誉为韩国经济指向标的《工商时报》7月27日的社论将其归纳为以下三个原因:① 挽救营运亏损日甚一日的平面媒体;② 消除行业壁垒,培植国际化媒体企业;③ 迎接数字汇流时代来临,创建产业平台①。根据韩国广播电视通信委员会的分析,一旦报纸进入电视领域的障碍消除,将会为韩国创造出价值两万亿韩元的新市场,并创造出21 000多个工作岗位②。

广播电视方面,《广播实施令修改案》突出了对无线电视台和有线电视台的放松管制(参见表5-36—5-37)。该实施令修订案制定了新的基准,拥有无线电视事业、综合编排或新闻专业频道的大企业的基准从资产总额三兆韩元上升到10兆韩元。综合有线广播以营销额为基准原本不能超过33%,现改为以户口为标准不能超过三分之一;广播区域(77个区域)中原本不能超过五分之一,现放松到三分之一。可以预测,该修改案的发布和实施,将会促进SO之间的兼并影响MSO体制。卫星DMB和卫星广播方面放宽对使用频道的管制,有助于提高有关企业的自由性。而争论的焦点所在则是放宽对报社和大企业所持股份的限制、允许外国资本进入广播事业并可有限持股的规定。按照修订案,报社和大企业在广播行业允许占20%的份额,在综合编排频道和新闻专业频道可以占30%。外国资本禁止进入无线广播领域,但允许在综合编排和新闻PP中持股,上限为20%。在卫星广播方面外国资本持有的股份从33%扩大到49%。废除对大企业的禁令,持有的上限从30%放宽到49%。该修订案的重点在于进一步放松政府旧有的管制,促进相关产业的积极发展,并最终提高经济效率。

---

① 尔东:《〈传媒三法〉的修改何以成了韩国朝野争论的焦点》,载《卫星电视与宽带多媒体》2009年第18期。
② 王波:《韩国新〈报纸法〉的修订过程、主要内容及其争议》,载《中国报业》2009年第9期。

表 5-36　广播实行令修改内容(2009 年 7 月 23 日国会批准)[1]

媒体	规制		修改内容及理由
无线综合信息频道	所有规制	内容	放宽对大企业的基准 大企业的基准从资产总额三兆韩元上升到 10 兆韩元
		理由	随着经济规模扩大,降低进入广播事业的门槛,促进企业投资以提高广播产业竞争力
综合有线广播	所有规制	内容	改善市场占有限制规制以营销额为基准不得超过 33% 改为以户口数量为基准不得超过三分之一 综合有线频道不能超过五分之一的广播区域,现改为三分之一
		理由	放缓对综合有线广播业者之间的兼营规制以促进投资及使相关企业活跃
卫星 DMB	频道运用	内容	放缓广播频道运营规制 卫星 DMB 业者运行的广播电视频道数不得超过总运营频道数的二分之一,现改为三分之二
卫星广播	频道运用	内容	直接使用的频道数字电视或者广播电台频道分别占总频道的 10%以内,如果运营的频道 10—40 以内的话,可以直接运营四个频道
		理由	提高广播业则自律性和广播产业的发展
信息广播	广告规制	内容	放缓广告规制 信息(DATA)广播频道,不允许第一画面做广告改为允许第一画面的四分之一以内字母广告;第一画面以后允许三分之一以内;视频或有声广告允许 10 分以内
		理由	发展信息广播

表 5-37　有关所有、兼营的媒体法修改法[2]

	大企业		外国资本		报纸、新闻、通讯		一人持有的股份	
	现行	修改案	现行	修改案	现行	修改案	现行	修改案
无线广播	禁止	10%	禁止	禁止	禁止	20%	30%	40%
综合 PP	禁止	30%	禁止	20%	禁止	30%	30%	40%

[1]　Yong-Ju Kim: Structural change and Regulation Issues on the Korean Broadcasting Industry, Economic law 2009/5, p.100.
[2]　Ibid, p.101.

续表

	大企业		外国资本		报纸、新闻、通讯		一人持有的股份
新闻 PP	禁止	30%	禁止	20%	禁止	49%	30%	40%
综合有线广播	—	—	49%	—	33%	49%	—	—
卫星广播	49%	废除	33%	49%	33%	49%	—	—
普通 PP	—	—	49%	—	—	—	—	—

（三）首尔信息传播网络相关管理机构

韩国的现行政治体制为三权分立制，国会享有立法权，政府享有行政权，法院享有司法权。除了权力机关的管理之外，行业通过协会的方式实现自我管理也非常重要。在韩国，传媒业行业协会分为官办协会、官民联办协会和民办协会三种类型。

1. 国会

国会主要通过立法授权、预算审议、国情调查、人员任免等多种手段对信息传播网络进行间接管理。李明博总统上台以后对政府组织进行了结构调整，成立了广播电信委员会，既制定广播政策、履行审议职责（之前由通讯委员会负责），又出台电信服务政策、履行规制职责（之前由信息电信部的负责）。

2. 韩国广播通信委员会

韩国广播通信委员会（简称 KCC），根据广播通信委员会建设与运行相关法律设立，是直属总统管制的协商型行政组织。这一体制上的调整，为强化管理奠定了重要基础。KCC 的前身广播委员会在 1981 年根据《言论基本法》成立，但直到 2000 年《广播法》实施后，才被赋予了信息网络监督、行政审批和政策制定等职权。KCC 主要对广播电视、电信进行管理：根据《广播电信委员会法》第 12 条法令来设计广播电信基本发展规划，制定并实施广播电信政策；负责管理和批准广播电信业者的审批、登记和撤销；负责技术政策的调配(包括分配频率);协调广播电信业者之间的分歧以及缴纳追征税的经济规制。《广播法》对各种违法行为的处罚标准做了明确的规定,广播电信委员会则根据《广播法》规定的原则将监督措施落到实处。

和独立的联邦行政机构FCC相比,韩国KCC的独立性仍然存在争论(尽管《广播通信委员会法》第八条旨在保障KCC的独立性)。过去独立的广播委员会逐渐表现出更多的专属总统的行政委员会色彩。KCC的职责和运作的具体内容都由总统负责①。此外,根据《广播电信委员会法》第五条规定,由五人组成的广播电信常任委员会成员由总统任命,任期三年。其中包括委员长在内的两人由总统提名,其他三人由国会推荐,三人中总统所属的政党提名一名,其他组织提名两人。因此,在常任委员会中总统和执政党推荐的人士超过半数。

3. 文化体育观光部

李明博总统上台后将之前的文化观光部改名为文化体育观光部,并履行国家宣传处和电信信息部的部分职能,主要负责与广播电信有关的产业政策和新媒体政策研究、扶持首尔乃至韩国信息传播网络发展。它分为两组,三室五局三团。第一负责文化艺术、文化产业领域;第二负责体育、观光、宣传、宗教业务。文化体育观光部属下有文化内容产业室。该室由内容政策官、知识版权政策官、媒体政策官负责,其中媒体政策官的负责领域与广播电信委员会的业务范围有交叉,在制定相关政策时,广播电信委员会需与文化体育观光部协商。

4. 公平交易委员会

近年来,韩国信息传播网络上越来越多地出现经济问题。为此,公平交易委员会跟广播电信委员会、文化体育观光部作为重要的相关行政机构,应该共同承担起规范网络交易的职责(见表5-38)。跟在电信

---

① 崔宇正:《有关广播独立的广播电信法职务结构上的法律问题》,韩国言论学会主办《KCC出台和问题》研讨会的资料,2008年,第16页。

领域根据电机电信基本法进行管制相比,广播领域还没有太多针对广播领域特殊性来制定的相关法律政策。

2001年,针对报业恶性竞争的现状,韩国公平交易委员会向改革管理委员会和政府递交了"整顿报业市场的指导(方针草案)",内容包括:禁止报业寄送多于订阅额10%的赠阅报纸,禁止报业连续三天寄送给用户赠阅报纸,禁止赠送高于每月订阅费价格10%的礼品以吸引订户的措施,等等,以防止不正当的销售行为。由于指导方针提出的限制媒体无序操作的措施引起了公众的广泛关注,韩国发行人协会督促会员放弃某些市场策略,包括以贵重礼品换取订阅数额的做法[①]。

表 5-38 广播电信公平竞争相关法与管理机构[②]

内 容	广 播 网 络	电 信 网 络
垄 断	公平交易法	公平交易法
	广播法	电机电信基本法
不公平交易行为	公平交易法	电机电信事业法
管制机构	公平交易委员会	公平交易委员会
	广播电信委员会	广播电信委员会

5. 业内自律

此外,随着社会的进步、经济的发展,传媒业的发展也十分迅猛,各种媒体行业协会(包括全国性的和地方性的行业协会)也应运而生。它们为了维护行业利益,不仅向政府游说,还向会员组织提供管理信息、行业研究报告等,其制定的多种行业的行业自律准则是媒体从业人员自我约束的行为规范。表 5-39 是韩国出版业社团(2002 年)的基本情况。

[①] 郭镇之、林洲英:《韩国大众传媒近三年来的变革》,载《新闻战线》2003 年第 9 期。
[②] 郑仁淑:《在广播市场上的公平竞争基本原则及不公平交易行为分析》,载《广播研究》2004 年第 2 期。

表5-39 韩国主要出版社团(截至2002年6月的统计)①

领域\性质	社团法人	财团法人	其他社团	法定社团
图书出版	大韩出版文化协会 韩国科学技术出版协会 韩国大学出版部协会 韩国漫画出版协议会 韩国第二种教科书协会 韩国电子出版协会 韩国出版人会议 学习资料协会	韩国出版金库	出版营业人协议会 韩国基督教出版协议会 韩国佛教出版协议会 韩国语言学出版协议会 韩国青少年图书协议会 韩国出版经营协议会 韩国学术图书出版协议会	坡州出版文化信息产业中心工作协同组合① 韩国出版协同组合①
杂志	韩国书籍流通联合会 韩国杂志协会	杂志金库 杂志博物馆		
书店	韩国书店组合联合会			
印刷物资	大韩印刷文化协会 汉城市纸张类批发协同组合			坡州印刷工业工作协同组合① 韩国印刷信息产业协同组合联合会① 韩国造纸工业联合会② 韩国制书工业协同组合①
版权	韩国科学作家协会 韩国文艺学术著作版权协会		韩国出版美术家协会	版权审议调停委员会③ 韩国复制权、传播权管理中心③
学术	韩国知识产权协会 韩国出版学会	大韩印刷研究所 韩国出版研究所 韩国杂志研究所	出版文化协会 韩国版权法协会 韩国电子出版研究会	

---

① [韩]李斗映:《对韩国出版社团的现状分析》,载《出版发行研究》2003年第3期。

续表

领域 \ 性质	社团法人	财团法人	其他社团	法定社团
图书馆	新村文库中央会 韩国图书馆协会			
其他	韩国外文书进口协会			韩国出版物伦理委员会④

注：① 根据中小企业法建立；② 根据工业发展法建立；③ 根据版权法建立；④ 根据出版及印刷振兴法建立。

五、首尔信息传播网络运行的经济特征

首尔信息传播网络表现出典型的寡头垄断经济运行特征。公营的 KBS、MBC 及私营的 SBS 三大无线广播公司以寡头垄断方式瓜分电视收视及广告市场，这是韩国广电信息传播网络的最大特点。根据 2009 年韩国言论集团公布的数据，这三家公司的广告收入总额占韩国广播信息网络广告总收入的 87.23%。

寡头垄断的市场运行模式意味着具有垄断地位的寡头集团占有、把持和使用各种资源的绝对优势，这使得它们得以在控制市场的同时也能不断进行自身规模的扩张，其目的则是为了进一步占有更大的市场份额。因此，首尔的广电信息传播网络业在寡头垄断运行的基础上，呈现出规模经济的特点。举例来说，2009 年 12 月，韩国 MPP（Multi Program Provider）CJ 集团收购有线市场第二大的 MPP——ON MEDIA 集团，从而跃升为韩国第二大的 MPP。这桩收购案对有线电视信息传播网络市场竞争格局造成了巨大的影响，一些业内人士对它造成的垄断表示担忧。

除此之外，新媒体法的通过也是影响首尔广电信息传播网络形成规模经济效应的重要因素。这与英国的广电信息传播网络发展情况颇有几分相似：自 2003 年废除禁止私人独占无线电视台及所有媒体交叉运营的法律后，英国的电视市场规模由 1999 年的九亿英镑增长到

2005年的12亿英镑。2009年12月,韩国国会通过新媒体法,放宽广播新闻兼营法规,鼓励韩国式的全球媒体集团诞生,力图扭转韩国广电信息传播网络广告销售额自2002年持续下滑的颓势。

伴随着多种媒体形式的交叉合作,为了适应产品在多种广电信息传播网络平台上的同时投放,产品的内容质量愈加重要,另外连结"network-content-terminal"关系的纵向一体化发展方式日益受到首尔广电信息传播网络集团的青睐。例如:韩国移动 KT 跟拥有制作和发行内容产品一元化系统的 CJ 建立了战略合作关系,此外还与视频制作公司 olive9、Sidus FNH 合作,并确保获得的内容产品得以通过 KT 持有股份的 KFT(手机)、KTH(因特网)、skylife(卫星)的等多种渠道进行传播。

(一)传统媒体的集中性

虽然自《媒体三法》之后,韩国传媒政策表现出越来越明显的鼓励竞争的倾向,但韩国传统媒体的整体格局仍然具有相当的集中性。

广电业中的 KBS、MBC、SBS 三家主要广播公司几乎垄断了韩国广电产业的生产、播出与出口。韩国荧屏上播出的本土化电视节目,绝大部分由 KBS、MBS 和 SBS 三家广播公司自行制作完成,它们不仅联合垄断了韩国电视收视市场和广告市场,并且各自垂直整合节目制作、流通和传播环节。甚至在广告环节上,也有韩国广播广告公社的存在,并曾经长期垄断 KBS、MBC 和 SBS 三家机构的广告业务,把广播电视网络的经济补给链条合归一处,因此三家广电机构的合作意愿也比报业要大得多。三大广播电视公司在通过各种市场并购来降低存量市场竞争性的同时,也形成了非常高的市场准入壁垒,阻止新生力量的进入,呈现出十分明显的"寡头垄断"市场特征。

而在政策取向较为开放的报业中,则呈现出一种由长久以来的市场竞争而导致的自然垄断局面。韩国每天出版报纸多达 152 种,但从发行市场来看,排名前三位的日报社(《东亚日报》《朝鲜日报》《中央日报》)的市场占有率约为 51%,排名在前五位的五家报社(包括《韩国日报《大韩每日》)形成了垄断格局,其市场占有率高达76%左右。市场占有率高的少数几家报社也在订购市场中形成了垄断体系,排名前三位的报社占据了全国订购市场的64%①。

无论是政策规制还是市场竞争,都殊途同归地导致了传统媒体市场上的垄断局面。这与被称为"小英国,大伦敦"的英国伦敦的传统媒体局面较为相似,或许也可以称之为"小韩国,大首尔"。因为地理、人口等资源的局限性,加之高度的城市化水平,使得英国和韩国的各种资源,包括媒体资源都向首都集中,形成了"小国家,大城市"的独特现状。于是,"大城市"中传统媒体网络的集中性,也就成为这种国家宏观现状的一个小小注脚。

(二)传统信息网络的稳定性

正如上节所述,首尔的传统媒体网络呈现出较强的集中性,这种集中性是对信息多元化的一种伤害,但同时也客观上形成了传统信息传播网络极大的稳定性。

这种稳定性主要体现在受众接触媒体方式的一贯性。如 KBS、MBC、SBS这三家广播公司分别与地方广播电视台建立了不同的网络关系。KBS跟地方网络是直属关系,MBC则将地方广播电视台作为子公司,SBS则与地方广播电视台建立了战略联盟关系②。但是,都各自形成了较为稳定的信息传递网络,以首尔为核心辐射全国。

在报业方面,首尔报纸主要依赖家庭送报的投递方式,促销也几乎全部依赖于访问销售。庞大的报纸专卖店网络,使得韩国93%的报纸销售都是通过"送报上门制度"来实现的,零售仅占6.30%,而邮送更少,只占0.50%,《朝鲜日报》《东亚日报》《中央日报》的送报上门率甚至达到了99%以上。这就形成了比较固定的"报纸—读者"信息传播关系,而韩国推行的ABC发行量认证制度也在很大程度上确保了这种固

---

① 金在炫:《韩国报纸产业状况》,载《中国报业》2003年第9期。
② [韩]郑仁淑,《广播产业和政策的理解》,传播书出版社2009年版,第146—147页。

定传播关系的真实性。

与此同时,信息传播网络的稳定性还体现在其"影响力"的强势与稳定,这是在"信息传播层面"之上的"态度影响层面"的具体考量。

(三) 互联网络的普及性

在首尔传统媒体的集中性和稳定性之下,渠道和内容的多元化与创新性的重担落在了互联网媒体上。目前,城区人口超过 2 000 万的首尔全城已经成为一个巨大的"信息网络",几乎在城区任何地方都可以无线上网,而且收费低廉。首尔已经开始实施一项叫作"无所不在的首尔"计划,也称"U 城"计划,以扩展城市的信息技术覆盖面。

根据美国市场调查专业公司 SA(Strategy Analytics)发布的资料,2008 年韩国以 95% 的互联网宽带普及率位居全球之首,在移动互联网这一新兴传播渠道中,据 Google 在去年 7 月发布的智能手机使用调查报告,韩国的智能手机普及率已经达到 73%,排名第二的英国仅有 62%,而美国只有 56%。另据 SA 的数据显示,韩国智能手机用户约有 67.80% 的人每年会更换一次智能手机,频率之高也是全球榜首。2012 年 8 月时,韩国联网的手机数量(包括功能机和智能机)就已经超过了韩国人口总数,16% 的韩国人同时使用两部甚至更多手机[①]。

互联网的普及性让这种新兴媒体得以与首尔的传统媒体分庭抗礼,在整个城市的信息传播网络的运行过程中发挥着各自的作用。与此同时,韩国互联网特殊的"实名制"政策也让这一虚拟的信息传播网络能在更大程度上"接地气",与市民的真实生活发生具体的关联,有利于这一网络健康有序的发展。

六、首尔信息传播网络传播效能的评价

作为韩国首都的首尔同样也是全国的传媒中心。全部无线广

---

① 张向东:《做移动互联网,为什么一定要去韩国》(2014 年 5 月 13 日),虎嗅网,https://www.huxiu.com/article/33582/1.html,最后浏览日期:2018 年 9 月 20 日。

播和电视台及大部分的有线电视台,如韩国三大广播电视公司(KBS、MBC、SBS),也都将总部设在首尔,这些都使该城市的广电信息传播网络具备了辐射全国的影响力。正因如此,首尔信息传播网络中的个体都更需注重着眼整体发展,使得网络内部竞争趋于激化。

为了走出城市内部市场狭窄的困境(这也是韩国媒体在全国范围内面临的问题),首尔信息传播网络更加注重拓展其在海外的影响力,其具体手段就是电视节目的出口(参见表5-40,图5-6)。应该说,网络内部寡头协商竞争的模式使得资本相对集中,有能力制作质量上乘的电视节目。同时,20世纪90年代的亚洲市场正在为昂贵的日本电视节目寻找替代品,物美价廉的韩国电视节目因此成为海外市场的首选。此时,韩国政府适时提出的一系列产业振兴策略和计划,也对广电行业环境变化做出了积极应对并为影视节目制作与流通建立了符合国际标准的系统。实际上,政府力量的推动是韩国广电信息传播网络得以完善和发展的一个重要力量。对于这个韩国的首都来说,出口海外的电视节目不仅仅能带来利润回报,同时也是城市形象的最佳宣传载体,甚至可以带动旅游业的发展。

表 5-40 韩国文化产业进出口额变化趋势[①]

产业	出口额					比重(%)	同比增减(%)	年均增减(%)
	2011	2012	2013	2014	2015			
出版	283 439	245 154	291 863	247 268	222 736	3.90	△9.90	△5.80
漫画	17 213	17 105	20 982	25 562	29 354	0.50	14.80	14.30
音乐	196 113	235 097	277 328	335 650	381 023	6.70	13.50	18.10
游戏	2 378 078	2 638 916	2 715 400	2 973 834	3 214 627	56.80	8.10	7.80
电影	15 829	20 175	37 071	26 380	29 374	0.50	11.30	16.70

---

① 《2016文化产业白皮书》,韩国内容产业振兴院,2017年,第72页。

续表

产业	出口额					比重(%)	同比增减(%)	年均增减(%)
	2011	2012	2013	2014	2015			
动画	115 941	112 542	109 845	115 652	126 570	2.20	9.40	2.20
广电	222 372	233 821	309 399	336 019	320 434	5.70	△4.60	9.60
广告	102 224	97 492	102 881	76 407	94 508	1.70	23.70	△1.90
周边产品	392 266	416 454	446 219	489 234	551 456	9.70	12.70	8.90
知识信息	432 256	444 837	456 911	479 653	515 703	9.10	7.50	4.50
内容产业solution	146 281	149 912	155 201	167 860	175 583	3.10	4.60	4.70
合计	4 302 012	4 611 505	4 923 100	5 273 519	5 661 368	100.00	7.40	7.10

产业	进口额					比重(%)	同比增减(%)	年均增减(%)
	2011	2012	2013	2014	2015			
出版	351 604	314 305	254 399	319 219	277 329	23.40	△13.10	△5.80
漫画	3 968	5 286	7 078	6 825	6 715	0.60	△1.60	14.10
音乐	12 541	12 993	12 961	12 896	13 397	1.10	3.90	1.70
游戏	204 986	179 135	172 229	165 558	177 492	15.00	7.20	△3.50
电影	46 355	59 409	50 339	50 157	61 542	5.20	22.70	7.30
动画	6 896	6 261	6 571	6 825	7 011	0.60	2.70	0.40
广电	233 872	136 071	122 697	64 508	146 297	12.40	126.80	△11.10
广告	804 124	779 936	652 701	501 815	323 604	27.40	△35.50	△20.40
周边产品	182 555	179 430	171 649	165 269	168 237	14.20	1.80	△2.00
知识信息	496	508	597	626	652	0.10	4.20	7.10
内容产业solution	433	453	505	536	544	0.00	1.50	5.90
合计	1 847 830	1 673 787	1 451 726	1 294 234	1 182 820	100.00	△8.60	△10.60

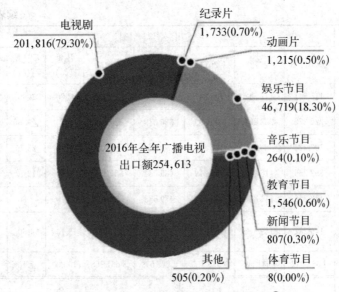

图 5-6 2016 年出口节目类型分布比例①

对于首尔甚至整个韩国来说,影视品出口的直接目的就是换取利润,而丰厚的利润回报也正是韩国电视节目出口的特点。2008 年,韩国在广播节目交易历史上首次达成了 15 800 万美元的利润。

作为现实生活在某种程度上的再现,电视剧中所传递的生活方式和精神状态不可避免的引起部分受众的共鸣。与韩国其他城市相比,在首尔,面对激烈竞争的上班族,负担沉重家庭开支的中年人,为子女操劳奔波的父母,形形色色的首尔市民在怀有梦想的同时也背负着巨大的精神压力,电视剧以其丰富的类型题材为不同的人们提供了休闲放松的机会。由于声像并用的电视剧场景对生活有着潜移默化的影响,因此极高的收视率使得电视剧中的场景、服饰、电子产品,甚至角色的言行都对现实生活中的潮流产生影响。有些时候,主人公乐观、积极的态度也同样影响着收看电视剧的首尔市民的生活态度。而传播学的相关研究表明,普通人的普通生活对受众来说具有

---

① 《2017 广播影像产业白皮书》,韩国内容产业振兴院,第 2 页。

最高程度上的心理接近性,思想感情上的共鸣往往能够跨越文化和地域的阻隔①。也正因为如此,韩国信息传播网络的影响力,也同样通过电视剧的出口,将触角伸向了海外。可以说,韩剧在海外的风行对于韩国的文化传统、价值观念和生活方式的推广都起到了一定的作用。这实际上也是大众传媒与社会良性互动的表现。为了扩大这种影响,首尔市定期举办首尔国际影视节,吸引大量媒体从业人员和海外游客到首尔观光旅游,体验韩剧中的场景,带动相关产业的发展(见表5-41)。例如,《冬季恋歌》给首尔旅游业创造了80亿韩元的收益②。

表5-41 有关首尔影视节统计③

	参加国家数	参展企业数	买家数	参加人数	合同业绩
2005年	32	147	1 000	3 800	1 500万美元
2006年	36	150	2 000	5 000	1 700万美元
2007年	40	149	1 127	5 000	1 600万美元
2008年	45	160	1 200	4 200	2 700万美元

与此同时,韩剧的风行无形中也构建了城市及国家的海外形象。在软实力日益受到重视的今天,这种形象的构建又提升了诸如韩国品牌在世界范围内的影响力,从而创造更多的产业价值。例如,2004年由韩流文化产品的出口对韩国其他制造业、服务业的产额、附加值、创造就业岗位间接效果达4.50万亿韩元④。

虽然这是韩流文化产品的经济效益,但是鉴于作为首尔广播信息传播网络最有代表性的产物,从韩剧是形成韩流的首要功臣这个角度来看,韩剧的经济效益所占比例不容忽视。

---

① 肖文娟:《我国国际文化传播如何借鉴韩国经验》,载《青年记者》2006年第8期。
② 《论坛:挖掘文化产业》,载《文化日报》2004年12月8日。
③ 《2008文化白皮书》,文化体育观光部,2008年,第138页。
④ 《韩流经济效果达4.50万亿韩元》,载《联合日报》2005年3月15日。

七、首尔信息传播网络与城市发展之间的关系特征

1. 城市政治经济属性决定信息网络的基本状态

大韩民国时期的韩国新闻业自发展之初便蒙受着专制体制的摧残。李承晚政权继承了朝鲜王朝和日本殖民统治的专制主义传统,对媒体业采取高度集权的政策,动辄关停报社、羁押记者;随后的朴正熙时期又假"开放媒体权"之名,行"排斥异己"之实,虽然制造了表面的繁荣,却使媒体成为统治集团的附庸,行使社会服务功能的能力大打折扣;继任的军事独裁者全斗焕则又推行的是颇有军事管制意味的媒体管理机制,对新闻、娱乐、宗教节目做出种种限制,推行其"负责任"的内容审查标准,甚至像军队一样要求固定时段不允许播出电视,让民众可以专心的休息或工作。

虽然经历了《6·29宣言》之后,新闻媒体得到了极大的解放。然而,这种"政府—媒体"之间的互动关系特征已经变成了这座城市甚至这个国家的底层基因,无疑影响着城市与其信息传播网络之间的关系建构。在1997年之前,由于韩国经济增长的主要支柱是以财阀为基础的集团经济,因此国家对垄断性产业的效率迷恋也使得在传媒产业政策上更倾向于垄断性的传媒集团。1980年就有五家民营广播公司被并入KBS。这样的垄断不仅使城市信息传播网络的内容趋向单一,也会将这些恐龙般庞大的传媒企业应对环境风险的能力降低,丧失竞争所带来的生存活力。

1997年金融危机后,韩国政府开始修改《商法典》和《限制垄断法》,一方面规范集团行为,对企业集团特别是大规模企业集团实行严格控制;另一方面,防止因企业经济过度集中而导致的市场资源配置不均;同时,改变原有的限制竞争的政策导向,转而开始鼓励和提倡竞争。于是在政策层面上,从2005年1月通过的《报纸法》到2009年通过的"媒体三法",韩国传媒业表现出了明显的放松管制趋势。其中,2009年媒体法修订案的通过,被认为表明政府的目标是"通过竞争扶持全球

性媒体"①。于是,韩国媒体又焕发了新的活力,以互联网为代表的新媒体也在这一时期享受着更多的政策红利。

可以说,一个城市的信息传播网络更像是作为上层建筑的政治与经济基础互动关系的一种投射,其信息的流动与渠道的蔓延也取决于这个城市所呈现出来的政治环境和经济环境。

2. 信息网络逐渐形成与市民生活的内容生产互动

传统媒体结成的信息传播网络往往是单向的、一对多的,信息的回馈机制比较落后,这会阻碍信息在流动过程中的自我确认与自我矫正。互联网媒体登上历史舞台之后,其特有的平台式传播关系让这种弊病迎刃而解。于是,我们看到在首尔的互联网媒体上,逐渐形成了市民(网民)之间的内容生产机制和共享机制,由此链接起来的新型信息传播网络激发了传统渠道前所未有的活力和创新能力。

例如,韩国最流行的新闻网站 OMN,如今的编辑人数仅仅 38 人,却拥有多达四万名的市民记者队伍:"由专业记者负责采写要闻,其余大量新闻均以市民记者提供的新闻稿源为主,经专业编辑的编辑修改后在网站发表,保证了关注点的广泛性、稿源的多样性和稿件的质量。"②在该网站提供的新闻中,专业记者的报道只占 20%③。它报道的内容大多是传统媒介忽略、而公众关心的事件④。这弥补了传统媒体只报道"大事"的新闻选择价值观的缺陷,让部分公众关心的"小事"也获得曝光的机会,极大提高了信息内容的多样性和丰富性。

而另一家首尔主要网站 Naver 则将 Web2.0 的精神发挥至极。在 2002 年,Naver 推出了一个名为"知识 iN"的问答服务平台,允许韩国用户实时提出及回答问题。这一形式极大地吸引了韩国网民的参与,

---

① 《现在应通过实际行动扶持全球性媒体》(2009 年 12 月 12 日),韩国中央日报中文网,http://cn.joins.com,浏览日期:2019 年 1 月 15 日。
② 贾萌:《OhmyNews:未来的报业》,载《互联网周刊》2005 年第 42 期。
③ 《韩国传统媒体遭遇挑战》,载《声屏世界》2003 年第 9 期。
④ 郭镇之、林洲英:《韩国大众传媒近三年来的变革》,载《新闻战线》2003 年第 9 期。

平均每天用户会提出44 000个问题及得到110 000个答案。这些由用户提供的海量数据成为Naver的搜索引擎数据库的主要内容。这种由市民"自问自答"的UGC(User Generate Content)模式,在解放了Naver自身的内容生产压力的同时,也给了用户更大的参与权限,让这个网站成为一个更接近互联网本意的"平台式"内容集散中心,激活了一个全新的城市信息传播网络内容生产机制。

八、首尔模式:值得借鉴的经验与问题

(一)竞争导向:开放时代传媒政策的应有之义

首尔新闻业的发展历程随着政权的更迭而曲折反复,根深蒂固的专制主义传统加上垄断性财团的现实影响,像无形的枷锁牢牢地局限着这个城市乃至国家媒体的开放性和多样性。无论是覆盖面,还是舆论影响力,三大报和三大广电公司都长期居于信息传播网络的绝对优势地位。

但是,从《媒体三法》之后,韩国的媒体管理政策便开始呈现出越来越明显的"推崇竞争"的倾向,甚至还会从产业链入手来破除垄断性资源的聚集:如从20世纪90年代初开始推行的节目配额制度,旨在实现"制播分离",并最终打破三大集团的垄断格局。政府在2000年正式出台的《广播法》中明确规定:到2001年电视网外适度的播出比例要增加到40%,其中独立制作商节目份额要增加到30%,并且在黄金时段必须播出份额达15%的外制节目[①]。在报业方面,由政府出资设立的"新闻流通院",是三大报之外的报刊联合销售网,负责全国报刊递送业务,在各地还设有报刊专卖店,以期与三大报对抗。该法规定,若某报在与"大报"竞争时失败,广告版而下降一半以上时,即作为"报纸发展基金"优先扶持的对象,给弱势媒体提供相应的支持,避免在信息传

---

① Kyong-Hee Song: Report on the program Quota Regulation: What has changed after nine years in the program supply market? KBI Report 2000, Seoul, Korea: KBI.

播网络中形成"马太效应"。

与此同时，在文化价值观日益多元的今天，韩国政策制定者也做出了相应的努力，来鼓励媒体制作更具普遍性和多样性的节目，防止信息传播网络中的传媒内容过分偏向于某些特定的文化、观念或宗教。例如：韩国《广播法》第 69 条规定"广播公司必须以适当的比率安排各种类型的节目"；而《广播法实行令》第 50 条规定综合电视台每个月新闻节目须占 10% 以上、教育内容须占 30% 以上、娱乐节目则应在 50%以下。

韩国公私并举的广电体制和完全私有的报业体制与英国更为接近，而与中国迥异。但对于如今高举"改革开放"大旗的中国来说，一些具体的传媒产业发展政策仍然值得效仿，韩国在"垄断—竞争"这组关系中沉潜往复的规制实践为中国提供了很多政策改革的研究样本，而其目前鼓励竞争的总体导向，无疑对正在积极发展文化产业的我国具有重要的借鉴意义。

（二）增量指向：新媒体时代的必然要求

首尔的传统媒体网络所具有的集中性和稳定性为这座城市的信息传播网络定下了基调，但随着新媒体科技的发展，传媒系统的"增量空间"被彻底打开，这也是在传统媒体系统较为固化的环境下，信息传播网络谋求自我成长的必由之路。

"无所不在的生活"已成为首尔的城市口号。首尔也屡屡扮演新技术"尝鲜者"的角色，多家世界级科技企业都将这里作为大实验室。甚至在移动互联网领域，都有不少中国厂商采取"曲线救国"的策略，将手机 APP 先在韩国发布，在这个成熟市场中培养用户群和积累美誉度之后再重新"引进"中国，不得不让人感叹人口数量还不及中国河南省一半的韩国，竟然拥有比中国更肥沃的移动互联网经济空间。而伴随着互联网的高度普及，韩国大众传播信息权力格局也逐渐发生着变化——"70%的家庭是互联网宽带用户，这个比重居世界首位，网民被称作了'新舆论主体'"。

新媒体的使用者中年轻人的比重最高,这批用户将来会是这个城市的主体。因此对于"增量空间"的这种开发,一定程度上也是在变相完成对"存量空间"结构的调整,这对于传统媒体来说更具有惊醒的意味。

相对于首尔,我国"北上广深"等大城市的网络基础建设虽然在全国领先,但在普及率和宽带速率上仍相去甚远。在这种媒体环境下,传统媒体网络尚有"守土"的空间。但随着4G普及与5G的发展,中国大城市的大范围提速也被提上了日程,对于互联网尤其是移动互联网这个"增量空间"的开掘将成为城市信息传播网络重建的重要部分,无论是政策制定者还是传统媒体的管理者都须做好准备。

(三) 全球化指向:提高信息传播网络的经济文化影响力的必由之路

"二战"之后尤其是苏联解体之后,全球范围内较长时期的和平局面带来了国与国之间政治、经济、文化的频繁交流,资源与科技在世界范围内实现了广泛流动。作为国家软实力的文化,也随着新自由主义成为全球普遍接受的观念而步入越来越频繁而深入的交流之中。比如,我国在近十几年间掀起了持续不断的"韩流"风潮,从穿着打扮、饮食习惯,到更深层次的生活方式和审美价值,韩国出品的媒体产品对中国的观众带来了远超媒体内容本身的文化影响。

其实跟西方发达国家相比,战后才发展起来的韩国在文化建设上起步较晚。为了有效、迅速地缩小与发达国家之间的水平差距,韩国主要通过政府的引导与扶持,对传播网络的扩张提供支持。从1998年起,陆续出台了《国民政府的新文化政策》《文化产业促进法》《文化产业发展五年计划》《文化产业发展推进计划》《21世纪文化产业的设想》《电影产业振兴综合计划》等法律保障政策。2000年为促进文化产品的出口,政府还特别成立影音分轨公司,对韩文翻译为外语和产品制作的费用几乎给予全额补助。在政府的大力支持之下,韩剧在海外的风靡也是产业发展水到渠成的产物了。

  作为媒体内容对生产母体的反哺,"韩流"的风行在构建城市及国家海外形象的同时,也带来了巨大的经济回报和文化回馈。2012年的一曲《江南 style》以超七亿次播放成为世界上在线播放次数最多的歌曲,掀起了全世界范围内的追捧热潮,韩国的文化娱乐服务业、旅游业甚至食品业也随之大赚一笔。截至2012年三季度,韩国文化娱乐服务业收支创下了400亿韩元(约合2.20亿人民币)顺差。到访江南区的游客激增,近一个月以来,江南区餐厅的预约率达到江北地区的236%[①]。演唱者"鸟叔"也在全球进行走穴巡演,把足迹留在纽约时代广场、巴黎埃菲尔铁塔、英国牛津大学等处,甚至还登上了2013年东方卫视的春节联欢晚会。

  一首歌曲引起的爆裂式传播效应在传统媒体时代是难以想象的,但在全球化趋势日益明显、互联网技术飞入寻常百姓家的今天,一切都在挑战人类的想象力。当联合国秘书长韩国人潘基文和"鸟叔"一起大跳《江南 style》的视频在世界最大视频分享网站 Youtube 上被一次又一次点击、转载的时候,我们分明可以看到一个居于东北亚的小国家迈向世界的行动和勇气。

[①] 葛静怡:《江南 Style 带动韩国娱乐产业创下400亿韩元顺差》(2012年12月3日),新浪财经,http://finance.sina.com.cn/world/yzjj/20121203/101813874645.shtml,最后浏览日期:2018年9月10日。

第六章
上海信息传播网络发展与特征

一、上海基本情况概述

(一) 上海概况

上海简称"沪",别称"申",为我国四个直辖市之一。其面积约为6 340平方千米,有超过2 400万的人口居住和生活在这个城市中。它濒临东海,堪称长江口的璀璨明珠,有得天独厚的地理位置、富庶丰饶的土地物产、全国领先的经济商贸、较早开埠的历史渊源。上海以其国际金融中心的地位闻名于世界,现已成为亚洲乃至世界范围内的代表性国际化大都市之一。

上海西连太湖,东面大海,北接长江,南临杭州湾。规模适中的黄浦江穿城而过,为这座城市提供了丰富的淡水资源和天然景观。其北面有泥质江岛崇明、长兴、横沙等,东南又有石质海岛群舟山群岛,为上海提供不断延伸的土地资源和优良的深水港。上海位于中国的长三角地区,这里江海交汇,独一无二的地理位置使它成为交通枢纽。它北与环渤海地区相连,南与珠三角相望,往西通过长江和铁路等连接到中国的腹地和西部(甚至可以通过沪宁、宁西铁路经欧亚大陆桥连接欧洲),往东则通过海路与东亚周边岛屿以及其他大陆相联系。从全球的角度来看,上海则是位于全球最大大陆(亚欧大陆)上最长河流(长江)进入全球最大海洋(太平洋)的入海口,是全球最强烈的大陆特性与最强烈的海洋特性相交汇之处。通过亚欧大陆,上海联系着西欧;通过东海和太平洋,上海联系着北美;而北美、西欧和东亚,则是世界最主要的经济体和人口聚集地①。这种得天独厚的地理位置使上海与全国各地及世界的联系都极为紧密,是上海成为国际性大都市不可或缺的条件之一。

回顾历史,大约在西晋时期,上海只是吴淞江下游的一个小地方,至唐宋逐渐成为繁荣的港口。南宋咸淳年间(1265—1274年)建上海镇,镇因黄浦江西的上海浦得名。1291年(至元二十八年)经元朝廷批准,1292年正式分设上海县②。鸦片战争后,1843年上海正式开埠,这是上海成为现代城市的开始。开埠后的上海成为东西方贸易交流的中心,一时间万商云集,实业兴盛,租界和外国资本的进入,使上海民族资本渐渐兴起,逐渐发展成为闻名遐迩的国际大都会,一时被称为"冒险家的乐园"。至20世纪30年代,上海已发展成为跨国公司开展贸易和商务的枢纽,是中国最大的金融、贸易、商业、工业、运输与通讯中心,亚太地区最为繁华的商业中心,被誉为"东方巴黎"。这时上海的繁华程度远非当时的东京可比③。

1927年国民党中央政府设立上海特别市,1930年改称上海市。而改革开放后,上海才重现往日的繁华。时至今日,上海已发展成为全中国当之无愧的经济中心和全球最大的贸易港口之一。

历史的发展使上海成为一座移民城市,不仅有国内各地的移民,同时也聚居着各国的侨民。从18世纪40年代开埠以来,上海从"华亭"小县不断发展成为国际性移民城市,人口出现爆发性增长,来自海外的、国内的、各种肤色的、各种口音的、各种生活习惯的人们都云集上海,反而使"土著"的上海人只占一小部分。中华人民共和国成立前

---

① 阮文青:《西欧、北美和东亚新经济战略平衡》,载《经济师》1997年第4期。
② 张柱林:《鲁迅与海派文化》,载于李伦新主编:《海派文化与国际影响力》,上海大学出版社2006年版,第281—286页。
③ 同上。

的上海被称为"十里洋场",各国在上海的租界吸引了很多外国侨民定居在此。而国内的早期移民大多是来自周边江苏南部和浙江省的吴语区,特别是苏州、宁波等地。20世纪90年代后期上海再次成为移民重点城市。上海的城市繁荣不断吸引大陆各地人迁入上海,而由于很多外国公司在上海设有办事处,很多外国人也常年定居在上海。

上海作为中国最大的都市,在整个中国乃至全世界的历史舞台上都占有举足轻重的地位。它是让世界了解中国的一个重要窗口,是中国走向世界的桥头堡、中国经济和世界经济的接轨点,也是中西文化的交汇点。新知识、新信息、新事物每天都在这里涌现;国内外的人流、资金流、商品流、信息流、技术流都在这里汇聚。可以说,今日的上海,不仅是中国重要的科技、贸易、金融和信息中心,更是一个国际文化交流和融合的地方。

(二) 上海在中国政治、经济、文化方面的地位

上海是中国行政区域中的四个直辖市之一,被认为是中国仅次于北京的中心城市。城市的政治地位,主要指发展中城市的两大动态指标,一是行政级别,二是在重大历史事件中所演角色的等级。抽象地说,即该城市的威望度和认同度、吸引力和辐射力、创新力和整合力[①]。上海以商业贸易经济金融繁荣而闻名于世界,其政治地位相较于北京这一政治中心而言并不显著,长期以来上海的政治地位滞后于城市经济地位的发展。19世纪末,上海已是百万人口城市,上海的对外贸易额已占全国进出口总值的一半,然而此时上海仍然隶属于江苏省,行政级别仅仅是一个县。20世纪,上海在全国政坛渐有气势,政治地位和影响力开始呈上升趋向。这主要归功于那些依托"一市三治"特殊格局进行舆论宣传和政治活动的激进分子与革命党人。尽管如此,上海的

---

① 廖大伟:《辛亥革命与上海政治地位的提升》,载《史林》2002年第2期。

政治地位依旧没有达到应有的水平。直到辛亥革命时期,上海的政治地位才获得大幅提升。这一时期是上海城市发展过程中的一个重要阶段,是上海不仅是一个经济上海也是一个政治上海的良好开端,为今后上海行政建制产生了积极影响①。辛亥革命后,国民政府于1927年设立上海特别市,1930年改称上海市。同时,中国共产党人早期在上海的活动也使上海的全国政治地位得以巩固。中华人民共和国成立前,共产党共举行过七次全国代表大会,有三次是在上海举行的,许多关系党和国家前途和命运的重要决议都是在上海出台的,这其中就包括标志着中国共产党正式成立的"一大"。现今上海仍保留很多革命遗迹,中国共产党的早期中央机关差不多都在这里办公,许多党的领导也寓居上海领导革命。

上海是我国经济最为发达的城市,为长江三角洲经济圈的龙头,也是我国最大的经济中心、金融中心和贸易中心。其中,最主要的产业有金融业、房地产业、保险业以及运输业等,第三产业在其经济结构中占有一定比重。2017年全年上海市生产总值(GDP)为30 133.86亿元,比上年增长6.90%。按常住人口计算的上海市人均GDP为12.46万元,首次突破12万元人民币大关②。这个面积仅占全国0.06%的城市,完成的生产总值占全国的比重为3.70%,关区进出口商品总额占全国的21.50%。在1843年开埠前,上海人口20多万,虽然沙船航运业已得到发展,手工棉纺织业的生产力也有提高,上海商业也已出现万商云集、百货荟萃的兴旺景象,但就整个城市而言,上海并无明显的经济个性③。上海的经济真正崛起是在1843年上海正式开埠之后。首先获得发展的便是进出口贸易,1843年开埠时,上海的进出口贸易总值仅占全国总值

---

① 廖大伟:《辛亥革命与上海政治地位的提升》,载《史林》2002年第2期。
② 上海市统计局:《2017年上海市国民经济和社会发展统计公报》(2018年3月8日),http://www.stats-sh.gov.cn/html/sjfb/201803/1001690.html,最后浏览日期:2018年9月1日。
③ 张仲礼:《近代上海经济和文化发展的特点》,载《社会科学》1993年第9期。

不足1/10,而10年后就发展到全国的一半左右。从19世纪70年代至20世纪30年代,上海对外贸易总值增加了11倍,年贸易值占全国比重最高达65%①。1895年中日《马关条约》签订后,外国列强开始准许在通商口岸开设工厂,促使上海的近代制造业在19世纪末20世纪初迅速发展,上海成为近代中国的工业中心。第一次世界大战期间,由于各国列强忙于战争,对中国的商品及资本输出随之减少,上海的民族工业得到迅速发展。上海不仅集中了最大量的民族资本工业,同时也是外商在华投资工业企业最集中的城市,成为名副其实的近代中国的工业中心。另外,进出口贸易和工商业的发展产生了对资金融通的需要。自1847年第一家外资银行英商丽如银行在上海设立代理处,到20世纪30年代全国形成了以上海为基地的金融网络,全国重要金融机构都聚居在这里,上海是当时中国乃至远东的外汇交易中心、黄金交易中心、汇划中心、融资中心以及证券交易中心,确立了其金融中心的地位。上海的经济中心地位至今仍未能被国内其他城市撼动。

上海的文化常被称为"海派文化",它是在中国江南传统文化的基础上,与开埠后传入的欧美文化等融合发展而逐步形成,融古老与现代、传统与时尚于一身,具有独特的风格。昔日的上海在中国的文化地位显著,自近代以来,上海就一直是中国的文化重镇。开埠之后,上海成为西方文化输入的窗口,是中西文化交汇的前沿、融合的基地,上海在全国的文化地位随之迅速上升。整个近代,西学输入中国,多半通过上海。从数量上看,1843—1898年间,全国共出版各种西书561种,其中434种由上海出版,占77.40%。从质量上看,无论是自然科学还是社会科学,凡影响力大的,带有开创意义的,几乎都是上海出版的②。这样的文化氛围使上海成为孕育和宣传中国两次文化运动的主要阵地。自新文化运动的第二个10年,中国文化的中心就转移到上海——

---

① 张仲礼:《近代上海经济和文化发展的特点》,载《社会科学》1993年第9期。
② 同上。

这个新文化的大本营。这个移民化程度最高的国际化大都市,也成为中国知识分子集中程度最高的城市。这里汇聚了各种信仰的政党、组织、团体;出版了反映各种学说或流派的文学、美术、音乐、戏曲;哺育并贡献了整整一代的政治精英、工商业精英、文化精英和艺术精英[①]。自20世纪二三十年代起,我国各种新潮的文化事业和项目都是从上海逐渐走向全国的,如上海的报业、印刷业、演出业、娱乐业都十分发达[②]。由于中华人民共和国成立后政治中心的转移,北京逐渐取代了上海的文化中心地位,上海的文化地位也随之衰落。改革开放后,上海的文化业才又获得新的发展。考察上海当下的文化形态可以从两个方面着手。城市文化形态分为静态文化和动态文化。其中文化设施是静态文化的主要组成部分。上海文化设施建设成绩显著,建造了东方明珠、上海国际展览中心、上海博物馆新馆、上海大剧院等许多标志性建筑,这为充分发挥大都市的文化辐射和传播功能奠定了坚实的基础。但相较纽约、巴黎这样的国际性大都市,上海的文化"硬件"仍显不足,主要体现在图书馆、博物馆、美术馆数量较少,馆藏不足等;在社区层面的文化设施与服务也严重匮乏。而在动态文化方面,上海成功举办了一系列具有影响力的文化活动,诸如国家级的中国上海国际艺术节、国际级的世界博览会、上海国际电影节、上海电视节等,使城市的辐射力不断增强。与其他的国际化大都市相比,上海的文化发展仍还有很大差距,既无世界影响力的报刊杂志,也无全球影响的娱乐业。

2017年12月,上海市加快文化创意产业创新发展大会举行,发布《关于加快本市文化创意产业创新发展的若干意见》,围绕着力推动文化创意重点领域加快发展、构建现代文化市场体系、引导资源要素向文化创意产业集聚等提出50条举措。

该《意见》目标是发挥市场在文化资源配置中的积极作用,推动影

[①] 朱慧博:《文化,让城市更美好》,载于李伦新主编:《海派文化与国际化竞争力》,上海大学出版社2006年版,第292—297页。

[②] 林广:《上海与纽约文化形态比较研究》,载《历史教学问题》2005年第6期。

视、演艺、动漫游戏、网络文化、创意设计等重点领域保持全国领先水平，实现出版、艺术品、文化装备制造等骨干领域跨越式发展，加快文化旅游、文化体育等延伸领域融合发展，形成一批主业突出、具有核心竞争力的骨干文化创意企业，推进一批创新示范、辐射带动能力强的文化创意重大项目，建成一批业态集聚、功能提升的文化创意园区，集聚一批创新引领、创意丰富的文化创意人才，构建要素集聚、竞争有序的现代文化市场体系，夯实国际文化大都市的产业基础，使文化创意产业成为本市构建新型产业体系的新的增长点、提升城市竞争力的重要增长极。意见规划在五年内，本市文化创意产业增加值占全市生产总值比重达15%左右，基本建成现代文化创意产业重镇；到2030年，本市文化创意产业增加值占全市生产总值比重将达18%左右，基本建成具有国际影响力的文化创意产业中心；到2035年，全面建成具有国际影响力的文化创意产业中心①。

而到了2018年，上海市更是进一步以"国际文化大都市"为清晰的建设目标，确立了三年的行动计划。5月，上海市委办公厅、市政府办公厅正式印发了《全力打响"上海文化"品牌加快建成国际文化大都市三年行动计划(2018—2020年)》，该行动计划围绕加快建成国际文化大都市的目标，瞄准国际标准、坚持国家站位、突出上海特色，全面实施打响"上海文化"品牌系列工程，把上海固有资源利用好、优良传统发扬好、文化基因传承好，全力打响上海红色文化品牌、海派文化品牌、江南文化品牌，使上海城市的文化特质更加凸显、精神品格更加鲜明、人文内涵更加厚实、战略优势更加突出，进一步增强城市软实力和核心竞争力。

该计划明确了"上海文化"品牌建设的总目标、时间表、路线图和任务书。在文化事业方面，要在全国率先建成现代公共文化服务体系，加

---

① 上海市人民政府：《关于加快本市文化创意产业创新发展的若干意见(全文)》(2017年12月18日)，http://wgj.sh.gov.cn/node2/n2029/n2031/n2064/u1ai154175.html，最后浏览日期：2019年4月15日。

快推动融合转型,打造两个以上平台级新媒体、两家以上国内领先的新型主流媒体集团;在文创产业方面,要成为文创重镇,实现上海文创产业增加值占全市生产总值比重达13%以上;对外文化交流方面,文化"走出去"更加深入,城市文化世界影响持续扩大。国际传播能力建设保持国内领先优势,城市国际形象力争进入国际权威排行第一阵营;在文化人才培养上,培育集聚500名具有国际国内影响力的高层次文化人才,重点培养资助1 000名优秀文化人才,培训五万名宣传文化人才,使上海成为一流文化人才的汇聚之地、培养之地、事业发展之地、价值实现之地①。

(三) 上海的主要城市特征

通过以上两部分对上海城市概况以及政治、经济、文化等方面的描述和分析,可以归结出上海这座城市的具有以下几个特征。

1. 以港兴市

城市港口历来就是参与全球经济合作与竞争的重要战略资源,在区域经济发展中扮演重要角色。自古以来,上海长期是我国对外交通和贸易往来的重要港口。如今,上海港已经成长为世界著名港口,2016年其货物吞吐量连续第七年保持世界第一。可以说上海经济的率先发展及其如今的地位与其拥有优良港口这一资源是分不开的。

2. 商业性城市

自1927年设市以来,上海一直是我国工商业、国内外贸易的中心城市。其曾被称为"十里洋场"的南京路是上海历史悠久的商业中心之一,知名于海内外。截至2008年,上海已形成了"四街四城"等10大市级商业中心,24个区域商业中心,27条商业特色街、100个居民区商业

---

① 上海市人民政府新闻办公室:《全力打响"上海文化"品牌 加快建成国际文化大都市三年行动计划(2018—2020年)》有关情况(2018年5月14日),http://www.shio.gov.cn/sh/xwb/n790/n792/n1038/n1051/u1ai17092.html,最后浏览日期:2019年4月15日。

以及新城、新市镇和居民新村商业①。如此发达的商业已使上海成为国内著名的"购物天堂",每年慕名前来购物的外地游客数不胜数。

3. 移民城市

上海是国内典型的移民城市,聚居着来自国内各地及世界各国的海外人士。事实上,上海移民潮流的历史可以追溯到租界时期。数据显示,1885年,移民约占上海人口的85%,1930年占70%②,可见移民人口在旧时上海所占比例之大。如此规模的移民人口来源广泛,在国内方面,据1950年统计,超过100万的有江苏、浙江,超过10万的有安徽、山东、广东,超过一万的有湖北、湖南、福建、江西、河南③。如此之多的外地移民涌入上海,迅速改变了上海的人口结构,使得上海成为一座名副其实的移民城市。

4. 对外开放程度高

上海沿海的地理位置以及发达的经济水平等因素使得其对外开放的程度较高。1984年上海被列为沿海开放城市,享受一系列优惠政策。20世纪90年代初,上海被国务院确定为中国经济建设和改革开放的重点,上海浦东也随之崛起。截至2017年9月底,上海已与世界上57个国家的85个市(省、州、大区、道、府、县或区)建立了友好城市关系或友好交流关系④,彰显了上海作为一座国际化大都市所应有的开放性。

二、上海信息传播网络的历史演变

上海城市信息传播网络的发展,自1850年上海第一家近代报刊《北华捷报》诞生起,已有170年的历史。伴随着这座城市的成长,报

---

① 治兰英:《商业中心崛起折射城市历史》,载《深圳商报》2008年8月28日。
② 邹依仁:《旧上海人口变迁的研究》,上海人民出版社1980年版,第112—113页。
③ 葛剑雄:《上海人与苏浙渊源》,载《今日浙江》2004年第6期。
④ 《国际友好城市》(2018年6月21日),上海市统计局官方网站,http://www.stats-sh.gov.cn/html/shglmenu/201806/216863.html,最后浏览日期:2018年9月1日。

纸、期刊、广播、电视、互联网等逐一地登上历史舞台,不断发展完善了它的信息传播网络。

(一) 近代以报刊为主、广播为辅的城市信息传播网络

上海是中国近代新闻事业的发祥地,在旧中国,上海是唯一的新闻中心。上海城市信息传播网络的形成,开始于最早的大众传播媒介——报刊的出现及其发展。在中国,报刊作为一种外国殖民者带来的新媒介,总是出现在殖民者最先登陆的地方。鸦片战争后,中国现代意义上的报刊首先在香港、上海等沿海口岸出现。近代上海报刊传播网,经由外国传教士、外商、华商、维新派、资产阶级革命派、中国共产党等个人和派别不懈的办报活动获得蓬勃发展,拥有百年的历史,是旧上海城市信息传播网络的核心构成。

20世纪20年代初出现的广播,进一步扩大了上海的城市信息传播网络的覆盖面和影响力,在抗日战争和解放战争期间都发挥了传递抗战信息、战时宣传的作用,留下了不可磨灭的功绩。

1. 上海近代报刊演变(1850—1949年)

与世界上绝大多数城市一样,上海的城市信息传播网络演变始于报刊的出现。上海自1843年正式开埠后,就逐渐发展成为外国人在华办报的重要基地之一,并且在第二次鸦片战争即1860年后不久,发展成为外国人在华的办报中心。

1850年8月3日,英文《北华捷报》周刊在上海创刊,这是上海第一家近代报刊,上海没有报刊的时代从此画上了句号。《北华捷报》创刊初期,主要刊登广告、行情、船期等商业性材料。1864年,英文日报《字林西报》创刊后,《北华捷报》成为其星期副刊。1857年,英国传教士亚历山大·伟列亚力创办了上海第一家中文报刊《六合丛谈》,月出一次,并不是纯粹的宣传基督教教义的刊物,而是一种囊括宗教宣传、自然科学、商业行情、中外新闻等内容的综合性期刊。到1860年,10年间上海的报刊业发展并不出众,"可以说是筚路蓝缕,只有少数几种英文日报和中文宗教刊物问世"①。

1860年,第二次鸦片战争后,上海作为进出口贸易中心的地位已确立,上海报业开始腾飞,并迅速超过广州、香港,成为全国的新闻中心。1861—1895年间,香港新出版的英文报刊为八种,而上海为31种,几乎是香港的四倍②。无论是在报刊创办的数量,或是在重要报刊的全国性影响力方面,这个时期上海的报刊业发展都是其他城市和地区不可企及的。战后西方列强商品大量倾销中国,上海作为进出口贸易中心首当其冲,这时可以为外商产品做广告并且按照资本主义新闻纸方式经营的商业性中文报纸便应运而生。其中,最早出现的是字林西报馆1861年11月创刊的《上海新报》,由英美传教士主编,大多刊登的是广告、船期、行情等商业信息。而在《上海新报》创办10年之后,即1872年4月30日,一份在旧中国颇有影响的中文商业性大报《申报》问世,标志着中国报业从此踏入以商业性报刊为主流的历史新纪元。《申报》创办之后,另外两家颇有影响的商业性报刊《字林沪报》和《新闻报》分别于1882年4月2日和1893年2月1日创刊,旧上海城市信息传播网络的华文报刊"申、新、沪"三报鼎立的格局至此形成。而至19世纪90年代,在沪英文报纸则形成了《字林西报》《华洋通闻》《文汇报》(The Shanghai Mercury)三足鼎立的局面。除商业性报刊外,少数宗教性刊物也改变纯宗教的倾向,社会影响日益扩大。其中,影响最大的则当数美国传教士林乐知主编的《万国公报》,内容以时事为主,介绍西方的政治模式和西方科技知识③。值得指出的是,从1850—1895年这一时期的上海报刊大多都是外国人办的,而中国人自己创办的报刊数量很少并且报刊存在时间都很短。1895年以前,上海出版了86种中外文报刊,其中仅有四种由中国人创办④。1874年6月16日创刊的

---

① 秦绍德:《上海近代报刊史论》,复旦大学出版社1992年版,第4页。
② 黄瑚:《中国新闻事业发展史》,复旦大学出版社2001年版,第19页。
③ 同上书,第23页。
④ 秦绍德:《上海近代报刊史论》,复旦大学出版社1992年版,第51页。

《汇报》是由中国人自己创办的第一家中文报纸。正如戈公振所说,这是一个"外报创始时期"。

1895年中日甲午战争之后,声势浩大的维新变法运动拉开序幕。这不仅是一场政治改良运动,同时也是一次思想启蒙运动。上海是这次思想启蒙运动的主阵地,是重要宣传阵地。上海报刊在这次运动中获得了突破性的发展,上海城市信息传播网络也随之面貌焕然一新,外报一统天下的局面终被打破。1896—1898年三年间,新创办的48种报刊绝大多数都是中国人拥有主权,外国在华传教组织所办或有外国人背景的报刊仅七种[1]。1896年1月12日上海强学会机关报《强学报》在上海创刊,旗帜鲜明地宣传维新变法。虽然《强学报》只存在了14天就因其激进言论被清政府扼杀,但为接下来维新派的办报高潮奠定了基础。《强学报》停刊之后,1896年8月9日《时务报》创刊,这是维新派在华东地区的重要舆论阵地,是维新派影响力最大的机关报。梁启超在《时务报》上接连发表数10篇政论,其中包括最为著名的全面系统阐明维新派变法主张的《变法通议》,产生极大的社会影响。《时务报》初创时,每期只销4 000份左右,半年后增加至7 000份,一年后达到13 000份,最高销到17 000多份,创造了当时报刊的最高发行纪录[2]。1895年以后的两三年间,借助维新运动的浪潮,上海出版了一批以《时务报》为代表的维新思想启蒙的报刊,有的偏重于时事评论,有的偏重普及教育。消遣性的兼有讽世喻世的晚清小报也在此时诞生。1897年6月李伯元创办的《游戏报》被认为是小报的始祖。这一时期的报刊活动被称为"国人办报的第一次高潮",而随着报刊在此次高潮中的发展,也带来了上海城市信息传播网络格局的一次较大规模的演变。

20世纪初,上海迎来了报刊发展史上的第二次高潮,资产阶级革

---

[1] 秦绍德:《上海近代报刊史论》,复旦大学出版社1992年版,第51页。
[2] 方汉奇:《中国近代报刊史》(上),山西教育出版社2012年版,第83页。

命派成为这次办报高潮的主力军。1903年以后的六七年间,在上海租界的庇荫下,资产阶级革命派在上海创办了一批报刊,大力宣传反清革命。自1905—1911年辛亥革命爆发,革命派在上海创办了16家报刊,其中比较重要的有于右任等创办的《神州日报》、"竖三民"报,陈其美创办的《中国公报》《民声丛报》等。在上海,除革命派,以康有为、梁启超为代表的立宪派在这个时期也创办了一些立宪派报刊,如梁启超等于1910年创办的《国风报》等。

1911年辛亥革命后,中华民国政府在南京成立,与之相隔不远的上海便成为当时各种政党活动的中心阵地,而由各政党出于宣传之需而创办的政党报刊则随之涌现。在这里成立和活动过的大小政党有30多个①。据不完全统计,从1912—1919年,在上海出版的政党报刊有30多种,约占同期报纸总量的三分之一②。其中最有影响的两大政党,即同盟会—国民党和共和党—进步党,都争相创办报刊进行宣传,形成了盘踞于上海滩的两大政党报系。其中,同盟会—国民党系统的报纸在上海有《民立报》《大陆报》《太平洋报》《民国西报》《中华民报》《民国新闻》等。这些报纸拥护共和,反对专制,表现出一定的民主精神。而共和党—进步党系统的报刊在上海主要有《时事新报》和《大共和日报》等。这些报纸拥护袁世凯,反对孙中山临时政府,反对民主共和,甚至鼓吹封建专制。除这两大党派报刊外,一些小政党也在上海创办一些报刊。自由党1912年在上海创办的《民权报》,与同时在上海出版的《中华民报》和《民国新闻》被称为"横三民"报。中国社会党在上海创办了《社会日报》和《新世界》杂志。此外,康有为在上海办的《不忍》杂志,以君主立宪的卫道士姿态,猛烈抨击民国成立后的政局,竭力为皇室复辟制造舆论③。"二次革命"失败后,袁世凯为实现其独裁统治,

---

① [法]白吉尔:《上海史:走向现代之路》,王菊、赵念国译,上海社会科学院出版社2005年版,第481页。
② 秦绍德:《上海近代报刊史论》,复旦大学出版社1992年版,第71页。
③ 丁淦林:《中国新闻事业史》,高等教育出版社2005年版,第37页。

对国民党系统的报刊和其他反袁报刊进行大扫荡，上海政党报刊也受到重创，规模不同往昔。

商业性报刊方面，辛亥革命以后，尤其是1914年第一次世界大战爆发以后，上海少数几家资产阶级商业报刊开始报刊企业化进程。《申报》和《新闻报》是这一时期报纸企业化的典型代表，突出办报以盈利为目的，在经营管理和新闻业务方面不断革新，发展成为企业化大报。《申报》在1912年史量才接办初期，销量7 000多份，到1922年创刊50周年时，已发展成为平均日销50 000份的大报①。其全面翔实的新闻报道一度使其成为上海乃至全国各地的读者了解国内外重大事件的必读刊物，也由此扩张了上海旧时城市信息传播网络在全国范围内的影响力。

1895—1915年约20年的发展，是近代上海报刊具有突破性发展的时期。上海报刊发展的格局已基本奠定，报刊已成为市民日常生活所不可缺少的一部分②。

1915年《新青年》在上海创刊，是中国新文化运动兴起的标志。新民主主义报刊以及中国共产党成立初期所创办的报刊首先在这里萌芽发展。1919年"五四运动"后，中国无产阶级登上政治舞台。《新青年》的改组标志着中国无产阶级新闻事业的诞生。此后，中国共产党上海发起组以及各地共产主义小组创办了一批共产党机关刊物以及工人报刊，包括《共产党》《劳动界》《劳动者》《劳动音》等。1921年中国共产党成立后，先后在上海创办了《向导》《前锋》《热血日报》等机关报刊。在共产党的领导下，青年团等群众团体也纷纷创办自己的机关报，包括在中共成立和大革命时期最有影响的青年团中央机关报《中国青年》《平民之友》《青年工人》《劳动青年》《劳动周刊》等。国共合作后，工人运动、学生运动、妇女运动等各类群众运动在上海蓬勃发展，进一步发展

---

① 黄瑚：《中国新闻事业发展史》，复旦大学出版社2001年版，第116页。
② 秦绍德：《上海近代报刊史论》，复旦大学出版社1992年版，第5页。

壮大了中国共产党的新闻事业系统。其中,包括以《中国工人》等为代表的工人报刊,以《上海学生》为代表的学生报刊和以《妇女周刊》为代表的妇女报刊等。

1927年,国民党内的蒋介石集团在上海发动反革命政变,并在南京成立了国民党中央和国民政府,对新闻事业施行"新闻统制",原先自由发展的报业信息网络开始受到政治的直接管制。中国共产党的报刊遭到封禁,被迫转入"地下"秘密出版。中共中央先后在上海创刊及复刊了《布尔赛维克》《红旗》周刊《上海报》《红旗日报》《无产青年》《中国工人》等报刊。其中,影响力较大的是《布尔赛维克》和《红旗日报》[①]。此外,完成企业化进程的《申报》《新闻报》等商业化大报开始出现兼并产权、报业联营等报业托拉斯的发展倾向,如《申报》史量才收购《新闻报》、张竹平的"四社",引起了政府的警惕。不久,随着史量才遇刺,中国报业的集团化之路在探路之初便遭到政府的扼杀。

1931年"九一八事变"之后,国内形势骤变,上海报界的局面也随之改变。与读者联系密切的通俗刊物大量涌现,资产阶级报刊朝着进步方向转变,消遣小报也发生衍变,整个报刊界在抗日救亡的旗帜下出现了空前团结的局面[②]。自"九一八事变"至1937年抗战正式爆发,先后有100多种抗日救亡报刊,影响力较大的包括邹韬奋主办的"六刊一报"、《新生》周刊、《永生》周刊、《世界知识》《救亡情报》《学生报道》《国难新闻》等。《申报》在"九一八事变"后一改保守的政治态度,主张抗日,反对蒋介石的不抵抗政策,积极参与抗日救亡运动。

1937年日本帝国主义发动侵华战争,上海沦陷。上海立刻成为中国抗日新闻宣传的中心。其中较为著名的抗日报刊为《抗战》三日刊、《救亡日报》《文化战线》《战时妇女》《救亡周刊》《战时联合旬刊》等。虽然1938年后的三年间,抗日进步报刊和其他报刊采用"挂洋旗"的方

---

① 黄瑚:《中国新闻事业发展史》,复旦大学出版社2001年版,第245页。
② 秦绍德:《上海近代报刊史论》,复旦大学出版社1992年版,第6页。

式,在租界"孤岛"上坚持出版,但在总体发展上受到极大限制①。"孤岛时期"最有影响的抗日宣传报刊有《译报》《每日译报》《导报》和《文汇报》等。

1941年太平洋战争爆发后,形势继续恶化,上海主要有影响的报刊全部沦入敌手,成为日伪宣传工具。在上海,日伪报纸主要有《新申报》《中华日报》《平报》《国民新闻》《新中国报》等。

1945年8月抗日战争胜利,上海报刊有过短暂的复苏,一批进步报刊纷纷返沪复刊。但是,由于之后国民党蒋介石发动内战,推行独裁的反民主政策,进步报刊遭到封禁,民营大报被政府控制,上海报界出现空前的萧条②。

上海解放前夕,国民党几乎封闭了一切进步报刊。到上海解放时,只有《新民报晚刊》在隆隆的炮火中坚持出版③。

2. 广播、通讯社等传播媒介初步发展

(1) 无线广播

上海是中国吸收西方先进科学文化技术的重要门户,20世纪前叶先进的科学技术——无线广播技术首先从国外传入这座城市。1920年11月世界上第一座无线电广播电台在美国匹兹堡建立,仅仅两年之后,也就是1923年1月23日,上海"大陆报——中国无线电公司广播电台"正式开播,这是上海也是中国境内最早正式播音的无线广播电台,通称奥斯邦电台。其英文播音,每晚播音一小时,内容有政治和经济新闻、音乐演奏、唱片等。

广播的出现使上海的城市信息传播网络从此结束了其之前单一的报刊传播时代。对此,孙中山特向《大陆报》记者发表谈话,盛赞无线广播"不仅可于语言上使全中国和全世界密切联络,并能联络国内之各

---

① 秦绍德:《上海近代报刊史论》,复旦大学出版社1992年版,第6页。
② 同上。
③ 马光仁:《上海当代新闻史》,复旦大学出版社2001年版,第3页。

省、各镇,使益加团结也"。

继奥斯邦电台之后,外商又陆续在上海创建了一批无线电广播电台。1923年5月,美商新孚洋行创办了一座学术试验广播电台,是沪上的第二座广播电台。在外商早期创办的无线电广播电台之中,美商开洛公司上海分公司于1924年5月创办的开洛广播电台影响较大。

在外商电台的影响之下,由华商创办的一批民营电台也陆续开始播音。1927年3月18日上海新新公司设立的新新广播电台正式播音,这是上海乃至中国的第一座民营广播电台。其播出节目有新闻、商情报告、娱乐节目等。进入20世纪30年代,上海出现了亚美、大中华等一批由华商创办经营的广播电台。

1932年1月28日,淞沪抗战爆发,上海绝大多数广播电台都停止播音。亚美、大中华等电台坚持播送抗战消息,劝募款物,救济难民,支援前线。淞沪会战中广播的宣传大大提高了广播作为一种媒介在社会上的地位,为之后民营电台的蓬勃发展奠定了基础。

到1932年年底,上海已有广播电台40座,其中外国人设立六座。至1934年,据国际电信局统计,上海市广播电台达51家。官办广播电台也随之出现。1935年3月上海第一座官办广播电台——交通部上海广播电台正式播音。1936年3月,上海市政府广播电台开播。

自1933年,交通部对民营电台开始整顿,到1937年"八一三事变"前,共有23座民营电台被取缔。整顿之后,上海尚有民营电台27座,外商电台四座,官办电台两座。

1937年"八一三事变"后,上海广播电台坚持播送抗战消息,动员市民参加救亡工作,劝募捐款支援前线,救济难民。作为城市信息传播网络的一部分,广播在抗战宣传上起了很大的作用,这被认为是旧上海广播史上最为光彩的一页。

1937年11月上海租界沦为孤岛后,日本占领军当局接管国民政府的两座官办电台,建立日伪"大上海广播电台",上海的广播事业沦为日伪的宣传工具。亚美、大中华等民营电台恐为敌用,先后停止播音。

1941年,太平洋战争爆发,日军进驻上海租界。日方接管从事"敌性宣传"的外商广播电台六座,改为大东、东亚、黄埔等电台,与原日伪的广播电台——大上海广播电台一起成为日本实行奴化教育的宣传工具。此外,还封闭了上海28座民营广播电台。

1945年8月15日,日本宣布无条件投降。同年9月25日,国民党接管日伪在上海所管辖的六座广播电台,并将原日伪上海广播电台及其国际电台改组为上海广播电台。

从1923年1月至1949年5月上海解放,有文字记载的上海中外广播电台先后共出现234座。上海解放前夕,尚存民营电台23座,公营电台22座,官办电台一座[①]。

(2) 通讯社

在上海的城市信息传播网络中,通讯社一直占有非常重要的地位。由于上海一直是中国乃至远东地区的新闻中心,国际国内的知名通讯社都在上海设有分社,使上海成为国际信息和国内信息的交汇地。中华人民共和国成立前,据国民党上海市社会局新闻出版科的调查,曾向该局登记的通讯社达100多家[②]。1920年7月,共产国际工作组和中共上海发起组领导创办的第一个通讯社——华俄社也设在上海。之后在各个革命时期,党在上海的通讯社活动从未终止过。

(二) 中华人民共和国成立初期的多元信息传播网络建设(1949—1978年)

中华人民共和国成立后,在中国共产党的领导下,上海首先完成了对旧新闻事业的改造,上海的城市信息传播网络继续蓬勃发展。其中,上海报刊网形成了以党报为核心的多品种多层次的报业新格局;上海广播电视网发展迅速,特别是有线广播网的建立使上海的城市信息传

[①] 以上部分数据引自赵凯主编:《上海广播电视志》,上海社会科学院出版社1999年版,第106页。

[②] 马光仁:《上海当代新闻史》,复旦大学出版社2001年版,第19页。

播网络有效覆盖到上海各郊县;而20世纪50年代出现的新的大众传播媒体——电视,则提供了实体影像的跨域传播。上海在这一时期形成了由报刊、广播、电视三者主要构成的多元化城市信息传播网络。当然,在中华人民共和国成立初期的30年,上海城市信息传播网络的发展道路是有曲折的,其间还发生的"文化大革命"等政治运动,都曾一度阻碍各项新闻事业发展。

1. 新时期党报为核心的报刊业格局初步建立

(1) 对旧上海报刊业的改造

中华人民共和国成立前,国民党反动派在上海创办了不少反动宣传机构。中华人民共和国成立后,中国人民解放军军事管制委员会(简称军管会)承担起改造旧新闻事业的任务。根据上海新闻界的实际情况,采取区别对待的政策,对性质不同的信息传播机构分别实施接收、军管和管制的不同措施。

到1949年8月22日止,共接收了《中央日报》《和平日报》《东南日报》《时事新报》《大晚报》《新夜报》《前线日报》《大众夜报》《立报》《华美晚报》《中华时报》《自由论坛报》《新中日报》《金融日报》、中央通讯社上海分社、华东通讯社、新闻天地社、建军导报社、时政评论社、经济新闻社、银行通讯社及中华日报印刷所、新中国印刷所等。实行军管的报纸有《申报》《新闻报》《大陆报》和《益世报》等。先后受到停刊处分的报纸有《群众报》《民众晚报》《经济日报》《铁报》《活报》《自由论坛晚报》《飞报》《罗宾汉报》等[①]。此外,对于外国团体与个人在上海创办的报纸,一律采取直接封闭的政策。

至此,党对旧上海新闻事业的改造基本完成,为此后党的新闻事业新建与发展奠定了基础,上海的城市信息传播网络建设进入了历史新纪元。

(2) 以《解放日报》为核心的报刊网络格局形成

1949年5月28日,即上海解放后第二天,中共中央华东局兼上海

---

① 马光仁:《上海当代新闻史》,复旦大学出版社2001年版,第2—3页。

市委机关报《解放日报》创刊，它是在接管《申报》后在该报原址创办的，取得上海军管会登记新字第一号。其版面内容涵盖了本市新闻、国内新闻、国际新闻等，报道范围全面，注重满足不同读者的需要。为照顾华东地区的读者需要，1951年1—8月期间《解放日报》曾分外埠版和本市版分别出版。

除机关报《解放日报》外，上海还陆续创办了一大批报刊，其中既有党和政府创办的，也有私人经营的报刊，包括日报、晚报、综合性报刊、专业性报刊等，品种繁多，内容也丰富多样，基本上满足了社会不同读者的需要。继《解放日报》出版之后，陆续创办的报纸有《青年报》《劳动报》《新闻日报》《上海新闻》《沪郊农民报》《上海警总》《上海铁道》《人民文化》《剧影日报》《大报》《亦报》等[1]。

此外，对于在上海解放前被国民党封闭的进步报刊，党及时给予支持，帮助其复刊和发展，包括《新民晚报》《大公报》《文汇报》等。

除报纸外，上海解放后也创办了不少期刊杂志。经核准发给登记证的共49家，到1950年9月增加到53家[2]。新创办的期刊杂志种类繁多，包括综合类、工商经济类、科学工程类、医学卫生类、文学艺术类、语言文字类、文化教育类、青年妇女类、宗教类等。《时代》《世界知识》《展望》等影响较大。至20世纪50年代，上海报刊业已基本形成了以党报为核心的多品种多层次的信息传播新格局。

1966年，在"文化大革命"影响下《新民晚报》和《青年报》先后被迫停刊。1967年1月《解放日报》和《文汇报》也受到影响沦为制造混乱舆论工具。在这种形势之下，上海许多报纸已很难正常出版，有些报纸仅靠编发新华社电讯来支撑，更多的报纸被迫宣布停刊。社会上涌现出《工人造反报》等一批造反组织报纸。"文化大革命"期间，上海的报刊界在"四人帮"的控制下，形成了一个以《文汇报》为领头羊的舆论宣

---

[1] 马光仁：《上海当代新闻史》，复旦大学出版社2001年版，第13页。
[2] 同上书，第18页。

传阵地,直到1977年拨乱反正之后,才又回到正常的发展轨道。

2. 广播网的继续发展与完善

(1) 无线广播的发展

自上海解放到20世纪50年代初,上海的广播事业发展迅速。1949年5月27日,上海军管会接管了国民党上海广播电台,当晚即以"上海人民广播电台"的呼号对外播出,这标志着中国共产党领导下的上海人民广播事业诞生了。

之前沪上就存在的私营电台由于经营不善,于1952年提出公私合营申请,经上海市政府批准,10月1日公私合营性质的上海联合广播电台诞生。1953年上海人民广播电台应私方申请收购了其股份,上海联合广播电台正式并入上海人民广播电台。

上海人民广播电台积极响应中央人民政府新闻总署提出的"发布新闻、传达政令;社会教育;文化娱乐"四大任务,先后开办了《本市新闻》《华东新闻》《国内外新闻》《评论及其他》《通讯及其他》《布告、法令》《时事讲话》《广播漫谈》等新闻类节目;社教节目有《社会发展史》《社会科学基本知识》《政治学习问答》《俄语广播讲座》《王小妹谈时事(生产)》等;文艺节目丰富多彩,1953年前后占到整个广播时间的60%—70%,特别是戏曲节目,当时有四个频率集中播放南、北方戏曲;服务性节目有《群众服务》《每日菜单》《剪裁和编织》《邮电常识》以及各类行情牌价等①。新时期上海广播的发展使其成为上海城乡人民了解国内外新闻、学习科学文化知识、休闲娱乐的重要渠道。更为重要的是,广播使文化水平低的城乡居民也纳入城市信息传播网络的受众范围之中。

上海人民广播电台根据受众的特点,也积极开办对象性节目。其中,以工人为主要对象的节目数量较多。上海是我国最大的工业城市,工业受众众多。上海人民广播电台创办后不久,于1949年7月便设立

---

① 赵凯:《上海广播电视志》,上海社会科学院出版社1999年版,第196—312页。

了"工人节目",内容有"一周动态""职工习作""文化教育""政治教育"等小栏目。1953年5月,在广泛听取工人意见后,又创办了综合性工人节目"工人文化宫"①。这些节目针对性强,办得很有特色,深受工人受众的欢迎。其次,上海人民广播电台针对农村听众创办的"对农村广播"也是受欢迎的对象性节目之一。1958年以后,原隶属于江苏省的松江、青浦、南汇、崇明等县归入上海市,上海市农业人口激增,由原本的五六十万增至320万,成为一批庞大的听众群。上海人民广播电台的"对农村广播"于1958年11月正式开播,内设"评论""说新闻""小讲话""三言两语""好干部、好社员"等小栏目②。此外,上海人民广播电台于1949年8月20日开办了对台湾广播节目,这也是中国大陆开办的第一个对台湾节目。

(2) 有线广播网形成

1950年起,上海的城市有线广播网也开始形成。市区以工业企业的有线广播台为主,机关、团体和学校的有线广播台为辅;郊县农村以县有线广播台为中心,以乡镇广播为基础,建立起连接千家万户的有线广播网,成为城市信息传播网络向外蔓延的重要部分。

其中,工业企业方面,自上海国棉十厂于1950年5月建立了第一座有线广播台起,到1952年5月,上海共建立了400多座有线广播台。到1956年,工厂企业有线广播台发展到1 189个,1966年进一步增加到4 137个③。这些广播电台一方面转播中央人民广播电台和上海人民广播电台的新闻娱乐等节目;另一方面也自己采编,介绍本单位的消息、公告、先进人物、先进事迹等。1951年"五一"上海举办全市庆祝活动,上海各有线广播台转播了上海人民广播电台播报的实况。据粗略统计全市有130多万人次收听了大会实况转播④。这足以说明上海的

---

① 马光仁:《上海当代新闻史》,复旦大学出版社2001年版,第251页。
② 同上书,第252页。
③ 赵凯:《上海广播电视志》,上海社会科学院出版社1999年版,第162页。
④ 马光仁:《上海当代新闻史》,复旦大学出版社2001年版,第261页。

有线广播网已在城市的信息传播网络中扮演举足轻重的角色。

此外,除市区工业企业有线广播电台外,上海农村有线广播网也迅速发展。从1950年起,上海市郊10个县相继建立县收音站,其中上海青浦县最早建设了有线广播,以后逐步发展到乡镇和农业生产合作社。到1966年上半年统计,上海全郊区广播线路增加到16 764千米,广播喇叭发展到440 613只,几乎户户装有喇叭,扩大机350架,总功率达到160千瓦①,初步形成了较为完整的农村有线广播网。上海农村有线广播网是上海信息传播网络的重要组成部分,是宣传党的路线、方针、政策到农村的重要渠道,也是农民获取文化科学知识、学习农业先进技术、先进经验的主要途径。

3. 电视的出现及初步发展

1958年10月1日,上海电视台试播成功,它是继北京电视台(中央电视台前身)之后全国最早建立的省级电视台。电视的出现进一步完善了上海的城市信息传播网络,由报刊、广播、电视等并存构成的多元城市信息传播网络逐步形成。

上海电视台开播初期,使用一个频道,播出黑白电视,每周播出两次,每次2—3小时。播出节目除少量电视新闻外,主要是剧场文艺节目的实况转播或播映电影②。开播时发射功率500瓦,到1966年增加到7.50千瓦。1971年开始建造彩电中心,1974年完成投入使用。在建台初期的很长一段时间里,由于电视机拥有量水平很低,上海市民大都是在单位里集体收看电视节目。

从20世纪60年代初到"文化大革命"之前,上海的广播电视事业在困难的条件下继续向前发展,电视宣传规模逐步扩展,自办节目有所增加。1960年4月6日,上海电视台和华东师范大学联合试办的上海电视大学开学,与上海电视台合用一个频道,每逢周一、三、五下午各播

---

① 马光仁:《上海当代新闻史》,复旦大学出版社2001年版,第263页。
② 赵凯:《上海广播电视志》,上海社会科学院出版社1999年版,第378页。

出三个小时。从此,上海电视台每天都有节目播出。新闻性节目分别于 1960 年和 1962 年开办了《图片报道》和《谈时事》节目;社教类节目陆续开办了《电视台客人》《科技知识》《古诗欣赏》《少儿节目》;服务类节目增设了上海地区当天和第二天的天气预报等。每星期自办节目平均播出量:1958 年试播时为 2 小时 40 分,1959 年正式开播时为 5 小时 22 分,1966 年增加到 26 小时 38 分。

(三) 新时期城市信息传播网络完善时期(1978—1998 年)

1978 年改革开放以来,上海新闻事业蓬勃发展,上海的城市信息传播网络建设进入一个新的发展时期。上海报刊数量大幅增加,各类型报纸都迅速发展,并且以《解放日报》《新民晚报》为代表的大报开始向境外扩展。上海广播网迎来其发展的黄金时期,经历两次改革之后,形成了上海电台和东方电台并存的广播网络新格局,随着有线广播网的完善,广播网络的覆盖面增大。此外,上海电视网络在完善本市覆盖的基础上,不断拓展其在上海周边城市地区的覆盖范围,电视也因其更具传播优势的媒介特性,在城市信息传播网络中的地位和影响力逐渐超过了其他的大众媒介。

1. 报刊业重现新机

中共十一届三中全会之后,上海报刊业进入了一个新的发展时期。上海报刊数量大幅增加。由于 10 年"文化大革命"对报刊业的摧残,1978 年初,上海仅有五家报纸,分别为《解放日报》《文汇报》《上海科技报》《少年报》《每周广播电视报》。1979 年起,《青年报》《新民晚报》《劳动报》等相继复刊。从 1984 年起,上海报业进入发展的黄金时期。仅 1985 年,全市新创办公开发行的报纸达 23 种,新办非公开发行的报纸 20 余种。到 1986 年,上海共有各类报纸 93 种,至 1990 年发展为总数 81 种[1],逐步形成了全方位、多层次、多侧面、满足

---

[1] 马光仁:《上海当代新闻史》,复旦大学出版社 2001 年版,第 472 页。

不同群体读者需求的报刊信息传播网络。

经济类报纸的崛起是这一时期报业发展的重要现象。上海近代以来就是中国的经济中心,改革开放使上海的经济得到迅速发展,上海与全国各地乃至世界各地的联系急剧增加,信息交流日趋重要和频繁,这就促进了以经济类报纸为代表的大众传媒的发展。1989年,上海公开发行的报纸81种,其中经济类报纸有18种,占22%[①]。主要包括《上海经济信息报》《上海工业报》《世界经济导报》《文汇经济信息报》《经济新闻报》《上海商报》《上海经济时报》《消费报》《华东物价报》《中国城市导报》《东方城乡报》《上海食品报》《上海经济报》《上海金融报》《新闻报》《上海证券报》等,构成了一个涵盖上海经济各个方面的经济信息传播网络,为发展社会主义市场经济奠定了基础。

除经济类报纸外,专业行业报、对象性报纸、信息文摘类报纸、企业报在改革开放中也都获得了飞速的发展。其中,政治法制、科学技术、教育卫生、文艺体育方面的报纸有《上海法制报》《上海科技报》《社会科学报》《大众卫生报》《上海文化报》《新民体育报》等;以特定读者为对象,由群众团体主办的报纸也有10余种,其中少年儿童方面报纸,有《少年报》《小主人报》《小伙伴报》《中学生知识报》和《上海学生英文报》等。此外,铁路、海港、汽车以及上海石油化工总厂、宝山钢铁总厂等企业,还办有《上海铁道报》《上海海运报》《上海汽车报》和《新金山报》《宝钢报》等企业报,总计100多种[②]。

这一时期的报纸除《解放日报》《文汇报》《新民晚报》为每日发行外,大都是周刊、周二刊。资料显示,报纸发行量在100万份以上的有六种,50万以上的有六种,20万份以上的有八种,10万份以上的有11种,其他均在一万份左右。在全国报纸的统计中,1985年上海报纸的

---

① 马光仁:《上海当代新闻史》,复旦大学出版社2001年版,第483页。
② 《上海新闻志》,上海地方志办公室,http://www.shtong.gov.cn/node2/node2245/node4522/index.html,最后浏览日期:2018年9月1日。

发行量占全国第二位[①]。通过对上海历年报纸出版数量的统计也可以看出在 20 世纪 80 年代后期,上海报纸无论种数和印数都达到阶段性高峰(参见表 6-1、图 6-1—图 6-2)。其中,每期平均印数在 1987 年达到高峰 2 003 万份,而总印数在同年也达阶段性高峰。上海《新民晚报》在这一时期更是创造了其发行量 184 万的最高纪录。如此数据充分显示了这个时期上海作为国际化大都市其城市信息传播网络的辐射力。

表 6-1 上海市历年报纸出版数量统计(1978—2016 年)[②]

年 份	种数(种)	每期平均印数(万份)	总印数(亿册)	总印张数(亿印张)
1978	5	257	6.41	6.20
1979	8	349	7.32	7.08
1980	12	464	8.55	8.20
1981	15	640	10.28	9.77
1982	31	936	14.93	13.13
1983	34	1 185	18.13	15.49
1984	41	1 429	19.63	16.57
1985	89	1 656	19.54	17.07
1986	93	1 750	19.94	18.37
1987	90	2 003	22.45	20.49
1988	83	1 958	21.38	22.07
1989	81	1 477	15.85	16.25
1990	81	1 510	16.16	16.76
1991	75	1 506	18.48	19.16

---

① 《上海新闻志》,上海地方志办公室,http://www.shtong.gov.cn/node2/node2245/node4522/index.html,最后浏览日期:2018 年 9 月 1 日。
② 《上海统计年鉴 2017》,上海政府网,http://www.stats-sh.gov.cn/html/sjfb/201801/1001529.html,最后浏览日期:2018 年 9 月 1 日。

续表

年份	种数(种)	每期平均印数（万份）	总印数(亿册)	总印张数(亿印张)
1992	77	1 506	24.76	24.76
1993	81	1 506	32.27	32.27
1994	87	1 369	30.43	30.43
1995	86	1 358	19.04	34.00
1996	87	1 357	18.93	36.96
1997	87	1 397	19.34	43.19
1998	80	1 441	19.73	49.84
1999	75	1 311	18.42	46.26
2000	103	1 135	16.77	44.57
2001	101	1 060	16.98	47.67
2002	101	983	16.46	51.42
2003	101	886	17.05	66.13
2004	103	939	19.71	83.66
2005	102	903	19.06	89.94
2006	101	850	17.89	87.33
2007	101	815	17.04	86.75
2008	100	787	17.24	88.29
2009	100	741	16.33	77.94
2010	100	752	15.90	78.65
2011	100	734	15.61	79.38
2012	100	686	14.54	68.03
2013	101	605	13.16	58.86
2014	100	537	11.45	48.96
2015	98	505	10.80	44.59
2016	98	478	10.09	37.97

第六章 上海信息传播网络发展与特征

图 6-1 每期平均印数变化趋势图①

图 6-2 总印数变化趋势图②

---

① 《上海统计年鉴 2017》，上海市政府网，http://www.stats-sh.gov.cn/tjnj/nj17.htm?dl=2017tjnj/c2218.htm，最后浏览日期：2018 年 9 月 1 日。
② 同上。

到20世纪90年代中期,上海报业开始走出国门求发展。1995年4月3日,上海报业跨出境外发展的第一步,《解放日报·中国经济版》在香港创刊,解放日报社委托星岛日报社随香港《星岛日报》在海外发行①。1994年11月《新民晚报》在美国洛杉矶发行了美国版,通过卫星同步传真,在洛杉矶印刷,利用时间差,上海的晚报当天上午即可在美国与当地读者见面,为中国报业史上首创②。

上海报纸在数量增加的同时,各报也在不断扩版。"扩版热"主要出现在1998年,上海近20家报纸扩版,如《新民晚报》从四开24版扩到32版;《劳动报》和《青年报》均从四开8版扩为16版等。

2. 广播全面发展

改革开放后,上海广播事业也迎来了其发展的春天,包括中波、短波、调频立体声以及有线广播在内的各种广播节目种类和数量都显著增多。上海电台的节目套数到1979年即恢复到五套,1980年恢复到六套,1984年增至七套,每天播出时间超过100小时,成为当时全国地方台节目套数最多,播出时间最长的电台。据统计,上海电台1988年各种不同名称的节目有115个,与"文化大革命"前节目最多时的1952年相比,栏目增加50%。上海市郊广播事业也取得显著进步。1986年,10个县的广播电台的自办节目由以前的10小时增加到60小时。

1987年上海广播电视事业开始发展道路中的第一次重大体制改革,推动上海广播事业的发展进入黄金期。根据专业化分工的建台思路,上海电台成立三个分台——新闻教育台、经济台和文艺台。其中,新闻教育台以新闻专题节目为主,文艺台以文学、音乐、戏曲节目为主,经济台以传递经济信息为主,特别加强了对金融、外贸、物资行情等方面的报道③。

---

① 马光仁:《上海当代新闻史》,复旦大学出版社2001年版,第617页。
② 丁法章:《新民晚报跨国发行亲历》,载《档案春秋》2009年第4期。
③ 《上海广播电视志》,上海地方志办公室,http://www.shtong.gov.cn/node2/node2245/node4510/index.html,最后浏览日期:2018年9月1日。

第六章 上海信息传播网络发展与特征

1988年恢复重建中断30多年的对台湾广播,进行反"台独"、实现祖国和平统一的对台广播宣传。为了满足在沪外国听众的需求,同年上海电台在原英语新闻广播的基础上,开辟每天六小时的英语调频广播,为在沪外国听众提供新闻信息和播放文化娱乐欣赏性节目。与此同时,上海电台也经常和国外一些友好城市电台交流文艺节目。

1992年10月28日上海东方广播电台正式开播,使上海广播电视事业发展产生了新的飞跃。东方广播电台拥有两套发射频率,共设新闻、经济、文化艺术等各类节目近50个。

面对改革所带来的竞争,上海电台对体制和节目框架都进行较大的调整。上海电台提出"新系列、新套数、新格局"改革思路,建立了以新闻综合台为核心的八个系列台,拥有八个中波频率、两个调频、三个短波等13个频率,共八套节目,每天播出时间130小时33分钟[①],形成立体式、多功能、多层次、多元化、全方位的广播群体优势新格局。

此外,上海市郊县区的有线广播网继续发展。截至1993年,全市农村有线广播网已建立广播专线9 339千米,其中县至乡广播专线1 132千米,乡以下8 027千米。农户总数127.71万户,已装喇叭农户99.39万户,喇叭入户率77.83%。此外,县(区)有线广播朝着与多种传输手段结合的方向发展。1985年,南汇县广播站建立调频广播,备有300瓦发射机一架,传送县站有线广播节目到30个乡镇广播站,再通过有线传输至用户。截至1993年,共有六个县(区)广播电台建立了调频广播。继南汇县后,建立调频广播的还有松江县(1990年年底)、上海县(1991年8月19日)、金山县(1991年11月)、青浦县(1991年年底)和奉贤县(1992年12月30日)。1990年,奉贤县奉新乡开始试验有线广播与有线电视共缆传输,把广播与电视信号输入用户家里,既可听有线广播,又可看有线电视,农村广播网的发展逐渐趋于成熟。

据统计,到1993年年底,上海电台、东方电台共办节目11套,每天

---

① 赵凯:《上海广播电视志》,上海社会科学院出版社1999年版,第144页。

总播出时间达 185 小时,加上市郊县区的广播,上海广播的传播手段、宣传规模和覆盖范围都达到了新高度,在国内外的影响力不断扩大。

3. 电视霸主地位确立

改革开放以后,上海的电视事业迅速发展。1981 年上海电视台在原有五频道基础上增设频道,在全国第一个采用大功率分米波发射台[①],增强了电视发射功率,扩大了上海电视传输网络的覆盖面。

从 1985 年开始,根据第十一次全国广播电视工作会议提出的"四级办电视、四级混合覆盖"的方针,上海市郊各县陆续筹办县级电视台。1986—1993 年,南汇、松江、宝山、金山、崇明、青浦、闵行、嘉定八个县(区)相继建成电视台或电视转播台,转播中央电视台、上海电视台节目和播放自办部分节目。县(区)电视台的电视塔高度在 100 米至 140 米,大部分拥有 50 瓦和 1 000 瓦的发射机各一台,可以覆盖本县(区)的绝大部分地区。

此外,20 世纪 80 年代中期上海电视台也在不断拓展其在周边城市和地区的覆盖范围。1985 年 12 月 2 日,上海电视台与江苏省无锡、常州、南京、扬州、南通等七个城市电视台取得协议,通过上海—北京微波线路,转播上海电视台节目。之后,浙江杭州、宁波、舟山等城市电视台也建立了微波、差转台,转播上海电视台节目。1986 年 7 月 1 日,上海电视台卫星地面接收站建成,接收电视节目。通过差转和微波传送,上海电视台的覆盖范围不断扩大,北至江苏连云港,西到浙江、安徽部分地区,南达江西东北部,东含舟山群岛和长江三角洲的大部分地区,都能看到上海电视台的节目。

电视机拥有量的不断增加也逐渐使上海的电视网显示出比其他大众传媒更大的社会影响力。20 世纪 80 年代中期电视机开始大量进入普通居民家庭。据统计数据,上海市每百户的电视机拥有量:1980 年占 59%,1984 年占 97%,1993 年达到 138%。

---

① 赵凯:《上海广播电视志》,上海社会科学院出版社 1999 年版,第 377 页。

为了增加电视行业的竞争,1993年1月18日,继上海电视台之后,上海另一家市级无线电视台——上海东方电视台问世,上海电视业形成了两家市级无线电视台相互合作、相互竞争的新格局,这在当时全国(除港澳台外)省、市、自治区中是仅有的。东方电视台每天播出17小时,其中自制节目四小时,经济上实行独立核算,自收自支。与此同时,上海各县(区)也普遍建成电视台或电视转播台。到1994年,南汇、松江、宝山、金山、崇明、青浦、闵行、嘉定八个电视台先后建成播出,一般都设两个频道,可覆盖全县(区),以转播中央电视台和上海电视台第一套节目为主,自办少量新闻、社教、服务节目。

上海有线电视也在这一时期发展迅猛。从20世纪70年代末开始,上海开始陆续兴建有线电视,以改善电视收视质量,丰富电视节目,80年代中后期发展迅速。1992年11月26日,上海有线电视台试播,同年12月26日正式对外播出,终端联网约六万户。到1993年年底,上海有线电视台自办三套节目,每天播出时间达44小时,入网总数达70.30万户,跨入世界大型有线电视网络的行列。上海市郊的有线电视事业在80年代后期和90年代初期也有了迅速发展,到1993年底,有线电视台(站)达到136家,终端42万余个。此外,80年代上海的企业社区也积极创办有线电视台,经过正式批准的有线电视台有五家,分别是上海梅山冶金公司有线电视台、上海石油化工总厂有线电视台、上海炼油厂有线电视台、宝山钢铁公司有线电视台四家企业电视台和闵行电视台一家社区有线台。

到1993年年底,上海三家市级电视台——上海电视台、上海东方电视台、上海有线电视台共自办六套彩色电视节目,每天播出时间约为91小时。上海市区平均每户拥有电视机1.38台。上海无线电视覆盖长江三角洲以及邻近省市的部分地区,人口超过一亿。

1995年,根据中共上海市委、市政府的决定,组建上海市广播电影电视局,形成了五台、三中心、四个集团、九个直属单位的框架。其中五台包括:上海人民广播电台、上海东方人民广播电台、上海电视台、上海东方电视台、上海有线电视台①。

截至1998年,上海广播电视网络的综合实力全面增强,形成了以五家主要电台电视台为核心的、无线有线相结合的广播电视网络。

(四)新世纪:多媒体形态相互融合的城市信息传播网络

当人类文明发展到20世纪末的时候,互联网出现了。作为20世纪末科技界最重要的创新之一,互联网开始引发人类社会向信息社会的变革。进入21世纪,互联网的兴盛成为不可逆转的潮流。互联网的出现,不仅其自身成为城市信息传播网络的重要构成之一,并且开始改变原有的城市信息传播网络格局。随着互联网影响力的扩大,上海各大报刊、广播电台等纷纷上网,城市的信息传播网络在进一步发展完善的同时呈现出相互融合之势。这一时期,上海通过整合原有媒体资源先后创建了文汇新民联合报业集团、解放日报报业集团和上海文广新闻传媒集团,涵盖了上海本地绝大多数的报刊、广播和电视,并且通过传统媒体上网,基本形成了一个以传媒集团为主的报刊、广播、电视、互联网相互融合的立体式城市信息传播网络。

1. 互联网勃兴

20世纪末,互联网逐渐兴盛,其影响力与日俱增。2004年9月,中国互联网中心(CNNIC)制作中国互联网历史主题展,以互联网硬件建设与互联网技术的应用为线索,将我国互联网发展分为五大阶段——1987—1994年,探索阶段;1995—1996年,蓄势待发阶段;1996—1998年,空前活跃阶段;1999—2002年年底,普及与应用快速增长阶段;2003年至今,多元化与走向繁荣阶段②。也有学者以互联网行业本身的起落为线索,将发展阶段划分为四个阶段:第一阶段,1995年1月以前,是互联网萌芽到初步成型阶段;第二阶段,1995年年初到2000年

---

① 《上海广播电视志》,上海地方志办公室,http://www.shtong.gov.cn/node2/node2245/node4510/index.html,最后浏览日期:2018年9月1日。

② 《中国互联网历史长廊》(2005年7月19日),新浪网,http://tech.sina.com.cn/i/2005-07-19/1129666996.shtml,最后浏览日期:2018年9月1日。

中期,是互联网发展的第一次高峰;第三阶段,2000年中期到2003年年底,是互联网发展的低谷;第四阶段,2003年底到现在,是互联网发展的第二次高峰[1]。上海是国内互联网较为发达的城市之一,在这场世纪之交国内互联网的发展浪潮中,上海新闻媒体纷纷投入大量资金和人力踏足互联网这一新兴的第四媒体,从而确保在信息传播的竞争中立于不败之地。早在1998年《解放日报》就在互联网上创办了《解放日报》电子版,之后在2000年,在上海市委的领导下,上海筹建了自己的大型综合性网站——东方网,目标是把东方网建成一个可以代表上海国际化大都市形象的品牌网站。

纸质媒体上网始于《解放日报》。1998年年初《解放日报》电子网络版开始筹建,7月28日正式对外发布,进行试刊,成为上海乃至国内外较有影响力的中文新闻站点之一,在互联网上发挥着中文主流媒体的作用,其发展方针是"立足上海、面向海外、辐射华东"。自《解放日报》网络版开通后,上网访问者到1999年3月10日已突破百万大关[2]。之后,《新民晚报》电子版于1998年12月1日正式开通,以《新民晚报》为母体,兼具信息传播和各种服务功能。

广播电视与互联网的融合提高了信息传递的时效性,给受众带来了全新视听享受而不受广播电台的时间限制。1996年亚特兰大奥运会,上海有线电视体育台举办了"奥运仲夏夜""奥运发言人"栏目,午间"亚特兰大烽火"奥运新闻,凭借互联网优势直接从美国亚城组委会获得最为完整的金牌榜[3],报道速度领先于其他任何报台。20世纪90年代中期,广播与互联网通过优势互补,使广播借助网络打破地域限制并扩大信息量。其中上海人民广播电台在互联网上开展各种信息服务,1998年1月28日(正月初一)上午10点,首次通过互联网推出春节贺岁节目,把一套正在直播的新春特别音乐节目"网上广播,虎年贺岁"送往世界各地。

---

[1] 钟瑛、刘瑛:《中国互联网管理与体制创新》,南方日报出版社2006年版,第2页。
[2] 马光仁:《上海当代新闻史》,复旦大学出版社2001年版,第638页。
[3] 同上书,第639页。

现在,上海各主要媒体都已有网络版,《解放日报》《文汇报》《新民晚报》和上海电视台、东方电视台、上海电台、东方电台等都在互联网上设立了网站,通过互联网使各自的信息辐射力显著增强。

2. 传媒集团组建与扩张

我国的传媒集团化浪潮开始于 1996 年广州日报报业集团的组建。上海传媒业自 1998—2001 年,先后组建了文汇新民联合报业集团、解放日报报业集团和文广新闻传媒集团,上海各大主流报纸、杂志、广播、电视等媒体资源大都归属于其中。2013 年 10 月 28 日,原来解放日报报业集团与文汇新民联合报业集团合并成立上海报业集团。这标志着上海传媒集团的整合进入到新的历史时期。

3. 跨媒体融合之势

随着互联网的发展、传媒集团的组建,媒体资源不断重新整合,上海的城市信息传播网络开始呈现出跨媒体融合发展的趋势。其中,作为首家跨媒体的财经资讯供应商,上海文广"第一财经"传媒品牌的运作是这一趋势的典型案例。

分别整合了报业和广电两大系统资源的上海报业集团和新 SMG,也积极响应国家"媒体融合"的顶层战略部署,面向新媒体尤其是移动互联网媒体开展了一系列的媒体融合实践。

2013 年上海报业集团组建以来,通过对《新闻晚报》《东方早报》等一批报刊进行休刊和合并,将实际运营报刊和出版单位从集团成立之初的 37 降为 21 家。《解放日报》"上观新闻"坚持一体发展,率先走出从相"加"到相"融"的关键一步,迈入"一支队伍、两个平台"的一体化运作新阶段,成为全国省级党报转型发展先行者。《新民晚报》以"新民"客户端全面推动媒体融合,"侬好上海"、新民网等系列新媒体产品体现"本地、突发"特色。截至 2018 年初,集团拥有网站、客户端、微博、微信公众号、手机报、搜索引擎中间页、移动端内置聚合分发平台等近 10 种新媒体形态,端口 267 个,新媒体稳定覆盖用户超过 3.2 亿。集团媒体共有移动客户端12个,下载总量超过1.8亿;共开设微信公众号193个,粉丝总数900万;共开设微博账号43个,粉丝总数8 828万;共有PC端网站17个,覆盖用户总数4 252万。集团旗下的两大新媒体产品——澎湃和界面已成为国内时政和财经领域首屈一指的新媒体产品[①]。

2014年3月,原上海文化广播影视集团与上海广播电视台、上海东方传媒集团有限公司全面整合,正式组建上海文化广播影视集团有限公司("新SMG"),与上海广播电视台一体化运作。搭载自行研发的全媒融合技术系统"Xnews"的新SMG全媒体指挥平台也于2015年初步建成,看看新闻网、阿基米德等新媒体产品用户获得了稳步的增长[②]。

三、上海现有信息传播网络的基本构成

经过多年的发展,上海现已形成以大型传媒集团为主导的,由报纸、杂志、广播、电视、互联网等大众传播媒介协同构建的立体化现代城市信息传播网络。

整体来看,从1998年7月到2001年4月,上海在整合全市主要媒体资源的基础上,先后组建成立的文汇新民联合报业集团、解放日报报业集团和文广新闻传媒集团(更名为上海广播电视台)这三大媒体巨头,已经成为构建上海现代化城市信息传播网络的主要力量。在媒介融合、转型发展的浪潮之中,2013年文汇新民联合报业集团和解放日报报业集团又强强联合,整合重组为上海报业集团,以其出色的内容生产能力和资本实力成为中国报业集团的翘楚。

在上海的城市信息传播网络中,报纸主要由上海报业集团的各种报纸期刊构成;上海期刊业则由报业集团和几大出版机构如上海文艺出版社组成;上海广播电视网则主要由上海广播电视台以及各区县的

[①] 裘新:《在融合发展中巩固拓展主流舆论阵地》,载《新闻记者》2017年第11期。
[②] 强荧、焦雨虹:《上海传媒发展报告2016:媒体融合发展研究》,社会科学文献出版社2016年版,第26—36页。

电台和电视台组成；而由政府机关、各新闻单位所创办的媒体网站以及民营资本网站则是通过互联网传递城市信息的主力军；此外，以手机媒体、移动电视、楼宇电视等为代表的新兴媒体也逐渐成为城市信息传播网络不可或缺的重要组成部分。

(一) 报纸

报纸是构成上海城市信息传播网络历史最为悠久的重要组成部分。来自上海统计年鉴的最新数据显示，至2016年年底，上海共有报纸98种，其中公开发行的报纸72种，占全国报纸总量的5.17%，位居全国省级报纸出版数量的前列。由原来解放日报报业集团和文汇新民联合报业集团主办的共计22种，占上海公开发行报纸的30.14%，两集团的报纸印数超过全市总印数60%[①]。

而在城市报纸覆盖率方面，上海同样处于全国领先地位。2006年，上海千人日报拥有量为249.20份，比2004年的千人日报拥有量274.20份减少了25份。但相比各省（区、市），上海千人日报拥有量仍居全国榜首。此外，日报普及率是另一个衡量报业发展水平的指标。2004年，上海日报普及率为0.83份/户，比2003年的0.63份/户增长了30.30%，仅居于北京之后，名列全国第二。根据统计数据比较显示，上海报业发展迅速，已经达到中等发达国家的水平[②]。

在国家新闻出版总署举办的第四期中国报业竞争力监测结果中，上海《新民晚报》和《新闻晨报》入选"2007年全国晚报都市类报纸竞争力20强"，分列第七位和第11位；此外，在都市生活服务类报纸方面，上海优势较为明显，其中《申江服务导报》《房地产时报》《上海星期三》入选"2007年全国生活服务类报纸竞争力10强"，分别列第二位、第四位和第五位。在2018年国家新闻出版广电总局公布的第三届全国百

---

① 上海新闻出版"一业一策"研究总课题组：《上海报业发展现状及存在的主要问题》，载《中国报业》2008年5月。
② 同上。

强报刊名单中,上海以《解放日报》《文汇报》《新民晚报》为代表的 20 种报刊入选(参见表 6-2)。

表 6-2　上海市 2016 年报纸出版数量统计①

类别	种数	期数	每期平均印数(万份)	总印数(万份)	总印张数(万张)
总计	98	9 219	478.24	100 860.59	379 662.35
综合报	12	3 043	165.54	59 293.04	270 898.23
专业报	80	6 176	312.70	41 567.55	108 754.12

1. 报纸发行网络

事实上,上海报刊发行的演变是全国报刊发行发展轨迹的一个缩影,经历了一个由过去邮政一统天下的"邮发合一"到如今的邮局发行、自办发行等多种发行方式相互结合发行的发展过程。

中华人民共和国成立初期,"邮发合一"的发行模式在当时是符合我国国情的,然而到 20 世纪 80 年代,这一统一的邮发模式已经开始制约报业的发展,这便为自办发行等新发行方式的出现提供了契机。自办发行在我国的首次出现可以追溯到 1985 年《洛阳日报》的发行改革,自此,这一发行方式在国内报业市场推广扩散开来,掀起了国内自办发行改革的风潮。

而回观上海报业的自办发行,就不得不提及《新闻午报》以及《青年报》在上海市场自办发行的探索。其中,《新闻午报》的发行中心是上海日报中第一支自办发行队伍的成功典范。通过流动售报、投递、送摊三大发行板块,建立起有四个发行区站、20 个发行分站组成的发行网络②。而 2003 年改版的《青年报》所组建的"蓝蚂蚁"发行团队

---

① 《上海统计年鉴 2016》,上海政府网,http://www.stats-sh.gov.cn/html/sjfb/201701/1000339.html,最后浏览日期:2018 年 9 月 1 日。
② 谭军波:《报刊自办发行管理模式——实战经验的总结》(2003 年 10 月 17 日),新浪网,http://tech.sina.com.cn/other/2003-10-27/1809248970.shtml,最后浏览日期:2018 年 9 月 1 日。

所进行的自办发行也是一个具有借鉴意义的有益探索。2003 年,《青年报》在发行量从最高达 90 余万跌破 10 万份之后,断然进行改革,其称之为"蚂蚁式"自办发行便是此次改革内涵之一。改革后,《青年报》采取自办、邮局、代理和网购四种主要发行方式。自办方面,《青年报》在上海中心城区建立了一个拥有东西南北四大发行分站与 20 个发行站、4 000 个发行网点的发行物流网,招募打造了一支 2 000 余名训练有素的自办发行队伍[①]。

总体来看,根据 2006 年的有关数据显示,2006 年上海公开发行的报纸中,实行自办发行的报纸有 17 家,占总数的 23%,实行邮发的报纸有 14 家,占总数的 19%。此外,有 37 家报纸实行自发和邮发相结合的方式。另有 20 家报纸实行自发或邮发与其他发行方式相结合的形式[②]。

其中,上海当年还未合并的两大报业集团均采取的是邮发、自发与其他发行相结合的形式:2006 年,解放日报集团邮发、自发和其他发行所占比例分别是 47.51%、52.15% 和 0.34%,自办发行比例超过邮发;而文汇新民报业集团 2006 年邮发、自发和其他发行方式所占比例分别是 79.28%、15.17% 和 5.55%。

上海的报刊发行渠道主要可以分为家庭投递、邮寄和终端零售这三种方式,主要由邮政部门以及上海东方书报刊服务有限公司、上海久远出版服务有限公司、地铁书刊服务有限公司等几大公司负责。具体来看,上海报刊发行网络主要由如下几种主要力量构成。

(1) 邮政发行

邮政订阅是最为传统的报刊发行渠道。虽然,面对自办发行等新兴发行方式对报刊发行市场的瓜分,邮政部门曾经大一统的局势已不复存在,但是根据上述数据显示,邮发仍是占有最大比重的发行方式。其中,党报、机关报,如《解放日报》,多采用这种方式进行发行。

---

① 黄俊杰:《青年报的蚂蚁式发行模式:兼谈上海报刊发行市场的竞争格局与趋势》,载《新闻记者》2004 年第 7 期。
② 宋建武主编:《中国报业年鉴 2006》,中华工商联合出版社,2007,第 51 页。

(2) 书报亭

书报亭是现代城市中报刊零售的主要渠道。上海的书报亭主要是由上海东方书报刊服务有限公司旗下的东方书报亭以及其他个体书报亭、报摊构成。其中,东方书报亭因其较大的覆盖规模、规范化的管理、统一的门面设计等在上海具有较大影响力。自 1998 年年底上海第一批 1 012 个东方书报亭初建成开始,来自《上海经济年鉴 2008》的数据显示,2007 年底上海已经拥有 2 120 个东方书报亭散布在上海的大街小巷。除东方书报亭外,上海还有大约五六百个个体书报亭和书报摊[①]。

然而随着互联网的普及,纸质媒体受到的冲击逐渐蔓延到作为纸媒终端的报刊亭上,一方面是报刊售卖收益的下降,部分承包者选择离开;另一方面是城市建设的不断加码,"市容整治"等综合治理工程开始对上海沿街报刊亭进行拆除。2017 年,为了表达对报刊亭的留恋,艺术家杨烨炘走访了上海近百个即将拆迁的书报亭,邀请最后一批书报亭主人戴上印有"今天不说话"的口罩,以一天不说话的沉默方式,集体向那个曾经辉煌的书报亭时代道别[②]。

(3) "全日送"发行网络

上海邮政全日送物流配送有限公司,即原上海全日送报刊发行有限公司,是由上海邮政局、上海广播电视发展有限公司、文汇新民联合报业集团、解放日报报业集团共同出资于 2004 年组建的,依托邮政局以及三大媒介集团,是上海报刊发行网络中的重要力量之一,其投递网络覆盖整个上海市区以及浦东新区。其负责发行的报刊包括《新闻晨报》《新闻午报》《新闻晚报》《每周广播电视报》《上海电视》《申江服务导

---

① 谭海燕:《中国期刊渠道城市攻略大盘点:四大渠道三大城市比比看》(2005 年 4 月 19 日),慧聪网,http://info.media.hc360.com/2005/04/1900002453.shtml,最后浏览日期:2018 年 9 月 1 日。

② 温欣语:《100 块钱的行为艺术,和上海最后 200 多家书报亭》(2017 年 11 月 17 日),豆瓣网,https://www.douban.com/note/645500748/,浏览日期:2019 年 1 月 1 日。

报》《上海星期三》《上海商报》等多种畅销报刊。

(4) 地铁沿线报亭

纵横于上海的几条地铁线和轻轨共同构织起城市便利的交通网络，其覆盖范围、客流量规模之大使其具备成为良好报刊发行渠道的潜力。隶属于复星书刊发行有限公司的地铁书刊服务公司在地铁沿线站台和站亭层开展报刊零售业务，在上海的几条轨道交通拥有近百个报亭，占据了轨道交通80%以上的市场份额，销售品种已达到400多种[①]。

(5) 超市便利店

超市便利店在都市生活中随处可见，其具有分布广泛、规模庞大以及人流量大等特点，从而使其成为报刊零售发行不错的渠道选择。上海久远出版服务有限公司主要经营这一发行渠道，是上海4 000多家便利店所售报刊的唯一供货商。

(6)《新闻午报》发行网络

《新闻午报》发行网络的建构是上海日报之中第一支自办发行的成功典范。它于2003年自建发行网络，通过复制在京发行取得成功的《京华时报》小蓝帽模式，将大规模流动售报方式引进上海，成为申城一景。2004年前后，其在市中心10个行政区建立了20个发行站，700多名发行人员。发行中心下设一室三部、三个区站、20个发行站[②]。不过可惜的是，该报后来改为《天天新报》，并于2014年4月停刊，上海关于自办发行的尝试也就此中断了。

2. 报纸网络构成

截至2016年年底，上海有报纸98种。其中，综合类报纸12种，专业类报纸86种。在经历多次结构调整之后，上海报刊主要归属于由解放日报集团和文汇新民联合报业集团在2013年10月28日合并而成

[①] 黄俊杰：《青年报的蚂蚁式发行模式：兼谈上海报刊发行市场的竞争格局与趋势》，载《新闻记者》2004年第7期。

[②] 同上。

的上海报业集团。两大系列合并后业务架构基本没有发生太大变化,所以此处论述仍以原来两个报业集团系列的架构进行。

从经济指标观察,营业收入排名前五位的是《上海证券报》《新民晚报》《解放日报》《第一财经日报》《新闻晨报》;利润总额排名前五位的为《上海证券报》《解放日报》《报刊文摘》《上海老年报》《上海汽车报》[①]。

(1) 原文汇新民报业系列

该系列主要是从属于原来文汇新民联合报业集团的报纸,现拥有10家报刊,其中包括《文汇报》《新民晚报》《SHANGHAI DAILY》(英文《上海日报》)《东方早报》《上海东方体育日报》五份日报;《文学报》《文汇读书周报》《新民晚报社区版》《行报》《外滩画报》五份周报。此外,伴随着报业的整体下滑,不少期刊选择了停刊。例如:《上海星期三》于2009年停刊;《外滩画报》2016年休刊;2017年起,《东方早报》休刊并把原有的功能全部转移到澎湃新闻网。

(2) 原解放日报系列

该系列主要是从属于原来解放日报报业集团的报纸,以中共上海市委机关报《解放日报》为龙头组建的一个具有相当影响力和综合实力的媒体集团。其目前拥有10家报纸,包括《解放日报》《新闻晨报》《报刊文摘》《申江服务导报》《人才市场报》《房地产时报》《I时代》《上海学生英文报》《每日经济新闻》《上海法治报》11份报纸。其中,《新闻晚报》于2013年停刊。

(3) 其他

除上述两大报业集团之外,共同构成上海报网的还有:文广新闻传媒集团出版的《第一财经日报》《每周广播电视》报以及《第一财经周刊》《上海电视》《电影故事》《上影画报》《电影新作》《卡通王》等杂志;上海文艺出版集团出版的都市报《上海一周》《故事会》《旅游天地》《人与

[①] 《上海年鉴2017:报刊、出版》,上海政府网,http://www.shanghai.gov.cn/nw2/nw2314/nw24651/nw43437/nw43468/u21aw1311749.html,最后浏览日期:2018年9月1日。

自然》《咬文嚼字》《新发现》《今日风采》等 23 种期刊；工会系统的《劳动报》；共青团系统的《青年报》；上海教育报刊总社的《少年报》《中学生报》以及许多大型企业办的企业报。

如果按照上述报纸所覆盖的发行区域等标准，可以将上海的报纸大致分为以下三个层次：

(1) 全国性报纸

上海报业在全国的辐射力滞后于其经济的影响力，真正可以称之为全国性的报纸并不多。综合性报纸方面，有《解放日报》和《文汇报》。其中，《解放日报》作为中共上海市委机关报，其发行以上海为主，但也辐射全国。财经类报纸方面，2004 年创刊的《第一财经日报》是中国第一份全国性的综合财经日报，其发行区域已覆盖中国主要的经济领域。此外，都市生活类的《外滩画报》也属此列之中，在休刊前其已覆盖全国 21 个城市。

(2) 区域性晚报都市类报纸

对于上海这样一个国际化大都市而言，都市类报纸自然必不可少，比如《新民晚报》《新闻晨报》等。这一类报纸主要面向上海本地发行，更加关注本市民生民情，注重为广大市民提供丰富的生活资讯，为市民的衣食住行等各方面提供信息保障。另外，还有曾经影响颇大的《新闻晚报》和《东方早报》等晚报都市报，因为报业的融合转型而宣告停刊。

(3) 区镇级报纸与社区报

在上海，除了面向全市发行的报纸外，区镇级报纸以及社区报的存在实现了城市信息网络对城市居民的多层次覆盖。上海各区、区下属的街道、镇都有自己的报纸，由各级政府主办，采取免费赠阅的形式。此外，除这种由政府部门创办的区镇级报纸之外，《新民晚报·社区报》以及《城市导报》等这类由当地媒体机构主办的社区报也面向社区进行分众传播。

事实上，社区报起源于美国，至今已有 300 多年的历史，然而对于社区报的定义还没有一个令学界和业界公认的说法。且不论我国的区县报与社区报与美国的社区报究竟有何不同,著者认为,基于它们都是为某一特定区域的居民提供信息进行分众传播这一点,二者便具有可比性。作为社区报的起源地,美国社区报发展得已相当成熟。按报种划分,美国全国约 1 500 个城镇,全国性报纸 10 多种,城市主流日报约 814 种,其他的以社区报为主[①]。根据美国全国报业协会(NNA)21 世纪初的统计,全美有近 8 000 种各类社区报,总发行量约为 5 000 万份[②]。其社区报发行量与影响力之大与我国此类报纸不可同日而语,资料显示美国社区报发行量一度甚至比当地主流报纸发行量还要大。

以同样是国际化大都市的纽约为例,《纽约时报》是纽约最大的主流日报,但在纽约的斯塔藤岛辖区,在很长一段时期里,社区报《斯塔藤岛前进报》的发行量最大,《纽约时报》在这个区则排第二位[③]。可以说纽约的社区报在其城市信息网络的建构中起到至关重要的作用。而反观上海的区县报和社区报,无论其发行量还是影响力都无法与本地大报相抗衡,其在城市信息传播网络之中所能起到的作用自然也相对微弱。下面将对实际上扮演"社区报"角色的相关报纸作分类阐述。

a. 各区县报纸

区县报在上海的源头可以追溯到中华人民共和国成立前就存在的《嘉定报》等区县报,几经周折,从停刊到复刊,如今上海各区县都拥有一份自办的报纸。根据行政区划,上海每个行政区县都拥有一张内部发行的区级报纸,这些报纸出版周期不尽相同,都采取免费赠阅的发行方式。

[①] 袁友兴:《从社区报看中国报业发展方向》(2009 年 1 月 20 日),南方报网,http://media.nfdaily.cn/cmyj/05/a/content/2009-01/20/content_4856233_2.htm,最后浏览日期:2018 年 9 月 1 日。

[②] 纪玙昊:《美国社区报概述——兼述对中国社区报发展的启示》,载《国际新闻界》2009 年第 7 期。

[③] 袁友兴:《从社区报看中国报业发展方向》(2009 年 1 月 20 日),南方报网,http://media.nfdaily.cn/cmyj/05/a/content/2009-01/20/content_4856233_2.htm,最后浏览日期:2018 年 9 月 1 日。

此类报刊隶属于各区县的宣传系统，实际扮演着"区县党委机关报"的角色，以对区县内住民的宣传和信息服务为己任。在经济上基本都依靠财政全额拨款，在区县内免费赠阅且不刊登广告，于是随着发行量的逐渐扩大，主管部门的财政压力陡增。这一"无发行收入、无广告收入、全靠财政拨款"的办报模式，没有遵循传媒经济学中"二次售卖"的原理，因而怎样与受众产生紧密关联就成为摆在区县报面前的一个难题。当然还有一个重要原因就是这些区县报都没有公开的正规刊号，因此也只能用"赠阅"的内部交流方式来运行，其身份的限制也让其无法开展市场化运行。

不过随着互联网技术的发展，区县报可能会在成本上和接触受众方面获得新的契机。目前，上海的区县报基本都实现了电子化，电子版的社区报可以在互联网上轻松获取，这种电子渠道一旦能被广大居民所接受，将在一定程度上削减区县报的发行投入，甚至可以实现"无纸化"运行，减轻了经济压力。与此同时，互联网的信息回馈技术，也会给区县报的效果测定带来很大的方便。

b.《新民晚报社区版》与《社区晨报》

《新民晚报》于 2007 年正式推出《新民晚报社区版》，它是《新民晚报》社与上海各区县的地方政府联合出版的地区周报，也是国内第一张获得国家新闻出版总署批准的社区报。

2006 年 6 月，《新民晚报社区版·闵行新闻》在上海闵行区试发行，发行量为 15 万份，其中七万份为订户，八万份为地区派送。在《闵行新闻》之后，《新民晚报社区版》之《杨浦资讯》《徐汇资讯》《曲阳社区》《浦东资讯》也相继推出。其创刊以来，依托《新民晚报》的品牌优势，秉持《新民晚报》一贯的"飞入寻常百姓家"的办报文脉，以贴近社区生活的内容吸引社区读者，成为社区读者获取服务资讯的重要渠道之一。社区版每期四开 16 版，比较有社区报特色的版面有"社区新闻""区区小事"等，"需求排行——逛超市"栏目收集发行区域内各大超市卖场的信息，供读者参考使用。2008 年，上海以区域目标市场定位的市场化的报纸少之又少,《新民晚报》将根系进一步延伸至更小的区域,充分吸收养料。《新民晚报社区版》形成了分众型报业形态(参见图6-3)①。

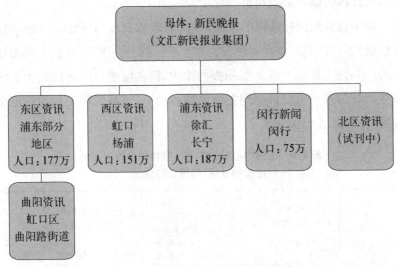

图 6-3 《新民晚报》分众型报业形态

2009年,《新民晚报社区版》改版,集中在上海内环400个中高档小区、60幢商务楼宇以及部分社区周边的地铁口发行,涉及静安区、黄浦区、长宁区、徐汇区、普陀区和虹口区,针对有较强消费能力的白领,提供关于社区、民生、财经、娱乐、综艺等新闻,其核心内容是向目标读者提供关于区域衣食住行的全方位生活资讯。

继《新民晚报》《城市导报》发行社区报后,解放日报报业集团的《新闻晨报》也创办了全新社区报。新闻晨报社区传媒有限公司于2011年3月正式成立,标志着《新闻晨报》社区报项目进入公司化运营阶段,也体现了社区报的进一步发展②。

与之类似,《新闻晨报》也推出了社区报《社区晨报》,并采用"一刊

---

① 倪瑜:《城市社区报及其在上海生存态势初探》,上海大学硕士学位论文,2008年。
② 钱晓文:《创新经营、品牌营销、稳中求进——2011年上海报业市场综述》,载《传媒》2012年第3期。

多版"的形式,截至2012年10月底,该报已推出了针对34个不同社区的社区报纸,所有社区报的运营业务都由解放日报报业集团控股的新闻晨报社区传媒有限公司负责管理。

由于目前我国社区报的发展环境、管理体制及功能定位所限,《社区晨报》等社区类报纸在对改善大都市社区的公共生活,改良大都市社区的公共讨论环境上发挥了积极的作用,但在促成社区居民成为公共事务的参与者并可以针对问题而采取行动上,该报所能发挥的作用是有限的(参见表6-4)①。

表6-4 上海中心城区中与传媒机构合作出版的社区报的社区(街道、镇)数量②

区域	与《新闻晨报》社区报合作的社区		与其他报纸(《新民晚报社区版》《城市导报》)合作的社区		尚未与传媒机构合作的社区		总数
	数量	百分比	数量	百分比	数量	百分比	数量
黄浦区	2	33.30%	0	0.00%	4	66.70%	6
原卢湾区	1	25.00%	2	50.00%	1	25.00%	4
原静安区	5	100.00%	0	0.00%	0	0.00%	5
徐汇区	1	7.70%	4	30.80%	8	61.50%	13
长宁区	5	50.00%	1	10.00%	4	40.00%	10
原闸北区	3	33.30%	1	11.10%	5	55.60%	9
虹口区	3	37.50%	0	0.00%	5	62.50%	8
杨浦区	2	16.70%	0	0.00%	10	83.30%	12
普陀区	4	44.40%	0	0.00%	5	55.60%	9
浦东新区	3	8.30%	4	11.10%	29	80.50%	36
总计	29	25.90%	12	10.70%	71	63.40%	112

① 徐煜:《社区报与城市沟通:基于上海〈新闻晨报〉社区报的案例探讨》,载于《"传播与中国·复旦论坛"(2012年)——可沟通城市:理论建构与中国实践论文集》,2012年12月。

② 徐煜:《社区报与城市沟通:基于上海〈新闻晨报〉社区报的案例探讨》,载《传播与中国·复旦论坛"(2012年)——可沟通城市:理论建构与中国实践论文集》,2012年12月。

c.《城市导报》

由东方网主办的《城市导报》也是覆盖上海各大社区的报纸之一。作为"面向社区人群的生活服务类报纸",该报对最具消费力的城市读者群实现精准派发。目前其已实现对上海徐汇、静安、黄埔、长宁等中心城区以及浦东联洋社区、陆家嘴功能区等 40 多个街道、3 000 多栋中高档住宅楼的覆盖。同时,该报每周在上海徐家汇、淮海路等年轻白领聚集地实行派发,力图影响到城中最具消费力的人群。

该报从它的目标市场定位和发行区域来看,似乎有意打造"社区报",但从其内容设置来看,似乎和一张生活消费类报纸没有很大区别,且"一报多社区"的发行模式难免有"挂羊头卖狗肉"之嫌,其实,它很难让读者对这份报纸产生"属于自己的报纸"的感觉,"归属感"依旧不强,打造"精英化的"中高端路线的思路似乎忽略了很大一部分如老年人等的"社区人",没有充分体现"社区报"的"社区性",不可避免地与都市生活服务消费类报纸出现同质化现象。

3. 主要报纸

(1)《新民晚报》

在上海,《新民晚报》是一张历史悠久且颇具影响力的综合性都市报。它于 1929 年 9 月 9 日创刊,如今已有 80 年的历史。长期以来,《新民晚报》以"宣传政策,传播知识,移风易俗,丰富生活"为编辑方针,着眼于"飞入寻常百姓家",力求做到内容的可亲性、可近性、可信性和可读性,在上海城市之中拥有一批忠实的读者。

《新民晚报》主要新闻版面包括要闻、经济新闻、社会新闻、教科卫新闻、文化新闻、体育新闻、国内新闻、港澳台新闻、国际新闻等 20 个新闻版,专刊版面有新民视点、新民证券、新民求职、新民时尚、新民写真、新民汽车、新民康健园、新民网络、新民楼市、新民论坛、五色长廊、读者之声、今日浦东、读书乐、家事、天下游、科学馆、金阳台画刊、桃李芬芳、银发世界、娃娃天地、女性世界、花鸟鱼虫等 50 多个专刊。

20世纪末,《新民晚报》率先迈出走向世界的步伐,在全球范围内开拓市场。1996年,《新民晚报》在美国设立记者站、创办美国版,成为中国大陆第一个跨出国门的晚报;此后又扩大了《新民晚报》在北美地区、港澳地区的发行。2002年,《新民晚报》又与星岛报业集团合作,推出《新民晚报》澳洲专版,扩大了《新民晚报》在大洋洲地区的影响。继美国版、澳洲版之后,《新民晚报》又陆续开设了加拿大版、西班牙版、泰国版、菲律宾版、日本版、巴拿马版、欧洲联合周报、意大利版、荷兰版、韩国版、南非版、匈牙利版、新西兰版、俄罗斯版、罗马尼亚版等海外版。

作为上海报业的代表,深入考察《新民晚报》其发行量与影响力等方面的演变,可对上海报业乃至其上海城市信息传播网络的辐射力变化轨迹有一大致了解。20世纪八九十年代是上海报业发展的黄金期,在这一大趋势之下,《新民晚报》也表现不俗,其发行量在1988年达到其高峰184万,同时这一时期的《新民晚报》拥有较大比例的外埠发行量,几乎占总发行量的一半,可见其当时在上海之外地区的影响力同样不可小觑。90年代以来,其影响力和竞争力曾一度位居于全国晚报之首。在第一届(2004年)和第二届(2005年)的全国报业竞争力年会上,由新闻出版总署公布的全国晚报都市报竞争力20强排名中,《新民晚报》蝉联两届榜首。然而,好景不长,在第三届(2006年)的年会中,《新民晚报》跌落至第14名,到了2007年的第四届年会,排名上升至第七名,虽稍有起色,但竞争力已大不如前。这一境况同样可以在其发行量的变化中窥见一斑。如上所述,《新民晚报》曾一度是中国发行量最大的晚报,然而在世界日报发行量排行榜上不断被后来者赶超,排名逐年下降。在2008年的世界日报发行量排行中,《新民晚报》发行量跌破百万,远远低于它曾经创下的最高发行量184万,居于第48位,与2008年排在中国晚报发行量之首的《扬子晚报》(位于第21位)差距逐渐拉大。逆水行舟,不进则退,从表6-5[①]中可以看出,在2011年中国的晚

---

① 根据世界报业协会提供的数据绘制。

报市场上,除《扬子晚报》外,《羊城晚报》《齐鲁晚报》的发行量也都已赶超《新民晚报》。

表 6-5 中国日报发行量及世界排名(发行量单位:万份)

报纸名称	2011年 发行量	排名	2008年 发行量	排名	2007年 发行量	排名
参考消息	313.60	5	318.30	5	316.30	5
人民日报	238.10	12	280.80	9	277	8
扬子晚报	181.00	21	181	21	176.80	21
广州日报	165.00	30	168	23	160	22
信息时报	—	—	148	27	130	29
南方都市报	191.00	18	140	28	140	26
羊城晚报	105.00	52	117	35	121	31
楚天都市报	83.30	63	114	39	114	36
新快报	90.60	57	113.20	40	60	100
齐鲁晚报	166.80	26	105	43	105	42
环球时报	139.70	39	104.20	44	—	—
新民晚报	101.80	54	99.80	48	102.30	43

(2)《东方早报》

《东方早报》隶属于原上海文汇新民联合报业集团,2003年7月7日在上海创刊,面向苏浙沪三地同步发行,发行量逾40万份,第一时间为读者提供国际时事新闻、商务财经动态和其他精彩的都市生活讯息,全方位解读,深层次报道,是一份立足上海、辐射长江三角洲、面向全国的财经类综合性日报。"影响力至上"是《东方早报》的办报理念。《东方早报》的出现提高了整个上海报业竞争的门槛,并且准确把握了上海中高端文化的精神气质。经历几年的摸索与努力,已经成长为堪称"上海城市名片"的新主流大报,具备精湛品质、高尚格调与传播实力。

2017年1月,《东方早报》打出了《青出于蓝,而胜于蓝》的休刊辞:"东方早报虽然休刊了,但东方早报原有的新闻报道、舆论引导功能,将全部转移到澎湃新闻网。2014年7月22日,上海报业集团所属东方早报团队打造的时政类新媒体——澎湃新闻网上线。两年多来,澎湃新闻网已成为全国范围内有着广泛影响力的新闻品牌。东方早报向澎湃新闻网彻底转型,水到渠成,势所必然。澎湃新闻网是东方早报文脉的相继、薪火的相传、理念的破茧化蝶。时代在变,我们也将与时俱进,以最有力的传播方式服务于寄予我们莫大信任的受众。"①

就这样,《东方早报》用"蜕变"的方式,培育新媒体"子体",待其壮大之后完成"母体"的蝉蜕之变。这标志着《东方早报》由此彻底告别了纸质版,实现了互联网新媒体的转型。

图6-4 《东方早报》最后一期头版

---

① 《青出于蓝,而胜于蓝》,载《东方早报》2016年12月31日。

(3)《申江服务导报》

《申江服务导报》创刊于1998年1月1日,是一份由原解放日报报业集团主办的融新闻性与服务性为一体的综合性生活服务类周报。

创办之处,凭借其低价、独特的视角、新颖的版式、丰富的内容等优势博得了上海众多白领的宠爱。到2002年,其发行量由最初的七万份已上升到40万份,影响力不断扩大,成为上海生活服务类周报的第一品牌。到2006年,《申江服务导报》年销售收入一亿多元,实现利润5 000多万元,牢牢保持在上海周报市场第一的位置[①]。在"2007年全国生活服务类报纸竞争力10强"评选中,《申江服务导报》位于10强第二。2007年5月,《申江服务导报》优质经营性资产,整体注入上市公司"新华传媒"(SH600825),成为"新华传媒"传媒板块的一个重要组成部分。

在新媒体时代,《申江服务导报》也努力跟进,开发了官方微信、官方微博及微信矩阵群;六家"申活馆"线下实体店和线上淘宝店、微店;"人生大不同"公益讲座及课程;"申V"视频及直播频道;连续举办18年的"申报电影盛宴";《赏》系列钟表、美白、服饰、婚庆高级订制别册;"最地标"商场评比及颁奖典礼;"酒店大赏"评比及颁奖典礼。其中,《申江服务导报》官方微信粉丝规模25万,平均日阅读数三万,最高单次阅读数达到100万+;官方微博实时紧追热点,以发布娱乐新闻、上海地区、国际性新闻为主,粉丝规模达64万,平均每周流量350万,最高单次阅读数逾5 000万。《申江服务导报》还入驻了今日头条、企鹅号、一直播等多个新媒体平台,最高单次阅读数均逾100万[②]。

互联网的国际化平台打通了原来纸质媒体的地域之限,也给了转向互联网市场的地域媒体全新的信息传播与市场开发空间。然而,由于集团发展战略重心的调整。2018年11月28日起,《申江服务导报》

---

① 方仁:《扎根大上海的小圈子——访〈申江服务导报〉总编徐锦江》,载《传媒观察》2006年第3期。

② 《〈申江服务导报〉——城市生活服务运营商》,申报网,http://wap.ishenbao.com/sj/about/201102/t20110225_758900.htm,最后浏览日期:2018年9月1日。

休刊,退出了历史舞台。

(4) Shanghai Daily(《上海日报》)

《上海日报》创刊于 1999 年 10 月,由文汇新民联合报业集团出版发行,是中国第一份地方性英文日报,同时也是一份受众以外籍人士与国外游客为主的刊物,报社拥有一支精干、国际化的采编团队。在报纸发展的 20 余年中,如何向外籍读者呈现更生动的上海本地新闻贯穿了报纸发展的主线。

自 1999 年创办至今,《上海日报》经历了三次重大改版,每一次改版都体现了媒体机构对于市场需求、阅读潮流变革的积极调适。2005 年改版的核心是报形之变,将原本 20 版的大报(broadsheet)改为 40 版的小报(compact),但头版依旧以一张主图、一篇主稿、右侧导读栏保证头版的信息量。此次"小报化"改革既是为了适应国际报业市场小报化的潮流,也是为了使报纸在快节奏的生活中更加便于读者携带[①]。2009 年改版则创造性地开启了导读页,在报纸的版面中增加了许多设计感。2014 年改版则更多回归阅读传统,通过竖起报头,增加留白,整合板块内容等方式,《上海日报》也在通过适度减少报纸的信息量将读者引向《上海日报》官网,推动报网融合的进一步开展。在拥抱新媒体变革的历程中,与改版同时进行的,是报纸 IPAD 平台 Shanghai Daily iPaper 应用在 Apple 报刊的上架。上海市委宣传部重点扶持主流媒体发展新媒体,iDEALShanghai 对 UGC 的开放与鼓励,使截至 2013 年 3 月 20 日 iDEALShanghai 唯一身份访问人数同比增长 77.27%,收录商户人数超过 4 500 家[②]。同时《上海日报》也广泛进军 Facebook、Twitter 等国际社交媒体,并与 2013 年推出了微信公众号,也诞生了转发率超过 10 万次的"爆款"文章[③]。

---

① 吴正,陈洁:《从不标新立异,只是与众不同——《上海日报》版面改革的探索与思考》,载《新闻记者》2014 年第 5 期。

② 同上。

③ 王宁军:《新媒体冲击下上海日报发展的瓶颈与转型措施》,载《新媒体研究》2016 年第 15 期。

以海外读者为主的报纸特点本身就有助于打破报纸市场的地区之限,在经营层面,《上海日报》早在 2007 年便开始了自己的数字报尝试,并先后与美国亚马逊的 Kindle 阅读器,荷兰 iRex 公司的 iLiad 阅读器,索尼公司的 PSP 手持终端等国际数字媒体客户端合作,打开了国际市场。在"赚到美元的同时",《上海日报》还赢取了自己的国际美誉,在亚马逊的读者评分中,《上海日报》作为唯一一份登陆该平台的亚洲数字报,收获了三颗半星的好评,与《华尔街日报》《泰晤士报》保持在同一水平,体现了中国对外传播媒体的市场竞争力①。

在转型过程中,《上海日报》还寻觅出与政府合作,转型为内容供应商的新路。自 2010 年起,《上海日报》陆续为上海市政府、六个区县政府、上海自贸区管委会以及苏州、杭州、宁波市政府网站提供内容编译服务,并在报社内部形成了一个团队。报社有六名专职人员每天浏览政府网上的时政要闻、经贸消息等中文信息,挑选出外国人感兴趣的内容进行编译。同时,《上海日报》也帮助国内中小城市进行对外宣传的媒体建设,帮助他们建立和维护英文微博、微信甚至 Facebook,以满足外国人对当地新闻的内容需求②。

(二) 期刊

如果说上海报业在全国各大城市报业之中成绩未能称之为出众,那么上海期刊业的表现则可圈可点。自 1857 年上海第一本现代意义上的中文期刊《六合丛谈》在上海创刊,长达一个半世纪的发展历史,上海不可谓不是全国期刊出版业的重镇。根据新闻出版统计资料,截至 2014 年底,全国共出版期刊品种 9 966 种,除中央一级期刊 2 951 种之外,在各地方所出版的共计 7 015 种期刊之中,上海就占据着 9%的份额,位居地方期刊出版种数的榜首,共计 636 种,且比位居第二位的江

---

① 张弘:《我们的读者在地球那一端——上海日报网站走向世界的实践与启示》,载《新闻记者》2009 年第 4 期。

② 王宁军:《新媒体冲击下上海日报发展的瓶颈与转型措施》,载《新媒体研究》2016 第 15 期。

苏省多出近200种,具体可参见表6-6。

表6-6 2014年中国各省地方期刊出版数量统计①

Top5	种数(种)	总印数(万册)	平均期印数(万册)
全国总计	9 966	309 452	15 661.24
1. 上海	636	14 471	803.72
2. 江苏	468	11 817	406.41
3. 湖北	424	28 089	1 111.31
4. 广东	388	15 520	760.29
5. 四川	353	6 382	376.27

上海期刊品种丰富,除综合类期刊外,涵盖包括社科、科技、文化教育、艺术等各个领域,形成了结构合理、均衡发展的期刊格局。

1. 期刊发行覆盖

上海期刊的发行覆盖与报纸类似,除邮购外,包括报亭、地铁、书店、超市便利店、社区、校园网等多样化的发行渠道,不仅对整个上海市区实现有效覆盖,也为读者获取杂志提供了便利。

2. 期刊网络构成

与上海报业相似,上海期刊业主要由几大实力雄厚的出版单位所形成的"期刊群"构成,其中包括上海文艺出版总社、世纪出版股份有限公司、上海科技出版社、上海少儿出版社、上海社会科学院、上海教育报刊总社等。

(1) 上海文艺出版总社期刊品牌

上海文艺出版总社以其品牌刊物《故事会》知名于全国。除《故事会》之外,其旗下还拥有包括《艺术世界》《旅游天地》《秀》《新发现》《至爱》《金色年代》《型时代》月刊、《美家》双周刊等在内的多种期刊。

---

① 国家新闻出版广电总局规划发展司:《中国新闻出版统计资料汇编2015》,中国书籍出版社2015年版,第174页。

(2) 世纪出版股份有限公司期刊品牌

由世纪出版股份有限公司旗下所主管的各类期刊占据了上海期刊市场的很大份额,涵盖了众多细分期刊市场,其中主要包括:世纪出版科学技术出版社主办的《上海服饰》《科学画报》《大众医学》《科学》《无线电与电视》《车迷》等;世纪出版股份有限公司主办的《远东经济画报》《上海国资》《理财周刊》《文景》《伊周》《漫动作》等;世纪出版译文出版社主办的《外国文艺》《世界时装之苑》《名车志》《家居廊》等;世纪出版远东出版社主办的《大众》半月刊以及《中欧商业评论》月刊等;世纪出版少年儿童出版社主办的《娃娃画报》《故事大王》《少年科学》《小朋友》《少年文艺》《卡通先锋》《作文世界》《棒棒英语》等;世纪出版教育出版社主办《语文学习》《小学数学教师》《小学语文教师》《看图说话》《读读写写》《素质教育大参考》等;世纪出版科技教育出版社主办的《中学科技》《小学科技》《数字世界》《新会计》等;世纪出版辞书出版社主办的《家居主张》《出色》等以及由世纪出版古籍出版社所办的《中华文史论丛》。

(3) 上海社会科学院期刊品牌

隶属上海社会科学院主管的期刊涵盖文、史、哲等领域,主要包括《社会科学》《社会观察》《毛泽东邓小平理论研究》《上海经济》《政治与法律》《证券市场研究》《上海经济研究》《史林》《当代青年研究》《世界经济研究》《设计新潮》《国外社会科学文摘》等。

(4) 上海作家协会期刊品牌

由上海作协主办的期刊包括《萌芽》《上海文学》《收获》《略知一二》等。

(5) 上海报业集团期刊品牌

由上海报业集团主管主办的期刊包括《新民周刊》《私家地理》《上海滩》《今日上海》《新读写》等。

(6) 上海教育报刊总社期刊品牌

上海教育报刊总社主办的期刊主要为教辅期刊,包括:《康复》《上海教育》《当代学生》《好儿童画报》《上海托幼》《成才与就业》《现代教学》等。

到 2016 年年底，上海共有期刊 628 种，其中社会科学类期刊 141 种，自然科学类期刊 357 种，文化教育类期刊 77 种，文化艺术类期刊 39 种（见表 6-7）。

表 6-7　上海市 2016 年期刊出版数量统计①

类　别	种数(种)	出版期数(期)	总印数(万册/份)	总印张数(万印张)
总　计	628	5 882	11 200.88	63 709.94
综　合	14	129	334.72	1 640.54
哲学、社会科学	141	1 595	4 361.71	23 297.59
自然科学、科技	357	2 946	2 082.63	17 336.89

在上述不完全统计的上海期刊之中，由上海文艺出版的《故事会》、世纪出版旗下的《ELLE 世界时装之苑》《上海服饰》《理财周刊》、上海作协主办的《萌芽》、上海报业集团的《新民周刊》、文广集团下的《上海电视》以及创办不久的《第一财经周刊》等具有较大知名度和影响力。

其中，根据统计数据，上海的期刊《故事会》平均期印数在 25 万册之上（2014 年），具体可见下表 6-8②。

表 6-8　上海平均期刊印数在 25 万册以上的期刊

杂志名称	刊　期	平均期印数(册)
故事会	半　月	1 287 500

3. 主要杂志

（1）《新民周刊》

《新民周刊》是上海乃至华东地区的第一份时政类的新闻综合性周刊，强调"新闻、新知、新锐；民生、民情、民意"的办刊理念，时政、社会、

---

① 《上海统计年鉴 2017》，上海统计局，http://www.stats-sh.gov.cn/tjnj/nj17.htm?d1=2017tjnj/C2221.htm，最后浏览日期：2018 年 9 月 1 日。
② 国家新闻出版广电总局规划发展司：《中国新闻出版统计资料汇编 2015》，中国书籍出版社 2015 年版，第 181 页。

经济、文化等栏目内容丰富。

《新民周刊》在上海、华东地区的发行量比较大,固定订户较多,但是在北京、广州或者更远的城市发行相对较弱。

(2)《第一财经周刊》

《第一财经周刊》创办于2008年,由原上海文广新闻传媒集团主办,是第一财经品牌旗下的又一新创办的媒体平台。其总编辑何力在接受采访时提到了《第一财经周刊》的定位:"通过《第一财经周刊》使财经阅读的门槛降低,使商业阅读的门槛降低。我们希望它成为一本食人间烟火的、轻松有趣的商业读物。"①

(3)《故事会》

《故事会》由上海文艺出版社编辑出版,32开本,于2003年11月份开始试行半月刊,2004年正式改为半月刊,是中国最通俗的民间文学杂志,于1963年7月创刊,是中国的老牌刊物之一。《故事会》所刊载的故事贴近老百姓的生活,并能始终以老百姓喜闻乐见的形式表达出来,关键是其中绝大多数故事都准确地切合社会审美心理中三个最为关键的部分,即情感性、幽默性、传奇性,使其能够在各种文化快餐层出不穷的现时代仍然能够脱颖而出。

早在1994年,《故事会》就被中央电视台评为"读者最喜爱的全国10大杂志"之一。1999年,《故事会》被评为上海市著名商标,现已连续三次获得首届"国家期刊奖"——中国期刊界的最高奖项。《故事会》曾连续数年创造了月发行量达400多万册的记录,其发行量不仅在全国9000多种期刊中一直保持在前五位的位置,而且在全球发行量最大的前50名期刊的排名中高居第六位,已累计发行三亿余册,阅读人数15亿以上②。

---

① 赵金:《财经媒体的发展新趋势——访〈第一财经周刊〉总编辑何力》,载《青年记者》2008年第19期。
② 光大证券:《新华传媒:文化传播渠道的垄断运营商》(2007年3月26日),网易财经,http://money.163.com/07/0326/10/3AGL2JT500251LK0.html,最后浏览日期:2018年9月1日。

(三) 广播电视

上海的广播电视网主要由上海文广新闻传媒集团和各区县的广播电台和电视台构成,是由有线、无线、卫星等多种手段组成的综合覆盖网。

1. 广播电视网覆盖

截至2016年年底,上海有线广播电视干线网络总长47 128.86千米,广播、电视综合人口覆盖率100%,分别高出全国广播电视综合覆盖率5.50和4.20个百分点。有线广播电视实际用户数522.97万户,有线电视入户率97.40%,比上年增长10.80%。其中,农村有线电视入户50.50万户,入户率49.90%。上海数字电视用户722万户(其中付费数字电视用户171.60万户,比上年增长10.10%);其数字付费电视平台覆盖全国170个城市,数字付费电视用户突破1 000万户[1]。

在构成上海广播电视网络的硬件设备方面,统计资料显示,截至2016年底,上海共拥有三台广播中短波发射台,发射功率为227千瓦;拥有电视台发射台22座,发射功率为72千瓦,以及868座广播电视卫星收转站,具体参见表6-9[2]。

表6-9 2016年上海广播电视网络的硬件设施构成状况

广播电台(座)	
中短波发射台(座)	3
发射功率(千瓦)	227
电视台(座)	3
发射台(座)	22
发射功率(千瓦)	72
卫星地球站(个)	1

---

[1]《上海年鉴 2017》,上海政府网,http://www.shanghai.gov.cn/nw2/nw2314/nw24651/nw43437/nw43467/u21aw1311744.html,最后浏览日期:2018年9月1日。

[2]《上海统计年鉴 2017》,上海统计局,http://www.stats-sh.gov.cn/tjnj/nj17.htm?d1=2017tjnj/C2209.htm,最后浏览日期:2018年9月1日。

同时,上海的广播电视网覆盖面也逐渐向外拓展,不断扩大在全国乃至世界范围内的影响力。目前,文广传媒集团旗下的东方卫视,除了实现对全国直辖市、省会城市以及中小城市的覆盖之外,已完成在日本、澳大利亚、北美、南美、欧洲及中国澳门、中国香港等地区的落地工作,成为我国辐射海外规模最广的省级卫视。此外,东方卫视还积极向境外媒体如美国有线新闻网络(CNN)、日本广播协会(NHK)等媒体提供新闻报道,扩大海外影响力。

2. 广播电视网构成

(1) 上海广播电视台

2014年3月原上海文化广播影视集团与上海广播电视台、上海东方传媒集团有限公司全面整合为上海文化广播影视集团有限公司(新上海文广新闻传媒集团)。截至2017年年底,上海文广新闻传媒集团共有职能部门12个,事业部七个,一级子公司14家,上市公司一家,二级子公司74家,三级子公司四家,共有从业人员15 000余人,总资产达584.85亿元,净资产409.35亿元①。其中,电视频道日播出总量为323小时,广播频率日播出总量为233小时,在上海市场拥有超过70%的电视市场份额及超过90%的广播市场份额,全年播出广播电视节目分别近10万小时②。

在广播方面,上海广播电视台拥有包括上海新闻广播、交通广播、戏剧曲艺广播、故事广播、五星体育广播、东方都市广播、流行音乐广播(FM101.7、FM103.7)、第一财经广播、经典音乐广播、东广新闻资讯广播、浦江之声广播电台、爱乐数字音乐广播等在内的13套频率。

电视方面,上海广播电视台拥有东方卫视、新闻综合、第一财经、生活时尚、影视剧、五星体育、纪实、新娱乐、外语、艺术人文、戏剧、哈哈少儿、炫动卡通等15套电视频道15个全国数字付费电视频道。

---

① 《上海文广新闻传媒集团简介》,上海文广新闻传媒集团官网,https://www.smg.cn/review/201406/0163874.html,最后浏览时间:2018年8月24日。

② 新闻晨报:《上海实施广播电视制播分离 电视发展入新征程》,载《中国有线电视》2009年第11期。

(2) 区县电台与电视台

除上海广播电视台下属的电台与电视台之外,上海各区县下属的电台和电视台也是构成上海广播电视网络的重要组成部分,实现上海广播电视网络的多层次混合覆盖。

在广播方面,上海共拥有浦东新区广播电台、宝山区广播电台、闵行区广播电台、嘉定区广播电台、松江区广播电台、金山区广播电台、青浦区广播电台、南汇区广播电台、奉贤区广播电台、崇明区广播电台等10家区县级广播电台。

在电视方面,上海区县级的电视台包括宝山区电视台、闵行区电视台、嘉定区电视台、松江区电视台、金山区电视台、青浦区电视台、南汇区电视台、奉贤区电视台和崇明区电视台等共九座区县级电视台。

(3) 教育电视台

隶属于上海市教育系统的上海教育电视台也是构成上海广播电视网络不可或缺的一部分。其成立于1994年2月,于上海地区播出,历经15年的发展,现已跻身于全国教育电视台先进行列。

总体来看,至2016年,上海共有22套公共广播节目(其中市级12套、区县级10套),付费广播一套。全年播出共计1 145 164小时;共有25套公共电视节目,其中市级16套、区县级九套,全年共播出179 000小时,具体可参见表6-10[①]。

表6-10　2016年广播、电视公共节目情况

类　别	公共节目套数(套)	全年公共节目播出时间(小时)	全年制作节目(套)
广播电台	22	1 145 164	86 466
市级	12	88 728	72 808
区县级	10	56 436	13 658

---

① 《上海年鉴2017》,上海政府网,http://www.stats-sh.gov.cn/tjnj/nj17.htm?d1=2017tjnj/C2210.htm,最后浏览日期:2018年9月1日。

续表

类 别	公共节目套数（套）	全年公共节目播出时间（小时）	全年制作节目（套）
电视台	25	179 000	53 358
市级	16	127 004	48 135
上海教育电视台	1	6 935	1 233
区县级	9	51 996	5 223

其中,在电视方面,上海本地频道相比中央以及其他省市更具竞争优势,在上海市场所统计的收视份额排名前10名中,上海本地频道占据绝大多数,前三名分别是新闻综合频道、娱乐频道、东方卫视,见表6-11[1]。

表6-11 上海市场2014年收视份额排名前10位的频道统计[2]

名次	频 道 名 称	收视份额(%)
1	上海电视台新闻综合频道	13.10
2	上海电视台娱乐频道	10.30
3	上海东方卫视	8.00
4	上海电视台电视剧频道	6.20
5	上海东方电影频道	4.60
6	上海电视台五星体育频道	3.10
7	上海电视台星尚频道	3.00
8	中央台四套	2.90
9	中央电视台新闻频道	2.20
10	上海电视台第一财经频道	1.90

3. 主要电台与电视台

(1) 电台

a. 东广新闻台

东广新闻台是唯一走出上海,面向长江三角洲地区的卫星广播频

---

[1] 陈若愚:《中国电视收视年鉴2015》,中国传媒大学出版社2015年版,第482页。
[2] 陈若愚:《中国电视收视年鉴2015》,中国传媒大学出版社2015年版,第482页。

率。它内容丰富,各类节目尽收,包括新闻、文艺、医药、旅游等。其新闻强调时效性,率先实行广播新闻 24 小时值班,早新闻设立"昨夜今晨"栏目,追踪本地及全国重大新闻。东广新闻台立足上海,辐射整个长三角地区,影响力很大。通过整合地区新闻资源,建立长三角广播新闻信息网,开设长三角新闻板块,最终推出卫星广播网,成为地区的龙头媒体。其新闻中长三角新闻的比重不断增加,新推出的"东方财富""时尚 2002""求医问药上海滩"充分展示上海在金融、时尚、医药等方面的辐射作用。

b. 东广都市 792

东方广播电台都市 792 的办台理念是做都市人群的"生活助手与向导"。全天 24 小时节目播出不断,生活服务版块、时尚休闲版块、文化教育版块为都市人群提供全方位的信息服务,节目内容包括新闻、生活资讯、消费、留学、家教、旅游、健康、娱乐、读书、法律、理财、音乐、职场等。

(2) 电视台

a. 东方卫视

东方卫视(Dragon TV)2003 年 10 月 23 日正式开播,其前身是上海卫视,定位于"新闻见长、影视支撑、娱乐补充、体育特色",开办以来一直致力于将自身打造成为可代表上海城市形象的"上海名片"。

作为上海文广传媒集团旗下的唯一卫星平台,东方卫视覆盖面涉及中国绝大多数城市和地区且逐渐向海外辐射。东方卫视已经覆盖 318 个城市地区,100%覆盖直辖市、省会城市、计划单列市,90%覆盖地级市,其覆盖率在央视 CTR 全国满意度调查报告中排名省级卫视第七[1]。其中,依托上海在江浙沪地区的影响力,东方卫视在上海周边城市之中更具竞争力。资料显示,在江浙沪 17 个城市市场中,东方卫视观众平均到达率排名第一,达到 15.10%,比排名第二的卫视频道高出

---

[1] 陈猛:《东方卫视:回归海派都市媒体》,载《市场观察》2008 年第 9 期。

将近一半①。

同时东方卫视已实现在北美、欧洲、日本、澳大利亚等海外地区和国家的落地,在全球覆盖观众规模超过七亿,已成长为一个国际化程度不断提高的开放式卫视平台。

除了立台以来卫视落地覆盖面的快速扩张之外,东方卫视以其"新闻见长"的高端定位,多档娱乐真人秀节目的品牌化运作、热门独播剧的引进等特色网罗了大批受众。作为上海城市信息传播网络的重要组成部分,它实现了信息传播网络在全国范围内影响力的延伸与扩张。

特色一:新闻立台

在如今以收视率为导向的大趋势之下,仍能坚持以"新闻立台"的电视台所剩无几,东方卫视便是其一。其每日新闻播出量位居全国省级卫视前列,体现出其"新闻见长"的内容定位,其中《看东方》《环球新闻站》《东方新闻》《东方夜新闻》《真情实录》《深度105》等品牌栏目建构起东方卫视全方位的新闻信息传播平台。

事实上,正是这种为众多省级卫视所放弃的"新闻见长"定位,为东方卫视赢得了观众的肯定与青睐,也为之建构起一个大台所必须具备的风范。在2008年的汶川地震报道之中,东方卫视在省级卫视中表现出众,收视率仅次于地震发生地的四川卫视,位居省级卫视第二名。

除在重大事件发生时做到报道全面及时之外,身处上海这个全国经济中心之中,财经新闻也是东方卫视的主打产品。其开播了卫视中最强的财经新闻组合,每天长达七个小时的新闻直播,在省级卫视当中排名第一②。

此外,东方卫视创办了一批定位高端的品牌栏目如《波士堂》《头脑风暴》等,聚拢大批高端人群,从而获得更强的社会影响力。根据央视-索福瑞公司所提供的监测数据显示,东方卫视在"三高人群"(月收入

---

① 盈韵:《从收视数据看新东方卫视》,载《大市场·广告导报》2004年第10期。
② 陈猛:《东方卫视:回归海派都市媒体》,载《广告主市场观察》2008年第9期。

4 700元以上,大学及以上学历,干部管理人群)收视中位居全国省级卫视第一。

特色二:真人秀节目品牌化运作

在2005年湖南卫视真人秀节目《超级女声》大获成功后,各省级卫视纷纷效仿,一时间电视荧屏上真人秀节目呈现泛滥之势。在此形势之下,2006年东方卫视全力推出其精心打造的包括《加油!好男儿》《我型我秀》《创智赢家》和《舞林大会》等在内的四档热播真人秀节目,掀起了国内真人秀节目不小的高潮,同时也扩大了其在全国的知名度与影响力。

其中,从CSM提供的2006年8月19日全国17个重点城市的收视仪数据看,莱卡《加油!好男儿》的平均收视已经超过2%,上海地区莱卡《加油!好男儿》在15—24岁青少年人群中更是历史性的创造了19.40%的最高收视①。该节目定位于男人秀,以差异化取胜,黄金时间收视率一度超过红极一时的湖南卫视《超级女声》,成为2006年最受关注的电视节目之一。而始于2004年的《我型我秀》在与湖南卫视《超级女声》及央视《梦想中国》的角逐中,也取得不错的成绩。根据收视率统计数据显示,2006年《我型我秀》在上海乃至全国收视状况都实现了不小的突破②。此外,其所推出的《舞林大会》突破了平民选秀的真人秀节目框架,将明星引入比赛当中,打造出一档令人耳目一新的"明星真人秀"节目。

通过几档品牌真人秀节目的运作,东方卫视在2006年全国省级卫视综合竞争力排名中列居第二位,仅次于湖南卫视。

此外,基于东方卫视真人秀的多品牌成功运作,2006年年底国家广电总局广播电视规划院、发展改革研究中心调研组到上海,对《加油!好男儿》《我型我秀》《创智赢家》和《舞林大会》四档真人秀节

---

① 夏莹:《从真人秀看东方卫视娱乐策略》,载《中国广告》2006年第10期。
② 胡智锋、张国涛:《东方卫视的娱乐创新之道——以2006年上海文广新闻传媒集团三档娱乐栏目为例》,载《中国广播电视学刊》2006年第10期。

目进行调研。根据其最终报告《上海真人秀节目产业价值链研究报告》,东方卫视这四档真人秀产业价值链中各环节的直接参与者所获得的直接经济回报,预期累计超过 14 亿元,而四个品牌的商业价值达到 38.45 亿元,对社会经济的总贡献达到 76.89 亿元,其可预期贡献可能超过百亿。

然而,随着国家政策对选秀节目的限制以及观众对真人秀节目的"审美疲劳",倚靠此类节目来保持卫视竞争力显然已不再可行。2007 年以来,东方卫视收视率开始下滑,到 2008 年前三季度,东方卫视在省级卫视中的排名已跌落在 10 名之外,位居第 11 位,而湖南卫视仍固守在排行榜的榜首位置。

此外,东方卫视不断推陈出新,推出了《极限挑战》《欢乐喜剧人》等综艺节目,受到广泛好评。其中,东方卫视于 2015 年重磅打造的综艺节目《极限挑战》以其环环相扣的剧情设定、平民化的叙事和即兴反应受到观众的喜爱[①],并荣登 2018 年 4 月省级卫视综艺节目微博提及量监测数据第三名[②]。

特色三:独播剧引进

2008 年,东方卫视为了逆转 2007 年以来收视率和省级卫视排名迅速下降的局势,进行全新改版。这次改版的核心内容是晚间黄金档重新播出电视剧,而且是独播、首播大剧;下大力气打造午夜档《引进剧场》;白天的播出内容也以电视剧为主[③]。除东方卫视的多部独家自制大剧《网球王子》《傻女最牛》等,东方卫视还引进香港 TVB 电视台制作的热播电视剧,受到大批观众的喜爱,收视率也有所提升。2014 年全国样本城市市场份额排名中,东方卫视以 1.50% 的市场份额列居省级卫视第七名。

---

① 王韵:《东方卫视综艺节目〈极限挑战〉热播原因解析》,载《今传媒》2018 年第 1 期。
② 美兰德公司:《2018 年 4 月在播综艺栏目网络传播监测数据 top20》,载《当代电视》2018 年第 6 期。
③ 殷泰:《2008 年上半年省市卫视全国收视盘点》,载《北方传媒研究》2009 年第 1 期。

b. 第一财经频道

第一财经频道也同样隶属于上海文广新闻传媒集团,作为第一财经品牌旗下的电视平台,是目前中国唯一一家将收视对象定位于投资者的财经专业频道。

第一财经频道全天播出19小时,其中直播超过八小时,内容覆盖经济各个领域,确保投资者透彻了解全球的市场行情和重要财经新闻,在全国范围内具有强大的影响力并且辐射海外,部分节目通过东方卫视向日本、澳大利亚等地方播出。其与世界著名财经频道CNBC亚太合办的大型人物访谈节目《中国经营者》通过东方卫视和CNBC辐射全球。

(四)互联网

2010年来,互联网在上海乃至中国依然保持快速发展之势。根据中国互联网信息中心CNNIC于2019年1月发布的第43次中国互联网络发展状况统计报告,截至2018年12月,中国网民规模达到8.29亿人,互联网普及率达到59.6%,其中手机网民达8.17亿,移动传播领先趋势明显。而上海互联网的发展则在全国处于领先地位,截至2016年底,上海网民数达到1 791万,普及率达到74.10%,位列全国第二(北京以普及率60%,位列全国第一),远远高于全国平均水平。

随着网络普及率的提高,互联网逐渐成为越来越多的城市居民获取新闻与生活讯息等内容的重要渠道。上述报告显示,2017年中国的网络新闻得到快速发展,网络新闻的用户规模年增长率达到了5.40%,网络新闻用户达到64 689万人。2017年,通过对一系列重大事件的报道,例如平昌冬奥会,网络媒体已经进入主流媒体行列。互联网在城市信息传播网络中发挥的作用与占据的地位愈发重要。

1. 互联网覆盖

上海城市互联网络覆盖主要可分为有线(如拨号和宽带上网)和无线两种形式。目前,基于城市有线网络发展已较为完善,上海大力发展其无线网络覆盖规模。统计资料显示,截至2016年底,上海宽带上网用户数达到635.70万。此外,截至2008年底,上海的国际互联网用户数达到2 429万人,互联网用户普及率达到61.40%。其中,家庭宽带接入用户为376.70万户,家庭宽带接入用户普及率53.90%,位居全国前列,2005—2016年上海主要年份信息化基础设施发展情况可参见表6-12[①]。

表6-12 上海市主要年份信息化基础设施情况

指标	2005	2010	2015	2016
信息通信管线长度(千米)	1 621	5 821	9 975	10 459
家庭宽带接入用户(万户)	223	440	620	720
IPTV用户(万户)	—	130	177	230
有线数字电视用户(万户)	—	220	662	698

而在无线网络覆盖方面,顺应当下世界"无线城市"的发展潮流,上海在此方面的发展也位于全国前列。随着上海"无线城市"城市建设的全面启动,2010年,上海已建成一个覆盖全市的无线高速宽带网络,到时就可给上海市民带来全新的数字化生活体验,从而成为全球范围内"无线城市"的标志地区。该计划已率先在上海的一北一南杨浦区、闵行区启动,到2008年年底,上海"无线城市"网络建成3 000个无线热点,在本市主要商务楼、高星级酒店、中小型商务谈判场所,南京路步行街等商业休闲区域实现无线宽带覆盖[②]。

随着4G技术的发展与推广,越来越多的手机用户通过使用手机终端接入互联网。截至2017年12月,我国手机网民规模达7.53亿,网

---

① 《上海统计年鉴2017》,上海统计局,http://www.stats-sh.gov.cn/tjnj/nj17.htm?d1=2017tjnj/C1518.htm,最后浏览日期:2018年9月1日。
② 孙珊:《上海80%宽带能开通4M 2010年全市覆盖无线》(2008年3月6日),网易科技,http://tech.163.com/08/0306/03/46APP07S000915BE.html,最后浏览日期:2019年5月18日。

民中使用手机上网的人群占比由2016年的95.10%提升至97.50%[①],通过手机访问互联网已成为日益重要的互联网应用方式。

2. 主要网站

(1) 东方网

东方网于2000年5月28日正式开通,已经逐步建成了一个能体现上海特色、信息量大、覆盖面广、知名度高的标志性网站,被誉为"网上东方明珠"[②]。

东方网是由上海最有影响力的10家新闻机构共同构建起来的,包括《解放日报》、文汇新民联合报业集团、《劳动报》《青年报》等,以及各电台、电视台,其目标是打造出"立足上海、影响全国、世界一流"的著名网站,提供新闻和信息服务,首批推出了"东方新闻""东方财经""东方体育""东方商机""东方生活""东方文苑""东方图片"和"东方论坛"八个频道。

东方网与沪上主要媒体达成了信源合作协议,同时与上海150多家专业报、周报、期刊建立了信源交换合作关系[③]。联合多家新闻媒体的优势使东方网一时间成为各家媒体新闻的汇集地,新闻更新速度很快。其中,权威原创的新闻,是东方网的一张"王牌"。整合各家新闻单位的信源,在报纸未出版前,抢第一时间在互联网上播放新闻是东方网的强项。为了让东方网做到这一点,各新闻单位在关键的岗位上,配备了和东方网对口的技术力量,让报纸的清样在发送印刷厂的同时,将版面传给东方网;电台的口播新闻、电视台的正点新闻,在编辑完成后,都即时上传东方网。为此,东方网每天有近千条信息以最快的速度,24小时即时滚动出现在互联网上[④]。东方网凭借这样的优势使其影响力

---

① CNNIC:《第41次中国互联网络发展统计报告》。
② 韩国飚:《东方网——网上东方明珠》,载《中国传媒科技》2001年第7期。
③ 张述冠:《东方网:网络大上海》,载《互联网周刊》2000年第50期。
④ 陆黛:《海上升红日 明珠耀东方——东方网诞生记》,载《新闻实践》2000年第6期。

不断扩大。2000年6月,在中国互联网络信息中心举办的"中国互联网络网站影响力调查"中,开通刚满月的东方网位居最有影响力的新闻网站第二位①。

(2) 新民网

新民网是由新民晚报社于2006年9月9日即《新民晚报》77周年庆时正式开通的。新民网秉承《新民晚报》"飞入寻常百姓家"的办报传统,服务公众,关注民生,特别是增加了用户制造内容的功能,以其鲜明的特色在互联网的海洋中脱颖而出。

开办两年多就已发布独家稿件5000条,其精选的独家及原创新闻资讯受到全国广大网友和海外华人欢迎,并被海内外众多平面及网络媒体竞相转载。现在,登录新民网就可以浏览包括《新民晚报》《新民周刊》《新民晚报社区版》《上海星期三》等新民报系子报子刊的数字网络版,新民网成为文汇新民联合报业集团新民报系的新媒体平台。

新民网从权威渠道取得独家信源,通过网友报料和新民报系的互动报料系统搜罗新闻线索,第一时间将未曾报道的新问题、新动向、新事件、新人物等通过优质新闻、内容、资源整合的方式独家呈现,并经过新民网的合作媒体重点推广,抢占报道制高点,发挥媒体矩阵优势。此外,新民网的特色产品还有新民网突发事件直播、新民访谈、新闻夜总会、民生热线、数字报纸、新民网络直播等。新民网的新闻直播,大大提升了其作为网络媒体的影响力。

2007年9月18日,新民网联合上海气象局、搜狐视频直播超强台风"韦帕"来袭,把卫星追风车实时图像和数据及气象部门全程指挥过程同步直播,历经28小时,创下中国网络媒体新闻报道之最。本次直播点击近1000万条②。在新民网,这样的例子不胜枚举。这一切都让

---

① 张述冠:《东方网:网络大上海》,载《互联网周刊》2000年第50期。
② 王洋、余婧:《新民网将视频直播"韦伯"登陆,24小时滚动报道》(2007年9月18日),搜狐网,http://news.sohu.com/20070918/n252220216.shtml,最后浏览日期:2018年9月1日。

人们感受到了网络媒体在新闻信息传播方面的潜力之大。

如此,文汇新民联合报业集团通过对新民网的建设,形成了由《新民晚报》《新民周刊》和新民网三者共同构成的新民系列产品线,发挥出媒体集团化所应有的优势。

(3) 澎湃新闻网

澎湃新闻网是上海报业集团旗下的新媒体项目,以原创新闻为主的全媒体新闻资讯平台,其拥有互联网新闻信息服务一类资质,其发展目标是"专注时政与思想的媒体开放平台"。在 2014 年 7 月正式上线后,经过不断调试,建立了以时政为主要特色的栏目集群,在新媒体平台上影响巨大。2016 年 12 月,其视频项目启动,英文项目 Sixth Tone(第六声)也正式上线。2017 年元旦,澎湃的母公司《东方早报》宣布停刊,并将其所有人员、机构与产品功能转移至澎湃新闻网。

背靠着《东方早报》原来的品牌与记者编辑资源,澎湃从一个区域报纸的新媒体项目,一跃成为全国性时政类新媒体的翘楚。其服务范围也从上海走向了全国,被称之为传统媒体转型的"澎湃模式"。

(4) 上海观察

作为上海报业集团成立后的第一个新媒体项目,2013 年底试运行的"上海观察"致力于提供高品质的深度阅读,选题内容涵盖上海改革和发展的各个方面,包括客户端、网站、微博、微信公众号等多种分发渠道。

上海观察在上线初期由于背靠《解放日报》强大的采编队伍,其原创和独家内容比例高达 90% 以上。迅速积累了传播层面的社会影响力。开始时,"上海观察"采用付费阅读方式,定价为一年 100 元。以行政优势加市场化方式结合作发行推广,依靠区县以集订方式发行,为收费运营方式托底。在此基础上,2015 年进一步提升内容质量、扩大自采稿件、加强管理运营,逐步向免费下载的新闻客户端目标过渡。2016 年 3 月 1 日起,《解放日报》按照"深度融合、整体转型"的目标,将"上海观察"改版上线,形成了"一支队伍、两个平台"的一体化运作新阶段①,成为国内媒体融合改革的样板之一。

(五) 新媒体

随着技术发展,手机报、手机电视、楼宇电视等新媒体出现在人们的日常生活中,为人们搭建起新的城市信息交互平台,逐渐成为城市信息传播渠道中日益重要的组成部分。实际上,随着诸如蓝牙、无线网络等新通讯方式的不断出现,越来越多的设备具备了成为城市信息传播网络接收终端的潜质。目前,上海各大媒体集团也不断加强传统媒体与新媒体的融合。其中,上海文广新闻传媒集团的新媒体产业布局最早也最全面。其旗下共有四块新媒体业务:经营网上视听业务的东方宽屏、经营数字电视与高清电视的文广互动、经营IPTV的百事通及经营手机电视的东方龙②。解放日报报业集团也推出了"4i战略",包括手机报、电子报、电子杂志和公共视频四块新媒体领域的发展。

1. IPTV

IPTV即交互式网络电视,它利用宽带有线电视网,集互联网、多媒体、通信等多种技术于一体,可以向用户提供包括数字电视、视频点播等多种交互式服务。而上海在这一领域则获得率先发展。自2005年4月上海文广新闻传媒集团启动IPTV试验开始,截至2008年11月,全国IPTV用户超百万,而其中上海的用户量就达70万③。上海IPTV可为其用户提供各种直播电视频道、精选轮播节目、点播节目等媒体内容以及其他多种互动多媒体服务。

---

① 马笑虹:《"上海观察":探路报网融合》,载《中国报业》2014年第11期。
② 国家广播电影电视总局发展研究中心:《2007年中国广播电影电视发展报告》,新华出版社2008年版,第127页。
③ 朱伟:《上海IPTV用户突破百万 成"全国IPTV第一城"》(2009年12月17日),网易新闻,http://news.163.com/09/1217/04/5QN710U8000120GR.html,最后浏览日期:2018年9月1日。

2. 手机媒体

手机媒体是新媒体中发展迅速的代表,其在人际交流和新闻信息传播方面的作用受到越来越多的重视。目前在上海,通过手机这一移动终端,市民可以浏览互联网、享受 DMB 手机电视等业务。

上海手机电视业务用户比例为 19.10%,位于广州、北京之后,排名全国第三。2006 年,上海 DMB 业务正式推出。资料显示,该 DMB 手机电视推广初期以上海文广新闻传媒集团(即现在的上海广播电视台)的节目资源为主,2007 年初为用户提供九套电视节目,包括两三套实时新闻、两套体育赛事、两套财经及两套娱乐节目,今后用户可实时收看新闻、体育、娱乐等几十套视听节目,还可实现互动点播[1]。

据《人民日报》报道,上海于 2007 年 7 月 5 日推出了全球第一个手机电视频道,被称为"第五媒体",是全世界范围内首个专为手机电视打造的个性频道,这一频道将向手机用户提供 24 小时的滚动播报,适应手机传媒的特点,以短小精悍的节目为主,包括时事、财经、体育、娱乐等各类资讯。

此外,手机平台在公共信息服务方面的作用也早已被认识,在政府公共信息传播,尤其是突发事件信息传播时通过手机基站向市民批量发送短信已经是非常常规的传播手段。

3. 移动电视

上海的移动电视覆盖规模在全国范围内位于前列,主要以上海东方明珠移动电视公司为主导力量。2008 年的数据显示,东方明珠移动电视广泛覆盖于上海 8 000 多辆公交车、90% 以上的公交线路,辐射上海 15 个主要商圈,每日受众到达人数为 889 万人次[2],移动电视在市

---

[1] 黄升民等主编:《中国数字新媒体发展战略研究》,中国广播电视出版社 2008 年版,第 306 页。

[2] 同上书,第 61 页。

区信号覆盖率达到95％,终端数超过1.50万个①。其内容主要由新闻资讯、娱乐信息等构成。

而与上海东方明珠移动电视固守本地发展形成对比的是,诸如世通华纳、华视传媒、江西巴士在线等在内的移动电视运营公司,它们不将发展局限于本地,而是通过整合资源,不断向外扩张移动电视网络的覆盖面,实现移动电视的跨城市运作。其中,厦门世通华纳自2003年1月开播以来,已建成遍及东部沿海城市的移动电视网络,各主要城市的移动电视覆盖率达到50％以上,至2006年年底,世通华纳的收视终端广泛覆盖于全国20多个主要城市②。而成立于2005年4月的华视传媒,截至2007年12月,已覆盖中国最具经济辐射力的26个城市,拥有电视终端9.50万个,每天传至8 000万城市居民,覆盖受众2.70亿③,成为目前中国最大的移动电视网络平台之一,并且其于2007年年底已经在美国纳斯达克成功上市。

4. 其他

除手机新媒体以及公交地铁移动电视之外,目前覆盖上海城市的媒体还包括楼宇电视、公交站台电视等,其在构建信息传播网络中的作用同样不可小视。

楼宇电视方面,根据中国市场与媒体研究(CMMS)《中国消费者媒体接触习惯调查》表明,在2006年,楼宇液晶电视的媒体接触率已攀高至51％,超过了广播、杂志、因特网等媒体形态。其中,上海分众传媒公司在这一领域的作为可圈可点。该公司成立于2003年5月,通过一系列的兼购合并,已拥有商业楼宇电视、卖场终端视频、公寓电梯平

---

① 贾树枚:《努力推进上海传媒业的发展繁荣》,载《新闻记者》2007年第12期。
② 黄升民等主编:《中国数字新媒体发展战略研究》,中国广播电视出版社2008年版,第67页。
③ 《华视传媒正式在纳斯达克挂牌 开盘价八美元》(2007年12月7日),网易科技,http://tech.163.com/07/1207/04/3V35KM0K000915BF.html,最后浏览期:2018年9月1日。

面媒体等多个分众化传播网络。2006年,在其实现对聚众传媒的合并之后,分众传媒旗下的楼宇电视已覆盖到全国75个城市,占据了大约98%的市场份额,巩固了其在这一领域内的霸主地位。同年6月,由解放日报报业集团和分众传媒联合投资的直效传播平台"解放分众直效"正式运营,已覆盖北京、上海、广州和深圳800座高端写字楼中的15 000家公司,直接影响150万商务人群[①]。

除了在楼宇电视领域的发展,分众传媒还打造出中国卖场终端联播网,该网络已覆盖全国约106个城市,超过5 000个卖场和零售点。通过收购框架传媒,分众传媒成功进入社区媒体领域,填补了传统信息传播网络在城市社区覆盖与传播中的不足之处。

(六) 媒体融合

2014年中央全面深化改革领导小组第四次会议,"媒体融合"作为顶层设计的官方战略正式亮相,并提出要"健全坚持正确舆论导向的体制机制""着力打造一批形态多样、手段先进、具有竞争力的新型主流媒体",由政府大力推动的中国媒体融合历史时期正式开启。

而反观媒体融合的概念,其实早在以2005年中国报业"拐点"为标志的传统媒体营收下滑之后,就陆续有"数字报业""报网互动""三网融合"以及"全媒体"等转型方案出炉。因此,被称为"媒体融合元年"的2014年,其实只是中国传统媒体融合转型之路的一个重要节点而非起点,中国传统媒体融合之路在此之前就已经启动。

2013年10月28日,上海两大报业巨头:解放日报报业集团、文汇新民联合报业集团宣布重组为上海报业集团。2014年7月澎湃新闻正式上线,2017年1月,《东方早报》停刊,上海一直走在传统媒体与新媒体"转型""融合"的前列。

上海传统媒体不断在打开媒体融合结构性、功能性转型的新路,其

---

① 国家广播电影电视总局发展研究中心:《2007年中国广播电影电视发展报告》,新华出版社2008年版,第115页。

中上海报业集团打造的新媒体产品"澎湃"和"界面"是转型与融合尝试中的佼佼者,无论是从内容的质量还是市场的角度,两个平台都硕果累累:2015年1—10月,"澎湃"和"界面"累计广告营收占集团广告总额的比重超过8%。其中,"澎湃"更在中国网信办主管的《网络传播》杂志的网站传播力、微博微信传播力排行榜中始终跻身前10名,与人民网、新华网等中央重点新闻网站并列。另外,2018年8月21日的全国宣传思想工作会议上,习近平总书记提出要"扎实抓好县级融媒体中心建设",把"引导群众、服务群众"作为建设标准。长期处于行业边缘地带的区县级媒体终于有机会进入政策关注的焦点区域,获得政策扶持的发展机遇。于是,我国的媒体融合翻开了全新篇章,从以传媒集团"中央厨房"建设为主要特征的第一阶段,迈入以基层"县级融媒体中心"建设为标志的第二阶段[①]。

在这一形势下,2019年4月3日上海市委深改委第二次会议审议通过了《上海市关于加强区级融媒体中心建设的实施方案》。根据上海实际情况,《实施方案》确定了本市区级融媒体中心建设的时间节点和工作目标:黄浦、徐汇、长宁、虹口、杨浦、嘉定、金山、松江、青浦、奉贤10个区在今年6月底前基本完成机构整合并挂牌,推出新媒体产品;浦东、静安、普陀、宝山、闵行、崇明六个区在9月底前基本完成机构整合并挂牌,推出新媒体产品[②]。可以预见的是,以往因社区报和区级电视台没落而逐渐淡出人们生活的区级信息传播网络,将借助国家融媒体战略的政策红利获得空前的发展。

在传统媒体向新媒体转型的过程中,上海媒体在内容生产、机制变革和资本融合方面,拥有许多值得借鉴的经验。

1. 内容生产

在上海,《东方早报》与"澎湃新闻"是国内传统媒体进行媒介融合

[①] 朱春阳:《县级融媒体中心建设:经验坐标、发展机遇与路径创新》,载《新闻界》2018年第9期。

[②] 《上海区级融媒体中心建设全面启动》(2019年4月9日),新华网,http://www.xinhuanet.com/zgjx/2019-04/09/c_137961599.htm,最后浏览日期2019年4月10日。

的标杆之一。"专注于时政与思想"的澎湃新闻于 2014 年 7 月 22 日正式上线,渠道横跨 APP、网页版、微博版与微信公众号,形成了成熟的内容多渠道分发体系。

从内容生产的角度来看,澎湃新闻的融合生产体现为其"专业新闻组织"和"网络化生产"的混合特征[①]。澎湃以"问吧""问政"和"思想"的渠道,加深了受众对于新闻的评论和互动,其不仅提供消息,也提供意见,将专业的新闻内容和网民的智慧思想聚合在同一个平台,实现了内容层面上生产与消费的融合。

"澎湃"的转型融合还体现为"互联网技术创新与新闻价值传承的结合"。在生产与专业主义的秉持上,澎湃沿用了原《东方早报》的内容采编团队作为成熟的采编主体,拥有"我心澎湃如昨""志在四方、一起澎湃"的嘹亮宣言,又通过新媒体平台技术的手段,以互联网的问答、视频和访谈的融入,让新闻的呈现方式更加多元,报道的传达也更加直接。

同样,在上海除了"澎湃",其他传统媒体也纷纷走上媒体融合的新道路。例如,在广播电视领域,2016 年 6 月 7 日,上海市广播电视台、看看新闻网和上海电视台外语频道正式成立融媒体中心,同时为传统的电视频道、看看新闻客户端提供节目内容等,在扩展新媒体渠道的同时,依旧发挥着传统媒体的影响力。

2. 机制变革

内容生产融合的背后是传媒集团机制与资本的融合。上海各大传统媒体围绕着新媒体环境,进行了大刀阔斧的机制变革与资源重组,除上文所述的解放日报报业集团与文汇新民联合报业集团的资源重组以外,原上海文化广播影视集团也与上海广播电视台、上海东方传媒集团有限公司正式组建了上海文化广播影视集团有限公司。通过对原有集

[①] 朱春阳、张亮宇:《澎湃新闻:时政类报纸新媒体融合的上海模式》,载《中国报业》2014 年第 8 期。

团资产的整合、对百视通与东方明珠整合,在组织机制上形成了融合发展的良好前提。

同时,上海市委也通过了《上海报业集团采编专业职务序列改革方案》,通过实施首席制度、设置10级岗位序列、同步推进配套改革等方法[1],使人才机制扁平化,也为融合发展提供人才基础。

3. 资本融合

传统媒体的转型背后有资本融合作为动力,以上海报业集团为代表,其旗下的文化金融地产投资平台、文化与新媒体投资管理平台、八二五新媒体产业基金,在"文化产业领域内新项目的孵化培育和重大项目的战略并购"[2]中起到了重要的结构性作用。2017年5月,上海报业集团又拟发行一支100亿的传媒产业母基金——众源母基金,作为第一支由国有传媒集团主导发起运作的文化产业母基金,首期目标规模30亿元,将继续聚焦于扩展文化传媒领域的广度和深度。

资本运作的多元化盘活了融合媒体的商业模式,如新上海文广新闻传媒集团则科学使用融资大力配置全媒体平台、新媒体购物平台建设,并进一步拓展与互联网公司的合作。资本的融合提高了全媒建设和媒体内容生产融合的效率,丰富、繁荣了媒介商品市场。

四、上海信息传播网络运行的政府管理体制特征

(一)传统大众传媒的政府管理体制

国家的政治体制和经济体制对新闻体制具有决定作用。我国是社会主义国家,自建国起,我国传媒业就逐步建立起以国有制为唯一所有制形式、以宣传为核心功能的党和政府统一领导的新闻管理体制。在这种体制下,构成城市信息传播网络的大众传播媒介在性质上是属于

---

[1] "十八大以来的马克思主义新闻观与上海实践研究"课题组:《整体转型 深度融合——三年来上海主流媒体改革的分析》,载《新闻记者》2017年第2期。

[2] 同上。

事业单位而没有产业属性的。1978年,新闻管理体制开始向"事业单位、企业化管理"的双轨制经营管理体制转变。"十四大"确立我国要建立社会主义市场经济体制后,大众传播媒介的双重属性被确立,即新闻事业具有形而上的上层建筑属性和形而下的信息产业属性,在这种双轨制的管理体制下,政府出于双重角色对传媒事业及其产业行使规制权限,一种角色是以公共服务为使命的政治性政府,另一种角色是以国有资产所有权管理者身份出现的经济性政府①。所以,政府对传媒业的管制既是一种作为政治性政府的公共事业管制,又是一种作为经济性政府的产业经济管制。而上海作为我国的直辖市,其大众传媒的政府管理体制具有与我国其他城市相同的特征。

(1) 角色定位

党报的"耳目喉舌"功能最先由马克思提出,"报刊按其使命来说,是社会的捍卫者,是针对当权者的孜孜不倦的揭露者,是无处不在的耳目,是热情维护自己自由的人民精神的千呼万应的喉舌"②,虽然这段话并非是马克思针对党报而言的,但"耳目喉舌"的提法一直被我国的党报党刊沿用至今。

(2) 所有制特征

从传统上来说,新闻媒介的所有制性质是新闻体制的核心,决定了媒体的管理方式、与政府的关系以及媒介的运作方式③。我国是社会主义国家,新闻传媒的所有制形式必然是采取公有制,媒体的产权属于国家,具有事业单位的属性。随着社会主义市场经济体制的建立,大众传媒开始走进市场,国家对传媒业的投资限制有所开放。2001年8月中央、国务院曾发文允许国有企业对传媒业投资,但仅限于投资经营部门。新媒体的出现,为非国有资本进入中国传媒业打开了一扇大门,形成了新媒体以非国有资本为主体的基本所有制特征。

---

① 张志:《论中国广电业的政府规制》,载《现代传播》2004年第2期。
② 马克思、恩格斯:《马克思恩格斯论新闻》,新华出版社1985年版,第234页。
③ 李良荣:《新闻学概论》,复旦大学出版社2003年版,第79页。

(3) 管理模式

新闻事业是党和人民喉舌的基本属性决定了中国新闻媒介在运行机制上"党管媒体"的管理模式。在中国,党中央和地方各级党委是新闻媒介的最高决策机关。同时,中央宣传部和各地党委宣传部受委托,具体领导各级新闻媒介。党委(通过宣传部)批准或直接任命各个新闻媒介的主要负责人;制定新闻媒介的报道方针,批准各阶段的报道计划;审查关系重大的新闻报道和重要评论;监督、审查财务收支情况[①]。上海市委宣传部还建立起了新闻阅评督查制度,对全市上百家各类媒体的报道内容、舆论导向、格调品位进行阅评,并将阅评意见印发各新闻单位,督促媒体改进采编工作,提高舆论引导水平[②]。

(4) 传媒布局

近代中国的传媒格局是围绕上海、北京、南京、广州等传媒业发达城市自然形成的。而中华人民共和国成立后,在计划经济体制下,为了政治宣传和领导的需要,建立了一种按照行政区划配置的传媒网络。具体如下:每个省、直辖市和自治区,无论经济发展水平高低,都设立省级党政机关报、省级广播电台和省级电视台各一家;在地区(城市)一级也设置了类似的传媒网络;每一级党委和政府管理、使用直属的媒体并负担其财政需求,各家传媒的发行和收视地区不得逾越本地区范围[③]。

改革开放之后,传媒业开始不断调整结构布局。2003 年的报刊治理工作被认为是中华人民共和国成立以来中国报刊业最为深刻的变革,我国传统的"四级办报"模式开始向"三级办报"模式转变。广电方面,1983 年召开的第 11 次全国广播电视工作会议明确提出了"四级办广播、四级办电视、四级混合覆盖"的方针。到 1999 年 11 月《关于加强广播电视有线网络建设管理的意见》出台,文件要求网台分离,电视与

---

① 李良荣:《新闻学概论》,复旦大学出版社 2003 年版,第 225 页。
② 贾树枚:《努力推进上海传媒业的发展繁荣》,载《新闻记者》2007 年第 12 期。
③ 陈怀林:《九十年代中国传媒的制度演变》,载《二十一世纪评论》1999 年第 53 期。

广播、有线与无线合并,并且明确提出了停止四级办台。2001年出台的《关于深化新闻出版社广播影视业改革的若干意见》则规定广播电台、电视台只能由广电部门(或教育部门)开办,广播电视集团只能由中央、省(区、市)及有相当实力的省会城市、计划单列市广电部门组建。至此,存在了近20年的"四级办广播电视"的广电格局终被打破。

(5) 管理手段

自中华人民共和国成立后,新闻立法的工作就逐渐展开。国务院成立新闻出版总署连同国家广播电影电视总局,对全国的新闻传播事业进行行政管理。同时,国务院也陆续制定、发布了全面管理新闻传播业的《出版管理条例》(1997年发布,2001年修改后重新发布)、《广播电视管理条例》(1997年发布)等行政法规,作为依法行政的依据。针对新兴的网络传播,国务院以及相关管理部门相继制定和发布了一批专门的法律性文件、行政法规和部门规章[①]。

(二) 对以互联网为代表的新媒体的政府管理体制

互联网作为一种新的大众传播媒介,我国政府对其的管理在摸索之中不断成熟。针对互联网发展的不同阶段,我国的互联网管理也可以划分为三个阶段:第一阶段为1999年以前的初创阶段;第二阶段为2000—2002年的成熟阶段;第三阶段为2003年到现在的推进阶段[②]。互联网的发展从技术上是依托于电信业,而从传播内容上来讲又属于大众传媒业的范畴。互联网所具有的这两个行业属性决定了我国的互联网管理是以协同为主导的管理模式。

目前我国互联网管理的主要手段可以归结为两种:一是控制,二是引导。具体而言,又可以细分为:网络立法管理、行政手段的监督、技术手段的控制、行业自律的约束。我国以政府协同为主导的互联网管理体制具有自己鲜明的特色,这些特色我们可以归结为:发展与控

[①] 丁和根:《中国传媒制度绩效研究》,南方日报出版社2007年版,第26页。
[②] 钟瑛、刘瑛:《中国互联网管理与体制创新》,南方日报出版社2006年版,第10页。

制并行不悖的管理思想、政策与法规相结合的管理依据、社会监督与个体自律并重的多元管理手段、适应网络经营者成分多元的分类管理模式①。

上海政府主管部门对近千家有影响的网站实施分类分层定位管理,推动传统媒体、党政机关、社会团体等参与网宣,建立网上"新闻发布平台",初步形成了传统媒体、互联网和政府等部门新闻发布制度协同的舆论宣传引导格局②。

2014年2月27日,中央网络安全和信息化领导小组成立,由习近平总书记亲自担任组长,并且由国家互联网信息办公室承担具体职责,标志着互联网发展成为国家最高发展战略。而在国家网信办成立之前,上海网信办就已经成立,并且在上海的新媒体管理体系中扮演着重要的角色。具体而言,上海网信办承担的工作大概可以归纳为以下五个方面:其一,搜集网络舆情信息,进行舆情研判并制作"舆情专报"上报上级机构;其二,进行互联信息管理,对容易造成社会恐慌的谣言信息进行及时辟谣与删除;其三,联络互联网企业、新媒体单位推送互联网正面信息,对社会热点事件督促政府相关部门及时回应,并对回应及时组织传播;其四,制定互联网发展与规范的政策法规;其五,保障网络安全,与多部门协作打击网络诈骗、扫黄打非以及保障个人隐私等。上海网信办有效地将监管、政策制定、与多部门协同合作共同参与互联网治理,激发了在新媒体治理领域中政府机构的活力与合力,也提高了网络治理领域政府的沟通效率和专业化程度③。

此外,随着技术发展,传统媒体与新兴媒体相互融合的趋势将愈加明显。目前,电信网、广播电视网以及网络三者之间的界限已渐渐消

---

① 钟瑛:《我国互联网管理模式及其特征》,载《南京邮电大学学报(社会科学版)》2006年第2期。
② 贾树枚:《努力推进上海传媒业的发展繁荣》,载《新闻记者》2007年第12期。
③ 张涛甫、徐亦舒:《政治沟通的制度调适——基于"澎湃新闻""上海发布""上海网信办"的考量》,载《中国地质大学学报(社会科学版)》2018年第2期。

解,三网融合成为现实,被美国人凯文曼尼称之为"大媒体"的时代已经来临。而这一趋势使得传统的传媒管理面临不小的挑战,不少国家都针对此形势做出相应调整。比如,2003年伊始,新加坡政府把原来的广播管理局(Singapore Broadcasting Authority)、电影和出版局(Films and Publications Department)和电影委员会(Singapore Film Commission)合并起来,成立了统一的管理机构——传媒发展局(MDA)①。我国的传媒业规模之大,令其改革推行自然没有新加坡这样相对小型的国家容易。然而当下我国这种行业区划式的传媒管理模式已无法适应当下融合的潮流,通过规制机构融合才能应对这一挑战。

五、上海信息传播网络运行的经济特征

(一)市场经济体制下的有限商业化运作

经济体制以及经济发展水平是决定大众传媒的体制、规模和运作方式的决定因素之一。改革开放之前,我国实行计划经济体制,当时传媒业被定性为非盈利的事业单位,实行"经营服从宣传,级别决定分配"的政策。从1957年到"文化大革命"结束期间的20多年中,所有媒体均享受国家财政的全额拨款,实行"统收统支",媒体不需要进行成本核算,也不用上交利润和税金②。

改革开放后,新闻事业双重属性的确立使我国传媒业开始走上"事业单位、企业化管理"之路,大众传媒从此成为相对独立于党政部门的市场利益主体,"自主经营、自负盈亏、自我积累、自我发展",拥有一定的经济支配权力,开始传媒业在经营上的商业运作。由于我国的传媒业是党领导下的新闻事业,是党和人民的喉舌,要承担起党和政府所赋予的宣传任务,所以我国传媒业是以"社会效益第一,经济效益第二"为

---

① 蔡雯、黄金:《规制变革:媒介融合发展的必要前提——对世界多国媒介管理现状的比较和思考》,载《国际新闻界》2007年第3期。

② 丁和根:《中国传媒制度绩效研究》,南方日报出版社2007年版,第22页。

准则运行的。因此,我国传媒业不可以完全由市场逻辑来主导,市场运作只可以在有限的范围内进行。

(二)集团化竞争

我国传媒业集团化进程始于 1996 年广州日报报业集团的组建,至今已走过 20 余年。至 2007 年年初,先后有 85 家传媒集团成立,其中报业集团 39 家、广电集团 18 家。传媒业的集团化进程改变了传媒市场格局,也进而改变了市场竞争格局。以往的传媒竞争是单一媒体之间的竞争。而在传媒集团建立之后,市场竞争主体由原先单一的媒体变为拥有众多媒体的传媒集团。这就要求传媒集团要对受众进行市场细分,进而确定集团下属媒体的市场定位,合理布局,才能取得集团整体利益最大化。上海最初成立了文汇新民联合报业集团、解放日报报业集团,2013 年又经过进一步合并,组建了上海报业集团。广电业也在不断地重组之后,于 2014 年 3 月 31 日揭牌成立上海广播电视台、上海文化广播影视集团有限公司,继当年的"大文广"和"小文广"以及"东方传媒集团"的历次改革之后,启动了上海文广的新一轮体制改革。

(三)竞争相对缓和

上海的传媒市场竞争激烈程度相对比较低,这主要是因为上海有中国最大的区域广告市场,占到全国广告市场 10% 的市场份额。同时,上海的报业主要由上海报业集团旗下的报刊共同构成,而广播电视方面则由上海文化广播影视集团主宰,垄断程度较高。此外,作为直辖市的历史传统,政府在管理中相对主导力也更强一些。

(四)资本经营

传媒市场主要有两种形式——直接上市和借壳上市。直接上市就是通过将可经营性资产剥离出来进行整合,成立隶属于新闻媒体并由国有资产控股的股份制子公司,然后申请直接上市。还有一些媒体采取借壳上市的方法,子公司通过股权收购等方式控股一家上市公司,间接进入证券市场,达到融资目的,以绕开子公司直接上市的多方障碍①。比如:1994年2月上海东方明珠(集团)股份有限公司在上海证券交易所上市就属于直接上市;2011年12月,百视通新媒体股份有限公司在上海证券交易所(A股)借壳上市;此外,新华传媒在此前也由解放日报报业集团注入传媒经营业务,顺利实现核心业务改造后上市。

其次,上海传媒业与上市公司的合作也日益增多。上海东方明珠(集团)股份有限公司先后斥资16亿元,收购上海东方电视台部分广告经营收益权、上海电视台部分黄金广告时段,以及《每周广播电视报》《有线电视报》和《上海电视》80%的广告经营权;巴士股份投资5 000万元与《上海商报》共同组建上海商报文化发展有限公司;强生控股参股新财经杂志社有限公司和上海理财周刊广告发行公司,斥资1.60亿元人民币共同组建上海强生传媒创新投资公司②。

六、上海信息传播网络运行的文化特征

通过以上对上海城市信息传播网络现状的梳理,可知城市的信息传播网络主要是由大众传播媒介构成,而大众传媒在成长及演变的过程中,通过与城市文化的互动,必然会逐渐形成其所特有的文化特质。总结上海城市信息传播网络所带有的文化特征主要有以下四点。

(一) 海纳百川

上海是一座移民城市,其沿海开放的地理位置、较早开埠的历史渊源使这座城市很早就受到欧风美雨的熏陶,国内各地和海外各国的文化在这里交汇碰撞,形成了海纳百川、兼容并蓄的海派文化精髓。这种海纳百川的包容性同样上海的城市信息传播网络之中。

在关于上海城市信息传播网络演变一章的介绍之中,我们可以清

---

① 夏永辉、王蕾:《集团化背景下的传媒经营嬗变》,载《新闻前哨》2008年第11期。
② 许峻:《上海传媒业进军资本市场 媒体牵手上市公司》(2003年8月6日),搜狐财经,http://business.sohu.com/92/39/article211853992.shtml,最后浏览日期:2018年9月1日。

楚地感受到,近代的上海可谓是各种思想言论激情碰撞的大舞台,各党派阶级、来自各国的海外人士都在这座城市中,通过各种媒介发出自己的声音、表达各自的主张观念,其中包括致力于宗教宣传的外国传教士、主张维新变法的维新派以及反清革命的革命派等。

(二) 细致入微

"螺狮壳里做道场"总是被人们用来形容上海人的细致精明。关注细节也一直是上海文化中的重要特色。上海媒体曾有过"细节主义"的提法,即抓住细节,"精细化"的操作,制作精品。翻开上海的生活服务类报刊,就可以感受到一份报纸对读者需求无微不至的照顾,服装、时尚、汽车、音乐、电影、书籍、购物、理财、情感等物质生活或精神生活的主题都在报中一一呈现。此外,这种细致还体现在传媒定位的精准。

(三) 关注生活

相较于北京这样政治气息浓厚的"阳刚之城",上海是一座比较柔软的城市,其构成城市信息传播网络的大众传媒也呈现出一种"偏软"的倾向,这一点特别表现在它的时尚与都市生活类媒体的发达。

洋溢于城中的小资情调以及市民对时尚、生活品质的追逐,让这座城市充满了对文化娱乐消费讯息的大量需求,而这也正是《申江服务导报》《上海一周》《上海星期三》《瑞丽》等这类主要针对城市白领女性的生活时尚类报刊中所呈现的。在2006年度城市生活类周报竞争力10强之中,上海占据五席[①]。报刊中精打细算的实用倡导、精致高雅的生活追求等都在试图让读者学会如何更好地享受城市生活。上海具备这一类报刊发展繁荣所必需的先天条件,这一点是其他城市所不可效仿的。《申江服务导报》前社长徐锦江在接受采访时谈道:"上海这座城市

---

① 《2006年度城市生活服务类周报竞争力10强名单,上海占五席》(2007年7月6日),腾讯新闻,https://news.qq.com/a/20070706/003870.htm,最后浏览日期:2018年9月1日。

相对比较亲水,北京是城,上海是海。同北京读者相比,上海读者更注重生活的情调和细节,所以《申江服务导报》报在报道生活的时候还得讲品位,所谓'生活品位'就是上海文化的一个特点。时尚、白领、海派,是《申江服务导报》的三个关键定位,决定了《申江服务导报》报的风貌、读者和做法。"①

(四)重视本地

上海的媒介新闻报道整体上偏重本地民生类的服务,对上海之外的新闻事件关注度相对较低。针对这种情况,复旦新闻学院童兵教授认为,诸如"'站在浦江畔,想着全中国''身在大上海,眼望全世界'这类过去被一些人视为'俗不可耐'的口号,现在应该在上海新闻界重新叫响"②。

在新媒体发展方面,这种囿于本地的情况也同样存在。正如之前所提及的,上海东方明珠移动电视有限公司一直致力于在上海本地市场的发展,而不像世通华纳、华视传媒那样大规模地进行跨城市发展从而获取更大的规模。很明显,这种固守本地的倾向会使得上海的城市信息传播网络在对外辐射性和影响力方面有所欠缺。

但在网络端,"澎湃新闻"成为亮点,有政府的大力支持,有传统媒体的资源优势,使其从创办之初就"面向全国",现在已经被公认为"硬新闻"取向的国内政经"头部"APP,这都与以往上海的"偏向软新闻""本地意识"有明显的区别。同时,英文版的项目 Sixth Tone(第六声)的启动也打开了通往英语国家的沟通大门。因此在"澎湃"身上,我们可以看到上海媒体向外辐射的能力与潜力,这也是作为国际化大都市的上海,其信息传播网络向全国乃至世界蔓延的重要尝试。

---

① 方仁:《扎根大上海的小圈子——访〈申江服务导报〉总编徐锦江》,载《传媒观察》2006 年第 3 期。

② 童兵:《沪报三读——兼议上海传媒文化的海派特色》,载《新闻记者》2002 年第 11 期。

七、上海模式：信息传播网络与城市发展之间的关系特征

上海的城市信息传播网络从19世纪的单一报刊传播网络，发展到现在由报纸、期刊、广播、电视、网络五类大众传播媒介主要构成的立体化、多层次的信息传播网络历经了170年的时间。纵观这170年的发展史，城市信息传播网络即大众传媒随城市的发展而发展，而大众传媒又对城市的发展产生影响，两者相互影响、休戚相关。城市信息传播网络之于一座城市就如同人体的循环系统，城市的发展离不开起着信息传播作用的大众传媒。

（一）信息传播网络的源起依赖于城市的经济、社会与历史条件

上海信息传播网络的演变的开始于19世纪中期，其源起离不开城市各方面条件的支持。具体来看：上海位于太平洋西黄金口岸和长江金三角的交汇要冲，有着优越的地理位置和自然条件。远在唐代，上海地区就出现了闻名遐迩的港口。宋元以来，随着海上贸易的繁盛，上海由镇升级为县。尤其值得一提的是，此时上海地区已以"文秀之区"饮誉江南。及至清代，嘉庆《上海县志》载："地大物博，号称繁剧，诚江海之通津，东南之都会也。"[①]交通运输的发达、商业交流的频繁日益滋长对城市信息交流的需求，而可以担此重任的大众传播业便有了出现的必要。而对于报刊业至关重要的印刷条件，上海也大体具备。众所周知，印刷术是我国的享誉中外的四大发明之一，到宋代时，印刷业就已非常发达，而活字印刷在明代就已经被广泛使用。此外，报刊所需的发行网络在当时的上海也已基本具备，包括官方邮驿网络和民间信局网络。

上海较早开埠的历史也是上海信息传播网络得以从报刊源起的重要催化剂。鸦片战争之后，上海被确定为五大通商口岸，一时间西方资

---

① 梁亮卞骞：《论海派文化的风雨历程》，载于李伦新编：《海派文化与国际影响力》，上海大学出版社2006年版，第234页。

本主义国家的商品开始涌进上海,与此同时也带来了西方资本主义文明,而这当中就包括报纸这一西方文明发展的历史产物。在1843年上海正式开埠之后不久,便出现了现代意义上的近代新闻纸。1850年8月3日诞生的英文《北华捷报》是上海的第一份报纸,而这第一份报纸就是由外国传教士所创办,它的诞生也从此揭开了上海城市信息传播网络170年的演变史。

由此可见,基于各方条件的具备,上海城市信息传播网络才得以生发。

(二)信息传播网络的发展与城市母体的互动

在源起之后的发展演变过程中,城市信息传播网络作为城市的一部分,其发展自然会受到来自城市各方面条件的制约和影响;反之,城市信息传播网络作为城市的"血脉",也会对其所处的城市母体施加一定的影响。

通过对上海信息传播网络演变历史的梳理,可知上海曾一度是各大政党组织活跃之地,大大小小的政党报在上海滩遍地开花,而这一情况的出现就得益于上海城市较为宽松的外部环境。上海的政党报与北京相比,有更加有利的出版环境,"藏身于租界,相对稳定,有较长的出版期;而且在这平稳的出版过程中,注重于长期的理论宣传,发育成正常的健全的政党报刊形态。一些有影响力的报刊也都在上海出版"[①]。由此便可见城市对信息传播网络的制约与影响。

另外,城市经济的发展对于信息传播网络的发展也起到至关重要的作用。回顾历史,上海自1850年诞生第一份近代报刊开始,报刊业发展迅速,从1860年代起,上海就一直是全国的传媒中心,其创办报刊的数量和报刊的全国影响力方面都超过了最早出现报刊的广州和香港。上海报刊业之所以能够有如此之快的发展速度,其中很重要的一个原因是近代上海工商业的蓬勃发展。报刊的发展是与城市工商业紧

---

① 秦绍德:《上海近代报刊史论》,复旦大学出版社1992年版,第8页。

密联系在一起的，工商业发展提出了对信息发布和获取信息的需求，同时也为报刊发展做了资金、物质、设备等方面的准备，促进了大众传播媒介的兴盛。1860年代《上海新报》《申报》《新闻报》等一批最早的上海商业性报纸正是在这样的背景下应运而生的。此外，工商业不断发展也为20世纪20年代以《申报》为代表的商业性报纸企业化进程打下了资金和物质基础。而这类报纸所大量刊登的广告、船期、行情等商业信息也为城市经济的发展提供了所必需的信息流通。

关注当下，上海的经济发展与城市信息传播网络也有着紧密的关系。虽然上海媒体国际影响力尚不足，然而依托于上海这一全国经济、金融、贸易中心，其财经媒体的发展则相对发达，比如上海"第一财经"的跨媒体产品线就办得有声有色，在经济领域也颇具影响力。

此外，上海的经济发展以第三产业为重，对第三产业的大力扶植，造就了上海规模庞大的白领阶层。1997年，以白领为目标群体的《申江服务导报》创刊，以生活时尚、消闲、服务为主。不到五年，发行量达到50万份，广告收入过亿元①。在此之后，上海崛起了一批白领报刊，如《上海壹周》《上海星期三》等周报以及《时尚》等杂志，并且都比较成功。而这一由第三产业发展带来的白领群体的受众资源在全国除北京外是绝无仅有的，是此类媒体得以发展的奠基石。尽管上述白领报刊因受到网络平台的冲击而先后休刊，但其创新值价仍值得一提。

（三）政治力量对信息传播网络发展的决定作用

政治要宣传便离不开大众传媒。追溯上海的大众传媒发展史，也是在回顾城市各种政治力量相互较量不断交替的历史。从最初的外国传教士办报、外商办报、华商办报到维新派为主导的第一次办报高潮、革命派主导的第二次办报高潮，再到国民党和共产党的办报活动，一直到现在共产党领导下的新闻事业，这一系列大众传播媒介的演变都刻上了政治的痕迹。每个时期掌握权力处于优势的政治力量所创办的大

---

① 李良荣：《新闻学概论》，复旦大学出版社2011年版，第171页。

众传播媒介都处于这个时期大众传媒的主导地位,而每次政权的变动都会带来大众传媒构成的信息传播网络的演变。

其中,清末受到清朝政府迫害的资产阶级维新派和革命派,都以上海为国内据点创办过许多报刊。辛亥革命后,大大小小的政党、派别都曾在上海办报,上海是政党报刊数量仅次于北京的地方。中国共产党在这里创办了初期的理论机关报刊、工运青年报刊以及日报。国民党也在这里长期出版着理论刊物和日报,国民党执政后党内的各种派别都涉足上海报界,掌握着一些报刊①。中华人民共和国成立之后,上海逐渐建立起了共产党领导下的新闻事业,依然是北京之外重要的新闻宣传阵地。

(四) 技术的进步带来信息传播网络的变革

技术对大众传媒网络的发展具有重要的作用,技术水平是城市信息传播网络发展的动力,同时也决定了城市信息传播网络的发展水平。纵观这一个多世纪的上海的城市信息传播网络的演变历史,每一种大众传播媒介的出现、每一次城市信息传播网络的重大结构调整与完善都是依赖于技术的进步。

八、上海模式:信息传播网络的主要特征

经过对上海城市信息传播网络历史的回顾和对其现状的梳理,可以归纳出上海信息传播网络本身具有以下特征。

(一) 集团主导的立体式混合覆盖的网络结构

回顾上海城市信息传播网络的演变史,可以清楚地看到其网络结构由单一向复杂发展的过程与趋势。现在上海的信息传播网络主要由五种大众传媒类型——报纸、杂志、广播、电视、互联网协同构成,从纸质媒体到电子媒体,文字、声音、影像等各种形式的信息应有尽有,满足

---

① 秦绍德:《上海近代报刊史论》,复旦大学出版社1992年版,第8页。

不同媒介喜好的受众需求；同时，以报刊、广电为代表的大众传媒又在上海的市、区、县、社区实现分层覆盖；此外，不同形式的大众传媒之间通过信息共享也有紧密的联系，这一切使上海的城市信息传播网络呈现一种交错复杂的网络形态，通过这种立体式的混合覆盖，为城市居民提供全方位的信息服务。

在这种看似交错复杂的信息传播网络结构之中，通过传媒集团这个连结点，便可以理出其中的头绪。上海大型的新闻传媒集团是这个网络的核心组成部分，上海绝大多数的主流报刊、广播电视、网络等媒体资源都隶属于其中，以集团化的方式加强了作为城市信息传播网络每个节点的大众传播媒介之间的互相联系，通过整合资源有效提高了信息传播网络的效率。总体来说，上海的城市信息传播网络就是这种以大型传媒集团为核心的立体式混合覆盖结构。

（二）网络结构欠均衡

纵然上海的城市信息传播网络已初步形成上面所提到的立体式混合覆盖结构，但是目前仍处于一种网络结构不够均衡的状态。这种不均衡主要体现在上海城市信息传播网络在城市—社区这一维度的分层覆盖中所表现出的不均衡状态，即社区媒体的相对弱势。如今，大大小小的社区已是都市人最基本的生活圈。要达到完善的社区配置与服务，社区媒体自然不可或缺。就社区报而言，在纽约，社区报的整体发行量在当地甚至比主流大报还大，其影响力之大可见一斑。然而，在上海乃至全国范围内，社区媒体的发展都无法令人满意。这也是商业网络平台依托社区平台建设而快速崛起的一个主要原因，因为在社区层面，商业网络平台发展如入无人之境，迅速填补了空白。毫无疑问，社区媒体以其与居民的贴近性可以更好地为之提供生活讯息服务，理所应当在城市信息传播网络的构建中扮演重要角色。而上海社区媒体的相对弱势恰恰说明城市之中有一部分信息需求没有被有效捕捉并给予满足，这也是网络结构可以进行优化的一个入手点。

（三）新媒体发展变革相对强势

倘若把如今上海的城市信息传播网络分为传统媒体与新媒体两个层面来分析，可以看出上海的传统媒体发展变革相对缓慢，而其在新媒体方面的发展水平就全国范围而言则处于一个相对强势的地位。

传统媒体方面，上海传媒业在改革开放初期曾经是全国传媒创新变革的楷模，一度开风气之先。然而，20世纪90年代后期开始，上海传媒业由于相对富足且缺乏竞争的市场环境，其传媒业的发展变革开始滞后于国内其他城市，比如北京、广州等，缺乏国际化大都市应有的传媒活力。

然而，在新媒体方面，上海的发展则是另外一番光景。上海的互联网覆盖率位居全国第二，与位居第一的北京相差无几，远远高出全国平均水平。在无线网络方面，上海也率先发展，无线网络覆盖率位于全国前列，并将累计投入资金超过300亿元在2020年建成"新无线城市"。截至2016年，上海固定互联网宽带接入用户635.70万户（加上非基础企业用户约为804万户），同比增长15.40%。其中，FTTH/O用户为499.70万户，同比增长9.90%，占比达78.60%；速率在20 M以上的用户为532.40万户，同比增长40.90%，占比达83.80%。移动互联网用户2 662.30万户，同比增长3.60%，其中无线上网卡用户78.90万户，同比下降36.30%；手机上网用户2 269.10万户，同比增长4.70%。IPTV用户232.10万户，同比增长30.80%，增速回升[1]。如此可见，上海新媒体方面的发展变革在全国起到引领示范作用，与传统媒体较为缓慢的创新变革对比鲜明。

（四）开放式网络

上海的城市信息传播网络具有开放性，这主要表现在驻沪境外新闻媒体的数量之多以及与境外媒体的积极合作方面。

---

[1] 《上海年鉴2017》，上海政府网，http://www.shanghai.gov.cn/nw2/nw2314/nw24651/nw43437/nw43460/u21aw1311711.html，最后浏览日期：2018年9月1日。

随着对外开放度的不断扩大,国内外媒体在上海设立的记者站、办事处也大幅增加,增强了世界各国对上海乃至中国的认识与了解。2007年的数据显示,中央和各省市有121家媒体在上海设有记者站,工作人员225人;国外新闻机构在上海设立的记者站约120家(其中,欧洲48家、亚洲32家、北美26家、澳洲两家)[1]。

在上海,除了有大量的境外驻沪新闻机构对上海及周边地区进行新闻报道外,还有另外一类来沪的境外媒体,通过与上海本地媒体的资本与业务等方面合作进而进入上海传媒市场。这一类境外媒体由于直接参与本地媒体运作之中,其所产生的影响也相应较大。目前,境外媒体已经切实进入上海媒介市场,特别是在我国入世以来,相关政策环境对境外新闻媒体也在逐步放松,上海媒介市场的开放性也随之增强。对于境外资本的注入,上海传媒集团积极展开合作,同时也注重对经营权的掌控。例如:英文《上海日报》和曾经的《东方早报》在广告、发行上有境外资本参与,但是在与境外资本的合作中,文新集团在经营权上始终持有大部分的股份[2]。

此外,在上海,广电方面与境外资本的合作也逐渐增多。概括起来,上海广电业与境外媒体的合作方式大致可以分为三种类型:一是境外媒体通过贴片广告的方式为上海电视台提供他们生产的节目。当年迪斯尼公司就是通过这种方式进入上海的,上海有线电视台也成为中国大陆第一家与ESPN合作的地方性媒体。二是上海广电业与境外媒体合作开发品牌节目,如CNBC与上海文广新闻传媒集团重新包装CNBC的"亚洲管理"节目,并在上海文广新闻传媒集团的第一财经频道播放。两家传媒公司还共同制作有关中国商业和金融发展的报道,并于周一至周五每日两次在CNBC的全球网络上播放。三是在政策允许范围内,上海广电业与境外媒体合资成立有限公司。例如,2004

---

[1] 贾树枚:《努力推进上海传媒业的发展繁荣》,载《新闻记者》2007年第12期。
[2] 张咏华、唐海漫:《迈向新闻文化集团——上海报业媒体提高国际竞争力的策略探析》,载《新闻大学》2007年第2期。

年上海文广新闻传媒集团与环球娱乐共同投资成立了上腾娱乐有限公司①。具体情况参见表6-13。

表6-13 境外媒体与上海广电业的主要合作项目②

新闻集团	2000年12月,新闻集团上海办事处成立。主营业务：节目制作公司,关注具体业务、制作服务、娱乐类节目。同时作为节目供应商,向各电视台提供节目。该集团旗下[V]音乐台与上海文广新闻传媒集团的音乐频道一起合作开发"中文歌曲排行榜"和"日韩流"节目 2003年1月19日,星空卫视联合上海文广新闻传媒集团、中央电视台举办全球华语音乐榜中榜颁奖典礼
迪斯尼集团	1994年,迪斯尼公司向上海有线电视台提供以最新迪斯尼动画片为主的儿童电视栏目《小神龙俱乐部》 1994年,迪斯尼控股的ESPN开始与上海有线进行合作
维亚康姆集团	1995年,维亚康姆集团与上海电视台合办《MTV天籁村》 2002年,维亚康姆集团下的MTV全球音乐电视台把时尚盛典引入中国。在上海成功举办了首届MTV-莱卡时尚盛典,轰动了中国的电视和时尚界,扩大了MTV在中国的知名度 2003年初,维亚康姆旗下的尼克知识乐园与上海声像出版社合作,在中国发行Nicklodeon儿童节目的数字化视频等音像制品 2004年3月23日,维亚康姆集团宣布与上海文广新闻传媒集团在电视节目制作方面展开合作 2004年11月3日,维亚康姆下属的尼克儿童频道和上海文广新闻传媒集团的东方少儿频道合作成立上海东方尼克电视制作有限公司(维亚康姆成为第一家在中国成立合资制作企业的境外媒体)
道琼斯公司和美国全国广播公司	2003年4月17日,上海文广新闻传媒集团和由道琼斯公司和美国全国广播公司(国家广播公司)合资建立的商业和财经新闻机构CNBC亚太,建立战略合作关系 2003年4月20日,上海电视台财经频道播出由CNBC亚太提供原版节目,上海文广新闻传媒集团重新制作的特别节目——"亚洲管理者"。同年5月初上视财经频道每天制作两档直播节目,通过CNBC的全球收视网络,用英语向全球观众播出中国的财经信息。这是上海文广新闻传媒集团向外的第一次"扩张"
环球唱片	2004年2月,上海文广新闻传媒集团宣布与环球娱乐合资成立上腾娱乐有限公司
韩国CJ集团	2004年3月18日,宣布与韩国家庭购物巨头CJ集团合资成立东方希杰商务有限公司,联手打造家庭购物节目

---

① 沈荟:《境外媒体挑战与上海广电业的应对策略》,载《新闻记者》2006年第10期。
② 同上。

九、上海模式：信息传播网络传播效能的评价

在信息时代，城市信息传播网络传递信息的水平会直接影响到城市居民的日常生活，进而影响到城市的发展。上海的现代城市信息网络历经170年的发展，已具有相当规模。现从以下两个方面对上海城市信息传播网络的有效性进行分析：

（一）效率与公平的博弈

在我国，大众传媒作为信息产业的一部分参与市场竞争，自主经营，自负盈亏，必需追逐经济利益才能在市场中存活下来。由于竞争会使市场结构向着寡头垄断的方向发展，组建以提高效率为诉求的传媒集团成为传媒业发展的必然趋势。

我国的媒介集团化趋势开始于20世纪90年代中后期，上海大型传媒集团也相继在20世纪末21世纪初的时候组建完成，并开始集团化经营。而受众可谓是传媒业的"上帝"，为了争取到更多的受众，就需要满足受众所需要的信息、娱乐等方面对传媒的要求。上海传媒集团组建之后开始不断优化集团媒体结构和节目内容，继续做强党报和综合性期刊，不断发展都市报刊以及经济报刊，满足城市居民对生活信息和经济信息的需求，陆续改革和创办了一批报刊如《新闻报》《新民周刊》《上海星期三》《东方体育早报》《东方早报》《第一财经日报》等。在广播电视方面，通过对受众喜好的细分，对电视频道和广播频率进行专业化改造，推出了一批专业化频道和频率，不但有针对性地满足受众的不同需求，而且避免了重复建设，提高了集团经济效率，比如体育频道、第一财经、生活时尚频道等。

通过对受众需求的关注和全方位满足，上海媒体竞争力也随之增强。2006年，在全国"城市生活服务类周报竞争力10强"排名中，上海报纸占了一半，《申江服务导报》和《上海壹周》分列第一和第三。同年，上海文广新闻传媒集团在中国新闻奖评选中获三个一等奖，纪录片《我的宝贝》获得第11届亚洲电视大奖[①]。对经济效益的追逐还促使上海

---

① 贾树枚：《努力推进上海传媒业的发展繁荣》，载《新闻记者》2007年第12期。

传媒品牌战略的实施,第一财经是其成功的典型。第一财经旗下拥有包括报纸、杂志、广播、电视、互联网等五种传媒在内的品牌产品,已发展成为我国财经领域最具影响的专业资讯供应商。通过这一系列以市场力量为引导的改革与整合,上海的传媒业经济实力也随之不断提升。在传统媒体经营断崖式下滑尚未见底的情况下,上海报业集团新媒体收入持续上升。2014—2017年,集团新媒体收入占集团主业收入比重分别为0.88%、9.44%、18.55%、33.40%,新媒体广告占集团媒体广告总收入比重分别是1.30%、11.30%、26.67%、47.20%。两项比例指标连续三年同比翻番。2017年上半年,上观、澎湃、界面等新媒体收入实现同比增幅131%[①]。

  大众传媒是整个社会的信息系统,具有强大的社会影响力,服务于公众的利益被认为是大众传媒业的社会责任。然而,传媒业对经济效率的追求,虽然在一定程度上丰富了媒介内容并且满足了不同受众的需求,看似维护了公众的利益,但这种出于经济效率追求而带来的社会公平是不可靠的。当经济利益与社会公益发生冲突时,只靠大众传媒的自律是不可能维护起社会公平的。在我国,实行"事业单位,企业化管理",始终把社会效益放在第一位,有利于大众传媒在效率和公平的博弈中达到一种均衡状态。上海的大众传媒在这一方面表现突出,特别是在对重大社会事件的报道传播上更是体现了媒体应有的社会责任感。

  2008年5月12日发生的汶川地震中,上海媒体在抗震救灾的新闻报道、鼓动社会募捐的宣传等方面发挥了很大的作用。以电视媒体为例,灾难发生后,上海文广新闻传媒集团以东方卫视为主要播出窗口,以电视新闻中心、东方卫视为主要制作力量,调集全集团资源,集团主要领导坐镇一线指挥,迅速播出版面,率先在全国地方卫视中连续推出大板块、大容量的"聚焦四川汶川地震"特别报道,展现出了一个主流媒体该有的品格、公信以及执行力。东方卫视大型公益节目《加油!

---

① 裘新:《在融合发展中巩固拓展主流舆论阵地》,载《新闻记者》2017年第11期。

第六章　上海信息传播网络发展与特征

2008》在第一时间做出调整,由关注希望小学的体育设施转为关注救灾,关注灾区的孩子,两场节目中共筹得 8 400 多万善款,其中包括 40 万短信捐款。东方卫视在特别报道中,每天根据新闻的更新和宣传要求制作了近 30 条宣传片、公益广告和抗震救灾 MTV,以提炼和升华每天的新闻报道,传播人文关怀和精神力量[1]。此外,在对外宣传方面,东方卫视利用自身在北美、欧洲、亚洲等地落地的优势,利用多种途径向国外受众传播中国抗震救灾的最新消息。东方卫视在此次抗震救灾中的表现获得了观众的广泛认同,收视率也较前期有大幅增长。

(二) 影响力和辐射力

信息传播网络的影响力与辐射力是城市在参与国际竞争时所必需的软实力的重要构成部分。上海作为一座国际化大都市,其经济在亚洲乃至世界范围内的影响力与辐射力是有目共睹的,然而相比而言,其信息传播网络的影响力与辐射力还没有让其具备一个国际化大都市所应有的地位。

事实上,虽然在当前看来上海城市信息传播网络的影响力与辐射力相对弱势,但在近代以及改革开放初期,上海曾一度是中国的传媒中心,其信息传播网络的影响力与辐射力也强于现今。比如,在 1985 年的全国报纸统计中,上海报纸的发行量位居全国第二位。这一时期,拥有百万发行量的报纸上海达到六家之多,《新民晚报》更是在 1988 年创造了 184 万的发行最高纪录。城市信息传播网络对外的影响力与辐射力也可以从其外埠发行量数据中获知一二。《文汇报》《新民晚报》的外埠发行量,几乎占总发行量的一半。其中,1983 年《文汇报》的 171 万份发行量中,有 133 万份发往外地[2]。如此的外埠发行所占比例充分彰显了当时上海的城市地位与影响力。此外,1991 年皇甫平在《解放

---

[1] 蒋为民、诸培璋:《聚焦四川汶川大地震——浅析东方卫视抗震救灾报道》,载《中国广播电视学刊》2008 年第 6 期。
[2] 文璐、吴长伟:《市场在竞争中开始——上海报业之历史回顾》,载《中国记者》2004 年第 12 期。

日报》上关于改革开放的系列评论打破了当时人们的思想禁锢，开启了我国第二次思想解放运动的进程，为邓小平同志1992年南方谈话做好思想发动工作。这足以证明上海大众传媒在全国的影响力之大。

然而，20世纪末以来，上海的传媒业发展相对滞后，其信息传播网络的影响力与辐射力也随之萎缩。以曾经的全国晚报之首《新民晚报》为例来看，其发行量与影响力已大不如前，其在世界日报排行榜上的排位不断被后来者赶超。面对这样的萎缩局势，上海传媒业也感受到了危机的存在，并且于2003年开始有所行动，试图重建上海信息传播网络的影响力与辐射力。其中，依托上海这一经济高地，一系列报刊如《东方早报》《第一财经日报》《每日财经新闻》《第一财经周刊》等先后创办，这些报刊大都面向长三角或全国进行发行，彰显出上海经济较强的辐射力。

广电方面，上海的影响力与辐射力也落后于其经济发展。2008年上海人均GDP位居全国首位，而同期上海东方卫视的收视率排行止步于全国10名之外，位于第11位；相对而言，稳居省级卫视收视率榜首的湖南卫视，其2008年人均GDP却只排在全国20名，形成鲜明对比。为了扭转局面，东方卫视也做出一系列改革，以其新闻立台的方针、娱乐化节目的崛起、独播剧的引进等提高其在全国的影响力。2008年汶川地震的新闻报道中，东方卫视表现出众，使其收视率攀升至第二位，仅次于地震发生地的四川卫视。事实上，一直以来东方卫视在长三角地区具有较强的影响力。2004年4月南京师范大学新闻与传播学院对"东方卫视在长三角地区影响力"进行调研，调查数据显示58.10%的受访者经常收看东方卫视，这个数字超过了所在调查地的省级卫视，位居所有卫视榜首。长三角地区的嘉兴、绍兴、湖州、苏州等地忠诚度较高，分别为85.40%、72.70%、75.50%、69.20%。此外，值得一提的是，虽然东方卫视总体收视率不及湖南卫视，但其在"三高"人群中的收视率位于全国卫视之首（具体可参见前文关于东方卫视的分析），这与其较为高端的定位分不开。

此外,广播方面,虽然因其媒介特质,广播在对外延伸信息传播网络影响力与辐射力方面作为有限,上海仍进行了一些探索。2003年7月28日,上海、浙江、江苏的15家经济广播电台在上海签署协议,通过节目联播的形式合办"长三角经济广播网",其中包括财经资讯台"第一财经"和日报《第一财经》,定位也是全方位、多角度地联合对长三角各城市的财经新闻进行团队式的报道[①],从而加强对长三角地区的影响力与辐射力。

考察上海城市信息传播网络在国内的影响力与辐射力之后,再来考察其在国门之外世界范围内的情况。港口开放的地理位置使上海自近代开埠以来就成为中国与世界交流的窗口,现在的上海传媒也在不断实施"走出去"战略,积极将城市信息传播网络向国外拓展,试图在世界范围内发出自己的声音,立足上海,辐射海外。虽然,现在上海传媒的世界影响力还远不能与纽约、伦敦等城市相比,但至少上海的传媒业在不断尝试走出国门。其中,《新民晚报》是中国大陆第一个跨出国门的晚报,曾经一度拥有包括美国版、澳洲版、加拿大版、西班牙版等17个海外版。此外,东方卫视也在不断拓展其在海外的落地规模。自2002年元旦起,东方卫视先后在日本、澳洲、北美、欧洲等国家和地区落地。目前,东方卫视是中国辐射海外范围最广的省级卫视之一,同时也是最受海外观众喜爱的中国电视频道之一。东方卫视根据所落地地区的地域特点和观众习惯来编制海外节目模块,深受海外观众的好评。2006年8月20日东方卫视通过长城(欧洲)电视平台面向欧洲落地播出,确立"新闻财经见长,外语时尚特色,影视文娱支撑"的内容定位,编制了同时适合欧洲播出的统一的"东方卫视海外版"。新版面发挥上海文广新闻传媒集团的集团优势,强化了海派风格,突出了财经、外语节目类特色,并科学地安排播出时段,让优秀节目尽量能在黄金时间播

---

① 程洁、张骏德:《从区域报道到区域报纸——从〈东方早报〉说起》,载《中国记者》2003年第10期。

出，力求符合不同时区的海外观众的收视习惯。版面中共有47档节目，其中东方卫视本频道节目23档，精选上海文广新闻传媒集团各频道优秀节目24档，东方卫视海外版成为集上海文广新闻传媒集团优秀节目之大成的频道[1]。

此外，上海传媒的影响力也体现在其重大事件的报道之中，城市信息传播网络毋庸置疑的成为人们在重大突发事件发生时获知信息的重要渠道。在电视方面，一遇突发事件、重大事件发生时，东方卫视都会暂停原有节目并进行直播，在2008年这场突如其来的汶川大地震发生后，东方卫视在第一时间主动奔赴震中一线，并在以后很长的一个时段里，以"聚集四川汶川地震特别报道"为主题，每天组织长达近20小时的大信息量集中报道，产生了很大的社会影响力。东方卫视在这一时段也成为全国关注及至世界一些国家传媒注目的新闻大台[2]。此外，上海广播在此次汶川地震的信息报道方面也展现了应有的实力。根据赛立信公司2008年5月20日在上海地区进行的广播收听电话访问式调查结果，汶川地震后，上海广播信息报道的高效相应机制和节目编排的及时调整措施，不仅扩大了上海广播的收听人群，成为听众了解抗震救灾信息的重要渠道，而且快速提升了上海广播在受众间的媒体影响力[3]。

综上所述，上海目前城市信息传播网络的影响力与辐射力仍滞后于其经济发展，与国际化大都市所应有的水准还有不小的距离，然而可以从以上的分析中看出上海传媒业正在试图扭转这一局势，其间也做出了一些值得肯定的成绩。

---

[1] 姜宗仁：《发挥集团优势强化海派风格——东方卫视不断扩大海外落地》，载《当代电视》2006年第10期。
[2] 童兵：《东方卫视汶川地震报道：新闻立台优势再现》，载《现代传播》2008年第3期。
[3] 《上海广播的2008年 灵动气韵 蓄势远行》，载《广告人》2008年第8期。

第七章

比较与展望：国际大都市信息传播网络发展的特征与未来趋势

在前文的论述中，我们已经对各个国际大都市信息传播网络的考察，进行了一些基本面上的比较。在这里，我们希望在前文研究的基础上，通过综合横向比较来归纳出国际大都市信息传播网络与城市发展之间的互动关系框架，以丰富发展传播学的知识体系。

一、技术改变关系：国际大都市信息传播网络变迁的主线

媒体信息传播网络如果按照出现的年代和传播技术特征，可以划分为两大类：传统媒体信息网络（主要由报纸、杂志、广播、电视等构成）和新媒体信息传播网络（主要由个人计算机[personal computer]为载体的传统互联网络和智能手机等移动终端为载体的移动互联网络构成）。

17世纪初，报刊因印刷术和造纸术逐渐成熟而登上历史舞台，完成了人类早期信息传递的使命。随着人类政治、经济、文化全方位交往的日益频繁，帝国主义国家之间为掠夺世界资源而最终导致了"一战"和"二战"的爆发，广播和电视也在两次战争之中获得了突飞猛进的发展。战争中的无线电波通信技术以及雷达技术在战后被应用于无线电广播和电视之中，军用产品在民用领域获得了更大的成功，使电

子媒体在民众的社会生活中扮演着越来越重要的角色。再到长达几十年的"冷战"时期,美苏领衔的军备竞赛推动了高科技的进一步发展,互联网的雏形"阿帕网"也在防范敌方入侵的技术攻防战中逐渐形成。到了20世纪90年代以后,媒体技术从军事情报传递走向民用信息传播,在获得丰厚的经济回报的同时,也促进了国家的稳定和发展。

传统媒体网络是单向的"中心—发散型"传播结构,媒体机构作为信息的"中心",负责采集、加工、发布信息,并在此过程中贯彻自身的信息选择理念,广大受众处于"发散"结构的末端,单向地接收信息,并依据自己的价值观来对信息进行解码,进行"选择性理解"。此时对信息的反馈,往往很难通过传统媒体网络渠道原封不动地传递回去,只能通过其他渠道(读者来信、观众来电等)来变相实现。这种信息反馈因为不具有公开性,往往不能满足受众的表达欲尤其是批评欲,于是受众之间口口相传的人际传播网络便成为传统媒体网络之下的次生传播网络。但这种次生传播网络与传统媒体网络很难形成真实的互动,媒体的信息往往得不到有效的接受和理解。这种脱节对社会的整合和维系无疑是有害的,无论是一座城市还是一个国家。

新媒体网络则因其技术优势,建立起了一个"无中心—网状"传播结构,所有连接上互联网的设备都变成网上的一个小小节点,人通过使用这些互联网设备而参与到一个虚拟的互联网社会之中。得益于互联网技术的无中心特征,零散的受众可以与大型传媒机构平起平坐,展开直接的对话:一个匿名的网民可以在《人民日报》官方微博上留言并获得回复,因为管理官方微博的《人民日报》工作人员在操作电脑的时候,也是作为网络上的一个节点来发起传播行为的。同时,互联网上的信息传播行为都是实时展开的,不受"印刷出版时间""播出时间"所限,这也为用户提供了便利,节省用户大量的时间的同时也让新媒体网络的信息流动速度和效率都大大提升。

随着互联网尤其是移动互联网的普及,用户的注意力逐渐向"掌上

第七章 比较与展望：国际大都市信息传播网络发展的特征与未来趋势

移动屏幕"转移。对于大众传媒产业来说，一旦最基础的资源——"注意力"被剥夺，也就意味着产业的经济链被从源头侵蚀，持续不断的"报纸消亡论"便是这一危机的最好注脚。

但实际情况却是，从互联网步入民用领域至今，经历了这么多年的新旧媒体的碰撞，虽然新旧双方在不停地对信息资源、传播渠道、信息形式、文化议题与社会论述展开争夺，但却鲜见任何一类所谓"落后"的传统媒体彻底消弭。其实，我们认为，新旧媒体在社会权力的争夺当中应各有领地，而不是一方吃掉另一方。于是，我们看到的新旧媒体碰撞的结果，往往不是你死我活的生存大战，而呈现出越来越多共享领地的"融合"趋势：以中国为例，从早期的报网互动、三网融合，再到后来的全媒体实践、媒体融合，新旧媒体在共同享用核心价值的过程中逐渐完成了新旧两张信息传播网络的融合。

以身处伦敦的 BBC 为例，在 1991 年，当很多人还不知道什么是因特网的时候，BBC 的工作人员就注册了域名 www.bbc.co.uk，并于 1994 年建立了多媒体中心，BBC 正式"触网"。2003 年，BBC 已经建立起了非商业性网上服务平台 BBCi 和合资商业网站 beeb.com[①]。发展到如今，BBC 依靠其对新媒体灵敏的嗅觉，利用其无比丰富的节目资源在网络上赢得了一席之地。这种"内容为王"叠加"渠道为王"的媒体融合思路已被越来越多的传统媒体所效仿。

在大都市中，这种融合的趋势也越来越贴近市民的生活细节：在东京，市民手中的手机化身为"个人服务器"，不仅能用手机看电视节目、听新闻广播、阅读杂志和动漫，还可以在音像租赁店"刷手机"消费，将用户对于媒体内容的所有消费需求都向统一的"移动屏幕"靠拢。这种信息传播网络终端的融合不仅大大提升了受众信息消费的效率，同时也通过电子化，来迎合用户的使用习惯，应对报纸阅读量下滑的现实。

---

① 张海鹰：《英国广播公司的网络及商业运作》，载《新闻大学》2003 年第 77 期。

二、公平与效率：国际大都市信息传播网络的运行逻辑

城市的信息传播网络是这个城市有机体得以运行起来的符号系统，既要保证这一系统的运行效率，又要保证城市体系内部的所有居民都能享用同等的信息传播权力与福利。于是，对其运行状况的评价终究脱离不了"公平与效率"这一对评价体系。本书对五个国际化大都市的信息传播网络进行了详细的梳理和研究，每个大都市的信息传播网络都与当地的政治、经济、文化发生着形式各异的深层互动，这些不同的信息传播网络在"公平与效率"这一坐标系中都拥有不同的方位。下面，我们将站在横向对比角度，对这五座国际化大都市中的信息传播网络在运行过程中所体现出来的共性进行概括、比较，也希望通过这种"最大公约数"式的总结，可以洞察国际化大都市中信息传播网络运行所具备的基本逻辑。

（一）文化公平与话语公平

1. 文化公平

国际化大都市因其地域面积较广、基础设施发达、对国家乃至世界的影响力巨大，全世界各个国家、民族、肤色的移民纷至沓来，使得大都市都呈现出"移民城市"的基本人口特征，这在西方国家中的伦敦和纽约尤为明显。再加上后工业社会时代的"亚文化"层出不穷，传统社会"铁板一块"的所谓"大众"已经逐渐瓦解，呈现出越来越明显的"分众化""小众化"趋势。在这种城市人口结构下，需要作为大都市符号系统的信息传播网络给不同文化背景的都市居民沟通需求给予积极的回应，尊重多元文化，构建文化涵盖面广泛的信息网络。

以伦敦为例，广播电视系统中"公共服务"的价值传统成为行业内较为均衡状态的保证。BBC1 台趋于综合和平衡；BBC2 台和第四频道注重小众化，将社会责任和多元化为节目编排的准绳；第三频道更迎合大众的口味；第五频道则是拥有电影和体育的爱好

人群;等等①。尤其是在如今商业剧横行的时代,BBC 仍然保持着对高质量纪录片的坚守,这无疑是难能可贵的。

对于移民成分更为复杂的纽约来说,信息传播网络的文化分野要更加多元一些。以纽约报业为例,单单日报就有少数民族报纸 23 种,其中很多少数族裔报纸在全国范围内都具有相当的影响力。这些媒体对于扩大少数族裔文化影响,增进相互交流很有裨益。这些多样化的媒体覆盖保证了一些社会非主流声音不会被销蚀或掩盖,尽可能实现大都市市民在信息传播权力层面上的基本公平。

2. 话语公平

在大都市的复杂信息传播环境中,如果说"文化公平"是指不同文化背景的市民公平地获得了在媒体层面的文化亲近,那么话语公平则是站在"社区公民"的角度,对"作为公民的市民"所拥有的话语权提出更高的要求。

在具体话语权的分配方面,传统媒体信息网络和新媒体信息网络又分别扮演着不同的角色。

传统媒体信息网络由于其对公共事务的公开呈现,被称为行政、立法、司法之外的"第四权力",在城市的公共治理中发挥重要的角色。但由于其网络的"中心—发散型"结构,并不能让广大民众充分、公开地参与其中,这就难以真正实现哈贝马斯理论中的"公共空间"(public sphere)的设想。而传统媒体网络由于其经济实体——报业集团或广电集团的存在,以及在历史演进过程中政治力量的影响,使得传统媒体网络也很难实现"公共空间要摆脱政治及经济理论的操控"的理论状态②。无论是资本主义国家还是社会主义国家,发达国家还是发展中国家,都是如此。

---

① 唐亚明、王凌洁:《英国传媒体制》,南方日报出版社 2007 年版,第 138 页。
② Dahlgen, P., Television and the Public Sphere: Citizenship, Democracy and the Midia, London: Sage.

例如,伦敦报业日益控制在少数报团甚至少数人手中,经济力量集中带来了话语权的集中,这种集中让报刊的老板们有了和政客讨价还价的筹码,这都是对社会公平的潜在伤害。同时,垄断化不仅带来了规模经济的益处,也带来了准入壁垒的提高:在全国性的日报当中,历史超过50年的报纸数量就超过了五成,而在过去50年内,只有四份新创办的日报存活下来。[①] 这种壁垒封闭了其他话语充分表达的渠道,垄断了渠道就垄断了话语权。这样的格局对于孕育了"言论自由"早期理念的英国来说,就显得格外尴尬。

新媒体的出现,在民众参与的参与度和开放度上开创了更多的可能。互联网技术在比特空间中建造了一个真实与谎言直接碰撞的"事实信息"的汇合地,一个真理与谬误短兵相接的"意见信息"的广场。这弥补了传统媒体网络互动性不足的缺点,让市民更高效地参与到城市信息网络的运转过程中,媒体的虚拟空间也和城市现实生活空间贴合得更为紧密。同时,在信息传播网络当中,以往的议程设置是传统媒体通过新闻选择、编辑排版来给大众设置议题,而如今的议程设置则由"媒体告诉人们想什么议题",变为"人们告诉媒体他们关心什么议题"[②]。

话语权借媒体技术之力得以重新分配,大型的媒体机构不再是唯一的媒体信息源和舆论掌控者,原本只作为"受者"角色的都市市民也获得了主动传播、引导舆论的机会,成为信息传播网络的节点和用户。

(二)运营效率与运行效率

1. 运营效率

在"效率"的评价指标上,首先要提的便是经济上的高效,在以传媒产业为实体的大都市信息传播网络之中,传媒组织遵循一般企业的发

[①] 毕佳、龙志超:《英国文化产业》,外语教学与研究出版社2007年版,第42页。
[②] Steven H. Chaffee, Miriam J. Metzger. "The end of Mass Communication?", *Mass Communication & Society*, 2001, 4(4), pp.365-379.

第七章 比较与展望:国际大都市信息传播网络发展的特征与未来趋势

展规律,在自由竞争的市场环境中经过优胜劣汰,逐渐走向集中和垄断①。一定程度的产业集中带来了规模经济和范围经济的达成,这就为传媒产业带来良好的回报率,也给都市民众带来信息消费方面的成本实惠。

在伦敦信息传播网络的演变历史中,从《每日邮报》到"北岩报团",从《太阳报》到"沃坪革命",我们看到的是报刊发行量的逐渐增大,是报刊价格的不断降低,是报刊产业的蓬勃发展,与报业竞争的日益惨烈,这一切都意味着效率的不断提升。受众在竞争中获得了更优质、更廉价的服务,广告商获得了更多、更好的接触消费者的渠道,媒体在竞争中不断创新。无论是消费者还是媒体,都受到了媒介产业效率提高带来的经济恩惠。无论是《泰晤士报》和《每日电讯报》间的价格战,还是默多克旗下的《The London Paper》在伦敦城的溃败绝迹,都彰显了效率之争的存在。而反观广电业,原本已经老态尽显的 BBC 也在商业电视台接连建立之后开始迈出革新的步伐,商业电视台之间的竞争和对自身定位的寻找让整个广电产业充满了活力,再加上 BSkyB(天空电视台)发挥的"鲶鱼效应",整个广电产业的经济效率获得了极大的提升。

与伦敦相比,美国纽约传媒业的集中化更具特点,纽约的几个超级传媒集团包括时代华纳集团、维亚康姆、新闻集团等。更多的资源和市场空间意味着"越大越好",随着这些集团的不断扩张和兼并,也为置身这个信息传播网络中的受众提高了使用效率。集团化使得媒介生产的门槛提高,生产标准也水涨船高。资源的合理配置使得人们能够获得更优质的媒介产品、更合理的产品组合。简单地说,生活在纽约的人能读到世界上最强大采编团队生产的报纸,看到制作最精美的节目、使用最高速的宽带网络进行沟通。与此同时,集团化的规模效应使得生产成本降低,也决定了人们能够以更低廉的价格从这些寡头手中获得服

---

① 王海:《美国传媒集中化的市场机制》,载《广东外语外贸大学学报》2007 年第 3 期。

务。在纽约电视市场，无线电视网络基本被三大电视网控制，依靠他们所属的传媒集团，他们能够凭借出售节目与同时拥有广告和用户付费两种收益模式的有线电视竞争，保证在免费服务的条件下仍能生存。而有线电视网络尽管收取每月 10 美元以上的收视费，但网络之间存有竞争，更何况面对以免费安装为诱饵的卫星电视的威胁，使得纽约市民能够以不付费或较低费用收看电视节目。

2. 运行效率

除了经济上的高效，传播过程中的效率同样是衡量信息传播网络的重要指标，这其中包括对信息传播网络覆盖的广度、密度、速度的全方位考量。

国际化大都市中的传统媒体信息网络由报刊业的发行网络、广电业的线路网络等构成，而新媒体信息网络则主要由互联网有线网络和以手机、平板电脑为主要终端的互联网移动网络组成。

日本东京在传统媒体信息网络的运行效率上堪称表率，以《读卖新闻》为代表的传统报业发行体系长久以来成为东京市民最稳定的媒体接触渠道。

从空间上看，日本全国五大报通过东京等重要城市地区总社、大量专卖店的设立，以及内容上有所区别的地方版报纸的发行，将百万、千万日发行量这样看似不可能完成的数字，切实落在全国的每一个角落。当然，地理空间、人口的相对集中，亦使得信息传播网络覆盖的成本相对较低。而从时间上看，日刊、晚刊这种"一报两刊"的发行方式，又在时间上增强了报纸的覆盖密度。

在具体的发行方式上，日本自明治时期以来一直实行的是专卖制和送报到户的户别配送制度。专卖制是指读者以月为单位并以每月结算的方式与报社签订专属销售合同，在这一基础上，读者居住区域的该报社直属销售店每天会有报纸配送员把报纸直接送到读者的家中。东京 99% 的一般综合性报纸都是通过这样的方式进行销售的，70% 的体

第七章　比较与展望：国际大都市信息传播网络发展的特征与未来趋势

育类报纸也是采用了户别配送的制度①。与报摊零售型销售方式相比，专卖制和户别配送制度的优势在于报纸的销售发行量稳定，不会因为天气或其他的原因而使销售量发生大的变化，保证了东京报业信息传播网络的传播效率长期稳定性，同时也避免了报纸为追求一时的利益和销售量而走煽情的路线，保证了传播内容的高品质。与此同时，专卖制下的订单驱动型发行方式的好处在于有多少订单，报社就印刷多少报纸，几乎不会出现库存积压现象，有助于报业发行体系实现精细化管理。

与东京相仿，韩国首尔的报业系统也主要采取家庭投递的方式，93%的报纸销售都是通过"送报上门制度"来实现的，零售仅占6.30%，而邮送更少，只占0.50%，《朝鲜日报》《东亚日报》《中央日报》的送报上门率甚至达到了99%以上。这就形成了比较固定的"报纸—读者"信息传播关系，而韩国推行的ABC发行量认证制度也在很大程度上确保了这种固定传播关系的真实性。

与此同时，首尔的新媒体信息网络在政府的大力扶植下成为全世界的楷模。"无所不在的首尔"计划（也称"U城"计划）已经开始实施，以扩展城市的信息技术覆盖面。城区人口超过2000万的首尔全城已经成为一个巨大的"互联网信息网络"，几乎在城区任何地方都可以无线上网，而且收费低廉。

根据美国市场调查专业公司SA发布的资料，2008年韩国以95%的互联网宽带普及率位居全球之首，紧随其后的分别是新加坡(88%)、荷兰(85%)、丹麦(82%)、中国台湾(82%)及中国香港(81%)等。而在移动互联网这一新兴传播渠道中，据Google在2013年7月发布的智能手机使用调查报告，韩国的智能手机普及率已经达到73%，排名第二的英国仅有62%，而美国只有56%。

值得一提的是，韩国是互联网一度实行"实名制"制度后来又废除

---

① 龙一春：《日本传媒体制创新》，南方日报出版社2006年版，第14页。

的国家。其规制的目的是希望让这一虚拟的信息传播网络能避免网络上出现过多的垃圾信息,提高新媒体传输网络中信息的利用效率,推动网络健康有序的发展。出乎意料的是,该制度实行后,韩国各大网站却成了黑客们的主要攻击对象。2011年7月,韩国发生了前所未有的信息外泄案件。韩国SK通讯旗下的韩国三大门户网站之一Nate和社交网站"赛我网"遭到黑客攻击,约3 500万名用户的信息外泄。同时,互联网实名制导致的"自我审查"可能在一定程度上抑制了网上的沟通①。2012年8月23日,韩国宪法法院宣布废除2007年生效的网络实名制法案,八位法官一致裁决这一政策破坏了言论自由。韩国宪法法院法官表示,没有证据证明网络实名制的实施达到了其初衷目的。而且不可否认的事实是,在强制推行网络实名制后,人们因担心受惩罚而不敢在网上发表不同意见,破坏了言论自由。韩国互联网实名制的教训表明当代信息传播网络在如何维护信息自由传播、隐私安全和网络攻击与谣言之间的均衡关系需要更为精巧的制度设计,而不能仅仅是通过回到过去的信息规制道路上来遏制新传播技术带来的福利。

当然,信息传播网络的维护和运行离不开相关媒体工作人员的努力。比如,据纽约州劳务部2008年12月的统计,纽约的信息传播业共计有雇员169 200人,数量甚至大大超过了就业于传统制造业的90 400人②。在大都市内部的精细化分工之下,信息传播网络拥有如此众多的市民参与其中,使得这张覆盖在城市上空、渗透到城市每个角落的网络以极其高效的速度运转着。相对而言,上海的报刊发行曾经尝试过市场化的自办发行,但都是昙花一现。上海《新闻午报》自办发行的"小蓝帽模式",将大规模流动售报方式引进上海,成为申城一景。曾经在市中心10个行政区建立了20个发行站,700多名发行人员。但是,很可惜,上海自办发行的市场始终很难形成体系。2014年4月

---

① 金宰贤:《韩国互联网实名制的教训》,载《创新时代》2012年第1期。
② 纽约州劳务部,转引自纽约市经济发展中心 http://www.nycedc.com/Web/NYCBusinessClimate/FactsFigures/FactsFigures.htm,最后浏览日期:2019年5月18日。

第七章　比较与展望：国际大都市信息传播网络发展的特征与未来趋势

24日,由该报改版而来的《天天新报》被停刊。另外,还有《青年报》的"蚂蚁式"发行,在上海中心城区建立了一个拥有东西南北四大发行分站与20个发行站、4 000个发行网点的发行物流网,招募打造了一支2 000余名训练有素的自办发行队伍①。但是,伴随着《京华时报》经营团队的撤离,上海《青年报》又回到了邮发的老路上,并进一步被市场边缘化。当然,这里我们所指的"自办发行"并非单指维护读书信息传播网络的手段,而更像是一种"视角"。毕竟随着报业下行和新媒体的崛起,用当年"自办发行"的手段刻舟求剑地执着于某一特定方法自然是不理性的。当年用于信息传播网络的维护和运行的努力,今后也会以不同的形式迸发出来。

三、双赢与共生：都市与媒体的互动关系

(一) 媒体生产与都市知识关系的互动

国际大都市内的信息传播网络是作为一个实体存在的,而以其为载体,与城市有关的符号与意义每天都在网络中快速地流动与分享。在传统媒体网络时期,由于媒体生产者的角色是固化的报社或广播电台,由纸质媒体和广电媒体结成的信息传播网络往往是单向的、一对多的,信息的回馈机制比较落后,这会阻碍信息在流动过程中的自我确认与自我矫正。互联网媒体登上历史舞台之后,其特有的平台式传播关系让这种弊病迎刃而解。

韩国最流行的新闻网站OMN,如今的编辑人数仅仅38人,却拥有多达四万的市民记者队伍:"由专业记者负责采写要闻,其余大量新闻均以市民记者提供的新闻稿源为主,经专业编辑的编辑修改后在网站发表,保证了关注点的广泛性、稿源的多样性和稿件的质量②"。在

---

① 黄俊杰:《〈青年报〉的"蚂蚁式"发行模式——兼谈上海报刊发行市场的竞争格局与趋势》,载《新闻记者》2004年第7期。
② 贾萌:《OhmyNews：未来的报业》,载《互联网周刊》2005年第42期。

该网站提供的新闻中,专业记者的报道只占 20%[①]。它报道的内容大多是传统媒介忽略、而公众关心的事件[②]。这弥补了传统媒体只报道"大事"的新闻选择价值观的缺陷,让部分公众关心的"小事"也获得曝光的机会,极大提高了信息内容的多样性和丰富性。

而另一家首尔主要网站 Naver 则将 Web2.0 的精神发挥至极。在 2002 年,Naver 推出了一个名为"知识 iN"的问答服务平台,允许韩国用户实时提出及回答问题。这一形式极大地吸引了韩国网民的参与,平均每天用户会提出 44 000 个问题及得到 110 000 个答案。这些由用户提供的海量数据成为 Naver 的搜索引擎数据库的主要内容。这使得 Naver 迅速成为韩国最优秀的搜索引擎服务供应商。这种由市民"自问自答"的(user generated content)用户原创内容模式,在解放了 Naver 自身的内容生产压力的同时,也给了用户更大的参与权限,让这个网站成为一个更接近互联网本意的"平台式"内容集散中心。

由此以来,首尔逐渐形成了市民(网民)之间的内容生产机制和共享机制,由此链接起来的新型信息传播网络激发了传统渠道前所未有的活力和创新能力,逐步构建一种都市知识生产与分享体系,也让大都市信息传播网络中的信息更加丰富、有创造力。

(二) 媒体内容与都市文化气质的互动

国际化大都市是几十年来城镇化运动和全球化发展的典型产物,来自全国各地、世界各国的移民纷纷在这个陌生的城市里扎根,一定程度上都远离了从小生长的社会文化环境。而在"钢铁混凝土森林"般的大都市物理空间中,市民要想寻找失去了的归属感,就必须依靠符号系统的重新构建。在乡村中,有山水庙宇之类的传统景观作为家乡归属感的图腾,而在大都市当中,除了如伦敦的大本钟、上海的东方明珠、纽约的自由女神像这样的有形城市地标之外,还需要抽象的符号系统来

[①] 《韩国传统媒体遭遇挑战》,载《声屏世界》2003 年第 9 期。
[②] 郭镇之、林洲英:《韩国大众传媒近三年来的变革》,载《新闻战线》2003 年第 9 期。

第七章 比较与展望：国际大都市信息传播网络发展的特征与未来趋势

逐渐营造属于该都市自身的文化气质和氛围。继而，通过信息传播网络对这种文化气质的传播强化，最终形成都市居民对于这一文化的体认和皈依。与此同时，这种都市文化气质又伴随着都市的国际影响力，沿着都市信息传播网络向全球蔓延，于是构成了我们所说的文化软实力、文化影响力。

韩国首尔借由广电信息传播网络的影响力，通过"韩剧"来传递属于这座城市的生活方式和精神状态，乃至细化成具体的场景、服饰、电子产品，成为城市文化气质的一种具象表达。这种表达通过"韩剧"的精细化符号呈现，为在首尔奔波忙碌的都市市民带来一种笼罩光环的精神抚慰感，完成了都市信息传播网络与都市市民之间的文化共鸣。同时，以"韩剧"为载体的媒体内容，携带着对首尔都市文化风貌的精致刻画，开始向国外蔓延。吹遍东亚的"韩流"将韩国的生活方式、流行服饰，甚至是语言习惯都传递给了其他各国，而在这个过程中潜滋暗长的，便是文化影响力的悄悄渗透。深谙此道的首尔市政府定期举办首尔国际影视节，吸引大量媒体从业人员和海外游客到首尔观光旅游，体验韩剧中的场景，带动相关产业的发展。正如《冬季恋歌》的男主人公裴勇俊给首尔旅游业创造了 80 亿韩元的收益[①]，而《江南Style》的演唱者鸟叔更是给首尔的江南区带来了空前的世界影响力和不菲的旅游收益。

大洋彼岸的美国纽约，大众传媒也对这座城市肩负着打造"城市名片"的重任，著名的"I Love NY"口号就是通过媒体传遍全球。当然还包括跟"韩剧"一样广为传播的"美剧"，纽约的电视媒体通过流行美剧对外输出理想化的纽约生活图景。以纽约布鲁克林区为拍摄背景的两部流行美剧《欲望都市》和《绯闻女孩》就营造了一个充斥着名牌和奢侈品的纽约中层生活，传递的则是一种"消费主义"的价值观念，而这些美剧在对外输出的过程中已经将这种消费文化一并输

---

① 《论坛：挖掘文化产业》，载《文化日报》2004年12月8日。

出,这种市场、政治、文化三位一体的扩张趋势也导致消费文化的全球泛滥[①]。

再看中国的上海,在中国5 000年的庞大文明体系当中,上海的城市文化走在中西交汇的前沿,它在中国江南传统文化的基础上,与开埠后传入的欧美文化等融合发展而逐步形成,融古老与现代、传统与时尚于一身,具有独特的风格,常被称为"海派文化"。这种文化的产生在城市地理上与上海曾经设立的"洋租界"有关,而在符号系统方面则跟近代以来由外商创办的一系列本地报刊有密切关联。早在19世纪90年代,上海报坛就已形成"申新沪"三家外商报纸三足鼎立的格局。到了近代,上海的传媒业继续扛起"海派文化"的大旗,强化城市的文化特点,引导都市居民产生文化的认同。

(三) 媒体形式与都市生活方式的互动

国际化大都市的形成,会在地理和物理形态上构造出一系列全新的城市景观,放射状的城区布局、交通体系的庞大与复杂、生活区与工作区等都市功能区域的分离等,都会给都市内的市民居住体系产生重大影响,继而对信息传播网络提出了新的问题。对于这种"新问题"的回答,让新媒体网络找到了栖身之处,也让传统媒体网络在一片唱衰之声中找到新的"蓝海"。

例如,作为发展中国家的中国,国际化大都市的建设过程中伴随着城市版图的不断外扩、外地务工人员的大量涌入、城区房价的步步攀升等。于是,出现了如北京的大量年轻打工者长期居住在河北燕郊,每天要耗费四五个小时往返于工作地和居住地之间这样的极端现象。但这种大都市的生活方式,却给了传统媒体信息网络中的广播媒体带来了全新的机会。广播媒体虽然从技术上、符号形式上都很难满足如今受众的需求,但其"伴随性"的特点却成为其他媒体网络都无法撼动的优

[①] 胡正荣:《媒介管理研究——广播电视管理创新体系》,北京广播学院出版社2000年版,第281页。

第七章 比较与展望：国际大都市信息传播网络发展的特征与未来趋势

势。广播的这种传播特点与大都市的地理和物理环境相结合，形成了一个全新的媒体发展空间——交通广播。数据显示，2009年，全国交通广播中的"领头羊"北京交通广播收入突破四亿元大关，全国已经有八个省市台的交通广播收入逾亿元。2010年全国广播广告收入的96.30亿元中，交通广播频率就贡献了将近30亿元①。宏观的数据说服力强大，而在微观的传播过程当中，广播媒体也因不占用司机和乘客的视觉，更适合在交通工具上进行信息的传递，成为媒体消费成本较低，同时又能兼顾行车安全的媒体网络。

广播这一在"一战"时期就登上历史舞台的最古老电波媒体，在很长时间内消费者都只剩下偏远农村和老龄阶层，却在国际化大都市的建设和运行过程中，焕发了青春，并反过来用自己的传播特点优势，为大都市的区域建设和交通建设作出贡献。

另外，还有在普遍对报业唱衰的情况下，新媒体发展势头执全国之牛耳的纽约、伦敦和上海，却产生了社区报这样一种日渐强势的都市媒体。根据2000年的数据，美国全约1 500个城镇，全国性报纸10多种，大都市日报约814种，其他的以社区报为主②。社区报以周报居多，总数不低于2 000种。一般来说，社区报在社区内发行量位居第一，比当地大都市日报发行量还大。以纽约为例，《纽约时报》是纽约市最大的主流日报，但在纽约的斯塔藤岛辖区，社区报《斯塔藤岛前进报》的发行量最大，《纽约时报》在这个区排第二位。最近五年，美国全国报纸和大都市日报的发行量逐年下降，但社区性报纸发行量一直在上升。远在大西洋另一侧的伦敦也是如此，大伦敦划分为伦敦城和32个区，这些小城区有拥有各自独立的社区报纸，称为 Local Newspaper。数十家的地区广播和近百家社区报纸为哪怕是伦敦最偏远小区里的受众都奉上了最贴近的媒介内容。上海的社区报虽然起步较晚，但势头强

---

① 《交通广播成立20周年广告额占总收入超3成》(2011年9月25日)，央视网，news.cntv.cn/20110925/103429.shtml，最后浏览日期：2019年1月19日。

② 袁友兴：《从社区报看中国报业发展方向》，载《南方传媒研究》2009年第1期。

劲。以《新民晚报·社区版》为首的都市报社区版集群已经初现规模,在经济上已经能够自给自足,并开始逐渐开拓社区报在社区内的议程设置和生活服务功能。2019年4月,上海发布消息称,所辖16个区的融媒体中心至9月底全部完成机构整合并挂牌。这对推动大众传媒资源向下沉降起到非常重要的作用。

社区报诞生的根源来自人类必需生活空间的有限性和国际化大都市区域不断延伸之间的矛盾,都市的市民在忙碌的工作和快节奏的生活中能够体验到的都市地理空间比较有限,以整个大都市为辐射面积的大型日报往往会失去对市民身边微观生活的确切关怀。此时,社区报的诞生恰恰弥补了都市信息传播网络的不逮之处,成为居民聚集的地方社区内的信息传播平台,不仅满足了社区居民对事关切身利益的社区新闻的需求,同时也提供了让居民刊登分类信息互通有无的平台。当然最重要的,是通过这一看似很小的社区信息传播网络,构建起一种社区内部的共识,进而通过社区报之间的联结,像人体内部的结缔组织一样对整座大都市的市民关系发挥黏合剂的作用。大都市的信息传播网络,从都市报到社区报,再到区县融媒体中心形成一个与都市市民生活方式良性互动与共鸣的自我进化系统,不断地适应并推进整个都市的发展。

四、起点与终点:来自发展传播学的观照

本书围绕着"都市"与"媒体"这一对相互作用的主体,研究了世界五大国际大都市的信息传播网络,对该网络的生成和运行进行了详细的梳理,对信息传播网络与国际大都市之间的相互作用展开了分析,而这种分析的实质,其实是对传媒发展与社会发展之间关系的一种"切片式"研究。因此,对"传播—发展"关系的关注是本书的出发点。

其实早在1950年代,就已经形成了"传播"对"发展"影响的专门议

第七章 比较与展望：国际大都市信息传播网络发展的特征与未来趋势

题。作为大众媒介迅速扩散到欠发达国家的一个结果，研究者们开始考虑媒介能否和怎样促进文化的传播和经济的发展[①]。最终形成了一个影响深远的传播学分支——发展传播学。发展传播学可以解释为："运用现代的和传统的传播技术，以促进和加强社会经济、政治和文化变革的过程。"[②]美国社会学家勒纳于1958年发表了《传统社会的消逝——中东的现代化》是这一领域的代表作，该书是以对六个中东国家所做的一次大规模社会调查所取得的资料为基础来完成的。在书中，勒纳将大众传播媒介称为社会发展过程中的"奇妙的放大器"，认为它能大大加快社会发展速度，提高现代化程度[③]。1964年，施拉姆在《大众传播媒介与国家发展：信息对发展中国家的作用》一书中提出了大众传媒传播信息能有效促进国家发展的观点，强调信息传播对发展中国家的重要性，"有效的信息传播可以对经济社会发展做出贡献，可以加速社会变革的进程，也可以减缓变革中的困难和痛苦"[④]。在此之后，发展传播理论产生的最初历史语境已经几经转换，全球化成为当代传播发展的新的社会环境，关于"发展"的观念也注入了新的内涵，从注重单纯的经济发展向注重"可持续发展""和谐发展"转变，但发展的主题未变，媒介在发展中的重要性地位不仅未变且有日益加强的趋势[⑤]。

回顾整个发展传播学的演变历程，研究者总结了"发展—传播"议题下的三个理论阶段（表7-1）[⑥]。

---

① 殷晓蓉：《当代美国发展传播学的一些理论动向》，载《现代传播—北京广播学院学报》1999年第6期。
② S.T. Kwame Boafo, "Utilizing Development Communication Strategies in African Societies: A Critical Perspective (Development Communication in Africa)", *Gazette* 1985: p.83.
③ 王旭：《发展传播学的历程与启示》，载《兰州学刊》1999年第6期。
④ 张国良：《新闻媒介与社会》，上海人民出版社2001年版，第311页。
⑤ 夏文蓉：《发展传播学视野中的媒介理论变迁》，载《扬州大学学报（人文社会科学版）》2007年第5期。
⑥ 韩鸿：《参与式传播：发展传播学的范式转换及其中国价值》，载《新闻与传播研究》2010年第1期。

表 7-1　发展—传播议题演化的三个阶段

学　科	第一种范式 (1950 年代—1960 年代)	第二种范式 (1960 年代—1970 年代)	新范式 (1970 年代以后)
发展理论	现代化理论	依附理论	多元理论
发展政策	经济增长	再分配,基本需求和增长	可持续性发展
传播理论	线性模式	使用与满足理论,多级传播模式	参与式传播理论,理论融合
推广方式	扩散模式	社会营销及相关模式	参与式模式
社会变革的动力	经济增长将促进变革	自力更生将促进变革	对话传播将使人民组织起来导致变革

近期发展传播学所遵循的研究范式,是 1970 年以来逐渐成为主流的"参与式传播"范式。这一范式将传播看作一个参与者之间共享信息的过程,这种理论模式消解了传者与受者的区别,标志着传统的"受众"观念的解放[①]。"参与式传播"被定义为一个在人们、集体和机构之间的、互动和变化的对话过程,使得人们认识到他们的全部潜力,来为自己的幸福生活而努力[②]。而这个过程,恰恰是国际化大都市所形成的过程:都市机构与市民之间、居住者与物理环境之间相互影响,并通过信息传播网络进行充分地符号互动,最终推动整个城市的良性发展,让大都市的居民们在共享的文化体认之中幸福生活。这就是国际化大都市形成的本意——通过交流来实现人与人的自然聚集。2010 年世博会在上海举行,"城市让生活更美好"的理念经过广泛传播已深入人心,这其中,媒体的宣传功不可没。

有发展传播学学者呼吁,传播学要多关注"新自由""后工业""全球化"这样的宏观议题,要注意"发展传播学的理论和实践与更大的政治

[①] 韩鸿:《参与式传播:发展传播学的范式转换及其中国价值》,载《新闻与传播研究》2010 年第 1 期。

[②] Singhal, A., "Facilitating Community Participation through Communication", New York: UNICEF. p.13.

第七章 比较与展望：国际大都市信息传播网络发展的特征与未来趋势

和经济结构之间的关系"①，而我们所研究的国际化大都市，恰恰是在全球化和后工业时代所形成的新型人类聚居体，这一聚居体背后，布满了比传统发展传播学研究对象——乡村更复杂的政治和经济结构，也拥有更广泛和活跃的人与人的互动。从这一意义上来讲，本书的研究其实是在全球化的语境之中试图寻找一个新时期发展传播学的理论落脚点。

通过对这五大国际化大都市的纵向、横向的考察，我们看到了一个个国际化大都市是如何一步步成长起来的，其中的信息传播网络又是如何酝酿、发散，并对都市的发展发挥作用的，以及都市文化又是如何在信息传播网络的载体之上完成符号的自我成长和自我确认的。这一过程中充满了媒体与都市间符号互动的"光荣与梦想"，也不乏因激烈碰撞而带来的各种"罪与罚"，但一切经验与教训都是一种财富，它指引着全球化的历史大势，也等待着"传播"与"发展"之间结出更丰硕的果实。

---

① Robert Huesa：《西方发展传播学研究的历史和未来》，载《中华新闻报》2007年8月5日。

后　记

　　伴随着"上海2035"规划方案的提出，建设"卓越的全球城市"成为上海未来发展的目标。这一目标同时被具体化为"创新""人文"和"生态"三个指标，明显不同于传统工业城市的建设目标。国际大都市是区域资源汇流的高地，上海作为长三角地区的龙头城市，已经成为中国人口规模最大的城市，也是中国国际化大都市建设的前沿样本。伴随着城市更新而兴起的产城融合运动，对城市发展和行业的关系进行了深入而系统的探索，在这一过程中，文化创意产业作为新的产业形态被注入旧工业城区，成为城市更新的主要实现方式，而传媒业作为文化创意产业的核心层，在其中扮演了举足轻重的角色。同时，城市变得越来越庞大，城市生活也因此变得越来越复杂；伴随着新传播技术水银泻地般地渗透进城市空间的每一根毛细血管，智慧城市成为全球城市建设的新方向。这一切，使得信息传播网络与城市发展的关系前所未有地密切起来。

　　说实话，在16年前，我们没有想到信息传播网络会对城市发展带来如此大的影响。本书的初稿基于张骏德教授主持的教育部文科重点研究基地复旦大学信息与传播研究中心重点招标项目《中外国际化大都市信息传播网络比较研究》的相关研究。这是一个2003年立项的研究课题。彼时，互联网刚刚兴起，中国的传统媒体行业正处于历史上的黄金时期，因此传统媒体，而不是新媒体，成为课题组研究中关注的重点。但是，伴随着传媒业的剧变，上述课题的结项报告中呈现的研究内容和研究结论与传媒业的实践情况相比愈发显得格格不入了。如何在新媒体的洪流中把握信息传播网络与国际大都市发展的互动关系规律？这成为项目结项后课题组持续关注的新问题，而这一关注，就是 10 年。感谢张骏德教授的宽容、爱护，以及对课题组一直不懈的指导与支持。也感谢在这一研究过程中先后加入的诸位小伙伴们。这是一个不断观察、不断更新的过程，也是一个一直在追问核心问题的过程。遗憾的是，这个 10 年也是全球传媒业变动最剧烈的 10 年。尽管我们的研究团队竭尽所能地完善我们的研究，但和信息传播网络的变动实践相比，依然还有很多不能切合实际的结论和判定。好在我们的团队并没有因为本书的出版而放弃对这一领域的继续研究，基于全球城市视角的国际文化大都市的相关研究已经相继展开，我们希望，在我们长期的努力下，能够在这一领域有所收获，不辜负与这个传媒业的大变革时代相遇的时刻。

本书由朱春阳、张骏德负责统筹规划，确立研究的框架和分工；曾培伦负责课题研究的日常管理与进度协调；书稿初稿由曾培伦、毛天蝉、林子涵、颜凌雨等参与修订与校对，终稿由朱春阳、曾培伦、张骏德审定。具体章节分工如下：

绪论部分：朱春阳、张骏德、曾培伦；

纽约部分：吕芳雅、谢晨静、毛天蝉；

伦敦部分：曾培伦、褚恺彦；

东京部分：杨绪伟、孙宇、曾培伦、邢天意；

首尔部分：朱春阳、田智秀、姜秀润、林子涵、金圻美；

上海部分：李琳、毛天蝉、谢晨静、曾培伦；

结论部分：朱春阳、张骏德、曾培伦。

最后需要感谢李良荣教授将本书列入复旦大学传播与国家治理研究中心的出版计划，使得这样一本浅陋之作有机会出版。

作为一本"在路上"的阶段性研究成果，书中还存在很多悬而未决的问题和争议，我们期待能够和在这一领域有共同兴趣的同行们一道前行，共同探索这一领域的深层奥秘。

朱春阳
2019 年 7 月 23 日于上海

图书在版编目(CIP)数据

国际大都市信息传播网络发展研究:基于大众传播与区域互动关系视角的考察/朱春阳主编.—上海:复旦大学出版社,2019.9
(传播与国家治理研究丛书)
ISBN 978-7-309-14462-8

Ⅰ.①国… Ⅱ.①朱… Ⅲ.①信息网络-传播-研究-世界 Ⅳ.①G202

中国版本图书馆 CIP 数据核字(2019)第 141341 号

国际大都市信息传播网络发展研究:基于大众传播与区域互动关系视角的考察
朱春阳　主编
责任编辑/黄　冲

复旦大学出版社有限公司出版发行
上海市国权路 579 号　邮编:200433
网址:fupnet@ fudanpress.com　　http://www.fudanpress.com
门市零售:86-21-65642857　　团体订购:86-21-65118853
外埠邮购:86-21-65109143　　出版部电话:86-21-65642845
常熟市华顺印刷有限公司

开本 787×960　1/16　印张 29.75　字数 380 千
2019 年 9 月第 1 版第 1 次印刷

ISBN 978-7-309-14462-8/G·1996
定价:88.00 元

如有印装质量问题,请向复旦大学出版社有限公司出版部调换。
版权所有　　侵权必究